全国水利行业"十三五"规划教材（职业技术教育）
中国水利教育协会策划组织

水利工程施工监理

（修订版）

主　编　周长勇
副主编　刘　宁　白景旺　李继国
　　　　勾芒芒　田　英
主　审　高秀清

黄河水利出版社
·郑州·

内容提要

本书是全国水利行业"十三五"规划教材(职业技术教育),是根据中国水利教育协会职业技术教育分会高等职业教育教学研究会制定的水利工程施工监理课程标准编写完成的。全书分上、下两篇,上篇为水利工程施工监理基础知识,下篇为水利工程施工监理实践操作,主要内容包括水利工程监理基本知识、水利工程监理招标与投标、水利工程监理系列文件、水利工程施工准备阶段的监理、水利工程施工实施阶段的监理、水利工程验收及缺陷责任期阶段的监理等。同时,编写出版了配套教材《水利工程施工监理技能训练》(周长勇主编,黄河水利出版社出版),可供学生巩固所学知识,提高操作技能。

本书具有较强的实用性、实践性、创新性,可作为高职高专水利水电类专业的教学用书,也可作为水利工程建设管理单位、建筑安装施工企业工程技术人员的参考用书,还可作为监理员、监理工程师等资格考试及培训参考用书。

图书在版编目(CIP)数据

水利工程施工监理/周长勇主编.—郑州:黄河水利出版社,2018.2 (2024.1 修订版重印)
全国水利行业"十三五"规划教材.职业技术教育
ISBN 978-7-5509-1970-9

Ⅰ.①水… Ⅱ.①周… Ⅲ.①水利工程-工程施工-施工监理-高等职业教育-教材 Ⅳ.①TV523

中国版本图书馆 CIP 数据核字(2018)第 033272 号

组稿编辑:王路平 电话:0371-66022212 E-mail:hhslwlp@163.com
田丽萍 66025553 912810592@qq.com

出 版 社:黄河水利出版社 网址:www.yrcp.com
地址:河南省郑州市顺河路黄委会综合楼 14 层 邮政编码:450003
发行单位:黄河水利出版社
发行部电话:0371-66026940、66020550、66028024、66022620(传真)
E-mail:hhslcbs@126.com
承印单位:河南育翼鑫印务有限公司
开本:787 mm×1 092 mm 1/16
印张:21.75
字数:500 千字 印数:7 001—8 000
版次:2018 年 2 月第 1 版 印次:2024 年 1 月第 4 次印刷
2024 年 1 月修订版

定价:50.00 元

前　言

本书是贯彻落实《国家中长期教育改革和发展规划纲要(2010~2020年)》、《国务院关于加快发展现代职业教育的决定》(国发〔2014〕19号)、《现代职业教育体系建设规划(2014~2020年)》和《水利部 教育部关于进一步推进水利职业教育改革发展的意见》(水人事〔2013〕121号)等文件精神,依据中国水利教育协会《关于公布全国水利行业“十三五”规划教材名单的通知》(水教协〔2016〕16号),在中国水利教育协会精心组织和指导下,由中国水利教育协会职业技术教育分会组织编写的全国水利行业“十三五”规划教材。本套教材以学生能力培养为主线,体现了实用性、实践性、创新性的特色,是一套水利高职教育精品规划教材。

为了不断提高教材质量,编者于2024年1月,根据近年来国家及行业最新颁布的规范、标准、规定等,以及在教学实践中发现的问题和错误,对全书进行了修订完善。

本书采用“项目—任务—模块”体例进行编写,格式灵活,贴近实际,易教易学。分为上、下两篇,上篇为水利工程施工监理基础知识,下篇为水利工程施工监理实践操作,共设计6个项目,每个项目包括学习目标、学习任务、项目案例、项目小结和复习思考题等五大模块;每项学习任务是按照监理员和监理工程师职业岗位标准相关知识进行编写的。同时,编写了配套教材《水利工程施工监理技能训练》。

本书突出体现了三个特点:一是在整体内容构架上,以实际工作任务为引领,以项目为基础,以实际工作流程为依据,打破了传统的学科知识体系,形成了特色鲜明的项目化教材内容体系;二是按照有关行业标准、国家职业资格证书要求以及毕业生面向职业岗位的具体要求编排教学内容,充分体现教材内容与生产实际相融通,与岗位技术标准相对接,增强了实用性;三是以技术应用能力为核心,以基本理论知识为支撑,以拓展知识为延伸,将理论知识学习与能力培养置于实际情境之中,突出工作过程技术能力的培养和经验性知识的积累,增强学生的实际操作能力。

水利工程施工监理课程推行任务驱动、项目导向、“教、学、练、做”一体化的教学模式。其主要任务是使学生掌握水利工程监理基本知识、水利工程监理招标与投标、水利工程监理系列文件、水利工程施工准备阶段的监理、水利工程施工实施阶段的监理、水利工程验收及缺陷责任期阶段的监理等基本知识和基本技能,为从事水利工程监理工作及参加监理员、监理工程师等资格考试及培训打下基础。

本书由山东水利职业学院牵头,联合相关职业院校及水利企事业单位共同编写。编写人员及编写分工如下:山东水利职业学院周长勇、日照市海洋水务有限公司周程编写项目一和项目五;山东水利职业学院刘宁、日照市水利局田英编写项目二;广西水利电力职业技术学院白景旺、日照市海洋水务有限公司于广涛编写项目三;云南水利水电职业学院李继国、山东水利职业学院彭英慧编写项目四;内蒙古机电职业技术学院勾芒芒、日照市海洋水务有限公司周程编写项目六。本书由周长勇担任主编,并负责全书统稿;由刘宁、白景旺、李继国、勾芒芒、田英担任副主编;由北京农业职业学院高秀清担任主审。

在本书编写过程中,引用了大量有关专业文献和资料,未能一一详尽,在此对相关作者一并致谢!

限于编者水平和时间关系,书中难免存在不足之处,恳请广大读者给予批评指正。

编 者

2024 年 1 月

目 录

下篇　水利工程施工监理实践操作

上篇　水利工程施工监理基础知识

项目一　水利工程监理基本知识

【学习目标】

通过本项目的学习,学生应掌握水利工程监理人员、监理单位和监理组织;熟悉水利工程建设监理制;了解水利工程项目管理和建设监理法规基本知识;具备监理员和监理工程师职业岗位必需的基本知识和技能。

任务一　水利工程项目管理概述

一、工程项目

(一)项目的概念、种类与特性

1. 项目的概念

项目是指在一定的约束条件下,具有专门组织和特定目标的一次性任务(或事业、活动)。项目的概念有广义与狭义之分。就广义的项目概念而言,凡是符合上述定义的一次性任务都可以看作项目。在工程领域,狭义的项目概念一般专指工程项目,如修建一座水闸、一座水电站等具有质量、工期和投资目标要求的一次性工程建设任务。

2. 项目的种类

(1)项目按成果的内容,可分为开发项目、科研项目、规划项目、建设工程项目、社会项目(如希望工程、申办奥运、社会调查、运动会、培训)等。

(2)项目按其建设阶段,可分为预备项目、筹建项目、施工项目、建成投产项目、收尾项目、竣工项目等。

(3)项目按其效益,可分为生产经营性项目、有偿服务性项目、社会效益性项目。

(4)项目按实施的内容,可分为土建项目、金属结构安装项目、技术咨询服务项目等。

(5)项目按专业(行业)性质,可分为水利项目、电力项目、市政项目、交通项目、供水项目、人力资源开发项目、环境保护项目等。

(6)项目按建设性质,可分为新建项目、扩建项目、重建项目、迁建项目、恢复项目、维修项目等。

(7)项目按规模,可分为大型项目、中型项目、小型项目等。

3. 项目的特性

根据项目的内涵,项目的特性主要有一次性或单件性、目标性、系统性、独特性、时限性、制约性等。

(二)建设项目的概念、特征与划分

1. 建设项目的概念

建设项目即基本建设项目,是指按照一个总体设计进行施工,由若干个相互有内在联系的单项工程所组成,经济上实行统一核算,行政上实行统一管理的基本建设单位。

2. 建设项目的特征

1)建设项目是若干单项工程的总体

各单项工程在建成后的工程运行中,以其良好的工程质量发挥其功能与作用,并共同组成一个完整的组织结构,形成一个有机整体,协调、有效地发挥工程的整体作用,实现整体的功能目标。

2)工程投资大,建设周期长

由于建设产品工程量巨大,尤其是水利工程,在建设期间要耗用大量的劳动、资源和时间,加之施工环境复杂多变,受自然条件影响大,这些因素都无时不在影响着工期、投资和质量。

3. 建设项目的划分

为了工程管理工作的需要,建设项目可按单项工程、单位工程、分部工程和分项工程等逐级划分。根据《水利水电工程施工质量检验与评定规程》(SL 176—2007)规定,我国大、中型水利水电工程建设项目按级划分为单位工程、分部工程、单元(工序)工程等三级。

1)单位工程

单位工程是指具有独立发挥作用或独立施工条件的建筑物。属于主要建筑物的单位工程称为主要单位工程。当主要建筑物规模较大时,为有利于施工质量管理,进行项目划分时常将具有独立施工条件的某一部分划分为一个单位工程,如混凝土重力坝主坝,可按坝段将其划分为几个单位工程,每个单位工程都称为主要单位工程。

单位工程划分原则如下:

(1)枢纽工程,一般以每座独立的建筑物为一个单位工程。当工程规模较大时,可将一个建筑物中具有独立施工条件的一部分划分为一个单位工程。

(2)堤防工程,按招标标段或工程结构划分单位工程。规模较大的交叉联结建筑物及管理设施以每座独立的建筑物作为一个单位工程。

(3)引水(渠道)工程,按招标标段或工程结构划分单位工程。大、中型引水(渠道)建筑物以每座独立的建筑物作为一个单位工程。

(4)除险加固工程,按招标标段或加固内容,并结合工程量划分单位工程。

2)分部工程

分部工程是指在一个建筑物内能组合发挥一种功能的建筑安装工程,是组成单位工程的部分。对单位工程安全、功能或效益起决定性作用的分部工程称为主要分部工程。

分部工程划分原则如下:

(1)枢纽工程,土建部分按设计的主要组成部分划分,金属结构及启闭机安装工程和机电设备安装工程按组合功能划分。

(2)堤防工程,按长度或功能划分。

(3)引水(渠道)工程中的河(渠)道按施工部署或长度划分。大、中型建筑物按设计主要组成部分划分。

(4)除险加固工程,按加固内容或部位划分。

(5)同一单位工程中,各个分部工程的工程量(或投资)不宜相差太大,每个单位工程中的分部工程数目,不宜少于5个。

3)单元工程

单元工程是指在分部工程中由几个工序(或工种)施工完成的最小综合体,是日常质量考核的基本单位。对工程安全、效益或使用功能有显著影响的单元工程称为关键部位单元工程。主要建筑物的隐蔽工程中,涉及严重影响建筑物安全或使用功能的单元工程称为重要隐蔽单元工程,如主坝坝基开挖中涉及断层或裂隙密集带的单元工程是重要隐蔽单元工程。

单元工程划分原则如下:

(1)按《水利水电工程单元工程施工质量验收评定标准》(SL 631~637—2012、SL 638~639—2013)规定进行划分。

(2)河(渠)道开挖、填筑及衬砌单元工程划分界限宜设在变形缝或结构缝处,长度一般不大于100 m。同一分部工程中各单元工程的工程量(或投资)不宜相差太大。

(3)《水利水电工程单元工程施工质量验收评定标准》(SL 631~637—2012、SL 638~639—2013)中未涉及的单元工程可依据设计结构、施工部署或质量考核要求划分的层、块、段进行划分。

二、项目管理

(一)项目管理的概念、特征与内容

1.项目管理的概念

项目管理是指在建设项目生命周期内所进行的有效的规划、组织、协调、控制等系统的管理活动。其目的是在一定的约束条件下,最优地实现项目的目标。

2.项目管理的特征

1)目标明确

项目管理的目标,就是在限定的时间、限定的资源和规定的质量标准范围内,高效率地实现项目法人规定的项目目标。项目管理的一切活动都要围绕这一目标进行。项目管理的好坏,主要看项目目标的实现程度。

2)计划管理

项目管理应围绕其基本目标,针对每一项活动的期限、资源投入、质量水平做出详细计划,并在实施中加以控制、执行。

3)系统管理

项目管理是一种系统管理方法,这是由项目的系统性所决定的。项目是一个复杂的

开放系统,对项目进行管理,必须从系统的角度出发,统筹协调项目实施的全过程、全部目标和项目有关各方的活动。

4)动态管理

由于项目人员和资源组织的临时性、项目内容的复杂性和项目影响因素的多变性,项目计划的执行应根据不断变化的情况及时做出调整,围绕项目目标实施动态管理。

3.项目管理的内容

从现代项目管理的观点来看,项目管理的内容涉及项目人力资源管理、项目范围管理、项目质量管理、项目投资(费用)管理、项目进度管理、项目合同管理、项目信息管理、项目安全管理、项目风险管理、项目采购管理等。

(二)建设项目管理的概念与类型

1.建设项目管理的概念

建设项目管理是以建设项目为对象,以实现建设项目的质量目标、投资目标和进度目标为目的,对建设项目进行高效率的计划、组织、协调、控制的有限循环管理过程。

2.建设项目管理的类型

建设项目的管理者应由参与建设活动的各方组成,即项目法人、设计单位、施工单位、监理单位等。因此,项目管理的类型可分为项目法人的建设项目管理、设计单位的建设项目管理、施工单位的建设项目管理、监理单位的建设项目管理等。

三、水利工程项目建设程序

建设程序是指建设项目从设想、规划、评估、决策、设计、施工到竣工验收、投入生产整个建设过程中,各项工作必须遵循的先后次序的法则。这个法则是人们在长期的工程实践中总结出来的。它反映了建设工作所固有的客观规律和经济规律,是建设项目科学决策和顺利进行的重要保证。

水利部《水利工程建设项目管理规定》(水建〔1995〕128号)和《水利工程建设程序管理暂行规定》(水建〔1998〕16号)规定,水利工程建设程序一般分为项目建议书、可行性研究报告、初步设计、施工准备(包括招标设计)、建设实施、生产准备、竣工验收、后评价等阶段。其中,项目建议书、可行性研究报告、初步设计属于前期工作阶段;施工准备、建设实施属于工程实施阶段;生产准备、竣工验收、后评价属于竣工投产阶段。水利工程项目基本建设程序简图如图1-1所示。

(一)前期工作阶段

1.编制主体

项目建议书、可行性研究报告和初步设计报告由水行政主管部门或项目法人委托编制。项目建议书、可行性研究报告和初步设计报告等前期工作技术文件的编制必须由具有相应资质的勘测设计单位承担,初步设计(含施工图设计)需按照国家有关规定采取招标方式,择优选择设计单位。

2.编制依据

项目建议书的编制以党和国家的方针政策、已批准的流域综合规划及专业规划、水利发展中长期规划、水利行业标准《水利水电工程项目建议书编制规程》(SL 617—2013)为

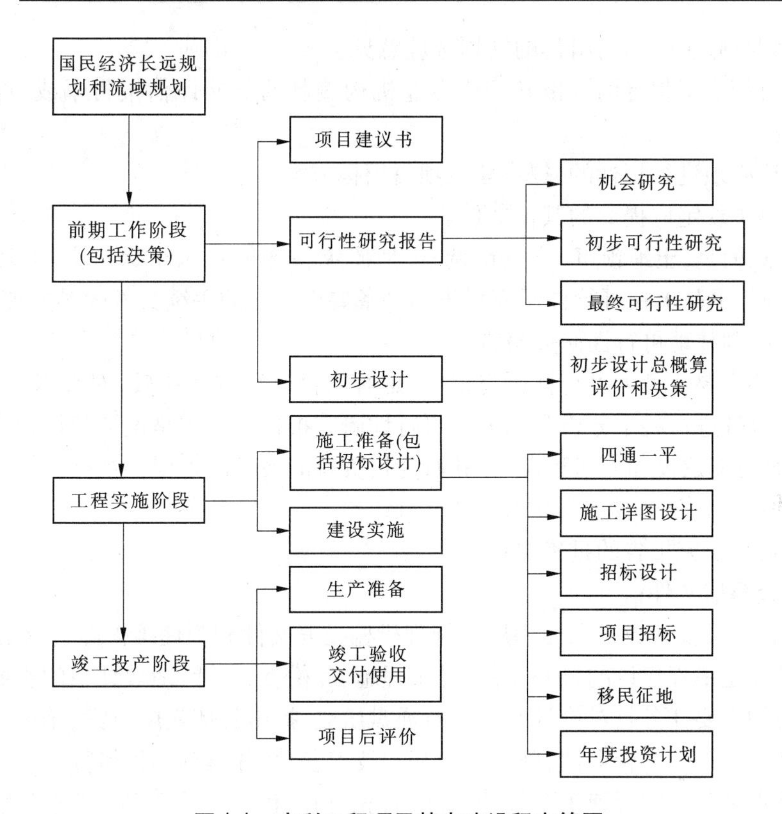

图 1-1　水利工程项目基本建设程序简图

依据;可行性研究报告的编制以批准的项目建议书、水利行业标准《水利水电工程可行性研究报告编制规程》(SL 618—2013)为依据;初步设计报告的编制以批准的可行性研究报告、水利行业标准《水利水电工程初步设计报告编制规程》(SL 619—2013)为依据。

3. 应具备的必要文件

1)项目建议书上报应具备的必要文件

(1)水利基本建设项目的外部建设条件涉及其他省、行业等利益时,必须附具有关省和行业部门意见的书面文件;

(2)水行政主管部门或流域机构签署的规划同意书;

(3)项目建设与运行管理初步方案;

(4)项目建设资金的筹集方案及投资来源意向。

本阶段的主要任务是对拟建项目进行初步说明,论述其建设的必要性、建设条件的可行性,并确定是否进行下一步工作(从国家的产业政策考虑)。

2)可行性研究报告应具备的必要文件

(1)由省水行政主管部门或市发改部门向省发改委提交关于申请建设项目审批的正式文件;

(2)具有乙级或以上工程咨询资格和相应专业机构编制的可行性研究报告;

(3)国土资源部门出具的项目用地预审意见;

(4)环境保护行政主管部门的环境影响评价意见;

(5)规划行政主管部门出具的规划选址意见;

(6)具有相应工程咨询资格和相应专业机构编制的节能评估报告书或节能评估表、节能登记表;

(7)依法必须进行招标的,提供建设项目招标方案;

(8)按有关规定应提交的其他文件。

需要注意的是,土地预审(含压矿调查、地质灾害评价)、水土保持方案、环境影响评价、移民规划大纲是上报可行性研究报告的必备要件。有的手续文件较难办理,如土地手续办理时需办理林地可行性研究报告。

本阶段的主要任务为可行性研究报告,是对项目进行方案比较,对技术上是否可行、经济上是否合理进行科学分析和论证。可行性研究报告的作用是论证建设项目是否有必要建设,是否可能建设和如何建设的问题,为投资者的最终决策提供依据。

3)初步设计报告上报应具备的必要文件

(1)可行性研究报告的批准文件;

(2)资金筹措文件;

(3)项目建设及建成投入使用后的管理机构批复文件和管理维护经费承诺文件。

初步设计是工程建设的核心文件,是工程施工、稽查、审计、绩效评估的主要依据。

本阶段的主要任务是对设计对象进行通盘研究,提出具体实施方案,阐明项目在技术上的可行性和经济上的合理性,确定各项基本技术参数,并编制项目概算。

大中型水利工程实行施工图设计文件(含招标设计、实施方案等)审查制度。水行政主管部门应当对工程设计文件(含招标设计、实施方案等)中涉及公共利益、公共安全、工程建设强制性标准的内容进行审查,未经审查的施工图设计文件不得使用。

4. 审批权限

1)项目建议书、可行性研究报告的审批权限

大中型水利基本建设项目的项目建议书、可行性研究报告,经技术审查后,由水利部提出审查意见,报国家发展和改革委员会审批;总投资2亿元以上的,报国务院审批。其他中央项目的项目建议书、可行性研究报告由水利部或委托流域机构审批;其他地方项目,使用中央补助投资的由省有关部门按基本建设程序审批。

2)初步设计审批权限

中央项目,地方大中型堤防工程、水库枢纽工程、水电工程以及其他技术复杂的项目,中央在立项阶段决定参与投资的地方项目,全国重点或总投资2亿元以上的病险水库(闸)除险加固工程,省际边界工程由水利部或流域机构审批。

其他地方项目的初步设计由省级水行政主管部门审批。

5. 设计变更

2012年水利部制定出台了《水利工程设计变更管理暂行办法》(水规计〔2012〕93号),将设计变更分为重大设计变更和一般设计变更,要求设计变更须严格履行变更审批程序。其中,一般设计变更由项目法人审批,重大设计变更报原审批单位进行审批。

（二）工程实施阶段

1. 施工准备

2017 年 4 月水利部印发《关于调整水利工程建设项目施工准备条件的通知》（水建管〔2017〕177 号），决定对水利工程建设项目施工准备开工的条件调整为：项目可行性研究报告已经批准，环境影响评价文件等已经批准，年度投资计划已下达或建设资金已落实，项目法人即可开展施工准备，开工建设。

水利工程建设项目施工准备的主要内容包括：①开展征地、拆迁；②实施施工用水、用电、通信、进场道路和场地平整等工程；③实施必需的生产、生活临时建筑工程；④实施经批准的应急工程、实验工程等专项工程；⑤组织招标设计、咨询、设备和物资采购等服务；⑥组织相关监理招标；⑦组织主体工程招标的准备工作等。

2. 建设实施

建设实施阶段是指主体工程的建设实施，项目法人按照批准的建设文件，组织工程建设，保证项目建设目标的实现。根据《水利部关于取消三项水利部行政许可项目的公告》（2013 年第 35 号），取消了水利工程开工审批。为了明确水利工程开工审批取消后的管理措施，做好衔接工作，加强后续监管，以保障水利工程建设质量，水利部《关于水利工程开工审批取消后加强后续监管工作的通知》（水建管〔2013〕331 号）规定对水利工程开工实行“备案制”，即水利工程具备开工条件后，由项目法人自主确定工程开工，但项目法人应当自工程开工之日起 15 个工作日内，将开工情况的书面报告报项目主管单位和上一级主管单位备案，以便监督管理。

水利工程开工需要具备的条件：项目法人已设立，初步设计已批准，施工详图设计满足主体工程施工需要，建设资金已落实，主体工程施工、监理单位已按规定选定并依法签订了合同，工程阶段验收、竣工验收主持单位已明确，质量安全监督手续已办理，主要设备和材料已落实来源，施工准备和征地移民工作满足主体工程开工需要等。

（三）竣工投产阶段

1. 生产准备

生产准备是项目投产前所要进行的一项重要工作，是建设阶段转入生产经营的必要条件。项目法人应当按照建管结合和项目法人责任制的要求，适时做好有关生产准备工作。生产准备工作的主要内容包括生产组织准备、生产人员准备、生产技术准备、生产物资准备、生产生活福利设施准备、生产资金准备等。

2. 竣工验收

竣工验收是工程完成建设目标的标志，是全面考核基本建设成果、检验设计和工程施工质量的重要步骤。竣工验收合格后的项目即从基本建设转入生产或使用。

3. 后评价

项目竣工投产后，一般经过 1 ~ 2 年生产运营后，要进行项目的后评价工作，主要内容包括影响评价、经济效益评价、过程评价等。项目后评价一般按三个层次组织实施，即项目法人的自我评价、项目行业的评价、发改部门的评价。

四、水利工程项目建设管理体制

水利部《水利工程建设项目管理规定》（水建〔1995〕128 号）第五条指出：水利工程建

设要推行项目法人责任制、招标投标制和建设监理制。积极推行项目管理。

经过几十年的探索、总结、发展,我国水利工程建设领域逐步形成了以项目法人责任制、招标投标制、建设监理制为核心的建设管理体制(系),以项目法人为核心的招标发包体系,以设计、施工、材料设备供应为核心的投标承包体系,以监理单位为核心的技术咨询服务体系,构筑了当前工程项目建设管理的基本格局。其目的在于促进参与工程建设的项目法人、承包人、监理单位三元主体,应用现代项目管理科学的、系统的方法,确保工程质量,缩短建设工期,提高投资效益,最优实现项目目标。

任务二　水利工程建设监理法规基本知识

一、我国法律规范的形式

我国法律规范的主要形式是规范性文件。规范性文件是相对于非规范性文件而言的。规范性文件是指国家机关在其权限范围内,按照法定程序制定和颁布的含有一定普遍约束力的行为规则的文件。广义的规范性文件是指属于法律范畴(即宪法、法律、行政法规、地方法规、规章等)的立法性文件和除此以外的由国家机关和其他团体、组织制定的具有约束力的非立法性文件的总和。通常所说的规范性文件指狭义的规范性文件,是指法律范畴以外的其他具有约束力的非立法性文件。

在我国,由于制定规范性文件的国家机关不同,文件的名称和法律效力也不同,依效力由高到低,依次分为宪法、法律、行政法规、地方性法规、规章等。

(一)宪法

我国的宪法以法律的形式确认了我国各族人民奋斗的成果,规定了我国的根本制度和根本任务、公民的基本权利和义务,以及国家机关等,是我国的根本法,具有最高的法律效力。全国各族人民、一切国家机关和武装力量、各政党和各社会团体、各企业事业组织,都必须以宪法为根本的活动准则,并且负有维护宪法尊严、保证宪法实施的职责。

(二)法律

法律分为基本法律和其他法律。基本法律是指由全国人民代表大会制定和修改的刑事、民事、国家机构的法律。其他法律是指全国人民代表大会常务委员会制定和修改除应由全国人民代表大会制定的法律。

(三)行政法规

行政法规指国务院根据宪法和法律而制定的规范性文件。行政法规由国务院组织起草,其决定程序依照《中华人民共和国国务院组织法》的有关规定处理,一般经国务院常务会议审议通过,由国务院总理签署国务院令发布、施行。

(四)地方性法规、自治条例和单行条例

1. 地方性法规

地方性法规包括省级地方性法规和较大的市地方性法规,由省、自治区、直辖市和较大的市的人民代表大会及常务委员会,根据各自行政区域的具体情况和实际需要制定。

2. 自治条例和单行条例

自治条例和单行条例是由民族自治地方(如自治区、自治州、自治县)的人民代表大

会，依照当地民族的政治、经济和文化特点制定。

（五）规章

1. 部门规章

部门规章是指由国务院各部、委员会、中国人民银行、审计署和具有行政管理职能的直属机构，依据法律和国务院行政法规，在本部门的权限范围内制定的规范性文件。部门规章应经部务会议或者委员会会议决定，由部门首长签署命令予以公布。

2. 地方政府规章

地方政府规章是指由省、自治区、直辖市和较大的市的人民政府，根据法律、行政法规和本省、自治区、直辖市和较大的市的地方性法规制定的规范性文件。地方政府规章应经政府常务会议或全体会议决定，由省长或自治区主席或市长签署命令予以公布。

二、水利工程建设监理法规体系

（一）法律关系

人们在社会生活的各个领域结成广泛的社会关系。法律关系是由法律规范所调整的社会关系，具体表现为法律上的权利义务关系。各种不同的社会关系需要各种不同的法律规范去调整，从而形成各种不同的法律关系。我国的法律关系主要包括行政法律关系、民事法律关系和刑事法律关系等。

（二）水法规体系

1988 年 1 月 21 日，第六届全国人民代表大会常务委员会第二十四次会议审议通过并颁布的《中华人民共和国水法》，是新中国第一部规范水事活动的法律，标志着我国水利事业走上法制化轨道。根据水利部拟定的《水法规体系总体规划》，水法规体系主要涉及水资源开发利用和保护、水土保持、防洪抗旱、工程建设管理和保护、经营管理、执法监督管理、其他等七个方面。

（三）水利工程建设监理法规体系

水利工程建设监理法规体系是由水利工程建设监理中所发生的各种社会关系（包括水利工程建设监理活动中的行政管理关系、经济协作及其相关关系的民事关系）、规范水利工程建设监理行为、监督管理水利工程建设监理活动的法律规范组成的有机统一整体，是水法规体系的一个重要组成部分。

水利工程建设监理法规体系具体由不同级别的国家机关、地方政府、水利行业管理部门制定的对水利工程建设监理具有一定的普遍约束力的文件组成。按照法律效力高低的不同，可分为法律、法规和规章等；按照文件作用的不同，可分为综合性法律法规、建设管理体制法规、建设项目前期工作法规、建设资金管理法规、建设项目执法监督稽查法规、工程质量与安全管理法规、工程验收法规、资质资格管理法规和其他等。

三、综合性法律、法规

（一）法律

1.《中华人民共和国水法》

1988 年 1 月 21 日第六届全国人民代表大会常务委员会第 24 次会议通过；2002 年 8

月29日第九届全国人民代表大会常务委员会第二十九次会议修订通过;根据2009年8月27日第十一届全国人民代表大会常务委员会第十次会议通过的《全国人民代表大会常务委员会关于修改部分法律的决定》修改;根据2016年7月2日第十二届全国人民代表大会常务委员会第二十一次会议通过的《全国人民代表大会常务委员会关于修改〈中华人民共和国节约能源法〉等六部法律的决定》修改;修改后的《水法》分八章(共82条):第一章总则,第二章水资源规划,第三章水资源开发利用,第四章水资源、水域和水工程的保护,第五章水资源配置和节约使用,第六章水事纠纷处理与执法监督检查,第七章法律责任,第八章附则。

2.《中华人民共和国防洪法》

1997年8月29日第八届全国人民代表大会常务委员会第二十七次会议通过;根据2009年8月27日第十一届全国人民代表大会常务委员会第十次会议《关于修改部分法律的决定》第一次修正;根据2015年4月24日第十二届全国人民代表大会常务委员会第十四次会议《关于修改〈中华人民共和国港口法〉等七部法律的决定》第二次修正;根据2016年7月2日第十二届全国人民代表大会常务委员会第二十一次会议《关于修改〈中华人民共和国节约能源法〉等六部法律的决定》第三次修正。修正后的《防洪法》分八章(共65条):第一章总则,第二章防洪规划,第三章治理与防护,第四章防洪区和防洪工程设施的管理,第五章防汛抗洪,第六章保障措施,第七章法律责任,第八章附则。

3.《中华人民共和国环境保护法》

1989年12月26日经第七届全国人民代表大会常务委员会第十一次会议通过并颁布实施;2014年4月24日第十二届全国人民代表大会常务委员会第八次会议修订,自2015年1月1日起施行。修订后的《环境保护法》分七章(共70条):第一章总则,第二章监督管理,第三章保护和改善环境,第四章防治污染和其他公害,第五章信息公开和公众参与,第六章法律责任,第七章附则。

4.《中华人民共和国水土保持法》

1991年6月29日经第七届全国人民代表大会常务委员会第二十次会议通过并颁布实施;2010年12月25日第十一届全国人民代表大会常务委员会第十八次会议修订,自2011年3月1日起施行。修订后的《水土保持法》分七章(共60条):第一章总则,第二章规划,第三章预防,第四章治理,第五章监测和监督,第六章法律责任,第七章附则。

5.《中华人民共和国水污染防治法》

1984年5月11日第六届全国人民代表大会常务委员会第五次会议通过;根据1996年5月15日第八届全国人民代表大会常务委员会第十九次会议《关于修改〈中华人民共和国水污染防治法〉的决定》第一次修正;2008年2月28日第十届全国人民代表大会常务委员会第三十二次会议通过;根据2017年6月27日第十二届全国人民代表大会常务委员会第二十八次会议《关于修改〈中华人民共和国水污染防治法〉的决定》第二次修正;修正后的《水污染防治法》分八章(共103条):第一章总则,第二章水污染防治的标准和规划,第三章水污染防治的监督管理,第四章水污染防治措施,第五章饮用水水源和其他特殊水体保护,第六章水污染事故处置,第七章法律责任,第八章附则。

6.《中华人民共和国合同法》

1999 年 3 月 15 日第九届全国人民代表大会常务委员会第二次会议通过,自 1999 年 10 月 1 日起施行。《合同法》包括总则、分则、附则三部分。总则分八章(共 129 条):第一章一般规定,第二章合同的订立,第三章合同的效力,第四章合同的履行,第五章合同的变更和转让,第六章合同的权利义务和终止,第七章违约责任,第八章其他规定。分则分十五章(共 298 条),分别介绍了 15 种合同的法律规定。附则规定《合同法》自 1999 年 10 月 1 日起施行。

7.《中华人民共和国招标投标法》

1999 年 8 月 30 日第九届全国人民代表大会常务委员会第十一次会议通过,自 2000 年 1 月 1 日起施行。《招投标法》分六章(共 68 条):第一章总则,第二章招标,第三章投标,第四章开标、评标和中标,第五章法律责任,第六章附则。

(二)法规和规章

1.《贯彻质量发展纲要提升水利工程质量的实施意见》

为深入贯彻落实国务院《质量发展纲要(2011—2020 年)》(简称《质量发展纲要》),水利部印发了《贯彻质量发展纲要提升水利工程质量的实施意见》(水建管〔2012〕581 号,简称《实施意见》),要求以科学发展观为指导,深入贯彻落实党的十八大、中央关于加快水利改革发展的决定和《质量发展纲要》精神,牢固树立质量第一、安全为先的理念,进一步强化质量意识,完善管理机制,落实主体责任,加强政府监督,全面提升水利建设质量管理工作能力和水平,确保水利工程质量、安全和效益,为促进经济社会又好又快发展提供强有力的水利支撑和保障。

《实施意见》确定的基本原则是:①坚持以人为本。把以人为本作为质量管理工作的价值导向,不断提高水利工程质量水平,更好地保障和改善民生。②坚持安全为先。把安全为先作为质量管理工作的基本要求,强化水利工程质量安全监管,切实保障广大人民群众的生命财产安全。③坚持诚信守法。把诚信守法作为质量管理工作的重要基石,完善水利工程质量诚信体系,营造诚实守信、公平竞争、优胜劣汰的市场环境。④坚持夯实基础。把夯实基础作为质量管理工作的保障条件,加快水利工程质量法规制度和技术标准建设,加强质量管理人才培养,不断完善有利于质量管理的体制机制。⑤坚持创新驱动。把创新驱动作为质量管理工作的强大动力,加快水利工程建设技术进步,增强创新能力,推动质量管理工作全面、协调、可持续发展。

《实施意见》确定的工作目标是:到 2015 年,水利工程质量整体水平保持稳中有升,重点骨干工程的耐久性、安全性、可靠性普遍增强;水利工程质量通病治理取得显著成效;大中型水利工程项目一次验收合格率达到 100%,其他水利工程项目一次验收合格率达到 98% 以上,人民群众对水利工程质量(特别是民生水利工程质量)满意度明显提高,水利工程质量投诉率显著下降,水利工程质量技术创新能力明显增强。

到 2020 年,水利工程质量水平全面提升,国家重点水利工程质量达到国际先进水平,人民群众对水利工程质量满意度显著提高。

在加强质量管理方面,《实施意见》明确要完善质量管理体制,加大政府对水利工程质量监督管理的力度,完善水利工程建设项目法人对水利工程质量负总责,勘察、设计、施工、监理及质量检测等单位依法各负其责的质量管理体系，构建政府监管、市场调节、企业主体、行业自律、社会参与的质量工作格局。在项目法人、勘察设计、施工、监理、质量检测、质量评定和验收、工程档案、质量保修、工程运行管理等方面，《实施意见》有针对性地提出了加强管理的具体措施。

在落实质量责任方面，《实施意见》明确：一要落实从业单位质量主体责任，项目法人、勘察、设计、施工、监理及质量检测等从业单位是水利工程质量的责任主体，项目法人对水利工程质量负总责，其他从业单位依法各负其责；二要落实从业单位领导人责任制，各单位的法定代表人或主要负责人对所承建项目的工程质量负领导责任；三要落实从业人员责任，勘察设计工程师、项目经理、总监理工程师等从业人员按照各自职责对工程质量负责；四要落实质量终身责任制，从业单位的工作人员按各自职责对其经手的工程质量负终身责任。

在加强监督管理方面，《实施意见》明确：一要加快质量法治建设，加快质量管理规章制度的制定和修订，形成覆盖广、内容全的水利工程质量管理规章制度体系，严格依法行政，加大水利工程质量执法力度；二要加强政府监督管理，各级水行政主管部门对水利工程质量负监管责任，按照分级负责的原则开展水利工程质量监督工作，推行质量分类监管和差别化监管，提高监管工作的针对性和有效性；三要加强质量风险管理，开展质量隐患大排查，提升风险防范能力，有效预防、及时控制和消除水利工程质量事故的危害；四要推进质量诚信体系建设，加大对质量失信惩戒力度，健全诚信奖惩机制；五要严厉打击质量违法行为，深挖细查背后隐藏的违纪违法问题；六要开展水利工程质量管理年活动，形成全行业重视质量发展的浓厚氛围。

在夯实质量基础方面，《实施意见》明确：一要健全技术标准体系，加快质量标准体系建设，切实提高标准的目的性、实用性和协调性；二要推进信息化建设，实现水利工程质量动态监控、管理，提高质量控制和质量管理的信息化水平；三要加强质量文化建设，努力形成政府重视质量、企业追求质量、行业崇尚质量、人人关心质量的良好氛围；四要鼓励质量技术创新，促进全国水利工程质量技术水平的进一步提升；五要建立质量激励机制，引导水利行业树立重质量、讲诚信、树品牌的理念。

在加强队伍建设方面，《实施意见》明确：一要加强质量监督机构能力建设，使监督机构数量、专业、人员规模与水利建设规模相适应，建立责权明确、行为规范、执法有力的质量监管队伍；二要加强专业技术执业人员能力建设，努力造就一批经验丰富、技术过硬的设计、施工、监理、质量检测工程师队伍，完善人才技术保障体系；三要加强一线人员质量教育培训，提高一线从业人员的质量意识和准确应用工程建设标准的技能，推动全行业人员素质得到整体提升。

在加强组织实施方面，《实施意见》明确：一要强化组织领导；二要完善配套政策；三要狠抓工作落实；四要强化检查考核。

2.《关于加强公益性水利工程建设管理的若干意见》

2000年5月20日，国家计委、财政部、水利部、建设部向国务院报送了《关于加强公益性水利工程建设管理的若干意见》(简称《若干意见》)。2000年7月1日国务院以国发〔2000〕20号发出通知，批准转发了《若干意见》，要求各省、自治区、直辖市人民政府，国务院各部委、各直属机构认真贯彻执行。

《若干意见》共分七个部分，即建立健全水利工程建设项目法人责任制；加强水利工程项目的前期工作，加强水利工程建设的施工组织，严格水利工程建设项目验收制度，加强水利工程建设项目的计划与资金管理，加强对水利工程建设的检查监督，其他。

3.《水利工程建设项目管理规定》

1995年4月21日，水利部水建〔1995〕128号发布，根据2014年8月19日水利部令第46号修订；根据2016年8月1日水利部令第48号第二次修订。

4.《水利工程建设程序管理暂行规定》

1998年1月7日，水利部水建〔1998〕16号印发；根据2014年8月19日水利部令第46号修订；根据2016年8月1日水利部令第48号第二次修订。该规定共15条，明确了水利工程建设程序一般分为项目建议书、可行性研究报告、施工准备、初步设计、建设实施、生产准备、竣工验收、后评价等阶段。

5.《水利工程建设监理规定》

为规范水利工程建设监理活动，确保工程建设质量，根据《中华人民共和国招标投标法》《建设工程质量管理条例》《建设工程安全生产管理条例》等法律法规，结合水利工程建设实际，制定了《水利工程建设监理规定》(水利部令第28号)。该规定已经2006年11月9日水利部部务会议审议通过，自2007年2月1日起施行，分六章(共39条)：第一章总则，第二章监理业务委托与承接，第三章监理业务实施，第四章监督管理，第五章罚则，第六章附则。

四、建设管理体制有关的法律、法规和规章

在《水利工程建设项目管理规定》中明确了水利工程建设要推行项目法人责任制、招标投标制和建设监理制等“三项制度”。实行“三项制度”有关的法律、法规和规章主要有：

(1)《关于实行建设项目法人责任制的暂行规定》(计建设〔1996〕673号)。

(2)《水利工程建设项目实行项目法人责任制的若干意见》(水建〔1995〕129号)。

(3)《关于在水利工程实行项目法人责任制整改工作的通知》(建管综〔1999〕3号)。

(4)《关于加强公益性水利工程建设管理的若干意见》(国发〔2000〕20号)。

(5)《水利工程建设项目管理规定》。

(6)《水利工程建设监理规定》(水利部令第28号)。

(7)《中华人民共和国招标投标法》(1999年8月30日经第九届全国人民代表大会常务委员会第十一次会议通过，2000年1月1日起施行)。

(8)《中华人民共和国招标投标法实施条例》(国务院令第613号，2011年11月30日国务院第183次常务会议通过，自2012年2月1日起施行)。

(9)《水利工程建设项目招标投标管理规定》(2001年10月29日水利部令第14号)。

(10)《关于国务院有关部门实施招标投标活动行政监督的职责分工的意见》(国办发〔2000〕34号)。

(11)《工程建设项目招标范围和规模标准规定》(国家发展计划委员会令第3号)。

(12)《招标公告发布暂行办法》(国家发展计划委员会令第4号)。

(13)《工程建设项目自行招标办法》(国家发展计划委员会令第5号)。

(14)《建设项目可行性研究报告增加招标内容以及核准招标事项暂行规定》(国家发展计划委员会令第3号)。

(15)《评标委员会和评标方法暂行规定》(国家发展计划委员会、国家经济贸易委员会、建设部、铁道部、交通部、信息产业部、水利部令第12号)。

(16)《工程建设项目施工招标投标办法》(国家发展计划委员会、建设部、铁道部、交通部、信息产业部、水利部、民用航空总局、国家广电总局令第30号)。

(17)《工程建设项目勘察设计招标投标办法》(国家发展计划委员会、建设部、铁道部、交通部、信息产业部、水利部、民用航空总局、国家广电总局令第2号)。

(18)《水利工程建设项目重要设备材料采购招标投标管理办法》(水建管〔2002〕585号)。

(19)《水利工程建设项目监理招标投标管理办法》(水建管〔2002〕587号)。

(20)《水利工程建设项目施工分包管理暂行规定》(水建管〔1998〕481号)。

(21)《国务院办公厅关于进一步规范招投标活动的若干意见》(国办发〔2004〕56号)。

(22)《关于印发水利水电工程标准施工招标资格预审文件和水利水电工程标准施工招标文件通知》(水建管〔2009〕629号)。

五、建设前期工作有关的法律、法规和规章

《水利工程建设项目管理规定》第十一条规定,建设前期包括项目建议书、可行性研究报告和初步设计(或扩大初步设计)。建设前期工作有关的法律、法规和规章主要有:

(1)《水利工程建设项目管理规定》。

(2)《水利工程建设程序管理暂行规定》(水建〔1998〕16号)。

(3)《河道管理范围内建设项目管理的有关规定》(水政〔1992〕7号)。

(4)《堤防工程建设计划管理暂行办法》(水规计〔1997〕27号)。

(5)《大型重点险库项目除险加固建设管理办法》(计投资〔1998〕1182号)。

(6)《病险水库除险加固工程项目建设管理办法》(发改办农经〔2005〕806号附件一)。

(7)《关于进一步做好病险水库除险加固工作的通知》(水建管〔2008〕49号)。

(8)《关于加强重点小型病险水库除险加固项目建设管理的指导意见》(水建管〔2008〕348号)

(9)《农村饮水安全项目建设管理办法》(发改农经〔2007〕1752号)。

(10)《水土保持工程建设管理办法》(发改投资〔2007〕1686号)。

(11)《大型灌区节水续建配套项目建设管理办法》(发改投资〔2005〕1506号)。

(12)《中央财政小型农田水利重点县建设管理办法》(财农〔2009〕336号)。

(13)《水利水电工程项目建议书编制规程》(SL 617—2013)。

(14)《水利水电工程可行性研究报告编制规程》(SL 618—2013)。

(15)《水利水电工程初步设计报告编制规程》(SL 619—2013)。

(16)《水利水电工程设计概(估)算编制规定》(水总〔2002〕116号)。

六、建设项目资金管理有关的法律、法规和规章

水利建设项目资金管理有关的法律、法规和规章主要有:

(1)《水利前期工作投资计划管理办法》(水规计〔1999〕333号)。

(2)《关于加强水利项目财政预算内专项资金管理暂行办法》(计投资〔1998〕1504号)。

(3)《中央水利建设基金财务管理暂行办法》(财农字〔1997〕158号)。

(4)《水利基本建设资金管理办法》(财基字〔1999〕139号)。

(5)《国债转贷地方政府管理办法》(财预字〔1998〕267号)。

(6)《预算外资金管理实施办法》(财基字〔1996〕104号)。

(7)《财政基本建设支出预算管理办法》(财基字〔1999〕30号)。

(8)《建设项目审计处理暂行规定》(审投发〔1996〕105号)。

(9)《大江大河大湖治理资金审计监督实施办法》(水审〔1995〕60号)。

(10)《关于建设项目工程预(结)算、竣工决算审查管理工作的通知》(财基字〔1998〕766号)。

(11)《财政部委托审价机构审查工程预(结)算、竣工决算管理办法》(财基字〔1999〕1号)。

(12)财政部、建设部《建设工程价款结算暂行办法》(财建〔2004〕369号)。

(13)《水利基本建设项目竣工财务决算编制规程》(SL 19—2008)。

(14)水利部《重点小型病险水库除险加固项目基本建设财务管理指导意见》(水财务〔2008〕494号)。

七、建设项目执法监督稽查有关的法律、法规和规章

水利建设项目执法监督稽查有关的法律、法规和规章主要有:

(1)《水利基本建设项目稽查暂行办法》(水利部令第11号)。

(2)《国家重大建设项目稽查办法》(国办发〔2000〕54号)。

(3)《重大建设项目违规问题举报办法(试行)》(计稽查〔1999〕404号)。

八、工程质量与安全管理有关的法律、法规和规章

水利工程质量与安全管理有关的法律、法规和规章主要有:

(1)《建设工程质量管理条例》(国务院令第279号)。

(2)《水利工程质量管理规定》(水利部令第7号)。

(3)《水利工程质量监督管理规定》(水建〔1997〕339号)。

(4)《水利工程质量检测管理规定》(水利部令第36号)。

(5)《水利工程质量事故处理暂行规定》(水利部令第9号)。

(6)《国务院办公厅关于加强基础设施工程质量管理的通知》(国办发〔1999〕16号)。

(7)《中华人民共和国安全生产法》(2002年6月29日经第九届全国人民代表大会常务委员会第二十八次会议通过,2002年11月1日起施行)。

(8)《建设工程安全生产管理条例》(国务院令第393号)。

(9)《水利工程建设安全生产管理规定》(水利部令第26号)。

(10)《水利工程建设安全生产监督检查导则》(水安监〔2011〕475号)。

(11)《民用爆炸物品安全管理条例》(国务院令第466号)。

(12)《水利水电工程施工通用安全技术规范》(SL 398—2007)。

(13)《水利水电工程土建施工安全技术规程》(SL 399—2007)。

(14)《水利水电工程金属结构与机电设备安装安全技术规程》(SL 400—2007)。

(15)《水利水电工程施工作业人员安全操作规程》(SL 401—2007)。

(16)《水利工程建设重大质量与安全事故应急预案》(水建管〔2006〕202号)。

(17)《水利工程建设标准强制性条文管理办法(试行)》(水国科〔2012〕546号)。

(18)《关于发布2010年版〈工程建设标准强制性条文〉(水利工程部分)的通知》(建标〔2011〕60号)。

(19)《高危行业企业安全生产费用财务管理暂行办法》(财企〔2006〕478号)。

九、工程验收有关的法律、法规和规章

水利工程验收有关的法律、法规和规章主要有:

(1)《水利工程建设项目验收管理规定》(水利部令第30号)。

(2)《水利水电工程施工质量检验与评定规程》(SL 176—2007)。

(3)《水利水电建设工程验收规程》(SL 223—2008)。

(4)《水利水电工程单元工程施工质量验收评定标准》(SL 631~637—2012、SL 638~639—2013)。

(5)《开发建设项目水土保持设施验收管理办法》(2002年10月14日水利部令第16号发布,2005年7月8日水利部令第24号修正)。

(6)《节水灌溉增效示范项目验收管理办法》(水利部办公厅办农水〔2008〕119号)。

(7)《水利水电建设工程蓄水安全鉴定暂行办法》(水建管〔1999〕177号)。

(8)《水利工程建设项目档案管理规定》(水办〔2005〕480号)。

(9)《水利工程建设项目档案验收管理办法》(水办〔2008〕366号)。

十、资质资格管理有关的法律、法规和规章

水利行业勘测设计、施工、监理资质资格管理有关的法律、法规和规章主要有:

(1)《建设工程勘察设计资质管理规定》(建设部令第160号)。

(2)《工程勘察资质分级标准》(建设〔2001〕22号)。

(3)《工程设计资质分级标准(水利行业)》(建设〔2001〕22号)。

(4)《工程勘察、工程设计资质分级标准补充规定》(建设〔2001〕178号)。

(5)《建筑业企业资质管理规定》(建设部令第159号)。

(6)《建筑业企业资质等级标准(水利水电施工企业部分)》(建设〔2001〕82号)。

(7)《水利工程建设监理单位资质管理办法》(水利部令第29号)。

(8)《关于修改〈水利工程建设监理单位资质管理办法〉的决定》(水利部令第40号)。

(9)《水利工程建设监理工程师注册管理办法》(水建管〔2006〕600号)。

(10)《注册建筑师条例》(国务院令第184号)。

(11)《注册建筑师条例实施细则》(建设部令第167号)。

(12)《注册结构工程师职业资格制度暂行规定》(建设部、人事部建设〔1997〕222号)。

(13)《水利工程造价工程师资格管理暂行办法》(水建管〔1999〕590号)。

(14)《水利工程建设监理人员资格管理办法》(中水协〔2007〕3号)。

(15)《关于进一步加强水利水电工程施工企业主要负责人、项目负责人和专职安全生产管理人员安全生产考核工作的通知》(水利部办公厅办安监〔2010〕348号)。

任务三　建设监理制

一、建设监理制概述

建设监理制度是国际上通行的做法,这主要体现在一些国际通用的工程合同文件中。实施建设监理制度是我国工程建设与国际惯例接轨的一项重要工作,也是我国建设领域管理体制改革的重要举措,是我国在建设领域推行的“三项制度”改革的内容之一。

20世纪80年代中后期,随着我国建设管理体制改革的不断深化和按国际惯例实施工程建设的需要,出现了建设工程监理。我国的工程建设监理制度起源于我国第一个世界银行贷款项目鲁布革水电站引水工程(1982~1990年)。建设部于1988年7月发布了《关于开展建设监理工作的通知》,明确提出要建立建设监理制度,并开始组织建设监理制试点。1998年3月实施的《中华人民共和国建筑法》第三十条规定“国家推行建筑工程监理制度”,标志着建设工程监理在我国全面推行。

工程建设监理在我国的发展过程大致可分为如下三个阶段。

(一)监理试运作期(1988~1992年)

这一时期,监理对象大多为国家、地方重点工程项目,如水利水电、高速公路、城市标志性工程等。监理方式主要为自行监理,即由业主直接派出人员组建监理。

(二)监理维护时期(1992~1998年彩虹桥事件之前)

这一时期,监理对象除一些重点工程外,还有一些具有一定规模、投资相对较大的工程项目,如市政工程、高层建筑、小区开发等。监理队伍发展较快,社会监理机构发展迅速,监理方式除自行监理外,开始委托社会化独立的监理单位。

1999年年初发生了“彩虹桥事件”。彩虹桥位于重庆市綦江县(区)古南镇綦河上,是一座连接新旧城区的跨河人行桥。该桥为中承式钢管混凝土提篮拱桥,桥长140 m,主拱净跨120 m,桥面总宽6 m,净宽5.5 m。该桥在未向有关部门申请立项的情况下,于

1994 年 11 月 5 日开工，1996 年 2 月竣工，施工中将原设计沉井基础改为扩大基础，基础均嵌入基石中。主拱钢管由重庆通用机械厂劳动服务部加工成 8 m 长的标准节段，主拱钢管在标准节段没有任何质量保证资料且未经验收的情况下焊接拼装合龙。钢管拱成型后管内分段用混凝土填注。桥面由吊杆、横梁及门架支承，吊杆锚固采用群锚体系，锚具型号为 YCMl5－3。1996 年 3 月 15 日该桥未经法定机构验收核定即投入使用，建设耗资 418 万元。

1999 年 1 月 4 日 18 时 50 分，30 余名群众正行走在彩虹桥上，另有 22 名驻綦武警战士进行训练，由西向东列队跑步至桥上约 2/3 处时，整座大桥突然垮塌，桥上群众和武警战士全部坠入綦河中，经奋力抢救，14 人生还，40 人（其中武警战士 18 名、群众 22 名）遇难死亡，直接经济损失 631 万元。

彩虹桥垮塌的直接原因：①吊杆锁锚问题。主拱钢绞线锁锚方法错误，不能保证钢绞线有效锁定及均匀受力，锚头部位的钢绞线出现部分或全部滑出，使吊杆钢绞线锚固失效。②主拱钢管焊接问题。主拱钢管在工厂加工中，对接焊缝普遍存在裂纹、未焊透、未熔合、气孔、夹渣等严重缺陷，质量达不到施工及验收规范规定的二级焊缝验收标准。③钢管混凝土问题。主钢管内混凝土强度未达设计要求，局部有漏灌现象，在主拱肋板处甚至出现 1 m 多长的空洞。吊杆的灌浆防护也存在严重质量问题。④设计问题。设计粗糙，随意更改。施工中对主拱钢结构的材质、焊接质量、接头位置及锁锚质量均无明确要求。在成桥增设花台等荷载后，主拱承载力不能满足相应规范要求。⑤桥梁管理不善。吊杆钢绞线锚固加速失效后，西桥头下端支座处的拱架钢管就产生了陈旧性破坏裂纹，主拱受力急剧恶化，已成一座危桥。

彩虹桥垮塌的间接原因：①建设过程严重违反基本建设程序。未办理立项及计划审批手续，未办理规划、国土手续，未进行设计审查，未进行施工招投标，未办理建筑施工许可手续，未进行工程竣工验收。②设计、施工主体资格不合格。私人设计，非法出图；施工承包主体不合法；挂靠承包，严重违规。③管理混乱。个别领导行政干预过多，对工程建设的许多问题擅自决断，缺乏约束监督；建设业主与县建设行政主管部门职责混淆，责任不落实，工程发包混乱，管理严重失职；工程总承包关系混乱，总承包单位在履行职责上严重失职；施工管理混乱，设计变更随意，手续不全，技术管理薄弱，责任不落实，关键工序及重要部位的施工质量无人把关；材料及构配件进场管理失控，不按规定进行实验检测，外协加工单位加工的主拱钢管未经焊接质量检测合格就交付施工方使用；质监部门未严格审查项目建设条件就受理质监委托，且未认真履行职责，对项目未经验收就交付使用的错误做法未有效制止；工程档案资料管理混乱，无专人管理；未经验收，强行使用。

彩虹桥事故教训：①开展工程质量大检查。事故发生后，重庆市各相关单位在全市开展了以资质是否相符、程序是否合法、质量是否合格为重点的拉网式工程质量大检查，对存在质量和安全问题的在建和已建成工程，做到查出一件，彻底整改一件，该停建的项目必须坚决停建，该取消资质的必须坚决取消，该撤换责任人的必须立即撤换，对已建成而存在质量、安全隐患的建（构）筑物要立即停止使用，并着手进行处理。②重点整顿綦江县建筑市场，规范建设各方主体行为。针对该县建筑市场混乱无序，建设各方主体行为极不规范的现状，重庆市帮助县里解决管理中的根本问题和薄弱环节，督促县建委整顿建筑市场。③进一步加强建筑市场和施工现场的管理。重庆市严格执行项目法人责任制、招标投标制、合同管理制和工程监督制，坚持政企分开，坚持重大问题集体决定，不允许任何个人干扰工程项目的公开、公平、公正招投标。对不符合规定要求的建设项目，一经发现，立即停止拨款。

（三）监理强制性维护时期（1999 年至今）

这一时期，监理对象不管工程大小，只要涉及人民的生命、财产安全的必须实行监理制。监理方式主要是委托监理。

为加强建设监理制，水利部根据有关法律法规制定了水利工程建设监理规定和规范等，例如 2003 年颁发了《水利工程建设项目施工监理规范》（SL 288—2003），2006 年颁发了《水利工程建设监理规定》（水利部令第 28 号），2014 年将《水利工程建设项目施工监理规范》修订为《水利工程施工监理规范》（SL 288—2014）等。

二、工程建设监理的概念与内涵

（一）水利工程建设监理的概念

工程建设监理，就是监理的执行者，依据有关工程建设的法律法规和技术标准，综合运用法律、经济、技术手段，对工程建设参与者的行为及其职责权利，进行必要的协调与约束，促使工程建设的质量、进度和投资按计划实现，避免建设行为的随意性和盲目性，使工程建设目标得以最优实现。

按照水利部颁发的《水利工程建设监理规定》，水利工程建设监理是指具有相应资质的水利工程建设监理单位，受项目法人委托，按照监理合同对水利工程建设项目实施质量、进度、投资、合同、信息、安全、环保等的管理活动。水利工程建设监理按专业划分为水利工程施工监理、水土保持工程施工监理、机电及金属结构设备制造监理、水利工程建设环境保护监理。

（二）水利工程施工监理的概念

水利工程施工监理是指监理单位依据有关规定和合同约定，对水利工程施工、保修实施的监理。水利工程施工监理应依据国家和国务院水行政主管部门有关工程建设的法律、法规和规章，工程建设标准强制性条文（水利工程部分），经批准的工程建设项目设计文件，监理合同、施工合同等合同文件。

（三）工程建设监理的内涵

1. 针对工程项目建设实施的监督管理

工程建设监理是围绕着工程项目建设来展开的，离开了工程项目，就谈不上监理活动。监理单位代表项目法人的利益，依据法规、合同、科学技术、现代方法和手段，对工程项目建设进行程序化管理。

2. 行为主体是监理单位

建设工程监理单位是具有独立性、社会化、专业化等特点的专门从事工程建设监理和其他相关工程技术服务活动的经济组织。监理单位在工程建设中是独立的第三方，只有监理单位才能按照“公正、独立、自主”的原则，开展工程监理工作。建设行政主管部门对工程项目建设行为所实施的监督管理活动、项目业主所进行的管理、总承包单位对分包单位进行的监督管理,都不属于工程建设监理范畴。

3. 需要项目法人委托和授权

工程建设监理的实施需要项目法人委托和授权,这是由工程建设监理的特点所决定的,也是由建设监理制所规定的。工程建设监理不是一种强制性的,而是一种委托性的,这种委托与政府对工程建设的强制性监督有很大区别。只有监理合同中对工程监理企业进行委托与授权,工程监理企业才能在委托的范围内,根据建设单位的授权,对承建单位的工程建设活动实施科学管理。

4. 有明确依据的工程建设行为

工程建设监理实施的依据主要有国家和建设管理部门颁发的法律、法规、规章和有关政策,国家有关部门颁发的技术规范、技术标准,政府建设主管部门批准的工程项目建设文件,工程承包合同和其他工程建设合同。

5. 现阶段工程监理发生在建设实施阶段

鉴于目前工程监理工作在建设工程投资决策阶段和设计阶段尚未形成系统、成熟的经验,还需要通过实践进一步研究探索。现阶段我国工程监理主要发生在项目建设的实施阶段。

6. 微观性质的监督管理活动

政府职能部门从宏观上对工程建设进行管理,通过强制性的立法、执法来规范工程建设市场。工程监理属于微观层次,是针对一个具体的工程项目展开的,是紧紧围绕着工程建设项目的各项投资活动和生产活动进行的监督管理,注重具体工作的实际效益。

三、工程建设监理的性质

工程建设监理是市场经济的产物,是一种特殊的工程建设活动,它具有以下性质。

(一)服务性

服务性是工程建设监理的重要特征之一,是由监理的业务性质决定的。首先,监理单位是智力密集型的,它本身不是建设产品的直接生产者和经营者,它为项目法人提供的是智力服务。监理单位拥有一批多学科、多行业、具有长期从事工程建设工作的丰富实践经验、精通技术与管理、通晓经济与法律的高层次专门人才。一方面,监理单位的监理工程师通过工程建设活动进行组织、协调、监督和控制,保证建设合同的顺利实施,达到建设单位的建设意图;另一方面,监理工程师在工程建设合同的实施过程中,有权监督建设单位和承包单位必须严格遵守国家有关建设标准和规范,贯彻国家的建设方针和政策,维护国家利益和公众利益。从这一意义上理解,监理工程师的工作也是服务性的。另外,监理单位的劳动与相应的报酬是技术服务性的。监理单位与工程承包公司、房屋开发公司、建筑施工企业不同,它不像这类企业那样承包工程造价,不参与工程承包的盈利分配,它是按其支付脑力劳动量的大小而取得相应的监理报酬。因此,工程监理企业不具有建设工程重大问题的决策权,而只是在委托与授权范围内代表建设单位进行项目管理。工程建设监理的服务性使它与政府对工程建设行政性监督管理活动区别开来。

(二)独立性

独立性是工程建设监理的又一重要特征,其表现在以下几个方面:第一,监理单位在人际关系、业务关系和经济关系上必须独立,其单位和个人不得与工程建设的各方发生利益关系。我国建设监理有关规定指出,监理单位的“各级监理负责人和监理工程师不得是施工、设备制造和材料供应单位的合伙经营者,或与这些单位发生经营性隶属关系,不得承包施工和建材销售业务,不得在政府机关、施工、设备制造和材料供应单位任职”。之所以这样规定,正是为了避免监理单位和其他单位之间利益牵制,从而保持自己的独立性和公正性,这也是国际惯例。第二,监理单位与建设单位的关系是平等的合同约定关系。监理单位所承担的任务不是由建设单位随时指定,而是由双方事先按平等协商的原则确立于合同之中,监理单位可以不承担合同以外建设单位随时指定的任务。如果实际工作中出现这种需要,双方必须通过协商,并以合同形式对增加的工作加以确定。监理委托合同一经确定,建设单位不得干涉监理工程师的正常工作。第三,监理单位在实施监理的过程中,是处于工程承包合同签约双方,即建设单位和承建单位之间的独立一方,它以自己的名义,行使依法成立的监理委托合同所确认的职权,承担相应的职业道德责任和法律责任。

(三)公正性

公正性是监理单位和监理工程师顺利实施其职能的重要条件。监理成败的关键在很大程度上取决于能否与承包人以及项目法人良好的合作、相互支持、互相配合。而这一切都以监理的公正性为基础。公正性也是监理制对工程建设监理进行约束的条件。实施建设监理制的基本宗旨是建立适合社会主义市场经济的工程建设新秩序,为开展工程建设创造安定、协调的环境,为项目法人和承包人提供公平竞争的条件。建设监理制的实施,使监理单位和监理工程师在工程项目建设中具有重要的地位。所以,为了保证建设监理制的实施,就必须对监理单位和它的监理工程师制定约束条件。公正性要求就是重要的约束条件之一。公正性是监理制的必然要求,是社会公认的职业准则,也是监理单位和监理工程师的基本职业道德准则。公正性必须以独立性为前提。

(四)科学性

科学性是监理单位区别于其他一般服务性组织的重要特征,也是其赖以生存的重要条件。监理单位必须具有发现和解决工程设计和承包人所存在的技术与管理方面问题的能力,能够提供高水平的专业服务,所以它必须具有科学性。科学性必须以监理人员的高素质为前提,按照国际惯例,监理单位的监理工程师,都必须具有相当的学历,并有长期从事工程建设工作的丰富实践经验,精通技术与管理,通晓经济与法律,经权威机构考核合格并经政府主管部门登记注册,发给证书,才能取得公认的合法资格。监理单位不拥有一定数量这样的人员,就不能正常开展业务,也是没有生命力的。社会监理单位的独立性和公正性也是科学性的基本保证。

四、工程建设监理的目标、任务与内容

(一)工程建设监理的目标

工程建设监理的总目标是力求在计划的质量、投资和进度目标内实现建设项目的总目标;阶段目标是力求实现各阶段建设项目的目标。

（二）工程建设监理的任务

工程建设监理的中心任务是控制工程项目目标，也就是控制合同所确定的质量、投资和进度目标；具体任务是指建设各阶段的任务。中心任务的完成是通过各阶段具体的监理工作任务的完成来实现的。

（三）工程建设监理的内容

工程建设监理的内容主要是对建设项目进行质量控制、资金控制、进度控制、合同管理、信息管理、安全管理、组织协调等，简称为“三控制、三管理、一协调”。其中，质量控制和安全管理是前提，资金控制是保障，进度控制是关键，合同管理是中心，信息管理是手段，组织协调是保证。

1. 工程质量控制

1）原材料、构配件及设备的质量控制

工程所需的主要原材料、构配件及设备应由监理机构进行质量认定，其主要控制内容一般有：审核工程所用原材料、构配件及设备的出厂合格证或质量保证书；对工程原材料、构配件及设备在使用前需进行抽检或复试其实验的范围，按有关规定、标准的要求确定；凡采用新材料、新型制品，应检查技术鉴定文件；对重要原材料、构配件及设备的生产工艺、质量控制、检测手段等进行检查，必要时应到生产厂家实地进行考察，以确定供货单位；所有设备在安装前，应按相应技术说明书的要求进行质量检查，必要时还应由法定检测部门检测。

2）单元工程的质量控制

在一般情况下，主要的单元工程施工前，施工单位应将施工工艺、原材料使用、劳动力配置、质量保证措施等基本情况填写施工条件准备情况表报监理机构，监理机构应调查核实，经同意后方可开工。

单元工程施工过程中，应对关键部位随时进行抽检，抽检不合格的应通知施工单位整改，并要做好复查和记录。

所有单元工程施工，施工单位应在自检合格后，填写单元工程报验申请表，并附上单元工程评定表。若属隐蔽工程，还应将隐蔽工程报验单报监理机构，监理工程师必须严格按每道工序进行检查。经检查合格的，签发分项工程认可书。不合格的，给施工单位下达监理通知，指明整改项目。整改合格后，重新报验。

2. 工程资金控制

监理单位审核施工单位编制的工程项目各阶段及各年、季、月度资金使用计划，并控制其执行，熟悉设计图纸、招标文件、标底（合同价），分析合同价构成因素，找出工程费用中最易突破的部分，从而明确投资控制的重点，预测工程风险及可能发生索赔的原因，制定防范性对策，严格执行付款审核签订制度，及时进行工程投资实际值与计划值的比较、分析，严格履行计量与支付程序，及时对质量合格工程进行计量，及时审核签发付款证书等。

工程未经监理工程师签证，不得进行下一道工序的施工。设计单位的设计变更通知，应通知监理单位，监理工程师应核定费用及工期的增减，列入工程结算。

严格审核施工单位提交的工程结算书，公正地处理施工单位提出的索赔。

根据施工合同拟定的工程价款结算方式,由施工单位按已完工程进度填制工程价款等有关账单并报送监理单位,由总监理工程师对已完工程的数量、质量核实签证后,经建设单位同意,作为支付价款的依据。

3. 工程进度控制

工程进度控制的工作内容一般包括:

(1)审核施工单位编制的工程项目实施总进度计划。

(2)审核施工单位提交的施工进度计划,审核施工进度计划与施工方案的协调性和合理性等。

(3)审核施工单位提交的施工总平面布置图。

(4)审定材料、构配件及设备的采购供应计划。

(5)工程进度的检查,主要检查计划进度与实际进度的差异,实际工程量与计划工程量指标完成情况的一致性。

需要注意的是,工程建设项目质量、进度、投资三大目标是相互制约、相互影响的对立统一体。例如投资与进度的关系,加快进度往往要花很多钱,而加快进度提早投产就可能增加收入,提高投资效益。又如进度与质量的关系,加快进度有可能影响质量,而质量控制严格,不返工,则会加快进度。投资与质量的关系也是这样,提高质量可能要增加投资;而质量控制严了,可以减少经常的维护费用,提高投资效益。所以,工程建设项目的三大目标是相辅相成的、相互关联的,任何一个目标发生变化,都必将影响其他两个目标。为此,在对建设项目的目标实施控制的同时,应兼顾其他两个目标,以维持建设项目目标体系的整体平衡。良好的建设项目管理任务,就是要通过合理的组织、协调、控制和管理,达到质量、进度、投资整体最佳组合的目标。工程建设项目质量、进度、投资三者关系如图1-2所示(图中三角形内部表示三个目标之间的矛盾关系,三角形外部表示三个目标之间的统一关系)。

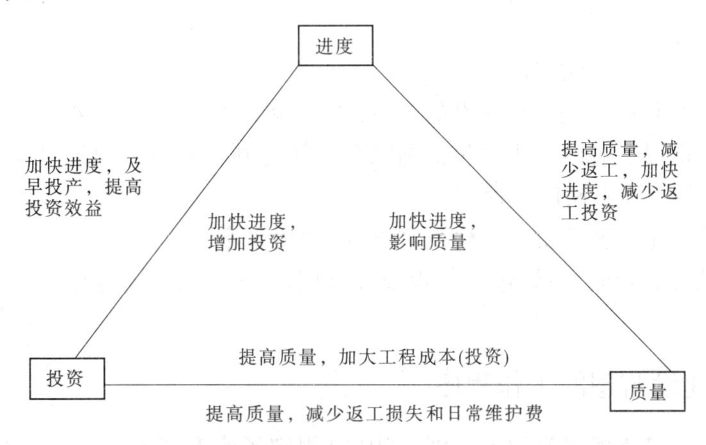

图1-2 工程建设项目质量、进度、投资三者关系图

4. 合同管理

合同管理是监理工作的主要内容。广义地讲,监理工作可概括为监理单位受项目法人的委托,协助项目法人组织工程项目建设合同的订立、签订,并在合同实施过程中管理合同。狭义的合同管理指合同文件管理、会议管理、支付、合同变更、违约、索赔及风险分担、合同争议协调等。

5.信息管理

信息管理是项目建设监理的重要手段。信息是反映客观事物规律的一种数据，是人们决策的重要依据。信息管理是项目工程监理的重要手段。只有及时、准确地掌握项目建设中的信息，严格、有序地管理各种文件、图纸、记录、指令、报告和有关技术资料，完善信息资料的接收、签发、归档和查询等制度，才能使信息及时、完整、准确和可靠地为工程监理提供工作依据，以便及时采取有效的措施，有效地完成监理任务。计算机信息管理系统是现代工程建设领域信息管理的重要手段。

6.安全管理

项目监理机构应当审查施工单位提出的施工组织设计中的安全技术措施或者专项施工方案是否符合工程建设强制性标准，并按照法律、法规和工程建设强制性标准对安全生产实施监理，对工程安全生产承担监理责任。

项目监理机构在实施监理过程中，发现存在质量缺陷和安全事故隐患的，应当要求施工单位整改；发现存在重大质量和安全事故隐患时，应当要求施工单位停工整改，并及时报告建设单位；施工单位拒不整改或者不停止施工的，项目监理机构应当及时向有关主管部门报告。

7.组织协调

在工程项目实施过程中，存在大量的组织协调工作，项目法人和承包商之间由于各自的经济利益和对问题的不同理解，就会产生各种矛盾和冲突；在项目建设过程中，多部门、多单位以不同的方式为项目建设服务，难以避免地会发生各种冲突。因此，监理工程师要及时、准确地做好协调工作，这是建设项目顺利进行的重要保证。

五、工程建设监理的依据

工程建设监理的主要依据是：

（1）国家和水利部有关工程建设的法律、法规、规章和强制性条文。

（2）技术规范、技术标准，主要包括国家有关部门颁发的设计规范、技术标准、质量标准及各种施工规范、施工操作规程等。

（3）政府建设主管部门批准的建设文件、设计文件等。

（4）依法签订的合同，主要包括工程设计合同、工程施工承包合同、物资采购合同及监理合同等。

六、工程建设监理的工作程序

《水利工程施工监理规范》（SL 288—2014）规定了水利工程施工监理的基本工作程序，叙述如下。

（1）依据监理合同组建监理机构，选派总监理工程师、监理工程师、监理员和其他工作人员。

（2）熟悉工程建设有关法律、法规、规章以及技术标准，熟悉工程设计文件、施工合同文件和监理合同文件。

(3)编制监理规划。

(4)进行监理工作交底。

(5)编制监理实施细则。

(6)实施施工监理工作。

(7)整理监理工作档案资料。

(8)参加工程验收工作,参加发包人与承包人的工程交接和档案资料移交。

(9)按合同约定实施缺陷责任期的监理工作。

(10)结清监理报酬。

(11)向发包人提交有关监理档案资料、监理工作报告。

(12)向发包人移交其所提供的文件资料和设施设备。

工程建设监理工作总流程如图1-3所示。

七、工程建设监理的工作方法

《水利工程施工监理规范》(SL 288—2014)规定了水利工程施工监理的主要工作方法,叙述如下。

(一)现场记录

监理机构记录每日施工现场的人员、原材料、中间产品、工程设备、施工设备、天气、施工环境、施工作业内容、存在的问题及其处理情况等。

(二)发布文件

监理机构采用通知、指示、批复、确认等书面文件开展施工监理工作。

(三)旁站监理

监理机构按照监理合同约定和监理工作需要,在施工现场对工程重要部位和关键工序的施工作业实施连续性的全过程监督、检查和记录。

(四)巡视检查

监理机构对所监理工程的施工进行定期或不定期的监督与检查。

(五)跟踪检测

监理机构对承包人在质量检测中的取样和送样进行监督。跟踪检测费用由承包人承担。

(六)平行检测

在承包人对原材料、中间产品和工程质量自检的同时,监理机构按照监理合同约定独立进行抽样检测,核验承包人的检测结果。平行检测费用由发包人承担。

(七)协调

监理机构依据合同约定对施工合同双方之间的关系以及工程施工过程中出现的问题和争议进行沟通、协商和调解。

八、工程建设监理的工作制度

《水利工程施工监理规范》(SL 288—2014)规定了水利工程施工监理的主要工作制

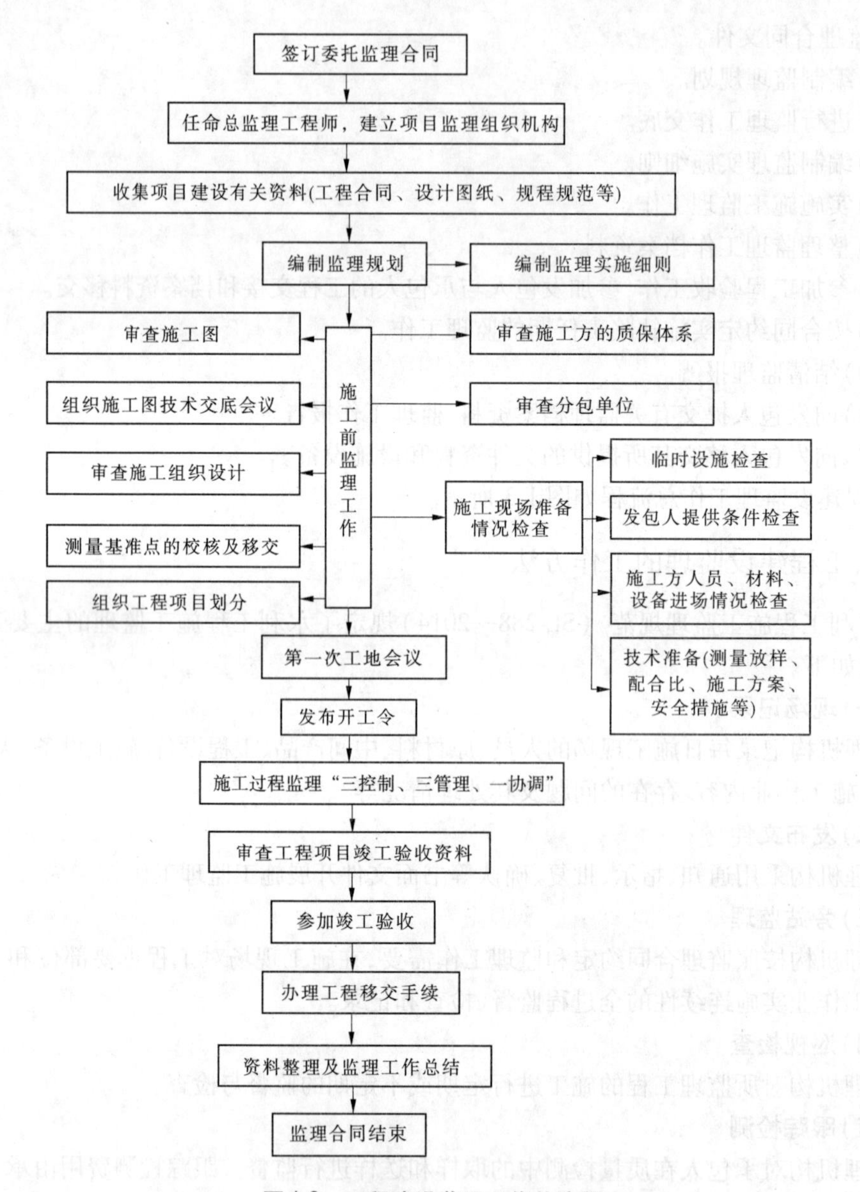

图1-3　工程建设监理工作总流程

度，叙述如下。

（一）技术文件核查、审核和审批制度

根据施工合同约定由发包人或承包人提供的施工图纸、技术文件以及承包人提交的开工申请、施工组织设计、施工措施计划、施工进度计划、专项施工方案、安全技术措施、度汛方案和灾害应急预案等文件，均应经监理机构核查、审核或审批后方可实施。

（二）原材料、中间产品和工程设备报验制度

监理机构应对发包人或承包人提供的原材料、中间产品和工程设备进行核验或验收。不合格的原材料、中间产品和工程设备不得投入使用，其处置方式和措施应得到监理机构的批准或确认。

（三）工程质量报验制度

承包人每完成一道工序或一个单元工程，都应经过自检。承包人自检合格后方可报监理机构进行复核。上道工序或上一单元工程未经复核或复核不合格，不得进行下道工序或下一单元工程施工。

（四）工程计量付款签证制度

所有申请付款的工程量、工作均应进行计量并经监理机构确认。未经监理机构签证的付款申请，发包人不得付款。

（五）会议制度

监理机构应建立会议制度，包括第一次监理工地会议、监理例会和监理专题会议。会议由总监理工程师或其授权的监理工程师主持，工程建设有关各方应派员参加。会议应符合下列要求：

（1）第一次监理工地会议。应在监理机构批复合同工程开工前举行，会议主要内容包括：介绍各方组织机构及其负责人，沟通相关信息，进行首次监理工作交底，合同工程开工准备检查情况。会议的具体内容可由有关各方会前约定，会议由总监理工程师主持召开。

（2）监理例会。监理机构应定期主持召开由参建各方现场负责人参加的会议，会上应通报工程进展情况，检查上次监理例会中有关决定的执行情况，分析当前存在的问题，提出问题的解决方案或建议，明确会后应完成的任务及其责任方和完成时限。

（3）监理专题会议。监理机构应根据工作需要，主持召开监理专题会议。会议专题可包括施工质量、施工方案、施工进度、技术交底、变更、索赔、争议及专家咨询等方面。

（4）总监理工程师或授权副总监理工程师组织编写由监理机构主持召开会议的纪要，并分发与会各方。

（六）紧急情况报告制度

当施工现场发生紧急情况时，监理机构应立即指示承包人采取有效紧急处理措施，并向发包人报告。

（七）工程建设标准强制性条文（水利工程部分）符合性审核制度

监理机构在审核施工组织设计、施工措施计划、专项施工方案、安全技术措施、度汛方案和灾害应急预案等文件时，应对其与工程建设标准强制性条文（水利工程部分）的符合性进行审核。

（八）监理报告制度

监理机构应及时向发包人提交监理月报、监理专题报告；在工程验收时，应提交工程建设监理工作报告。

（九）工程验收制度

在承包人提交验收申请后，监理机构应对其是否具备验收条件进行审核，并根据有关水利工程验收规程或合同约定，参与或主持工程验收。

任务四 监理人员

一、监理人员的概念及专业划分

(一)监理人员的概念

监理人员是指在监理机构中从事水利工程施工监理的总监理工程师、副总监理工程师、监理工程师和监理员。

1. 总监理工程师

总监理工程师是指取得全国水利工程建设总监理工程师岗位证书,受监理单位委派,全面负责监理机构施工监理工作的监理工程师。

2. 副总监理工程师

副总监理工程师是指由总监理工程师书面授权,代表总监理工程师行使总监理工程师部分职责和权力的监理工程师。

3. 监理工程师

监理工程师是指取得全国水利工程建设监理工程师资格证书,并按规定注册,取得水利工程建设监理工程师注册证书,在监理机构中承担施工监理工作的人员。

4. 监理员

监理员是指取得全国水利工程建设监理员资格证书,在监理机构中承担辅助性施工监理工作的人员。

水利工程施工监理实行总监理工程师负责制,总监理工程师应负责全面履行监理合同中所约定的监理单位的职责。项目总监理工程师对监理单位负责;副总监理工程师对总监理工程师负责;部门监理工程师或专业监理工程师对副总监理工程师或总监理工程师负责。监理员对监理工程师负责,协助监理工程师开展监理工作。

水利工程施工监理人员应按有关规定持证上岗。

(二)监理人员的专业划分

监理员和监理工程师的监理专业分为水利工程施工、水土保持工程施工、机电及金属结构设备制造、水利工程建设环境保护4类。其中,水利工程施工类设水工建筑、机电设备安装、金属结构设备安装、地质勘查、工程测量5个专业,水土保持工程施工类设水土保持1个专业,机电及金属结构设备制造类设机电设备制造、金属结构设备制造2个专业,水利工程建设环境保护类设环境保护1个专业。

总监理工程师不分类别、专业。

二、监理人员的基本素质要求、职业准则和职业道德

(一)监理人员的基本素质要求

1. 监理员的基本素质要求

监理员应具有初级专业技术任职资格,掌握一定的水利工程建设专业技术知识,包括水工建筑、测量、地质、检验、机电、金属结构等专业知识。

2. 监理工程师的基本素质要求

对于一个监理工程师来说，要求有比较广泛的知识面、比较高的业务水平和比较丰富的工程实践经验。监理工程师的基本素质要求如下：

(1)具有良好的品德。①爱祖国，爱人民，爱事业；②科学的工作态度；③廉洁奉公、为人正直、办事公道的高尚情操；④能听取不同意见，有良好的包容性。

(2)具有较高的理论水平。

(3)具有较高的专业技术水平。

(4)具有足够的管理知识。

(5)具有熟知的法律和法规知识。

(6)具有足够的经济方面知识。

(7)具有较高的外语水平。

(8)具有丰富的工程建设实践经验。①地质勘测实践经验；②规划设计实践经验；③建设施工实践经验；④经济管理实践经验；⑤招标投标实践经验；⑥立项评估实践经验；⑦后评价分析实践经验；⑧建设监理实践经验。

(9)具有健康的体魄和充沛的精力。

3. 总监理工程师的基本素质要求

总监理工程师是监理单位派往项目执行组织机构的全权负责人。总监理工程师的基本素质要求如下。

1)专业技术知识的深度

总监理工程师必须精通水利水电工程专业知识，其特长应与监理项目技术方向对口。

2)管理知识的广度

总监理工程师不仅需要一定深度的专业知识，更需要具备管理知识和才能。只精通技术，不熟悉管理的人不能胜任总监理工程师。

3)领导艺术和组织协调能力

(1)总监理工程师的理论修养。总监理工程师应把现代化行为科学和管理心理学作为自身研究和应用的理论武器，具有组织理论、需求理论、授权理论、激励理论等理论知识及修养。

(2)总监理工程师的榜样作用。总监理工程师的实干精神、团结精神、牺牲精神、不耻下问精神、开拓进取精神和雷厉风行的工作作风，对下属有巨大的号召力，容易形成班子内部的合作气氛和奋斗进取的作风。

(3)总监理工程师的个人素质及能力特征。总监理工程师应具有决策应变能力、组织指挥能力、协调控制能力、交际沟通能力、谈判能力、说服他人的能力、必要的妥协能力等。

(4)开会艺术。总监理工程师应掌握会议组织与控制的技巧，高效率地主持好各种会议。

(二)监理人员的职业准则

《水利工程施工监理规范》(SL 288—2014)规定了监理人员应遵守以下规则：

(1)遵纪守法，坚持求实、严谨、科学的工作作风，全面履行职责，正确运用权限，勤奋、高效地开展监理工作。

(2)努力钻研业务,熟悉和掌握工程建设管理知识和专业技术知识,提高自身素质、技术和管理水平。

(3)提高监理服务意识,增强责任感,加强与工程建设有关各方的协作,积极、主动开展工作,尽职尽责,公正廉洁。

(4)妥善保管并及时归还发包人提供的工程建设文件资料,未经许可不得泄露与本工程有关的技术秘密和商务秘密。

(5)不得与承包人以及原材料、中间产品和工程设备供应单位有隶属关系或其他利害关系。

(6)不得出卖、出借、转让、涂改、伪造岗位证书、资格证书或注册证书。

(7)只能同时在一个监理单位注册、执业或从业。

(8)遵守职业道德,维护职业信誉,严禁徇私舞弊。

(9)不得索取、收受承包人的财物或者谋取其他不正当利益。

(三)监理人员的职业道德

(1)维护国家的荣誉和利益,按照“守法、诚信、公正、科学”的准则执业。

(2)执行国家有关工程建设的法律、法规、标准、规范、规程和制度,履行监理合同规定的义务和职责。

(3)努力学习专业技术和建设监理知识,不断提高业务能力和监理水平。

(4)不以个人名义承揽监理业务。

(5)不同时在两个或两个以上监理单位注册和从事监理活动,不在政府部门或施工、材料设备的生产供应等单位兼职。

(6)不为所监理项目指定承包商、建筑构配件、设备、材料生产厂家和施工方法。

(7)不收受被监理单位的任何礼金。

(8)不泄露所监理工程各方认为需要保密的事项。

(9)坚持独立自主地开展工作。

三、水利工程监理人员岗位职责

水利工程建设监理实行总监理工程师负责制。总监理工程师负责全面履行监理合同约定的监理单位职责,发布有关指令,签署监理文件,协调有关各方之间的关系。监理工程师在总监理工程师授权范围内开展监理工作,具体负责所承担的监理工作,并对总监理工程师负责。监理员在监理工程师或者总监理工程师授权范围内从事监理辅助工作。

《水利工程施工监理规范》(SL 288—2014)对总监理工程师、监理工程师和监理员的岗位职责做出了明确规定,分述如下。

(一)总监理工程师岗位职责

(1)主持编制监理规划,制定监理机构工作制度,审批监理实施细则。

(2)确定监理机构各部门职责及监理人员职责权限;协调监理机构内部工作;负责监理机构中监理人员的工作考核,调换不称职的监理人员;根据工程建设进展情况,调整监理人员。

(3)签发或授权签发监理机构的文件。

(4)主持审查承包人提出的分包项目和分包人,报发包人批准。

(5)审批承包人提交的合同工程开工申请、施工组织设计、施工进度计划、资金流计划。

(6)审批承包人按有关安全规定和合同要求提交的专项施工方案、度汛方案和灾害应急预案。

(7)审核承包人提交的文明施工组织机构和措施。

(8)主持或授权监理工程师主持设计交底,组织核查并签发施工图纸。

(9)主持第一次监理工地会议,主持或授权监理工程师主持监理例会和监理专题会议。

(10)签发合同工程开工通知、暂停施工指示和复工通知等重要监理文件。

(11)组织审核已完成工程量和付款申请,签发各类付款证书。

(12)主持处理变更、索赔和违约等事宜,签发相关文件。

(13)主持施工合同实施中的协调工作,调解合同争议。

(14)要求承包人撤换不称职或不宜在本工程工作的现场施工人员或技术、管理人员。

(15)组织审核承包人提交的质量保证体系文件、安全生产管理机构和安全措施文件并监督其实施,发现安全隐患及时要求承包人整改或暂停施工。

(16)审批承包人施工质量缺陷处理措施计划,组织施工质量缺陷处理情况的检查和施工质量缺陷备案表的填写;按相关规定参与工程质量及安全事故的调查和处理。

(17)复核分部工程和单位工程的施工质量等级,代表监理机构评定工程项目施工质量。

(18)参加或受发包人委托主持分部工程验收,参加单位工程验收、合同工程完工验收、阶段验收和竣工验收。

(19)组织编写并签发监理月报、监理专题报告和监理工作报告,组织整理监理档案资料。

(20)组织审核承包人提交的工程档案归档资料,并提交审核专题报告。

总监理工程师可通过书面授权副总监理工程师或监理工程师履行其部分职责,但下列工作除外:

(1)主持编制监理规划,审批监理实施细则。

(2)主持审查承包人提出的分包项目和分包人。

(3)审批承包人提交的合同工程开工申请、施工组织设计、施工总进度计划、年施工进度计划、专项施工进度计划、资金流计划。

(4)审批承包人按有关安全规定和合同要求提交的专项施工方案、度汛方案和灾害应急预案。

(5)签发施工图纸。

(6)主持第一次监理工地会议,签发合同工程开工通知、暂停施工指示和复工通知。

(7)签发各类付款证书。

(8)签发变更、索赔和违约有关文件。

(9)签署工程项目施工质量等级评定意见。

(10)要求承包人撤换不称职或不宜在本工程工作的现场施工人员或技术、管理人员。

(11)签发监理月报、监理专题报告和监理工作报告。

(12)参加合同工程完工验收、阶段验收和竣工验收。

(二)监理工程师岗位职责

监理工程师应按照职责权限开展监理工作,是所实施监理工作的直接责任人,并对总监理工程师负责。其主要职责应包括以下各项:

(1)参与编制监理规划,编制监理实施细则。

(2)预审承包人提出的分包项目和分包人。

(3)预审承包人提交的合同工程开工申请、施工组织设计、施工总进度计划、年施工进度计划、专项施工进度计划、资金流计划。

(4)预审承包人按有关安全规定和合同要求提交的专项施工方案、度汛方案和灾害应急预案。

(5)根据总监理工程师的安排核查施工图纸。

(6)审批分部工程或分部工程部分工作的开工申请报告、施工措施计划、施工质量缺陷处理措施计划。

(7)审批承包人编制的施工控制网和原始地形的施测方案;复核承包人的施工放样成功;审批承包人提交的施工工艺实验方案,专项检测实验方案,并确认实验成果。

(8)协助总监理工程师协调参建各方之间的工作关系。按照职责权限处理施工现场发生的有关问题,签发一般监理指示和通知。

(9)核查承包人报验的进场原材料、中间产品的质量证明文件,核验原材料和中间产品的质量,复核工程施工质量,参与或组织工程设备的交货验收。

(10)检查、监督工程现场的施工安全和文明施工措施的落实情况,指示承包人纠正违规行为;情节严重时,向总监理工程师报告。

(11)复核已完成工程量报表。

(12)核查付款申请单。

(13)提出变更、索赔及质量和安全事故处理等方面的初步意见。

(14)按照职责权限参与工程的质量评定工作和验收工作。

(15)收集、汇总、整理监理资料,参与编写监理月报,核签或填写监理日志。

(16)施工中发生重大问题和遇到紧急情况时,及时向总监理工程师报告、请示。

(17)指导、检查监理员的工作。必要时可向总监理工程师建议调换监理员。

(18)完成总监理工程授权的其他工作。

机电设备安装、金属结构设备安装、地质勘查和工程测量等专业监理工程师应根据监理工作内容和时间安排完成相应的监理工作。

(三)监理员岗位职责

监理员应按照职责权限开展监理工作,其主要职责应包括下列各项:

(1)核实进场原材料和中间产品报验单并进行外观检查,核实施工测量成果报告。

(2)检查承包人用于工程建设的原材料、中间产品和工程设备等的使用情况,并填写现场记录。

(3)检查、确认承包人单元工程(工序)施工准备情况。

(4)检查并记录现场施工程序、施工工艺等实施过程情况,发现施工不规范行为和质量隐患,及时指示承包人改正,并向监理工程师或总监理工程师报告。

(5)对所监理的施工现场进行定期或不定期的巡视检查,依据监理实施细则实施旁站监理和跟踪检测。

(6)协助监理工程师预审分部工程或分部工程部分工作的开工申请报告、施工措施计划、施工质量缺陷处理措施计划。

(7)核实工程计量结果,检查和统计计日工情况。

(8)检查、监督工程现场的施工安全和文明施工措施的落实情况,发现异常情况及时指示承包人纠正违规行为,并向监理工程师或总监理工程师报告。

(9)检查承包人的施工日志和现场实验室记录。

(10)核实承包人质量评定的相关原始记录。

(11)填写监理日记,依据总监理工程师或监理工程师授权填写监理日志。

当监理人员数量较少时,总监理工程师可同时承担监理工程师的职责,监理工程师可同时承担监理员的职责。

四、水利工程监理人员资格管理

(一)资格管理制度

水利工程监理人员资格管理实行行业自律管理制度。中国水利工程协会负责全国水利工程监理人员的行业自律管理工作。总监理工程师实行岗位资格管理制度,监理工程师实行执业资格管理制度,监理员实行从业资格管理制度。

从事水利工程监理活动的人员,应当按照《水利工程建设监理人员资格管理办法》(水利部中水协〔2007〕3号)的规定,取得相应的资格(岗位)证书。

(二)资格管理主体

监理人员资格管理工作内容包括监理人员资格考试、考核、审批、培训和监督检查等。

(1)中国水利工程协会负责全国水利工程建设监理人员资格管理工作。负责全国总监理工程师资格审批;负责全国监理工程师资格审批;归口管理全国监理员资格审批,负责水利部直属单位的监理员资格审批工作。

(2)流域管理机构指定的行业自律组织或中介机构受中国水利工程协会委托,负责本流域管理机构所属单位的监理员资格审批工作。

(3)省级水行政主管部门指定的行业自律组织或中介机构受中国水利工程协会委托,负责本行政区域内的监理员资格审批工作。

(三)监理人员资格的取得

1.监理员资格的取得

取得监理员从业资格,须由中国水利工程协会审批,或者由具有审批管辖权的行业自律组织或中介机构审批并报中国水利工程协会备案后,颁发全国水利工程建设监理员资格证书。

(1)申请监理员资格应同时具备以下条件:

①取得工程类初级专业技术职务任职资格,或者具有工程类相关专业学习和工作经历(中专毕业且工作5年以上、大专毕业且工作3年以上、本科及以上学历毕业且工作1年以上);

②经培训合格;

③年龄不超过60周岁。

(2)申请监理员资格,由监理单位签署意见后向具有审批管辖权的单位申报,并提交以下有关材料:

①水利工程建设监理员资格申请表;

②身份证、学历证书或专业技术职务任职资格证书、监理员培训合格证书。

(3)证书颁发。审批单位自收到监理员资格申请材料后,应当在20个工作日内完成审批,审批结果报中国水利工程协会备案后,颁发全国水利工程建设监理员资格证书。

监理员资格证书由中国水利工程协会统一印制、统一编号,由审批单位加盖中国水利工程协会统一规格的资格管理专用章。监理员资格证书有效期一般为3年。

中国水利工程协会定期向社会公布取得监理员资格的人员名单,接受社会监督。

2. 监理工程师资格的取得

取得监理工程师执业资格,须经中国水利工程协会组织的资格考试合格,并颁发全国水利工程建设监理工程师资格证书。监理工程师资格考试,一般每年举行一次,全国统一考试。

(1)申请监理工程师资格考试者,应同时具备以下条件:

①取得工程类中级专业技术职务任职资格,或者具有工程类相关专业学习和工作经历(大专毕业且工作8年以上、本科毕业且工作5年以上、硕士研究生毕业且工作3年以上);

②年龄不超过60周岁;

③有一定的专业技术水平、组织协调能力和管理能力。

(2)申请监理工程师资格考试,应当向中国水利工程协会申报,并提交以下材料:

①水利工程建设监理工程师资格考试申请表;

②身份证、学历证书或专业技术职务任职资格证书。

(3)证书颁发。中国水利工程协会对申请材料组织审查,对审查合格者准予参加考试。中国水利工程协会向考生公布考试结果,公示合格者名单,向考试合格者颁发全国水利工程建设监理工程师资格证书。对监理工程师考试结果公示有异议的,可向中国水利工程协会申诉或举报。

3. 总监理工程师资格的取得

取得总监理工程师岗位资格,须持有水利工程建设监理工程师注册证书并经培训合格后,由中国水利工程协会审批并颁发全国水利工程建设总监理工程师岗位证书。

(1)申请总监理工程师岗位资格应同时具备以下条件:

①具有工程类高级专业技术职务任职资格并在监理工程师岗位从事水利工程建设监

理工作的经历不少于2年；

②已取得水利工程建设监理工程师注册证书；

③经总监理工程师岗位培训合格；

④年龄不超过65周岁；

⑤具有较高的专业技术水平、组织协调能力和管理能力。

(2)申请总监理工程师岗位资格，应由其注册的监理单位签署意见后向中国水利工程协会申报，并提交以下材料：

①水利工程建设总监理工程师岗位资格申请表；

②水利工程建设监理工程师注册证书、专业技术职务任职资格证书、总监理工程师岗位培训合格证书；

③由监理单位和建设单位共同出具近两年监理工作经历证明材料。

(3)证书颁发。中国水利工程协会组织评审总监理工程师申请材料，并将评审结果公示，公示期满后向合格者颁发全国水利工程建设总监理工程师岗位证书，证书有效期一般为3年。对总监理工程师岗位资格评审结果有异议的，可在公示期内向中国水利工程协会申诉或举报。

(四)监理人员资格管理

1. 监理员资格管理

全国水利工程建设监理员资格证书有效期满需继续从业的，应在有效期满前30个工作日内，由监理单位到有审批管辖权的单位申请办理延续手续，并报中国水利工程协会备案。监理员允许从业时间不足3年的，应当按其实际可从业期限确定资格证书有效期。监理员在证书有效期内至少参加一次由中国水利工程协会组织的教育培训。

2. 监理工程师资格管理

取得全国水利工程建设监理工程师资格证书，未按照《水利工程建设监理工程师注册管理办法》进行注册的，在3年内至少参加一次由中国水利工程协会组织的教育培训，以保持其资格的有效性。

3. 总监理工程师资格管理

全国水利工程建设总监理工程师岗位证书有效期满需继续从事本岗位工作的，应当在有效期满前30个工作日内，由监理单位到中国水利工程协会申请办理延续手续。总监理工程师允许从事本岗位工作时间不足3年的，应当按其实际可从事本岗位工作的期限确定岗位证书有效期。

(五)监理人员资格(岗位)证书的保管

监理人员资格(岗位)证书应当由本人保管。任何单位和个人不得涂改、伪造、出借、倒卖、转让监理人员资格(岗位)证书，不得非法扣压、没收监理人员资格(岗位)证书。

(六)监理人员资格的撤销与注销

1. 资格的撤销

有下列情形之一的，中国水利工程协会撤销已批准的监理人员资格：

(1)违反《水利工程建设监理人员资格管理办法》(水利部中水协〔2007〕3号)规定程序批准的；

(2)不具备《水利工程建设监理人员资格管理办法》(水利部中水协〔2007〕3号)规定条件批准的；

(3)有关单位超越职权范围批准的；

(4)以欺骗等不正当手段取得资格的；

(5)严重违反行业自律规定的；

(6)应当撤销的其他情形。

2. 资格的注销

取得监理人员资格后有下列情形之一的，中国水利工程协会注销其相应的资格(岗位)证书：

(1)完全丧失民事行为能力的；

(2)死亡或者依法宣告死亡的；

(3)超过《水利工程建设监理人员资格管理办法》(水利部中水办〔2007〕3号)规定的监理人员年龄限制的；

(4)超过资格(岗位)证书有效期而未延续的；

(5)监理人员资格批准决定被依法撤销、撤回或资格(岗位)证书被依法吊销的；

(6)应当注销的其他情形。

(七)监理人员资格(岗位)证书的补发

监理人员遗失资格(岗位)证书，应当在资格审批单位指定的媒体声明后，向资格审批单位申请补发相应的资格(岗位)证书。

(八)罚则

1.《水利工程建设监理人员资格管理办法》(水利部中水协〔2007〕3号)对监理人员资格处罚的有关规定

(1)申请监理人员资格时，隐瞒有关情况或者提供虚假材料申请资格的，不予受理或者不予认定，并给予警告，且一年内不得重新申请。

(2)以欺骗等不正当手段取得监理人员资格(岗位)证书的，吊销相应的资格(岗位)证书，三年内不得重新申请。

(3)监理人员涂改、倒卖、出租、出借、伪造资格(岗位)证书，或者以其他形式非法转让资格(岗位)证书的，吊销相应的资格(岗位)证书。

(4)监理人员从事工程建设监理活动，有下列行为之一，情节严重的，吊销相应的资格(岗位)证书：

①利用执(从)业上的便利，索取或收受项目法人、被监理单位以及建筑材料、建筑构配件和设备供应单位财物的；

②与被监理单位以及建筑材料、建筑构配件和设备供应单位串通，谋取不正当利益或损害他人利益的；

③将质量不合格的建设工程、建筑材料、建筑构配件和设备按照合格签字的；

④泄露执(从)业中应当保守的秘密的；

⑤从事工程建设监理活动中，不严格履行监理职责，造成重大损失的。

监理工程师从事工程建设监理活动，因违规被水行政主管部门处以吊销注册证书的，吊销相应的资格证书。

(5)监理人员因过错造成质量事故的,责令停止执(从)业一年;造成重大质量事故的,吊销相应的资格(岗位)证书,五年内不得重新申请;情节特别恶劣的,终身不得申请。

(6)监理人员未执行法律、法规和工程建设强制性条文且情节严重的,吊销相应的资格(岗位)证书,五年内不得重新申请;造成重大安全事故的,终身不得申请。

(7)监理人员被吊销相应的资格(岗位)证书,除已明确规定外,三年内不得重新申请。

2.《水利工程建设监理规定》(水利部令第 28 号)对监理人员资格处罚的有关规定

(1)《水利工程建设监理规定》(水利部令第 28 号)第三十一条规定:监理人员从事水利工程建设监理活动,有下列行为之一的,责令改正,给予警告;其中,监理工程师违规情节严重的,注销注册证书,2 年内不予注册;有违法所得的,予以追缴,并处 1 万元以下罚款;造成损失的,依法承担赔偿责任;构成犯罪的,依法追究刑事责任:

①利用执 (从)业上的便利,索取或者收受项目法人、被监理单位以及建筑材料、建筑构配件和设备供应单位财物的;

②与被监理单位以及建筑材料、建筑构配件和设备供应单位串通,谋取不正当利益的;

③非法泄露执(从)业中应当保守的秘密的。

(2)《水利工程建设监理规定》(水利部令第 28 号)第三十二条规定:监理人员因过错造成质量事故的,责令停止执(从)业 1 年,其中,监理工程师因过错造成重大质量事故的,注销注册证书,5 年内不予注册,情节特别严重的,终身不予注册。

监理人员未执行法律、法规和工程建设强制性标准的,责令停止执(从)业 3 个月以上 1 年以下,其中监理工程师违规情节严重的,注销注册证书,5 年内不予注册,造成重大安全事故的,终身不予注册;构成犯罪的,依法追究刑事责任。

(3)《水利工程建设监理规定》(水利部令第 28 号)第三十四条第二款规定:监理单位的工作人员因调动工作、退休等原因离开该单位后,被发现在该单位工作期间违反国家有关工程建设质量管理规定,造成重大工程质量事故的,仍应当依法追究法律责任。

五、水利工程监理工程师注册管理

为加强水利工程监理工程师注册管理,提高监理工作水平,依据《水利工程建设监理规定》,水利部制定了《水利工程建设监理工程师注册管理办法》(水利部水建〔2006〕600 号),本办法明确了水利部负责监理工程师注册备案与管理工作,办事机构为建设与管理司。省、自治区、直辖市人民政府水行政主管部门和流域管理机构依照管理权限,负责监理工程师注册申请材料的接收、转报以及相关管理工作。

根据《水利部关于修改〈水利工程建设监理单位资质管理办法〉的决定》(水利部令第 40 号)和《水利工程建设监理工程师注册管理办法》,2010 年水利部颁发了《关于水利工程建设监理工程师注册有关工作的通知》(办建管函〔2010〕623 号),对水利工程监理工程师注册工作有关事项做出了要求。

2015 年 7 月 3 日,水利部印发了《关于取消水利工程建设监理工程师、造价工程师、质量检测员等人员注册管理的通知》(水建管〔2015〕267 号),取消对水利工程建设监理工程师、水利工程造价工程师、水利工程质量检测员等三类人员(以下简称三类人员)的注册管理。通知明确，水利部不再对三类人员实行注册管理，取得三类人员资格的人员在资格有效期内且受聘于一家单位从业的，即可上岗执业。中国水利工程协会要强化服务意识，进一步做好能力水平评价和三类人员资格管理工作；各流域机构和各级水行政主管部门要高度重视取消对三类人员注册管理后的衔接工作，要按照中央简政放权、放管结合、优化服务的要求，进一步深化水利建设管理体制改革，转变监管理念，创新监管方式，强化事中事后监管，充分利用监督检查、稽查和信用信息公开等手段做好对三类人员的监管工作，满足大规模水利工程建设对三类人员的需求。

任务五　监理单位

一、监理单位概述

工程建设监理单位是我国推行建设监理制度之后兴起的一种企业。它的主要职责是向工程项目法人提供高质量、高智能的技术服务，受项目法人委托对建设项目的质量、进度和资金依据合同进行监督管理。

（一）监理单位的概念

监理单位，一般是指具有法人资格，取得监理资质等级证书，主要从事工程建设监理工作的单位，如监理公司、监理事务所、监理中心以及兼承监理业务的设计、施工、科研、咨询等单位。根据《水利工程施工监理规范》（SL 288—2014），监理单位是指具有企业法人资格，取得水利工程建设监理资质等级证书，并与发包人签订监理合同，提供监理服务的单位。监理单位必须具有自己的名称、组织机构和场所，有与承担监理业务相适应的经济、法律、技术及管理人员，完善的组织章程和管理制度，并应具有一定数量的资金和设施。符合条件的单位经申请取得监理资质等级证书，并经工商注册取得营业执照后，才可承担监理业务。

为加强水利工程监理单位的资质管理，规范水利工程建设市场秩序，保证水利工程建设质量，水利部制定了《水利工程建设监理单位资质管理办法》（2006 年 12 月 18 日水利部令第 29 号公布；根据 2010 年 5 月 14 日水利部令第 40 号《水利部关于修改〈水利工程建设监理单位资质管理办法〉的决定》第一次修正；根据 2015 年 12 月 16 日中华人民共和国水利部令第 47 号《水利部关于废止和修改部分规章的决定》第二次修正）。该法规规定：从事水利工程建设监理业务的单位，应当按照本办法取得资质，并在资质等级许可的范围内承揽水利工程建设监理业务。申请监理资质的单位，应当按照其拥有的技术负责人、专业技术人员、注册资金和工程监理业绩等条件，申请相应的资质等级。水利部负责监理单位资质的认定与管理工作。

（二）监理单位的分类

1. 按照经济性质分类

监理单位可分为全民所有制监理单位、集体所有制监理单位、私有制监理单位。

2. 按照组建方式分类

监理单位可分为有限责任公司、股份有限公司。

3. 按照资质等级分类

水利工程监理单位专业资质分为水利工程施工监理、水土保持工程施工监理、机电及金属结构设备制造监理和水利工程建设环境保护监理四个专业。其中,水利工程施工监理专业资质和水土保持工程施工监理专业资质分为甲级、乙级和丙级三个等级,机电及金属结构设备制造监理专业资质分为甲级、乙级两个等级,水利工程建设环境保护监理专业资质暂不分级。

(三)监理单位的市场地位

1. 监理单位是建设市场的三大主体之一

项目法人、承包人、监理单位是建设市场的三大行为主体。对建设市场而言,项目法人和承包人(包括工程建设的勘察、设计、施工、建筑构配件制造等单位)是买卖的双方;而监理单位是介于项目法人和承包人之间的第三方,为促进建设市场中交易活动顺利进行而开展服务的。

2. 监理单位与项目法人的关系

(1)项目法人与监理单位之间是委托与被委托、授权与被授权的关系,更是相互依存、相互促进、共兴共荣的紧密关系。

(2)项目法人与监理单位之间是合同关系。项目法人与监理单位之间的委托与被委托关系是主体地位完全平等的合同关系。虽然监理单位是受项目法人的委托开展监理工作,但在工作中,应独立、公正地处理项目法人与被监理单位的利益,不得偏袒项目法人利益而损害被监理单位的利益。

(3)项目法人与监理单位之间是法律地位平等的关系。双方都是市场经济条件下建设市场中独立的法人,都是建设市场中的主体,是为了工程建设而走到一起的。

3. 监理单位与承包人的关系

(1)监理单位与承包人之间是监理与被监理的关系。

(2)监理单位与承包人之间是法律地位平等的关系。

二、水利工程监理单位的专业资质等级标准

(一)监理单位资质的概念

监理单位的资质主要体现在监理能力和监理效果上。所谓监理能力,是指监理单位所能监理的建设项目的类别和等级。所谓监理效果,是指监理单位对建设项目实施监理后,在工程质量、投资、进度控制等方面所取得的成果。

监理单位的监理能力和监理效果主要取决于监理人员素质、专业配套能力、技术装备、监理经历、管理水平等。

(二)水利工程监理单位专业资质等级标准

申请水利工程监理单位专业资质必须具备《水利工程建设监理单位资质管理办法》

规定的等级标准。

1. 水利工程施工监理专业

1)甲级监理单位资质条件

(1)具有健全的组织机构、完善的组织章程和管理制度。技术负责人具有高级专业技术职称,并取得总监理工程师岗位证书。

(2)专业技术人员。监理工程师40人(其中具有高级专业技术职称的人员不少于8人,总监理工程师不少于7人),水利工程造价工程师不少于3人。

(3)具有五年以上水利工程建设监理经历,且近三年监理业绩分别为:应当承担过(含正在承担)1项Ⅱ等水利枢纽工程,或者2项Ⅱ等(堤防2级)其他水利工程的施工监理业务;该专业资质许可的监理范围内的近三年累计合同额不少于600万元。

承担过水利枢纽工程中的挡、泄、导流、发电工程之一的,可视为承担过水利枢纽工程。

(4)能运用先进技术和科学管理方法完成建设监理任务。

(5)注册资金不少于200万元。

2)乙级监理单位资质条件

(1)具有健全的组织机构、完善的组织章程和管理制度。技术负责人具有高级专业技术职称,并取得总监理工程师岗位证书。

(2)专业技术人员。监理工程师不少于25人(其中具有高级专业技术职称的人员不少于5人,总监理工程师不少于3人),水利工程造价工程师不少于2人。

(3)具有三年以上水利工程建设监理经历,且近三年监理业绩分别为:应当承担过(含正在承担)3项Ⅲ等(堤防3级)水利工程的施工监理业务;该专业资质许可的监理范围内的近三年累计合同额不少于400万元。

(4)能运用先进技术和科学管理方法完成建设监理任务。

(5)注册资金不少于100万元。

3)丙级监理单位资质条件

(1)具有健全的组织机构、完善的组织章程和管理制度。技术负责人具有高级专业技术职称,并取得总监理工程师岗位证书。

(2)专业技术人员。监理工程师不少于10人(其中具有高级专业技术职称的人员不少于3人,总监理工程师不少于1人),水利工程造价工程师不少于1人。

(3)能运用先进技术和科学管理方法完成建设监理任务。

(4)注册资金不少于50万元。

申请重新认定、延续或者核定丙级监理单位资质,还须专业资质许可的监理范围内的近三年年均监理合同额不少于30万元。

2. 水土保持施工监理专业

1)甲级监理单位资质条件

(1)具有健全的组织机构、完善的组织章程和管理制度。技术负责人具有高级专业

技术职称,并取得总监理工程师岗位证书。

(2)专业技术人员。监理工程师25人(其中具有高级专业技术职称的人员不少于5人,总监理工程师不少于4人),水利工程造价工程师不少于3人。

(3)具有五年以上水利工程建设监理经历,且近三年监理业绩分别为:应当承担过(含正在承担)2项Ⅱ等水土保持工程的施工监理业务;该专业资质许可的监理范围内的近三年累计合同额不少于350万元。

(4)能运用先进技术和科学管理方法完成建设监理任务。

(5)注册资金不少于200万元。

2)乙级监理单位资质条件

(1)具有健全的组织机构、完善的组织章程和管理制度。技术负责人具有高级专业技术职称,并取得总监理工程师岗位证书。

(2)专业技术人员。监理工程师不少于15人(其中具有高级专业技术职称的人员不少于3人,总监理工程师不少于2人),水利工程造价工程师不少于2人。

(3)具有三年以上水利工程建设监理经历,且近三年监理业绩分别为:应当承担过(含正在承担)4项Ⅲ等水土保持工程的施工监理业务;该专业资质许可的监理范围内的近三年累计合同额不少于200万元。

(4)能运用先进技术和科学管理方法完成建设监理任务。

(5)注册资金不少于100万元。

3)丙级监理单位资质条件

(1)具有健全的组织机构、完善的组织章程和管理制度。技术负责人具有高级专业技术职称,并取得总监理工程师岗位证书。

(2)专业技术人员。监理工程师不少于10人(其中具有高级专业技术职称的人员不少于3人,总监理工程师不少于1人),水利工程造价工程师不少于1人。

(3)能运用先进技术和科学管理方法完成建设监理任务。

(4)注册资金不少于50万元。

申请重新认定、延续或者核定丙级监理单位资质,还须专业资质许可的监理范围内的近三年年均监理合同额不少于30万元。

3.机电及金属结构设备制造监理专业

1)甲级监理单位资质条件

(1)具有健全的组织机构、完善的组织章程和管理制度。技术负责人具有高级专业技术职称,并取得总监理工程师岗位证书。

(2)专业技术人员。监理工程师25人(其中具有高级专业技术职称的人员不少于5人,总监理工程师不少于4人),水利工程造价工程师不少于3人。

(3)具有五年以上水利工程建设监理经历,且近三年监理业绩分别为:应当承担过(含正在承担)4项中型机电及金属结构设备制造监理业务;该专业资质许可的监理范围内的近三年累计合同额不少于300万元。

(4)能运用先进技术和科学管理方法完成建设监理任务。

(5)注册资金不少于200万元。

2)乙级监理单位资质条件

(1)具有健全的组织机构、完善的组织章程和管理制度。技术负责人具有高级专业技术职称,并取得总监理工程师岗位证书。

(2)专业技术人员。监理工程师不少于12人(其中具有高级专业技术职称的人员不少于3人,总监理工程师不少于2人),水利工程造价工程师不少于2人。

(3)能运用先进技术和科学管理方法完成建设监理任务。

(4)注册资金不少于100万元。

申请重新认定、延续或者核定乙级监理单位资质,还须专业资质许可的监理范围内的近三年年均监理合同额不少于30万元。

4.水利工程建设环境保护监理专业

(1)具有健全的组织机构、完善的组织章程和管理制度。技术负责人具有高级专业技术职称,并取得总监理工程师岗位证书。

(2)专业技术人员。监理工程师不少于10人(其中具有高级专业技术职称的人员不少于3人,总监理工程师不少于1人),水利工程造价工程师不少于1人。

(3)能运用先进技术和科学管理方法完成建设监理任务。

(4)注册资金不少于50万元。

(三)水利工程监理单位的业务范围

水利工程监理单位各专业资质等级可以承担的业务范围按《水利工程建设监理单位资质管理办法》第七条的规定,具体如下。

1.水利工程施工监理专业资质

(1)甲级可以承担各等级水利工程的施工监理业务。

(2)乙级可以承担Ⅱ等(堤防2级)以下各等级水利工程的施工监理业务。

(3)丙级可以承担Ⅲ等(堤防3级)以下各等级水利工程的施工监理业务。

水利工程等级划分标准按照《水利水电工程等级划分及洪水标准》(SL 252—2000)执行。

2.水土保持工程施工监理专业资质

(1)甲级可以承担各等级水土保持工程的施工监理业务。

(2)乙级可以承担Ⅱ等以下各等级水土保持工程的施工监理业务。

(3)丙级可以承担Ⅲ等水土保持工程的施工监理业务。

同时具备水利工程施工监理专业资质和乙级以上水土保持工程施工监理专业资质的,方可承担淤地坝中的骨干坝施工监理业务。

3.机电及金属结构设备制造监理专业资质

(1)甲级可以承担水利工程中的各类型机电及金属结构设备制造监理业务。

(2)乙级可以承担水利工程中的中、小型机电及金属结构设备制造监理业务。

4.水利工程建设环境保护监理专业资质

监理单位可以承担各类各等级水利工程建设环境保护监理业务。

三、水利工程监理单位的资质管理

水利工程监理单位资质等级由水利部负责监理单位资质的认定与管理工作。水利部所属流域管理机构(简称流域管理机构)和省、自治区、直辖市人民政府水行政主管部门依照管理权限,负责有关的监理单位资质申请材料的接收、转报以及相关管理工作。

申请水利工程监理资质的单位,应当按照其拥有的技术负责人、专业技术人员、注册资金和工程监理业绩等条件,申请相应的资质等级。申请水利工程监理单位资质,应当具备《水利工程建设监理单位资质管理办法》规定的资质条件。水利工程监理单位资质一般按照专业逐级申请。申请水利工程监理资质的单位可以申请一个或者两个以上专业资质。

监理单位资质每年集中认定一次,受理时间由水利部提前三个月向社会公告。需要注意的是,经水利部认定资质的监理单位分立后申请重新认定监理单位资质以及监理单位申请资质证书变更或者资质延续的,不适用此规定。

《水利工程建设监理单位资质等级证书》包括正本一份、副本四份,正本和副本具有同等法律效力,有效期为5年。如果监理单位被吊销资质等级证书的,三年内不得重新申请;被降低资质等级的,两年内不得申请晋升资质等级;受到其他行政处罚,受到通报批评、情节严重,被记入不良行为档案,或者在审计、监察、稽查、检查中发现存在严重问题的,一年内不得申请晋升资质等级。法律法规另有规定的,从其规定。

四、水利工程监理单位的执业准则

水利工程监理单位应遵守国家法律、法规和规章以及有关技术标准,独立、公正、诚信、科学地开展监理工作,履行监理合同约定的义务。

(一)水利工程监理单位执业的一般基本准则

水利工程监理单位从事工程建设监理活动,应当遵循的一般基本准则如下。

1. 守法

守法,即遵守国家有关工程建设监理法律、法规、规范、标准等。对于监理单位而言,守法即是依法经营。

(1)严格遵守国家法律、法规、规章和政策,维护国家利益、社会公共利益和工程建设当事人各方合法权益。

(2)不得与所承担监理项目的承包人、设备和材料供货人发生经营性隶属关系,也不得是这些单位的合伙经营者。

(3)禁止转让、违法分包监理业务。

(4)不得聘用无监理岗位证书的人员从事监理业务。

(5)禁止采取不正当竞争手段获取监理业务。

2. 诚信

诚信,即诚实守信。监理单位在生产经营过程中不应损害他人利益和社会公共利益,维护市场道德秩序,在合同履行过程中能履行自己应尽的职责、义务,建立一套完整的、行之有效的、服务于企业、服务于社会的现代企业管理制度并贯彻执行,取信于业主、取信于市场。

工程监理企业应当建立健全企业的诚信管理制度,主要内容有以下几点:

(1)建立健全合同管理制度。

(2)建立健全与业主的合作制度,及时进行信息沟通,增强相互间的信任感。

(3)建立健全监理服务需求制度。

(4)建立企业内部信用管理制度,及时检查和评估企业信用的实施情况,不断提高企业信用管理水平。

3.公正

公正是指工程监理单位在监理活动中既要维护业主的利益,为业主提供服务,又不能损害施工承包单位的合法利益,并能依据合同公平公正地处理业主与施工承包单位之间的合同争议。公正性是监理工作的必然要求,是社会公认的执业准则,也是监理单位和监理工程师的基本职业道德准则。监理单位要做到公正,必须要做到以下几点:

(1)要培养良好的职业道德,不为私利而违心地处理问题。

(2)要坚持实事求是的原则,不唯上级或业主的意见是从。

(3)要提高综合分析问题的能力,不为局部问题或表面现象所迷惑。

(4)要不断提高自己的专业技术能力,尤其是要尽快提高综合理解、熟练运用建设工程有关合同条款的能力,以便以合同条款为依据,恰当地协调、处理问题。

4.科学

科学,是指监理单位的监理活动要依据科学的方案,运用科学的手段,采取科学的方法,进行科学的总结。

1)科学的方案

就一个工程项目的管理工作而言,科学的方案主要是指监理实施细则,它包括:该项目监理机构的组织计划;该项目监理工作的程序,各专业、各年度(含季度,甚至按天计算)的监理内容与对策;工程的关键部分或可能出现的重大问题的监理措施。总之,在实施监理前,要尽可能地把各种问题都列出来,并拟订解决办法,使各项监理活动都纳入计划管理的轨道。更重要的是,要集思广益,充分运用已有的经验和智慧,制定出切实可行、行之有效的监理实施细则,指导监理活动顺利进行。

2)科学的手段

监理人员必须综合运用技术、法律、经济、管理、行政等手段,借助于先进的科学仪器才能做好监理工作。

3)科学的方法

监理工作的科学方法主要体现在监理人员在掌握大量的、确凿的有关监理对象及其外部环境实际情况的基础上,适时、妥当、高效地处理有关问题,体现在解决问题要用“事实说话”“用书面文字说话”“用数据说话”,尤其体现在要开发、利用计算机软件,建立起先进的软件库。

4)科学的总结

工程项目监理结束后,监理人员要进行科学的总结,编写好监理工作总结报告等。

（二）水利工程监理单位的执业准则

《水利工程施工监理规范》（SL 288—2014）规定了水利工程监理单位的执业准则，叙述如下：

（1）监理单位与发包人应依照国务院水行政主管部门印发的水利工程施工监理合同示范文本签订监理合同。

（2）监理单位开展监理工作，应遵守下列规定：

①严格遵守国家法律、法规和规章，维护国家利益、社会公共利益和工程建设各方合法权益。

②不得与承包人以及原材料、中间产品和工程设备供应单位有隶属关系或者其他利害关系。

③不得转让、违法分包监理业务。

④不得聘用无相应资格的人员从事监理业务。

⑤不得允许其他单位或者个人以本单位名义承揽监理业务。

⑥不得采取不正当竞争手段承揽监理业务。

（3）监理单位应依照监理合同约定，组建监理机构，配置满足监理工作需要的监理人员，并根据工程进展情况及时调整。更换总监理工程师和其他主要监理人员应符合监理合同约定。

（4）监理单位应按照国家的有关规定为工程现场监理人员购买人身意外保险及其他有关险种。

（5）监理单位应加强内部管理，应对监理人员进行技术、管理培训，建立监理人员考核、评价、选拔、培养和奖惩制度。

（6）两个或两个以上监理单位可组成监理联合体，共同承揽监理业务。联合体各方应签订协议，明确各方拟承担的工作和责任。联合体的资质等级应按同一专业资质等级较低的一方确定。联合体各方应共同与发包人签订监理合同，就中标项目向发包人承担连带责任。

（7）监理服务范围和服务时间发生变化时，监理合同中有约定的，监理单位和发包人应按监理合同执行；监理合同无约定的，监理单位应与发包人另行签订监理补充协议，明确相关工作、服务内容和报酬。

五、水利工程监理单位监理业务的实施

《水利工程建设监理规定》（水利部令第28号）对水利工程监理单位监理业务的实施做出了明确规定，叙述如下：

（1）监理单位应当聘用具有相应资格的监理人员从事水利工程建设监理业务。

（2）取得水利工程建设监理工程师资格证书的人员，必须按照《水利工程建设监理工程师注册管理办法》（水建〔2006〕600号）进行注册，并在其注册监理单位从事监理业务；需要临时到其他监理单位从事监理业务的，应当由该监理单位与注册监理单位签订协议，明确监理责任等有关事宜。

（3）监理人员应当保守执（从）业秘密，并不得同时在两个以上水利工程项目从事监

理业务,不得与被监理单位以及建筑材料、建筑构配件和设备供应单位发生经济利益关系。

(4)监理单位应当按下列程序实施建设监理:

①按照监理合同,选派满足监理工作要求的总监理工程师、监理工程师和监理员组建项目监理机构,进驻现场;

②编制监理规划,明确项目监理机构的工作范围、内容、目标和依据,确定监理工作制度、程序、方法和措施,并报项目法人备案;

③按照工程建设进度计划,分专业编制监理实施细则;

④按照监理规划和监理实施细则开展监理工作,编制并提交监理报告;

⑤监理业务完成后,按照监理合同向项目法人提交监理工作总结报告、移交有关档案资料。

(5)水利工程建设监理实行总监理工程师负责制。总监理工程师负责全面履行监理合同约定的监理单位职责,发布有关指令,签署监理文件,协调有关各方之间的关系。监理工程师在总监理工程师授权范围内开展监理工作,具体负责所承担的监理工作,并对总监理工程师负责。监理员在监理工程师或者总监理工程师授权范围内从事监理辅助工作。

(6)监理单位应当将项目监理机构及其人员名单、监理工程师和监理员的授权范围书面通知被监理单位。监理实施期间监理人员有变化的,应当及时通知被监理单位。监理单位更换总监理工程师和其他主要监理人员的,应当符合监理合同的约定。

(7)监理单位应当按照监理合同,组织设计单位等进行现场设计交底,核查并签发施工图。未经总监理工程师签字的施工图不得用于施工。监理单位不得修改工程设计文件。

(8)监理单位应当按照监理规范的要求,采取旁站、巡视、跟踪检测和平行检测等方式实施监理,发现问题应当及时纠正、报告。

(9)监理单位不得与项目法人或者被监理单位串通,弄虚作假,降低工程或者设备质量。监理人员不得将质量检测或者检验不合格的建设工程、建筑材料、建筑构配件和设备按照合格签字。未经监理工程师签字,建筑材料、建筑构配件和设备不得在工程上使用或者安装,不得进行下一道工序的施工。

(10)监理单位应当协助项目法人编制控制性总进度计划,审查被监理单位编制的施工组织设计和进度计划,并督促被监理单位实施。

(11)监理单位应当协助项目法人编制付款计划,审查被监理单位提交的资金流计划,按照合同约定核定工程量,签发付款凭证。未经总监理工程师签字,项目法人不得支付工程款。

(12)监理单位应当审查被监理单位提出的安全技术措施、专项施工方案和环境保护措施是否符合工程建设强制性标准和环境保护要求,并监督实施。监理单位在实施监理过程中,发现存在安全事故隐患的,应当要求被监理单位整改;情况严重的,应当要求被监理单位暂时停止施工,并及时报告项目法人。被监理单位拒不整改或者不停止施工的,监理单位应当及时向有关水行政主管部门或者流域管理机构报告。

六、水利工程监理单位违规处罚

《水利工程施工监理规范》(SL 288—2014)规定,监理单位的合理化建议或高效工作使工程建设取得了显著的经济效益,监理单位可按有关规定或监理合同约定,获得相应的奖励。因监理单位的直接原因致使工程项目遭受直接损失的,监理单位应按有关规定或监理合同约定予以相应的赔偿。

《水利工程建设监理规定》(水利部令第28号)、《建设工程质量管理条例》(国务院令第279号)和《建设工程安全生产管理条例》(国务院令第393号)等法规对水利工程监理单位违规处罚做出了明确具体的规定,分述如下:

(1)水利工程建设监理单位超越本单位资质等级许可的业务范围承揽监理业务的,依照《建设工程质量管理条例》第六十条第一款规定给予处罚,即工程监理单位超越本单位资质等级承揽工程的,责令停止违法行为,对工程监理单位处合同约定的监理酬金1倍以上2倍以下的罚款。

(2)水利工程建设监理单位未取得相应资质等级证书承揽监理业务的,依照《建设工程质量管理条例》第六十条第二款规定给予处罚,即未取得资质证书承揽工程的,予以取缔,对工程监理单位处合同约定的监理酬金1倍以上2倍以下的罚款;有违法所得的,予以没收。

(3)水利工程建设监理单位以欺骗手段取得的资质等级证书承揽监理业务的,依照《建设工程质量管理条例》第六十条第三款规定给予处罚,即以欺骗手段取得资质证书承揽工程的,吊销资质证书,对工程监理单位处合同约定的监理酬金1倍以上2倍以下的罚款;有违法所得的,予以没收。

(4)水利工程建设监理单位允许其他单位或者个人以本单位名义承揽监理业务的,依照《建设工程质量管理条例》第六十一条规定给予处罚,即工程监理单位允许其他单位或者个人以本单位名义承揽工程的,责令改正,没收违法所得,对工程监理单位处合同约定的监理酬金1倍以上2倍以下的罚款。

(5)水利工程建设监理单位转让监理业务的,依照《建设工程质量管理条例》第六十二条第二款规定给予处罚,即工程监理单位转让工程监理业务的,责令改正,没收违法所得,处合同约定的监理酬金25%以上50%以下的罚款;可以责令停业整顿,降低资质等级;情节严重的,吊销资质证书。

(6)水利工程建设监理单位与项目法人或者被监理单位串通,弄虚作假,降低工程质量的,依照《建设工程质量管理条例》第六十七条规定给予处罚,即责令改正,处50万元以上100万元以下的罚款,降低资质等级或者吊销资质证书;有违法所得的,予以没收;造成损失的,承担连带赔偿责任。

(7)水利工程建设监理单位将不合格的建设工程、建筑材料、建筑构配件和设备按照合格签字的,依照《建设工程质量管理条例》第六十七条规定给予处罚,即责令改正,处50万元以上100万元以下的罚款,降低资质等级或者吊销资质证书;有违法所得的,予以没收;造成损失的,承担连带赔偿责任。

(8)水利工程建设监理单位与被监理单位以及建筑材料、建筑构配件和设备供应单位有隶属关系或者其他利害关系承担该项工程建设监理业务的，依照《建设工程质量管理条例》第六十八条规定给予处罚，即责令改正，处5万元以上10万元以下的罚款，降低资质等级或者吊销资质证书；有违法所得的，予以没收。

（9）水利工程建设监理单位以串通、欺诈、胁迫、贿赂等不正当竞争手段承揽监理业务的或者利用工作便利与项目法人、被监理单位以及建筑材料、建筑构配件和设备供应单位串通，谋取不正当利益的，依据《水利工程建设监理规定》第二十八规定给予处罚，即责令改正，给予警告；无违法所得的，处1万元以下罚款，有违法所得的，予以追缴，处违法所得3倍以下且不超过3万元罚款；情节严重的，降低资质等级；构成犯罪的，依法追究有关责任人员的刑事责任。

（10）水利工程建设监理单位有下列行为之一的，依照《建设工程安全生产管理条例》第五十七条处罚，即责令限期改正；逾期未改正的，责令停业整顿，并处10万元以上30万元以下的罚款；情节严重的，降低资质等级，直至吊销资质证书；造成重大安全事故，构成犯罪的，对直接责任人员，依照刑法有关规定追究刑事责任；造成损失的，依法承担赔偿责任。

①未对施工组织设计中的安全技术措施或者专项施工方案进行审查的；

②发现安全事故隐患未及时要求施工单位整改或者暂时停止施工的；

③施工单位拒不整改或者不停止施工，未及时向有关水行政主管部门或者流域管理机构报告的；

④未依照法律、法规和工程建设强制性标准实施监理的。

（11）水利工程建设监理单位聘用无相应监理人员资格的人员从事监理业务的或隐瞒有关情况、拒绝提供材料或者提供虚假材料的，依据《水利工程建设监理规定》第三十条规定给予处罚，即责令改正，给予警告；情节严重的，降低资质等级。

（12）《建设工程质量管理条例》第七十四条规定：工程监理单位违反国家规定，降低工程质量标准，造成重大安全事故，构成犯罪的，对直接责任人员依法追究刑事责任。

七、水利工程监理费

（一）监理费的构成

作为企业，监理单位要负担必要的支出，其经营活动应达到收支平衡，且略有节余。所以，监理费的构成是指监理单位在工程项目监理活动中所需要的全部成本（包括直接成本和间接成本），再加上应缴纳的税金和合理的利润。

（二）监理费的计算方法

1.监理费计算的依据

工程监理费的计算主要依据《建设工程监理与相关服务收费管理规定》（发改价格〔2007〕670号）、《关于进一步放开建设项目专业服务价格的通知》（发改价格〔2015〕299号）和《关于指导监理企业规范价格行为和自觉维护市场秩序的通知》（中建监协〔2015〕52号）等文件规定。

2.监理费的内容

监理费包括建设工程各阶段的监理与相关服务收费。建设工程监理与相关服务是指

监理人接受发包人的委托，提供建设工程施工阶段的质量、进度、资金控制管理和安全生产监督管理，合同、信息等方面协调管理服务，以及勘察、设计、保修等阶段的相关服务。

建设工程监理与相关服务收费根据建设项目性质不同情况，分别实行政府指导价或市场调节价。依法必须实行监理的建设工程施工阶段的监理收费实行政府指导价；其他建设工程施工阶段的监理收费和其他阶段的监理与相关服务收费实行市场调节价。实行政府指导价的建设工程施工阶段的监理收费，其基准价根据《建设工程监理与相关服务收费标准》计算，浮动幅度为上下20%。发包人与监理人应当根据建设工程的实际情况在规定的浮动幅度内协商确定收费额。实行市场调节价的建设工程监理与相关服务收费，由发包人与监理人协商确定收费额。

3. 施工监理服务收费的计算

1) 施工监理服务收费的计算公式

施工监理服务收费按照建筑安装工程费分档定额计费方式计算收费。

施工监理服务收费按照下列公式计算：

$$施工监理服务收费 = 施工监理服务收费基准价 \times (1 \pm 浮动幅度值) \quad (1\text{-}1)$$

$$施工监理服务收费基准价 = 施工监理服务收费基价 \times 施工监理服务收费调整系数 \quad (1\text{-}2)$$

$$施工监理服务收费调整系数 = 专业调整系数 \times 工程复杂程度调整系数 \times 高程调整系数 \quad (1\text{-}3)$$

2) 施工监理服务收费基价

施工监理服务收费基价是完成国家法律法规、规范规定的施工阶段监理基本服务内容的价格。施工监理服务收费基价按表1-1确定，计费额处于两个数值区间的，采用直线内插法确定施工监理服务收费基价。

表1-1　施工监理服务收费基价　（单位：万元）

序号	计费额	收费基价
1	500	16.5
2	1 000	30.1
3	3 000	78.1
4	5 000	120.8
5	8 000	181.0
6	10 000	218.6
7	20 000	393.4
8	40 000	708.2
9	60 000	991.4

续表 1-1

序号	计费额	收费基价
10	80 000	1 255.8
11	100 000	1 507.0
12	200 000	2 712.5
13	400 000	4 882.6
14	600 000	6 835.6
15	800 000	8 658.4
16	1 000 000	10 390.1

注:计费额大于 1 000 000 万元的以计费额乘以 1.039% 的收费率计算收费基价。其他未包含的其收费由双方协商议定。

施工监理服务收费以建设项目工程概算投资额分档定额计费方式收费的,其计费额为工程概算中的建筑安装工程费、设备购置费和联合试运转费之和,即工程概算投资额。对设备购置费和联合试运转费占工程概算投资额 40% 以上的工程项目,其建筑安装工程费全部计入计费额,设备购置费和联合试运转费按 40% 的比例计入计费额。但其计费额不应小于建筑安装工程费与其相同且设备购置费和联合试运转费等于工程概算投资额 40% 的工程项目的计费额。

工程中有利用原有设备并进行安装调试服务的,以签订工程监理合同时同类设备的当期价格作为施工监理服务收费的计费额;工程中有缓配设备的,应扣除签订监理合同时同类设备的当期价格作为施工监理服务收费的计费额;工程中有引进设备的,按照购进设备的离岸价格折换成人民币作为施工监理服务收费的计费额。

施工监理收费以建筑安装工程费为分档定额计费方式收费的,其计费额为工程概算中的建筑安装工程费。

作为施工监理服务收费计费额的建设项目工程概算投资额或建筑安装工程费均指每个监理合同中约定的工程项目范围的投资额。

3) 施工监理服务收费调整系数

施工监理服务收费调整系数包括专业调整系数、工程复杂程度调整系数和高程调整系数。

(1) 专业调整系数。

专业调整系数是对不同专业建设工程的施工监理工作复杂程度和工作量差异进行调整的系数。计算施工监理服务收费时,专业调整系数在表 1-2 中查找并确定。

表 1-2 施工监理服务收费专业调整系数表

序号	工程类型	专业调整系数
1	水利电力工程	
(1)	风力发电、其他水利工程	0.9
(2)	火电工程、送变电工程	1.0
(3)	核能、水电、水库工程	1.2

(2)工程复杂程度调整系数。

工程复杂程度调整系数是对同一专业建设工程的施工监理复杂程度和工作量差异进行调整的系数。工程复杂程度分为一般、较复杂和复杂三个等级,其调整系数分别为:一般(1 级)0.85;较复杂(2 级)1.0;复杂(3 级)1.15。计算施工监理服务收费时,工程复杂程度调整系数可查表 1-3、表 1-4 确定。

表 1-3 水利、发电、送电、变电、核能工程复杂程度

等级	工程特征
1 级	1. 单机容量 200 MW 及以下凝气式机组发电工程,燃气轮机发电工程,50 MW 及以下供热机组发电工程; 2. 电压等级 220 kV 及其以下的送电、变电工程; 3. 最大坝高 <70 m,边坡高度 <50 m,基础处理深度 <20 m 的水库水电工程; 4. 施工明渠导流建筑物与土石围堰; 5. 总装机容量 <50 MW 的水电工程; 6. 单洞长度 <1 km 的隧洞; 7. 无特殊环保要求
2 级	1. 单机容量 300 ~ 600 MW 凝气式机组发电工程,单机容量 50 MW 以上供热机组发电工程,新能源发电工程(可再生能源、风电、潮汐等); 2. 电压等级 330 kV 的送电、变电工程; 3. 70 m≤最大坝高 <100 m 或 1 000 万 m^3≤库容 <1 亿 m^3的水库水电工程; 4. 地下洞室的跨度 <15 m,50 m≤边坡高度 <100 m,20 m≤基础处理深度 <40 m 的水库水电工程; 5. 施工隧洞导流建筑物(洞径 <10 m)或混凝土围堰(最大堰高 <20 m); 6. 50 MW≤总装机容量 <1 000 MW 的水电工程; 7. 1 km≤单洞长度 <4 km 的隧洞; 8. 工程位于省级重点环境(生态)保护区内,或毗邻省级重点环境(生态)保护区,有较高的环保要求

续表 1-3

等级	工程特征
3 级	1. 单机容量 600 MW 以上凝气式机组发电工程； 2. 换流站工程，电压等级≥500 kV 的送电、变电工程； 3. 核能工程； 4. 最大坝高 100 m 或库容≥1 亿 m^3 的水库水电工程； 5. 地下洞室的跨度≥15 m，边坡高度≥100 m，基础处理深度≥40 m 的水库水电工程； 6. 施工隧洞导流建筑物（洞径≥10 m）或混凝土围堰（最大堰高≥20 m）； 7. 总装机容量≥1 000 MW 的水库水电工程； 8. 单洞长度≥4 km 的水工隧洞； 9. 工程位于国家级重点环境（生态）保护区内，或毗邻国家级工程重点环境（生态）保护区，有特殊的环保要求

表 1-4　其他水利工程复杂程度

等级	工程特征
1 级	1. 流量 < 15 m^3/s 的引调水渠道管线工程； 2. 堤防等级 5 级的河道治理建（构）筑物及河道堤防工程； 3. 灌区田间工程； 4. 水土保持工程
2 级	1. 15 m^3/s ≤ 流量 < 25 m^3/s 的引调水渠道管线工程； 2. 引调水工程中的建筑物工程； 3. 丘陵、山区、沙漠地区的引调水渠道管线工程； 4. 堤防等级 3、4 级的河道治理建（构）筑物及河道堤防工程
3 级	1. 流量≥25 m^3/s 的引调水渠道管线工程； 2. 丘陵、山区、沙漠地区的引调水建筑物工程； 3. 堤防等级 1、2 级的河道治理建（构）筑物及河道堤防工程； 4. 护岸、防波堤、围堰、人工岛、围垦工程、城镇防洪、河口整治工程

（3）高程调整系数。

高程调整系数为：

海拔 2 001 m 以下的为 1；

海拔 2 001 ~ 3 000 m 的为 1.1；

海拔 3 001 ~ 3 500 m 的为 1.2；

海拔 3 501 ~ 4 000 m 的为 1.3；

海拔 4 001 m 以上的，高程调整系数由发包人和监理人协商确定。

4. 其他规定

(1)发包人将施工监理服务中的某一部分工作单独发包给监理人，按照其占施工监理服务工作量的比例计算施工监理服务收费，其中质量控制和安全生产监督管理服务收费不宜低于施工监理服务收费总额的70%。

(2)建设工程项目施工监理服务由两个或者两个以上监理人承担的，各监理人按照其占施工监理服务工作量的比例计算施工监理服务收费。发包人委托其中一个监理人对建设工程项目施工监理服务总负责的，该监理人按照各监理人合计监理服务收费的4%～6%向发包人加收总体协调费。

任务六　监理组织

一、组织的基本原理

(一)组织的概念

组织是指为了使系统达到它的特定目标，使全体参加者经分工与协作以及设置不同层次的权力和责任制度而构成的人的集合。

组织包括以下四层含义：

(1)组织必须具有目标。目标是组织存在的前提，而组织又是目标能否实现的决定性因素。

(2)没有分工与协作就不是组织，没有不同层次的权力和责任制度就不能实现组织活动和组织目标。

(3)组织的功能在于有计划地组织、指挥、调节和控制各种活动，实现组织目标。

(4)组织生存的基本条件是必须具备一定的物质和技术基础，并且不断地进行更新，适应环境的变化。

(二)组织构成因素

组织构成受多种因素的制约，最主要的有管理层次、管理跨度、管理部门、管理职能。各因素之间相互联系、相互制约。

1. 合理的管理层次

管理层次是指从组织的最高管理者到最基层的实际工作人员的等级层次的数量。管理层次可以分为三个层次，即决策层、协调层和执行层、操作层，三个层次的职能要求不同，表示不同的职责和权限，由上到下权责递减，人数却递增。组织必须形成一定的管理层次，否则其运行将陷于无序状态，管理层次也不能过多，否则会造成资源和人力的巨大浪费。

2. 合理的管理跨度

管理跨度是指一个主管直接管理下属人员的数量。在组织中，某级管理人员的管理跨度大小直接取决于这一级管理人员所要协调的工作量，跨度大，处理人与人之间关系的数量随之增大。跨度太大时，领导者和下属接触频率会太高。跨度的大小又和分层多少有关，一般来说，管理层次增多，跨度会小；反之，层次少，跨度会大。

3. 合理划分管理部门

按照类别对专业化分工的工作进行分组,以便对工作进行协调,即为部门化。部门可以根据职能来划分,可以根据产品类型来划分,可以根据地区来划分,也可以根据顾客类型来划分。组织中各部门的合理划分对发挥组织效能非常重要,如果划分不合理,就会造成控制、协调困难,浪费人力、物力、财力。

4. 合理确定管理职能

组织设计中确定的各部门的职能,在纵向要使指令传递、信息反馈及时,在横向使各部门相互联系、协调一致。

(三)项目监理组织设计的基本原则

1. 集权与分权统一的原则

在任何组织中都不存在绝对的集权和分权,应做到集权与分权相统一。在项目监理机构设计中,所谓集权,就是总监理工程师掌握所有监理大权,各专业监理工程师只是其命令的执行者;所谓分权,是指各专业监理工程师在各自管理的范围内有足够的决策权,总监理工程师主要起协调作用。

2. 专业分工与协作统一的原则

对于项目监理机构来说,分工就是将监理目标,特别是投资控制、进度控制、质量控制三大目标分成各部门以及各监理工作人员的目标、任务,明确干什么、怎么干。

3. 管理跨度与管理层次统一的原则

在组织机构的设计过程中,管理跨度与管理层次成反比例关系。应该在通盘考虑影响管理跨度的各种因素后,在实际运用中根据具体情况确定管理层次。

4. 权责一致的原则

在项目监理机构中应明确划分职责、权力范围,做到责任和权力相一致。权责不一致对组织的效能损害是很大的。权大于责就容易产生瞎指挥、滥用权力的官僚主义;责大于权就会影响管理人员的积极性、主动性、创造性,使组织缺乏活力。

5. 才职相称的原则

使每个人现有的和可能有的才能与其职务上的要求相适应,做到才职相称,人尽其才,才得其用,用得其所。

6. 经济效率原则

应组合成最适宜的结构形式,实行最有效的内部协调,使事情办得简洁而正确,减少重复和扯皮。

7. 适应性原则

组织机构既要有相对的稳定性,不要总是轻易变动,又要随组织内部和外部条件的变化,根据长远目标做出相应的调整与变化,使组织机构具有一定的适应性。

(四)项目监理组织活动的基本原理

1. 要素有用性原理

一个组织机构中的基本要素有人力、物力、财力、信息、时间等。

运用要素有用性原理,首先应看到人力、物力、财力等因素在组织活动中的有用性,充分发挥各要素的作用,其次要具体分析各要素的特殊性,以便充分发挥每一要素的作用。

2. 动态相关性原理

整体效应不等于其各局部效应的简单相加，这就是动态相关性原理。组织管理者的重要任务就在于使组织机构活动的整体效应大于其局部效应之和；否则，组织就失去了存在的意义。

3. 主观能动性原理

人是生产力中最活跃的因素，组织管理者的重要任务就是要把人的主观能动性发挥出来。

4. 规律效应性原理

规律与效应的关系非常密切，一个成功的管理者应懂得只有努力揭示规律，才有取得效应的可能，而要取得好的效应，就要主动研究规律，坚决按规律办事。

二、工程项目建设承发包模式和监理组织模式

承发包是当代工程建设最基本、最主要的形式。投资方把工程的建设任务委托给另一方完成，委托任务的一方称为发包单位（方或人），接受任务的一方称为承包单位（方或人）。根据双方的承包关系、承包范围、建立承发包关系途径等的不同，其承发包模式也不同。

为了有效地开展监理工作，保证工程建设项目总目标的实现，应根据不同的承发包模式安排实施不同的监理组织模式。

目前，我国工程项目建设任务发包与承包组织模式，主要有四种：平行承发包、设计/施工总承包、工程项目总承包和工程项目总承包管理。在工程项目建设实践中，针对工程项目的实际情况，应选择一种对项目组织、投资控制、进度控制、质量控制和合同管理最有利的模式。

（一）平行承发包模式与监理组织模式

1. 平行承发包模式

平行承发包，即分标发包，发包方将一个工程建设项目分解为若干个任务，分别发包给多个设计单位和多个施工单位。各设计单位之间的关系是平行的，各施工单位之间的关系是平行的，如图1-4所示。

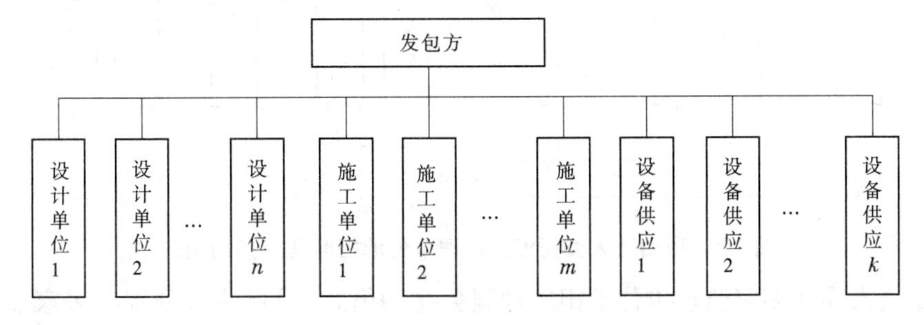

图1-4 平行承发包模式

一般对于一些大型工程建设项目，即投资大、工期比较长、各部分质量标准、专业技术工艺要求不同，又有工期提前的要求，多采用此种分标发包模式，以利于投资、进度、质量的合理安排和控制。

当设计单位、施工单位规模小，且专业性很强，或者发包方愿意分散风险时，也多采用这种模式。

但是，平行承发包的模式，对项目组织管理不利，对进度协调不利。因为发包方要和多个设计单位或多个施工单位签订合同，为控制项目总目标，协调工作量大，不仅要协调设计、施工单位的进度，还要协调它们之间的进度。

2. 监理组织模式

与平行承发包模式相适应的监理组织模式可以选择以下几种：

(1)项目法人委托一家监理单位承担监理服务，如图 1-5 所示。

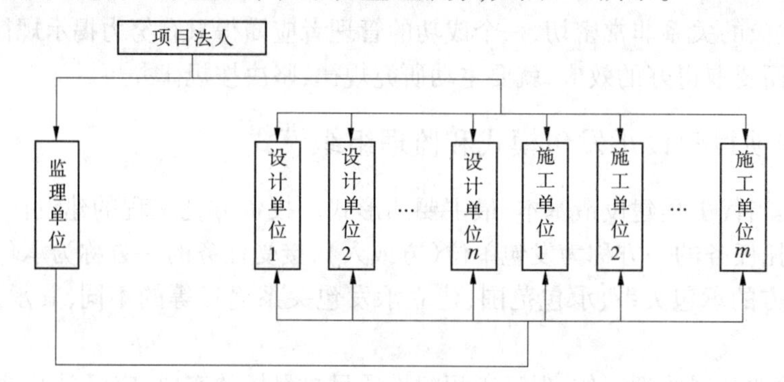

图 1-5　项目法人委托一家监理单位承担监理服务的模式

项目法人委托一家监理单位承担监理服务这种模式，一般要求监理单位要有较强的合同管理能力和组织协调能力。监理单位的监理组织机构可以组建多个分支机构，分别对项目法人委托的各设计单位和各施工单位分别实施监理。

(2)项目法人委托多家监理单位承担监理服务，如图 1-6 所示。

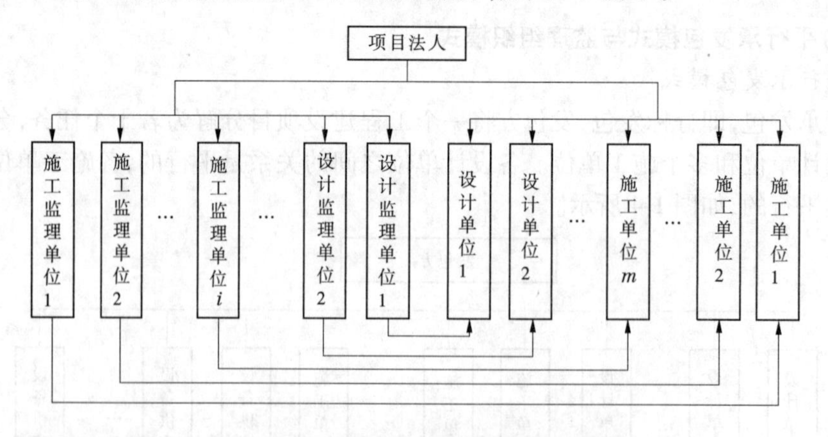

图 1-6　项目法人委托多家监理单位承担监理服务的模式

项目法人委托多家监理单位承担监理服务这种模式，项目法人分别与多家监理单位签订监理委托合同，受委托的监理单位按合同约定分别针对不同的设计单位和不同的施工单位实施监理。由于项目法人分别与监理单位签订了监理合同，项目法人应加强监理合同的管理，做好各监理单位的协调工作。采用这种模式对于监理单位来说，监理对象单一便于管理。

(二)设计/施工总承包模式与监理组织模式

1. 设计/施工总承包模式

设计/施工总承包,即设计和施工分别总承包,如图1-7所示。

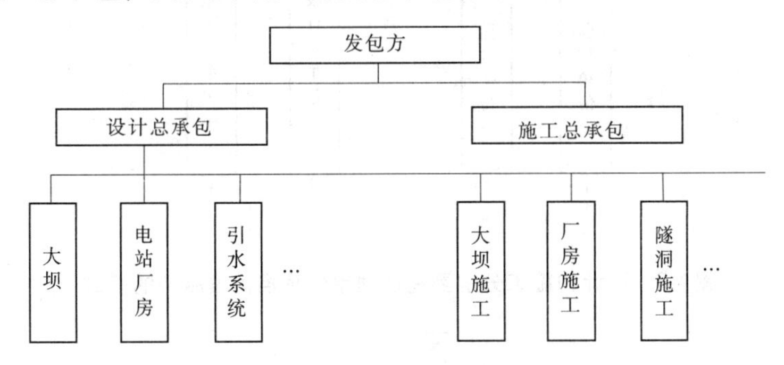

图1-7 设计/施工总承包模式

这种模式对项目组织管理有利,发包方只需和一个设计总包单位和一个施工总包单位签订合同。因此,相对平行承发包模式而言,其协调工作量小,合同管理简单,对投资控制有利。

采用这种模式时,国际惯例一般规定设计总包单位(或施工总包单位)不可把总包合同规定的任务全部转包给其他设计单位(或施工单位),并且还要求总包单位将任何部分任务分包给其他单位时,必须得到发包方的认可,以保证工程项目投资、进度及质量目标的实现。《中华人民共和国合同法》第二百七十二条规定:建设工程主体结构的施工必须由承包人自行完成。

2. 监理模式

对设计/施工总承包模式,项目法人可以委托一家监理单位承担全过程监理服务,如图1-8所示。也可以按设计和施工分别委托监理单位承担监理服务,如图1-9所示。

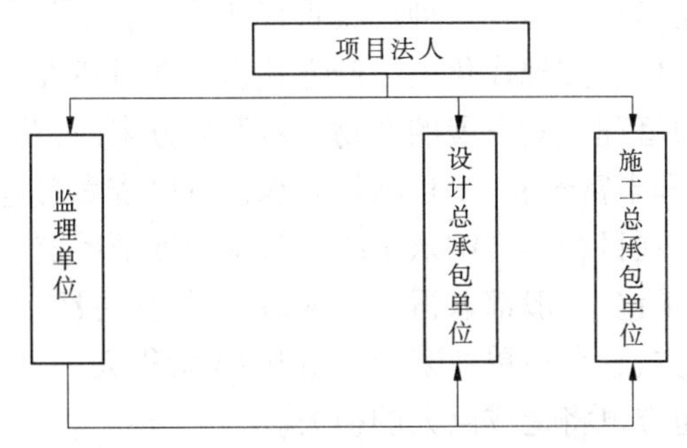

图1-8 委托一家监理单位承担监理服务的模式

(三)工程项目总承包模式与监理组织模式

1. 工程项目总承包模式

工程项目总承包也称建设全过程承包,也常称为“交钥匙承包”“一揽子承包”,如图1-10所示。

发包方把一个工程项目的设计、材料采购、施工到试运行全部任务都发包给一个单

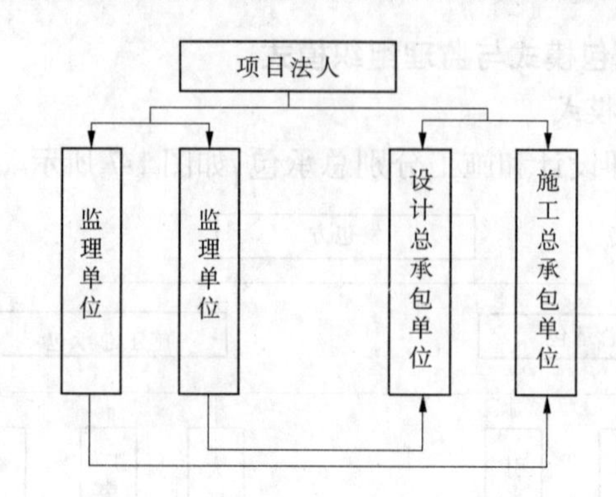

图 1-9　设计和施工分别委托监理单位承担监理服务的模式

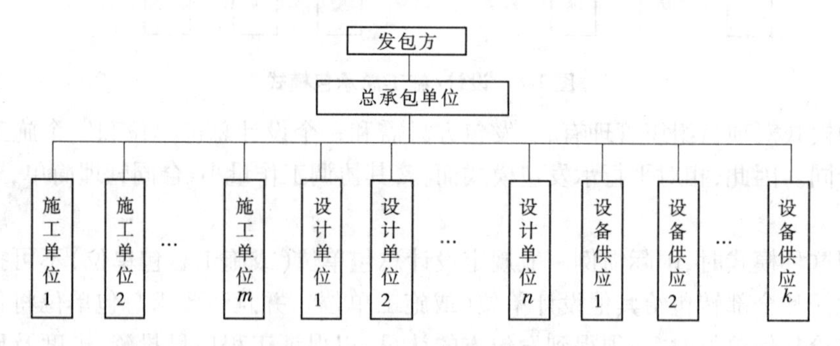

图 1-10　工程项目总承包模式

位，这一单位称为总承包单位。总承包单位可以自行完成全部任务，也可以把项目的部分任务在取得发包方认可的前提下，分包给其他设计和施工单位。

总承包是在项目全部竣工试运行达到正常生产水平后，再把项目移交发包方。

这种总承包模式工作量最大、工作范围最广，因而合同内容也最复杂，但项目组织、投资控制、合同管理都非常简单。而且这种模式责任明确、合同关系简单明了，易于形成统一的项目管理保证系统，便于按现代化大生产方式组织项目建设，是近年来现代化大生产方式进入建设领域，项目管理不断发展的产物。对发包方来说，总承包单位一般都具有管理大型项目的良好素质和丰富经验，工程项目总承包可以依靠总包的综合管理优势，加上总包合同法律约束，就使项目的实现纳入了统一管理的保证系统。近年来，我国一些大型项目采用了工程项目总承包，一般都取得了工期短、质量高、投资省的良好效果。

但这种模式对发包方、总承包单位来说，承担的风险很大，一旦总承包失败，就可能导致总承包单位破产，发包方也将造成巨大的损失。

2. 监理模式

在工程项目总承包模式下，项目法人与总承包单位之间签订一份总承包合同，项目法人一般宜委托一家具有丰富的设计和施工监理经验的监理单位承担监理服务。在这种委托模式下，总监理工程师需要具备较全面的综合知识，具有丰富的设计、施工经验，以及较强的组织协调能力。

（四）工程项目总承包管理模式

工程项目总承包管理亦称“工程托管”。工程项目总承包管理单位在承揽工程项目的设计和施工任务之后,经过发包方的同意,再把承揽的全部设计和施工任务转包给其他单位,如图 1-11 所示。

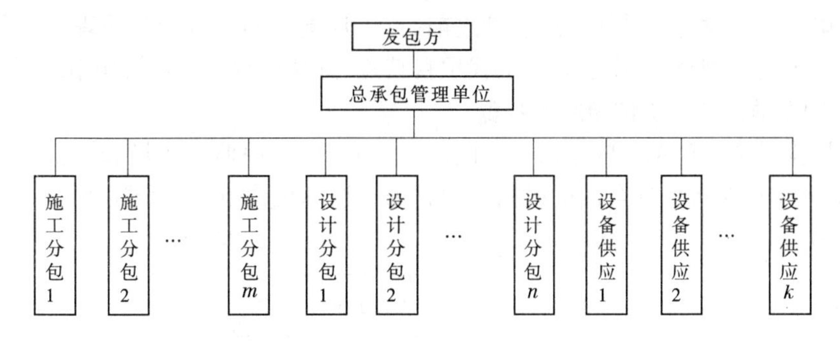

图 1-11　工程项目总承包管理模式

工程项目总承包管理模式与工程项目总承包模式的不同之处在于:前者没有自己的设计和施工力量,不直接进行设计与施工,而是将承接的设计与施工任务全部分包出去,自己仅致力于工程建设项目管理;后者有自己的设计、施工力量,直接进行设计、施工、材料和设备采购等工作。

工程项目总承包管理模式的特点是对合同管理、组织协调、进度和投资控制有利,工程项目总承包管理单位确定分包单位很重要,并且承担风险较大。

上述四种不同的承发包模式,对投资、进度、质量目标的控制和对合同管理、组织协调的难易程度是不同的,其结构也不同。发包方应该根据实际情况进行选择,监理单位也应相应地调整自己的组织机构和工作职能。工程项目各种承发包模式的优缺点如表 1-5 所示。

表 1-5　工程项目各种承发包模式的优缺点

项目	平行承发包模式	设计/施工总承包模式	工程项目总承包模式	工程项目总承包管理模式
优点	有利于缩短工期	有利于建设工程的组织管理,协调工作量减少	合同关系简单、组织协调工作量小	合同关系简单、组织协调比较有利
	有利于质量控制	有利于投资控制	缩短建设周期	对进度控制也有利
	业主选择承建单位范围大	有利于质量控制	利于投资控制	
		有利于工期控制		
缺点	合同数量多,组织协调工作量大;会造成合同管理困难	建设周期较长	招标发包工作难度大,合同管理的难度一般较大	监理工程师对分包的确认工作十分关键
	投资控制难度大	总包报价可能较高	业主择优选择承包方范围小	采用这种承发包模式应持慎重态度
			质量控制难度大	

三、项目监理机构组织形式

监理单位接受发包方委托实施监理之前，首先应建立与工程项目监理活动相适应的监理机构组织，根据监理工作内容及工程项目特点，选择适宜的监理机构组织形式。

（一）建立项目监理机构组织的步骤

监理机构是指监理单位依据监理合同派驻工程现场，由监理人员和其他工作人员组成，代表监理单位履行监理合同的机构。建立项目监理机构组织的步骤如图1-12所示。

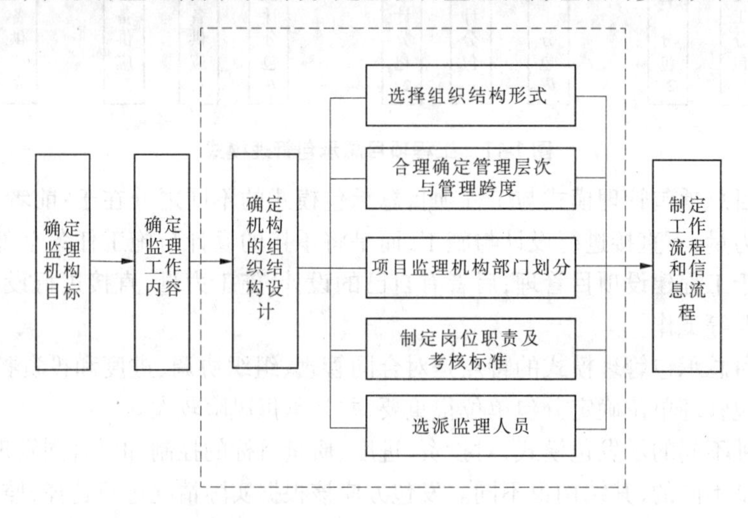

图1-12　建立项目监理机构组织的步骤

建立项目监理机构组织时，应综合考虑以下因素。

（1）工程监理目标是项目监理机构建立的前提，项目监理机构的建立应根据委托监理合同确定的监理目标，制定总目标并明确划分监理机构的分解目标。

（2）监理工作的归并及组合应便于监理目标控制，并综合考虑监理工程的组织管理模式、工程结构特点、合同工期要求、工程复杂程度、工程管理及技术特点；还应考虑监理单位自身组织管理水平、监理人员数量、技术业务特点等。

（3）监理机构组织结构形式选择的基本原则是：有利于工程合同管理，有利于监理目标控制，有利于决策指挥，有利于信息沟通。

（4）项目监理机构中一般应有三个层次：决策层由总监理工程师和其他助手组成；中间控制层，即协调层和执行层，一般由各专业监理工程师组成；作业层即操作层，主要由监理员、检查员等组成。

（5）项目监理机构中应按监理工作内容形成相应的管理部门。

（6）监理人员的选择除应考虑个人素质外，还应考虑人员总体构成的合理性与协调性。一般来说，项目总监理工程师应由具有三年以上同类工程监理工作经验的人员担任；总监理工程师代表应由具有两年以上同类工程监理工作经验的人员担任；专业监理工程师应由具有一年以上同类工程监理工作经验的人员担任；并且项目监理机构的监理人员应专业配套、数量满足建设工程监理工作的需要。

（二）项目监理机构组织形式

目前，项目监理机构组织形式主要有直线制监理组织、职能制监理组织、直线职能制监理组织和矩阵制监理组织四种。

1. 直线制监理组织

直线制是一种线性组织结构，其本质就是使命令线性化。整个组织自上而下实行垂直领导，不设职能机构，可设职能人员协助主管人员工作，主管人员对所属单位的一切问题负责。

这种组织形式是最简单的，它的特点是组织中各种职位是按垂直系统直线排列的，权利系统自上而下形成直线控制，权责分明。它适用于监理项目能划分为若干相对独立子项的大、小型建设项目，如图1-13所示。总监理工程师负责整个项目的规划、组织和指导，并着重整个项目范围内各方面的协调工作。子项目监理组分别负责子项目的目标值控制，具体领导现场专业或专项监理组的工作。

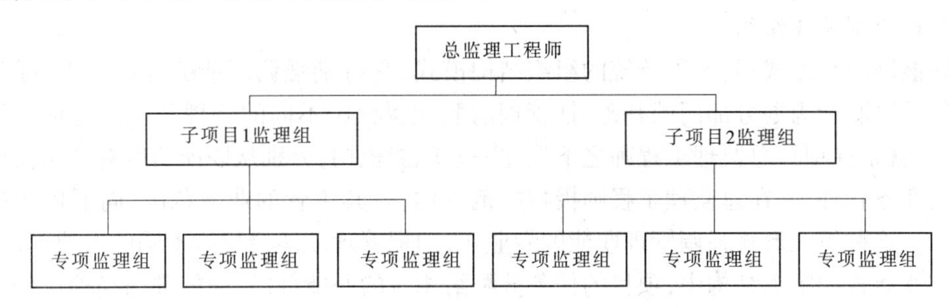

图1-13 按子项分解设立直线制监理组织形式

还可按建设阶段分解设立直线制监理组织形式，如图1-14所示。此种形式适用于大、中型以上项目，且承担包括设计和施工的全过程工程建设监理任务。这种组织形式的主要优点是机构简单、权力集中、命令统一、职责分明、决策迅速、隶属关系明确。缺点是实行没有职能机构的“个人管理”，这就要求总监理工程师通晓各种业务和多种知识技能，成为“全能式”人物。

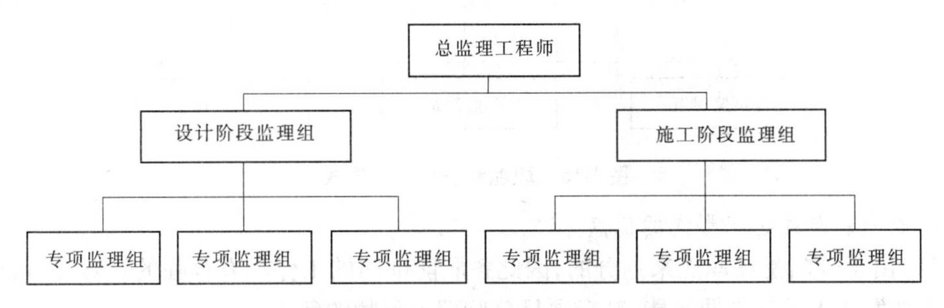

图1-14 按建设阶段分解设立直线制监理组织形式

1）直线制组织的优点

（1）保证单头领导，每个组织单元仅向一个上级负责，一个上级对下级直接行使管理和监督的权力即直线职权，一般不能越级下达指令。项目参加者的工作任务、责任、权力明确，指令唯一，这样可以减少扯皮和纠纷，协调方便。

(2)它具有独立的项目组织的优点。尤其是项目总监理工程师能直接控制监理组织资源,向业主负责。

(3)信息流通快,决策迅速,项目容易控制。

(4)项目任务分配明确,责权利关系清楚。

2)直线制组织的缺点

(1)当项目比较多、比较大时,每个项目对应一个组织,使监理企业资源可能不能达到合理使用。

(2)项目总监理工程师责任较大,一切决策信息都集中于他处,这要求他能力强、知识全面、经验丰富,是一个"全能式"人物。否则决策较难、较慢,容易出错。

(3)不能保证项目监理参与单位之间信息流通速度和质量。

(4)监理企业的各项目间缺乏信息交流,项目之间的协调、企业的计划和控制比较困难。

2. 职能制监理组织

职能制组织形式,是一种传统的组织结构模式,它特别强调职能的专业分工,因此组织系统是以职能为划分部门的基础,把管理的职能授权给不同的管理部门。这种监理组织形式,就是在项目总监理工程师之下设立一些职能机构,分别从职能角度对基层监理组织进行业务管理,并在总监理工程师授权的范围内,就其主管的业务范围,向下传达命令和指示。这种组织形式强调管理职能的专业化,即把管理职能授权给不同的专业部门。

在职能式的组织结构中,项目的任务分配给相应的职能部门,职能部门经理对分配到本部门的项目任务负责,职能式的组织结构适用于任务相对比较稳定明确的项目监理工作,如图 1-15 所示。

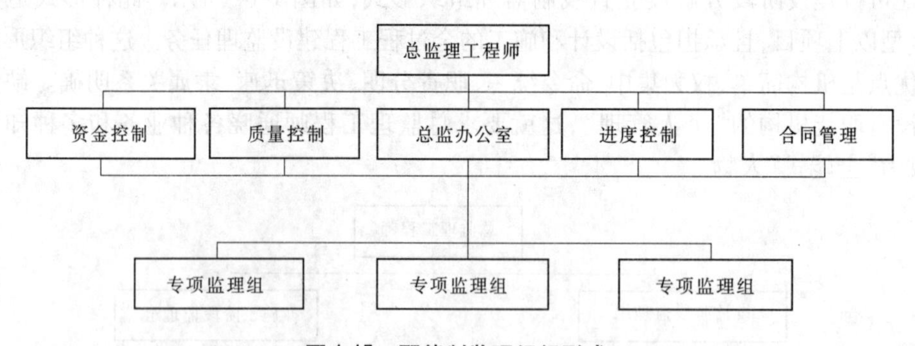

图 1-15 职能制监理组织形式

1)职能制监理组织形式的优点

(1)由于部门是按职能来划分的,因此各职能部门的工作具有很强的针对性,可以最大限度地发挥人员的专业才能,减轻项目总监理工程师的负担。

(2)如果各职能部门能做好互相协作的工作,对整个项目的完成会起到事半功倍的效果。

2)职能制组织形式的缺点

(1)项目信息传递途径不畅。

(2)工作部门可能会接到来自不同职能部门的互相矛盾的指令。

(3)不同职能部门之间有意见分歧难以统一时,互相协调存在一定的困难。

(4)职能部门直接对工作部门下达工作指令,项目总监对工程项目的控制能力在一定的程度上被弱化。

3. 直线职能制监理组织

直线职能制的监理组织形式是吸收了直线制组织形式和职能制组织形式的优点而构成的一种组织形式,如图1-16所示。

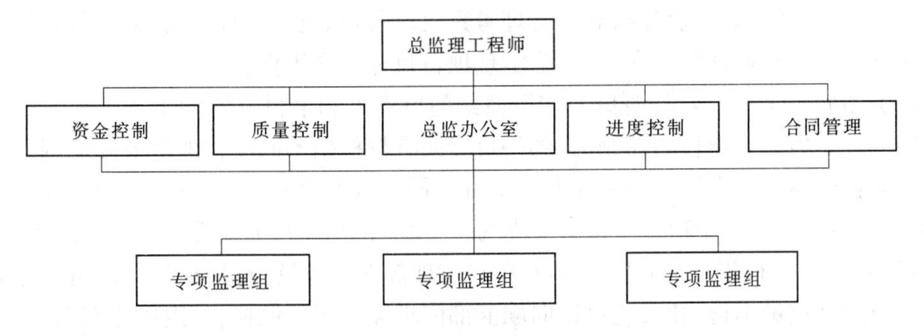

图1-16　直线职能制监理组织形式

这种形式的主要优点是集中领导、职责清楚,有利于提高办事效率。缺点是职能部门与指挥部门易产生矛盾,信息传递路线长,不利于互通情报。

4. 矩阵制监理组织

矩阵制是现代大型工程管理中广泛采用的一种组织形式,它把职能原则和项目对象原则结合起来建立工程项目管理组织机构,使其既能发挥职能部门的横向优势,又能发挥项目组织纵向优势。从系统论的观点来看,解决问题不能只靠某一部门的力量,一定要各方面专业人员共同协作。矩阵式的监理组织有横向职能部门系统和纵向子项目组织系统,如图1-17所示。

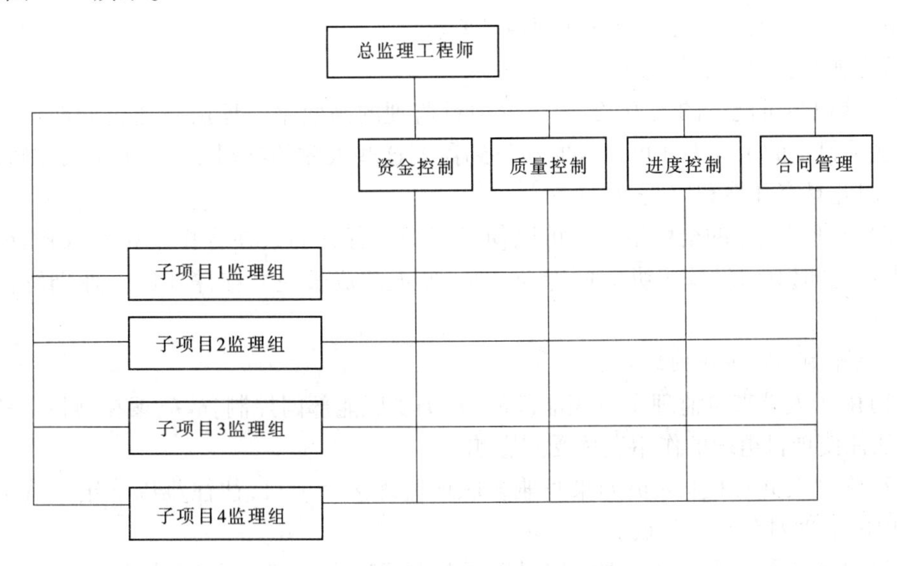

图1-17　矩阵制监理组织形式

1)矩阵制监理组织的特征

(1)项目监理组织机构与职能部门的结合部同职能部门数量相同,多个项目与职能部门的结合部呈矩阵状。

(2)把职能原则和对象原则结合起来,既发挥职能部门的横向优势,又发挥项目组织的纵向优势。

(3)专业职能部门是永久性的,项目组织是临时性的。职能部门负责人对参与项目组织的人员有组织调配、业务指导和管理考察权,项目总监理工程师将参与项目组织的职能人员在横向上有效地组织在一起,为实现项目目标协同工作。

(4)矩阵中的每个成员或部门,接受原部门负责人和项目总监理工程师的双重领导,但部门的控制力大于项目的控制力,部门负责人有权根据不同项目的需要和忙闲程度,在项目之间调配本部门人员。一个专业人员可能同时为几个项目服务,特殊人才可充分发挥作用,免得人才在一个项目中闲置又在另一个项目中短缺,大大提高人才利用率。

(5)项目总监理工程师对"借"到本项目监理部来的成员,有权控制和使用,当感到人力不足或某些成员不得力时,他可以向职能部门求援或要求调换,辞退回原部门。

(6)项目监理部的工作有多个职能部门支持,项目部没有人员包袱。但要求在水平方向和竖直方向有良好的信息沟通及良好的协调配合,对整个企业组织和项目组织的管理水平和组织渠道畅通提出了较高的要求。

2)矩阵制监理组织的适用范围

(1)适用于平时承担多个需要进行项目监理工程的企业。在这种情况下,各项目对专业技术人才和管理人员都有需求,加在一起数量较大。采用矩阵制组织可以充分利用有限的人才对多个项目进行监理,特别有利于发挥稀有人才的作用。

(2)适用于大型、复杂的监理工程项目。因大型复杂的工程项目要求多部门、多技术、多工种配合实施,在不同阶段,对不同人员,有不同数量和搭配各异的需求。显然,矩阵式项目监理组织形式可以很好地满足其要求。

3)矩阵制监理组织的优点

(1)能以尽可能少的人力,实现多个项目监理的高效率。理由是通过职能部门的协调,一些项目上的闲置人才可以及时转移到需要这些人才的项目上去,防止人才短缺,项目组织因此具有弹性和应变力。

(2)有利于人才的全面培养。可以使不同知识背景的人在合作中相互取长补短,在实践中拓宽知识面;发挥了纵向的专业优势,使人才成长建立在深厚的专业训练基础之上。

4)矩阵制监理组织的缺点

(1)由于人员来自监理企业职能部门,且仍受职能部门控制,故凝聚在项目上的力量减弱,往往使项目组织的作用发挥受到影响。

(2)管理人员或专业人员如果身兼多职地监理多个项目,往往难以确定监理项目的优先顺序,有时难免顾此失彼。

(3)双重领导。项目组织中的成员既要接受项目总监理工程师的领导,又要接受监理企业中原职能部门的领导,在这种情况下,如果领导双方意见和目标不一致乃至有矛盾时，当事人便无所适从。

(4)矩阵制组织对监理企业管理水平、项目管理水平、领导者的素质、组织机构的办事效率、信息沟通渠道的畅通，均有较高要求。

(三)项目监理机构的基本职责与权限

监理机构应按照监理合同和施工合同约定，开展水利工程施工质量、进度、资金的控制活动，以及施工安全和文明施工的监理工作，加强信息管理，协调施工合同有关各方之间的关系；监理机构应在监理合同授权范围内行使职权。发包人不得擅自做出有悖于监理机构在合同授权范围内所发指示的决定、指示和通知；监理机构应制定与监理工作内容相适应的工作制度；监理机构应将总监理工程师和其他主要监理人员的姓名、监理业务分工和授权范围报送发包人并通知承包人；监理机构应在完成监理合同约定的全部工作后，按有关档案管理规定，移交合同履行期间的监理档案资料。

《水利工程施工监理规范》(SL 288—2014)对监理机构的基本职责与权限做出了明确规定，叙述如下：

(1)审查承包人拟选择的分包项目和分包人，报发包人审批。

(2)核查并签发施工图纸。

(3)审批、审核或确认承包人提交的各类文件。

(4)签发指示、通知、批复等监理文件。

(5)监督、检查现场施工安全，发现安全隐患及时要求承包人整改或暂停施工。

(6)监督、检查文明施工情况。

(7)监督、检查施工进度。

(8)核验承包人申报的原材料、中间产品的质量复核工程施工质量。

(9)参与或组织工程设备的交货验收。

(10)审核工程计量，签发各类付款证书。

(11)审批施工质量缺陷处理措施计划，监督、检查施工质量缺陷处理情况，组织施工质量缺陷备案表的填写。

(12)处置施工中影响工程质量和安全的紧急情况。

(13)处理变更、索赔和违约等合同事宜。

(14)依据有关规定参与工程质量评定，主持或参与工程验收。

(15)主持施工合同履行中发包人和承包人之间的协调工作。

(16)监理合同约定的其他职责与权限。

四、项目监理机构监理人员的配备

(一)项目监理机构监理人员结构

监理机构要有合理的监理人员结构才能适应监理工作的要求。合理的监理人员结构包括以下两方面的内容。

1.具有合理的专业结构

监理机构应具有与监理项目性质以及业主对项目监理的要求相适应的各专业人员组成，也就是各专业人员要配套，如水利工程施工监理，应配备水工建筑、测量、地质、金属结构等专业人员。

2. 具有合理的人员层次结构

监理机构合理的人员层次结构包括技术职称结构和年龄结构。监理人员根据其技术职称分为高、中、低级三个层次,合理的人员层次结构有利于管理和分工。监理人员层次结构及其分工如表1-6所示。根据经验,一般高、中、低人员配备比例大约为10%、60%、20%,此外还有10%左右为行政管理人员。

表1-6　监理人员层次结构及其分工

监理组织层次		主要职能	要求对应的技术职称
项目监理部	总监理工程师 专业监理工程师	项目监理的策划 项目监理实施的组织与协调	高级
子项监理部	子项监理工程师 专业监理工程师	具体组织子项目监理业务	中级
现场监理员	质监员 计量员 预算员 计划员等	监理实务的执行与作业	初级

(二)项目监理机构监理人员数量的确定

监理机构监理人员的配置数量应按照工程类别、工程复杂程度、工程规模、工程建设阶段等分类确定,并考虑工程的点状和线状分布特征、施工过程是否需要旁站要求等不同情况。下面主要介绍正常施工期监理机构的人员配置标准。

1. 工程建设强度

工程建设强度是指单位时间内投入的工程建设资金数量,用公式表示为:

$$\text{工程建设强度} = \text{投资} / \text{工期} \tag{1-4}$$

显然,工程建设强度越大,所需要投入的监理人员就越多。工程建设强度是确定监理人数的重要因素。监理人员配置数量一般可按下式计算:

$$\text{监理人员配置数量} = \text{工程建设强度} / \text{人员配置标准} \tag{1-5}$$

其中,监理人员配置数量按月投入人员数计,人员配置标准可按每投入20万~30万元安排1名监理人员计。

2. 工程复杂程度

一般根据工程的规模、施工条件、导流方法等因素综合考虑划分为工程复杂程度分为一般(1级)、较复杂(2级)和复杂(3级)三个等级。工程项目由简单到复杂,所需要的监理人员相应地由少到多。

3. 监理单位的业务水平及监理人员的业务素质

每个监理单位的业务水平和对某类工程的熟悉程度不完全相同,每个监理人员的专业能力、管理水平、工作经验等方面都有差异,所以在监理人员素质和监理的设备手段等方面也存在差异,这都会直接影响到监理效率的高低。高水平的监理单位和高素质的监理人员可以投入较少的监理人力完成一个建设工程的监理工作，而一个经验不多或管理水平不高的监理单位则需投入较多的监理人力。因此，各监理单位应当根据自己的实际情况确定监理人员需要量。

4. 监理组织结构形式和任务职能分工

项目监理机构的组织结构形式关系到具体的监理人员的需求量，人员配备必须能满足项目监理机构任务职能分工的要求。必要时，可对人员进行调配。如果监理工作需要委托专业咨询机构或专业监测、检验机构进行，则监理机构的监理人员数量可以考虑适当减少。

项目案例

××县新出险小型病险水库除险加固工程项目监理组织

一、工程项目基本概况和主要目标

（一）工程项目基本概况

××县新出险小型病险水库除险加固工程主要包含北马坡水库、西汪疃水库、碾台沟水库、庄科水库、凤凰山水库、瓦楼二水库、王家山水库、大庄坡南沟水库、阎王鼻子水库、大崮山水库、东苑庄山水库、侯家沟西水库、大桥沟水库、双石头水库、黄家河水库、前横山水库共16座小型水库，涉及龙山、寨里河、安庄等9个乡镇。

本工程主要内容为大坝坝体培厚接高、迎水坡干砌石护坡、背水坡草皮护坡，溢洪道加固，放水洞维修改建，新建水库水位观测设施，新建管理房及附属设施。

（二）工程项目主要目标

1. 质量目标

工程施工质量评定按照单位工程、分部工程和单元工程划分，以单元工程为基础进行质量等级评定，工程质量应达到施工承包合同条件及相应的施工技术规范要求。

2. 安全目标

文明施工，安全施工，确保安全，避免一般事故发生，杜绝重大人身和设备安全事故。

3. 投资目标

投资目标以批准的概算总投资为控制，不能突破概算。

4. 工期目标

本工程合同工期为180天，严格审查施工组织设计，督促施工单位在确保质量和安全的情况下，在合同工期内完工。

（三）工程项目组织

工程参建单位如下：

（1）发包人：××县水利工程建设管理处

（2）设计单位：××市水利勘测设计院有限公司

（3）监理单位：××工程建设监理有限公司

(4)承包人:××水务有限公司

二、监理机构组织

(一)监理机构组织形式

根据××县新出险小型病险水库除险加固工程的特点和具体情况,工程项目监理部采取直线职能制的组织形式。本工程项目监理机构设总监理工程师1名,下设现场监理组、安全监督组,与之配套的还有公司总部设置的技术部、资料室等辅助部门。监理机构组织框图如图1-18所示。

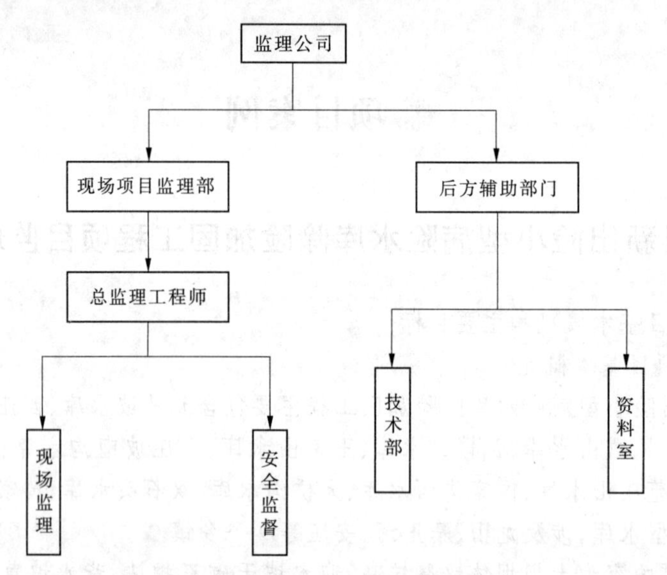

图1-18 ××县新出险小型病险水库除险加固工程监理机构组织框图

(二)部门职责分工

1.现场项目监理部

现场项目监理部实行总监理工程师负责制,全面负责履行委托监理合同。下设的各专业监理组在总监理工程师的指导下开展监理工作。

(1)现场监理工程师常驻施工现场,现场监理人员在总监理工程师主持编写的监理规划指导下,严格按照规程、规范和技术文件的要求,对工程项目进行监理。

(2)对授权的工程承包合同进行全面的监督与管理。当出现危及生命、财产和工程安全的紧急事件时,可不受承包合同的限制,向承包人下达指令,以尽快解除不安全因素和减少损失。如果上述情况不应由承包人负责,应同时提出对承包人补偿的建议,并应及时报告总监理工程师。

(3)组织设计单位对承包人进行技术交底,审核施工图纸,审查设计修改通知,报总监理工程师签发。

(4)依照合同文件,组织审查承包人提出的施工组织设计或施工措施设计、设备材料和资金计划,报总监理工程师签发。

(5)监督承包人按合同文件及有关技术规范、标准和设计图纸进行施工,监督施工程序和施工进度。

(6)组织审查承包人使用的材料和工艺实验报告,并进行合格签证。施工过程中,组织监督承包人的检验测试和监测工作。按照合同和技术规范、标准,指示承包人进行取样送检,必要时可随时进行抽查。

(7)审批承包人的月进度报告,包括完成的工程项目、实物工程量、工程形象、设备使用量、材料消耗、劳力使用量、管理人员出勤情况等,并向总监理工程师提交月进度报告。

(8)审核承包人的月进度支付申请,包括完成工程量收方和计算、单价、预付款的支付和扣还、物价浮动、滞留金扣除与归还、计日工计算、附加工程费计算、补偿与索赔费用计算等,并草拟月进度付款凭证与各工程项目的质量评价,呈总监理工程师签发,办理支付。

(9)审批承包人发来的信函,对于重大问题,应提出处理意见,并草拟答复信函,报总监理工程师审查签发。

(10)签发工地指示。涉及改变工期与费用时,事先与项目法人协商。

(11)组织索赔调查,向总监提出索赔报告。

(12)组织调查工程延期责任和补救措施、工程缺陷责任和补救措施,与承包人协商后提出处理报告,经总监理工程师签署意见,报项目法人批准实施。

(13)主持生产协调会,联系、协调有关的各种关系和事项,参加承包人有关的生产和安全会议。

(14)签署各单项工程开工通知、停工或复工指令收集各项记录资料,做好汇总分析工作。

(15)组织各单项工程批复及竣工验收,提出验收报告,草拟工程竣工验收凭证,组织工程维护期终止验收,提出验收报告,草拟工程缺陷责任凭证,组织编写项目施工大事记。

(16)现场监理组必须配合结算审核组完成合同外工程量审核签证,核实月进度完成工程量及竣工结算工程量的复核;配合实验组对施工原材料、半成品、成品进行现场取样抽检、测试。提供试件、样品等;配合资料室工作,提供现场有关月报、记录、通知、纪要、竣工验收必备图纸资料等。

2. 后方辅助部门

由公司总部设置的辅助机构,主要职责是辅助现场项目监理部工作。

1)技术部

审查监理规划及主要监理工作文件,派驻及调整现场监理人员,检查项目部的监理工作,审核竣工结算。协助、指导总监理工程师解决施工监理过程中出现的各种专业技术难题。

2)资料室

负责公司的文件档案管理工作,为项目监理部提供必要的监理技术标准及监理资料,指导项目监理部的监理资料整理及归档工作。

(三)主要监理人员的配置和岗位职责

1. 主要监理人员的配置

配置的主要监理人员情况如表1-7所示。

表 1-7 主要监理人员情况

姓名	职务	职称	专业	证书编号
×××	总监理工程师	高工	水工建筑	JLZ2008230013
×××	副总监理工程师	高工	水工建筑	JLG2006370087
×××	专业监理工程师	高工	水工建筑	JLG2006370005
×××	专业监理工程师	高工	水工建筑	JLZ2009370032
×××	专业监理工程师	工程师	水工建筑	JLG2012370905
×××	专业监理工程师	工程师	水工建筑	JLG2013371120
×××	专业监理工程师	工程师	水工建筑	JLG2013370257
×××	监理员	技术员	水利工程	
×××	监理员	技术员	水利工程	
×××	监理员		水利工程	
×××	监理员		水利工程	
×××	监理员		水利工程	

2. 总监理工程师的职责和权限

(1)主持编制监理规划,制定监理机构规章制度,审批监理实施细则,签发监理机构的文件。

(2)确定监理机构各部门职责分工及各级监理人员职责和权限,协调监理机构内部工作。

(3)指导监理工程师开展工作。负责本监理机构中监理人员的工作考核,调换不称职的监理人员;根据工程建设进展情况,调整监理人员。

(4)主持审核承包人提出的分包项目和分包人,报发包人批准。

(5)审批承包人提交的施工组织设计、施工措施计划、施工进度计划和资金流计划。

(6)组织或授权监理工程师组织设计交底,签发施工图纸。

(7)主持第一次工地会议,主持或授权监理工程师主持监理例会和监理专题会议。

(8)签发进场通知、合同项目开工令、分部工程开工通知、暂停施工通知和复工通知等重要监理文件。

(9)组织审核付款申请,签发各类付款证书。

(10)主持处理合同违约、变更和索赔等事宜,签发变更和索赔的有关文件。

(11)主持施工合同实施中的协调工作,调解合同争议,必要时对施工合同条款做出解释。

(12)要求承包人撤换不称职或不宜在本工程工作的现场施工人员或技术、管理人员。

(13)审核质量保证体系文件并监督其实施,审批工程质量缺陷的处理方案,参与或协助发包人组织处理工程质量及安全事故。

(14)组织或协助发包人组织工程项目的分部工程验收、单位工程完工验收、合同项目完工验收,参加阶段验收、单位工程投入使用验收和工程竣工验收。

(15)签发工程移交证书和保修责任终止证书。

(16)检查监理日志,组织编写并签发监理月报、监理专题报告、监理工作报告,组织整理监理合同文件和档案资料。

3.监理工程师的职责和权限

(1)参与编制监理规划,编制监理实施细则。

(2)预审承包人提出的分包项目和分包人。

(3)预审承包人提交的施工组织设计、施工措施计划、施工进度计划和资金流计划。

(4)预审或经授权签发施工图纸。

(5)核查进场材料、构配件、工程设备的原始凭证、检测报告等质量证明文件及其质量情况。

(6)审批分部工程开工申请报告。

(7)协助总监理工程师协调参建各方之间的工作关系。按照职责和权限处理施工现场发生的有关问题,签发一般监理文件。

(8)检验工程的施工质量,并予以确认或否认。

(9)审核工程计量的数据和原始凭证,确认工程计量结果。

(10)预审各类付款证书。

(11)提出变更、索赔及质量和安全事故处理等方面的初步意见。

(12)按照职责和权限参与工程的质量评定工作和验收工作。

(13)收集、汇总、整理监理资料,参与编写监理月报,填写监理日志。

(14)施工中发生重大问题和遇到紧急情况时,及时向总监理工程师报告、请示。

(15)指导、检查监理员的工作。必要时可向总监理工程师建议调换监理员。

4.监理员的职责和权限

(1)核实进场原材料质量检验报告和施工测量成果报告等原始资料。

(2)检查承包人用于工程建设的材料、构配件、工程设备使用情况,并做好现场记录。

(3)检查并记录现场施工程序、施工工法等实施过程情况。

(4)检查和统计计日工情况。核实工程计量结果。

(5)核查关键岗位施工人员的上岗资格。检查、监督工程现场的施工安全和环境保护措施的落实情况,发现异常情况及时向监理工程师报告。

(6)检查承包人的施工日志和实验室记录。

(7)核实承包人质量评定的相关原始记录。

三、监理工作主要方法和主要制度

(一)监理工作主要方法

××县新出险小型病险水库除险加固工程项目监理部主要采取如下监理工作方法:

(1)现场记录。监理机构认真、完整记录每日施工现场的人员、设备和材料、天气、施工环境以及施工中出现的各种情况。

(2)发布文件。监理机构采用通知、指示、批复、签认等文件形式进行施工全过程的控制和管理。

(3)旁站监理。监理机构按照监理合同约定,在施工现场对工程项目的重要部位和关键工序的施工,实施连续性的全过程检查、监督与管理。

(4)巡视检验。监理机构对所监理的工程项目进行的定期或不定期的检查、监督和管理。

(5)跟踪检测。在承包人进行试样检测前,监理机构对其检测人员、仪器设备以及拟订的检测程序和方法进行审核;在承包人对试样进行检测时,实施全过程的监督,确认其程序、方法的有效性以及检测结果的可信性,并对该结果确认。

(6)平行检测。监理机构在承包人对试样自行检测的同时,独立抽样进行的检测,核验承包人的检测结果。

(7)协调解决。监理机构对参加工程建设各方之间的关系以及工程施工过程中出现的问题和争议进行调解。

(二)监理工作主要制度

1)施工图纸会审及设计交底制度

在工程开工之前,监理工程师会同施工单位及设计单位复查设计图纸,广泛听取意见,避免图纸中的差错、遗留,以及修改不合理的部位。

监理工程师要督促、协助组织设计单位向施工单位进行施工设计图纸的全面技术交底(设计意图、施工要求、质量标准、技术措施),并根据讨论决定的事项做出书面纪要,交设计、施工单位执行。

2)施工组织设计审核制度

工程开工前,承包单位必须完成施工组织设计的编制及内部自审批准工作,填写施工技术方案申报表报送项目监理部,由监理部审核批准后遵照组织施工。

3)工程开工审批制度

当单位工程的主要施工准备工作已完成时,施工单位可提出合同项目开工申请表,经监理工程师现场落实后,即可由总监签发合同项目开工令。

4)工程材料、半成品质量检验制度

分部工程施工前,监理人员应审阅进场材料和构件的出厂合格证、材质证明、实验报告等。对于有疑问的主要材料或按规定必须实验的材料进行抽样,在监理工程师的监督下,使用施工单位设备或交有资格的检测单位进行复查,不准使用不合格材料。

5)重要隐蔽工程、关键部位质量联合检验制度

隐蔽以前,施工单位应根据工程质量评定验收标准进行自检,并将评定资料报监理工程师。施工单位应将需检查的隐蔽工程在隐蔽前两日提出计划报监理工程师,监理工程师应制订计划,通知施工单位进行隐蔽工程检查,重点部位或重要项目应会同施工、设计单位共同检查签认。

6)旁站监理制度

监理人员按照监理合同约定,在施工现场对隐蔽工程、重要部位及关键工序的施工,实行连续性的全过程检查、监督与管理。

7）设计变更处理制度

如因设计图错漏，或发现实际情况与设计不符时，由提议单位提出变更设计申请，经施工、设计、监理三方会勘同意后进行变更设计，由设计填写变更设计通知单。监理审核无误后签发。

8）工程质量检验与验收制度

承包人每完成一道工序或一个单元工程，自检合格后监理机构进行复核检验。上道工序或上一单元工程未经复核检验或复核检验不合格，不得进行下道工序或下一单元工程施工。

在承包人提交验收申请后，监理机构对其是否具备验收条件进行审核，并根据有关水利工程验收规程或合同约定，参与、组织或协助发包人组织工程验收。

9）现场协调会及会议纪要签发制度

监理机构建立工地月例会和周例会，定期主持召开由参建各方负责人参加的会议，会上通报工程进展情况，检查上次监理例会中有关决定的执行情况，分析当前存在的问题，提出问题的解决方案或建议，明确会后应完成的任务。监理机构编写会议纪要并签发与会单位。

10）施工现场紧急情况报告制度

监理机构针对施工现场可能出现的紧急情况编制处理程序、处理措施等文件。当发生紧急情况时，应立即向发包人报告，并指示承包人立即采取有效紧急措施进行处理。

11）工程款支付审签制度

工程进度款按月支付，所有申请付款的工程量均应进行计量并经监理机构确认。未经监理机构签证的付款申请，发包人不应支付。

12）合同外工程签证制度

合同外工程实行签证制度，承包人施工合同外工程须经发包人同意，实施时填报合同外项目工程量签证单，签证单经施工、监理、发包人三方联签生效后作为结算依据，每月汇总后填写合同外项目月支付明细表，作为工程价款月支付申请表的附表，一同流转，审批结算时用。

13）监理月报制度

监理机构每月初向发包人提交上月监理月报，月报内容主要有以下七点：

（1）工程概况：本月工程概况、本月施工基本情况；

（2）本月工程形象进度；

（3）工程进度：本月实际完成情况与计划进度比较，对进度完成情况及采取措施效果的分析；

（4）工程质量：本月工程质量分析，本月采取的工程质量措施及效果；

（5）工程计量与工程款支付：工程量审核情况，工程款审批情况及月支付情况，工程款支付情况分析，本月采取的措施及效果；

（6）合同其他事项的处理情况：工程变更、工程延期，费用索赔；

（7）本月监理工作小结：对本月进度、质量、工程款支付等方面情况的综合评价，本月监理工作情况，有关本工程的建议和意见，下月监理工作的重点。

14)监理资料管理制度

安排专人管理监理资料,与工程同步整理监理资料,及时分类归档。为规范资料的整理,本工程资料统一使用A4纸。

四、监理人员守则及奖惩制度

(一)监理人员守则

(1)遵纪守法,坚持求实、严谨、科学的工作作风,全面履行义务,正确运用权限,勤奋、高效地开展监理工作。

(2)努力钻研业务,熟悉和掌握建设项目管理知识和专业技术知识,提高自身素质和技术、管理水平。

(3)提高监理服务意识,增强责任感,加强与工程建设有关各方的协作,积极、主动开展工作,尽职尽责,公正廉洁。

(4)未经许可,不得泄露与本工程有关的技术和商务秘密,并应妥善做好发包人所提供的工程建设文件资料的保存、回收及保密工作。

(5)除监理工作联系外,不得与承包人和材料、工程设备供货人有其他业务关系和经济利益关系。

(6)不得出卖、出借、转让、涂改、伪造资格证书或岗位证书。

(7)监理人员只能在一个监理单位注册。未经注册单位同意不得承担其他监理单位的监理业务。

(8)遵守职业道德,维护职业信誉,严禁徇私舞弊。

(二)奖惩制度

(1)监理人员无正当理由旷工,或不向项目总监理工程师请假而私自离开工地,每天罚款500元;

(2)监理人员索要或私自接受被监理方的财物、请吃的,每次罚款2 000元;

(3)监理人员违反监理工作程序或监理工作不到位,发生责任事故,造成严重经济损失的,要承担连带责任;

(4)监理人员受到发包人书面投诉的,每次罚款500元。

项目小结

本项目主要介绍了水利工程监理基本知识,主要内容包括水利工程项目管理、水利工程建设监理法规、建设监理制、监理人员、监理单位和监理组织等。当前,我国水利工程项目建设管理体制是项目法人责任制、招标投标制和建设监理制。工程监理是监理单位受项目法人委托进行的建设项目管理。水利工程施工监理是指监理单位依据有关规定和合同约定,对水利工程施工、保修实施的监理。监理人员主要包括总监理工程师、副总监理工程师、监理工程师和监理员。监理工作的内容主要是对建设项目进行质量控制、资金控制、进度控制、合同管理、信息管理、安全管理、组织协调等,简称为"三控制、三管理、一协调"。

复习思考题

1. 我国大、中型水利水电工程建设项目划分为哪三级？它们的概念分别是什么？

2. 什么是建设项目管理？建设项目管理的类型有哪些？

3. 水利工程建设程序一般分为哪三大阶段？哪八个程序？

4. 我国水利工程项目建设管理体制是什么？其目的是什么？

5. 水利工程建设监理法规体系是由哪些文件组成的？

6.《贯彻质量发展纲要提升水利工程质量的实施意见》确定的基本原则有哪些？工作目标是什么？工作内容与措施有哪些？

7. 什么是水利工程施工监理？工程建设监理的内涵包括哪些？

8. 工程建设监理的目标是什么？任务是什么？内容有哪些？

9. 工程建设监理的主要依据有哪些？工作程序有哪些？工作方法有哪些？工作制度有哪些？

10. 什么是监理人员？监理人员的专业划分是怎样的？

11. 监理人员的基本素质要求有哪些？职业准则有哪些？职业道德有哪些？

12. 总监理工程师岗位职责有哪些？监理工程师岗位职责有哪些？监理员岗位职责有哪些？

13. 监理员从业资格如何取得？监理工程师执业资格如何取得？总监理工程师岗位资格如何取得？

14. 什么是监理单位？监理单位的市场地位是怎样的？

15. 水利工程监理单位各专业资质等级标准是怎样的？可以承担的业务范围是怎样的？

16. 水利工程监理单位的执业准则有哪些？违规处罚规定有哪些？

17. 监理费的构成包括哪些？如何计算监理费？

18. 监理组织的构成因素有哪些？设计的基本原则有哪些？

19. 我国工程项目建设承发包模式有哪些？与之相适应的监理模式有哪些？

20. 建立项目监理机构组织的步骤有哪些？应综合考虑哪些因素？

21. 项目监理机构组织形式主要有哪些？各有哪些优缺点？

22. 什么是监理机构？其基本职责与权限有哪些？

23. 监理机构合理的监理人员结构是怎样的？监理人员数量的配备应综合考虑哪些因素？

项目二 水利工程监理招标与投标

【学习目标】 通过本项目的学习,学生应掌握监理招标、投标的程序,监理投标文件的组成与编制;熟悉监理招标文件,监理投标人的资格审查;了解评标、定标和签订合同的规定。具备监理员和监理工程师职业岗位必需的基本知识和技能。

任务一 监理招标概述

一、水利工程建设监理的范围

水利工程是指防洪、排涝、灌溉、水力发电、引(供)水、滩涂治理、水土保持、水资源保护等各类工程(包括新建、扩建、改建、加固、修复、拆除等项目)及其配套和附属工程。

水利工程建设监理包括水利工程施工监理、水土保持工程施工监理、机电及金属结构设备制造监理和水利工程建设环境保护监理。《水利工程建设监理规定》(水利部令第28号)规定:水利工程建设项目依法实行建设监理。总投资200万元以上且符合下列条件之一的水利工程建设项目,必须实行建设监理:

(1)关系社会公共利益或者公共安全的;

(2)使用国有资金投资或者国家融资的;

(3)使用外国政府或者国际组织贷款、援助资金的。

铁路、公路、城镇建设、矿山、电力、石油天然气、建材等开发建设项目的配套水土保持工程,符合上述规定条件的,应当按照《水利工程建设监理规定》开展水土保持工程施工监理。

二、监理单位选择监理工作程序

《水利工程施工监理规范》(SL 288—2014)规定:依法必须实行监理的水利工程,应按照水利工程招标投标管理有关规定,确定具有相应资质的施工监理单位。监理业务委托应执行国家规定的工程监理收费标准。

监理单位选择监理工作程序如图2-1所示。

三、监理招标应当具备的条件

项目监理招标应当具备下列条件:

(1)项目可行性研究报告或者初步设计已经批复;

(2)监理所需资金已经落实;

(3)项目已列入年度计划。

项目监理招标宜在相应的工程勘察、设计、施工、设备和材料招标活动开始前完成。

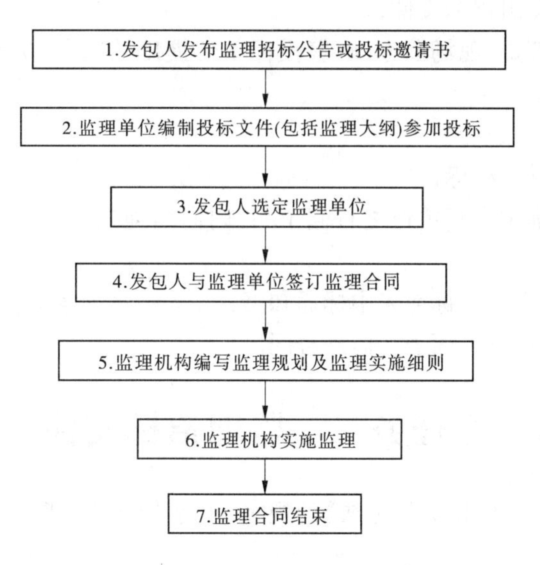

图 2-1　监理单位选择监理工作程序

四、监理招标方式

项目监理招标分为公开招标和邀请招标。项目监理招标的招标人是该项目的项目法人。招标人自行办理项目监理招标事宜时，应当按有关规定履行核准手续。招标人委托招标代理机构办理招标事宜时，受委托的招标代理机构应符合水利工程建设项目招标代理有关规定的要求。

(1)公开招标。是一种无限竞争性招标，招标单位可通过报刊、网络或其他方式发布招标公告。

(2)邀请招标。是一种有限竞争性招标，由招标单位发出招标邀请书，邀请三个以上(含三个)有能力承担相应监理业务的单位参加招标。

对监理业务服务费不足 50 万元，有保密性要求或者有特殊专业性、技术性要求，不宜采用公开招标和邀请招标的工程项目，经管理该工程招标的建设行政主管部门负责人批准，可以进行比选确定。

五、监理招标、投标的程序

招标是招标人选择中标人并与其签订合同的过程，而投标则是投标人力争获得实施合同的竞争过程，招标人和投标人均需遵循招标投标法律和法规的规定进行投标招标活动。监理招标、投标应按下列程序进行：

(1)招标单位组建项目管理班子，确定委托监理的范围，自行办理招标事宜的，应在招标投标办事机构办理备案手续；

(2)编制招标文件；

(3)发布招标公告或发出邀标通知书；

(4)向投标单位发出投标资格预审通知书，对投标单位进行资格预审；

(5)向投标单位发出招标文件;

(6)组织必要的答疑、现场勘查、解答投标单位提出的问题,编写答疑文件或补充投标文件等;

(7)接受投标书;

(8)组织开标、评标、决标;

(9)招标单位自确定中标单位之日起15日内向当地招标办提交招标投标情况的书面报告。

(10)向投标单位发出中标或未中标通知书;

(11)与中标单位订立书面委托监理合同。

任务二　监理招标文件

根据《中华人民共和国招标投标法》的规定,招标人应当根据招标项目的特点和需要编制招标文件。

为进一步规范水利工程建设监理市场秩序,促进水利工程建设项目施工监理招标投标依法科学、有序,体现公开、公平、公正和诚实守信的原则,维护招标人、投标人双方的合法权益,依据《中华人民共和国招标投标法》等法律法规和水利工程建设监理有关规定,结合现阶段我国水利工程建设监理实际,水利部组织制定了《水利工程施工监理招标文件示范文本》(水建管〔2007〕165号),以指导各地开展水利工程施工监理招标活动。

《水利工程施工监理招标文件示范文本》由招标邀请书、投标须知、合同文件、招标文件格式、附件共5部分组成,供发包人开展水利工程施工监理招标使用。该监理招标文本适用于通过招标选择水利工程施工监理承担单位的水利工程建设项目,各地使用时可结合项目实施情况进行修改补充。

一、监理的工作范围

(一)监理服务的工作范围

监理委托合同的标的,是监理单位为发包人提供的监理服务。《工程建设监理规定》中明确规定:工程建设监理的主要内容是控制工程建设的投资、建设工期和工程质量,进行工程建设合同管理,协调有关单位之间的工作关系。

按照上述规定,委托监理业务范围非常广泛,从工程建设各个阶段来说,可以包括项目前期立项咨询、设计阶段监理、施工阶段监理、保修阶段监理。在每一阶段内,又可以进行质量、资金、进度的三大控制,以及合同管理和信息管理。

1.按照工作性质划分的委托工作

(1)工程技术咨询服务,如进行可行性研究,分析各种方案的成本效益,编制特殊工程的建筑设计标准,准备技术规范,提出质量保证措施等。

(2)协助发包人选择承包商,组织设计、施工、设备采购招标等。

(3)技术监督和检查,包括检查工程设计、材料和设备质量,对操作或施工质量进行监理和检查等。

(4)施工管理,包括质量控制、成本控制、计划和进度控制、施工安全控制等。

2.项目建设不同阶段的委托监理工作

1)建设前期阶段的工作

(1)对项目的投资机会研究,包括确定投资的优先和部门方针。

(2)建设项目的可行性研究,确定项目的基本特征及其可行性。

(3)为了顺利实施开发计划和投资项目,并充分发挥其作用,提出经营管理和机构方面所需的变更和改进意见。

(4)参与设计任务书编制。

2)设计阶段的工作

(1)提出设计要求,参与评选方案。

(2)参与选择勘察、设计单位,协助发包人签订勘察、设计合同。

(3)监督初步设计和施工图设计工作的执行,控制设计质量,并对设计成果进行审核。

(4)控制设计进度以满足进度要求,并监督设计单位实施。

(5)审核概算,实施或协助实施投资控制。

(6)参与工程主要设备选型。

3)施工招标阶段的工作

(1)编制招标文件和评标文件。

(2)协助评审投标书,提出决标评估意见。

(3)协助发包人与承建单位签订承包合同。

4)施工阶段的工作

(1)协助发包人编写开工报告。

(2)审查承建单位各项施工准备工作,发布开工通知。

(3)督促承建单位建立健全施工管理制度和质量保证体系,并监督其实施。

(4)审核承建单位提交的施工组织设计、施工技术方案和施工进度计划,并督促其实施。

(5)组织设计交底及图纸会审,审查设计变更。

(6)审核和确认承建单位提出的分包工程项目及选择分包单位。

(7)复核已完工程量,签署工程付款证书,审核竣工结算报告。

(8)检查工程使用的原材料、半成品、成品、构配件和设备的质量,并进行必要的测试和监控。

(9)监督承建单位严格按照技术标准和设计文书施工,控制工程质量。重要工程要监督承建单位实施预控措施。

(10)监督工程实施质量,对隐藏工程进行检验签证,参与工程质量事故的分析处理。

(11)分阶段进行进度控制,及时提出调整意见。

(12)调解合同纠纷和处理索赔事宜。

(13)督促检查安全生产、文明施工。

(14)组织工程阶段验收,并对工程施工质量提出评估意见。

5)保修期阶段工作

(1)协助组织和参与检查项目正式运行前的各项准备工作。

(2)对保修期间发现的工程质量问题,参与调查研究,弄清情况,鉴定工程质量问题的责任,并监督保修工作。

(二)确定委托监理工作范围考虑的因素

监理招标发包工作内容和范围,可以是整个工程项目的全过程,也可以只监理招标人与其他人签订的一个或几个合同的履行。划分合同工作范围时,通常考虑以下因素。

1.工程规模

中、小型工程项目,有条件时可将全部监理工作委托给一个单位;大型或复杂工程,则应按设计、施工等不同阶段及监理工作的专业性质分别委托给几家单位。

2.工程项目的专业特点

不同的施工内容对监理人员的素质、专业技能和管理水平的要求不同,应充分考虑专业特点的要求。如将土建和安装工程的监理工作分开招标,甚至有特殊基础处理时可将该部分从土建中分离出去单独招标。

3.被监理合同的难易程度

工程项目建设期间,招标人与第三人签订的合同较多,对易于履行合同的监理工作可并入相关工作的委托监理内容之中。如将采购通用建筑材料购销合同的监理工作并入施工监理的范围之内,而设备制造合同的监理工作则需委托专门的监理单位。

二、监理招标文件的主要内容

(1)投标邀请书。

投标邀请书具体格式由招标人确定,内容一般包括招标单位名称,建设项目资金来源,工程项目概况和本次招标工作范围的简要介绍,购买资格预审文件的地点、时间和价格,投标单位考察现场的时间,投标截止时间,投标文件递送时间,开标时间、开标地点等有关事项。

(2)投标须知。

投标须知应当包括招标项目概况,监理范围、内容和监理服务期,招标人提供的现场工作及生活条件(包括交通、通信、住宿等)和实验检测条件,对投标人和现场监理人员的要求,投标人应当提供的有关资格和资信证明文件,投标文件的编制要求,提交投标文件的方式、地点和截止时间,开标日程安排,投标有效期等。

(3)书面合同书格式。

大、中型项目的监理合同书应当使用《监理招标文本》,小型项目可参照使用。合同的标准部分不得改动,结合委托监理任务的工程特点和项目地域特点,双方可针对标准条件中的要求予以补充、细化或修改。在编制招标文件时,为了能使投标人明确义务和责任,专用条件的相应条款内容均应写明。然而招标文件专用条款的内容只是编写投标书的依据,如果通过投标、评标和合同谈判,发包人同意接受投标书中的某些建议,双方协商达成一致修改专用条款的约定后再签订合同。

(4)投标报价书、投标保证金和授权委托书、协议书和履约保函的格式。

(5)工程技术文件。

工程技术文件是投标人完成委托监理任务的依据,应包括以下内容:

①工程项目建议书。

②工程项目批复文件。

③可行性研究报告及审批文件。

④应遵守的有关技术规定。

⑤必要的设计文件、图纸和有关资料。

⑥投标报价要求及其计算方式。

⑦评标标准与方法。

⑧投标文件格式,包括投标文件格式、监理大纲的主要内容要求、投标单位对投标负责人的授权书格式、履约保函格式。

⑨其他辅助资料。拟用于本工程监理工作的主要人员汇总表,拟用于本工程的主要监理人员简历表,拟用于本工程的办公、检测设备及仪器清单。

任务三　监理投标人的资格审查

一、投标人资格条件

国家对投标人资格条件或者招标文件对投标人资格条件是有规定的,投标人应当具备规定的资格条件,对于一些大型建设项目,要求供应商或承包商有一定的资质,如水利、交通等行业主管部门对承揽重大建设项目都有一系列的规定,对于参加国家重点建设项目的投标人,必须达到甲级资质。当投标人参加这类招标时,必须满足相应的资质要求。

资格审查应主要审查潜在投标人或者投标人是否符合下列条件:

(1)具有独立合同签署及履行的权利;

(2)具有履行合同的能力,包括专业、技术资格和能力,资金、设备和其他物资设施能力,管理能力,类似工程经验、信誉状况等;

(3)没有处于被责令停业,投标资格被取消,财产被接管、冻结等情况;

(4)在最近三年内没有骗取中标和严重违约及重大质量问题。

二、资格审查文件

对潜在投标人或者投标人资格审查时,招标人不得以不合理的条件限制、排斥潜在招标人或者投标人,不得对潜在投标人或者投标人实行歧视待遇。任何单位和个人不得以行政手段或者其他不合理方式限制投标人的数量。不论是公开招标,还是邀请招标进行资格审查比较,都要考察投标人的资格条件、经济条件、资源条件、公司信誉和承接新项目的监理能力等。

(一)资格条件

(1)资质等级证书。

(2)营业执照、注册范围。

(3)隶属关系。

(4)公司的组成形式,以及总公司和分公司的所在地。

(5)法人条件和公司章程。

(二)经验条件

(1)已监理过的工程项目。

(2)已监理过与招标工程类似的工程项目。

(三)现有的资源条件

(1)公司人员。

(2)开展正常监理工作可采用的检测方法和手段。

(3)使用计算机软件管理能力。

(四)公司信誉

(1)监理单位在专业方面的名望、地位。

(2)是否能全心全意地与发包人和承包人合作。

(五)承接新项目的监理能力

(1)正在进行监理工作工程项目的数量、规模。

(2)正在进行监理工作各项目的开工和预计竣工时间。

三、资格审查的方法和分类

(一)资格审查的方法

监理招标对投标人的资格审查方法和其他招标的资格预审方法是所区别的,施工和供货招标是发出资格预审表格,由招标人填写后践行审查比较,而监理招标可以首先以会谈的形式对监理单位的主要负责人或拟派驻的总监理工程师进行考察,然后再让其报送相应的资格材料。

招标前,招标人可以分别邀请每一家公司来进行委托监理任务的意向性洽谈,首先向对方介绍拟建项目的简单情况,监理服务的要求、工作范围、拟委托的权限和要求达到的目的等情况,并听取对方就该公司的业务情况的介绍,然后针对所提供的该监理公司资质证明文件中的有关内容,请其做进一步的说明。这种做法一方面由于初选名单范围较宽,没有必要让监理单位做更多的准备工作,以便节约时间和费用;另一方面,通过当面洽谈,有助于更全面详细地了解对方的资质情况,以及听取他们对完成该项目监理工作的建议。与初选各家公司会谈后,再对各家的资质进行评审和比较,确定邀请投标的监理公司名单。

初选审查还只限于对邀请对象的资质、能力是否与拟实施项目特点相适应的总体考查;而不是评定其准备实施该项目监理工作的建议是否可行、适用。为了能够对监理单位有较深入全面的了解,应通过以下方法收集有关信息:索取监理公司的情况介绍资料;向其已监理过工程的发包人咨询;考查其已监理过的工程项目。

(二)资格审查的分类

资格审查分资格预审和资格后审。资格预审是指在投标前对潜在投标人进行的资质条件、业绩、技术、资金等资格审查。资格后审是指在开标后,招标人对投标人进行资格审查,提出资格审查报告,经参审人员签字由招标人存档备查,同时交评标委员会参考。目前采用较多的是资格预审。

资格预审一般按照下列原则进行:

(1)招标人组建资格预审工作组负责资格预审;

(2)资格预审工作组按照资格预审文件中规定的资格评审条件,对所有潜在投标人提交的资格预审文件进行评审;

(3)资格预审完成后,资格预审工作组应提交由资格预审工作组成员签字的资格预审报告,并由招标人存档备查;

(4)经资格预审后,招标人应当向资格预审合格的潜在投标人发出资格预审合格通知书,告知获取招标文件的时间、地点和方法,并同时向资格预审不合格的潜在投标人告知资格预审结果。

任务四　监理投标文件的编制

一、监理投标文件的组成

投标文件的组成一般包括下列内容:

(1)投标报价书。

(2)授权委托书。

(3)联合体共同投标协议。

(4)联合体授权委托书。

(5)投标担保。

(6)资格文件:①投标人基本情况表;②业绩证明材料;③财务状况;④单位信誉及诉讼情况说明;⑤质量管理体系认证说明;⑥监理机构组建。

(7)监理大纲。

(8)投标报价计算书:①报价组成;②投标报价汇总;③报价组成计算。

二、监理投标文件的编制

根据《中华人民共和国招标投标法》的规定,投标人应当按照招标文件的要求编制投标文件。投标人要到指定的地点购买招标文件,并准备投标文件。投标人在编制投标文件时,必须按照招标文件的要求编写。投标人应认真研究、正确理解招标文件的全部内容,并按要求编制投标文件。投标文件应当对招标文件提出的实质性要求和条件做出响应。“实质性要求和条件”是指招标文件中有关招标项目的价格、项目的计划、技术规范、合同的主要条款等,投标文件必须对这些条款做出响应。这就要求投标人必须严格按照招标文件填报,不得对招标文件进行修改,不得遗漏或者回避招标文件中的问题,更不能提出任何附带条件。投标文件通常可分为技术标(技术建议书)和商务标两大部分。这两部分可以分别考虑,也可以同时综合考虑,采用哪种方法要根据委托监理工作的项目特点和工作范围要求的内容等因素来决定。技术标主要分为监理单位的经验、拟完成委托监理任务的实施方案（监理大纲）和人员配备方案等主要方面；商务标则主要是报价的合理性。

监理投标文件的编制内容有以下几个方面。

（一）监理经验

监理单位经验有以下两个方面。

1. 监理一般经验

投标人提供的最近几年所承担的工作项目一览表，内容包括数量、规模、专业性质、监理工作内容、监理效果等。

2. 特殊工程项目经验

对此应根据工程项目的专业特点，看其是否具有所要求的监理经验。一方面，看其所监理过的工程是否有与本工程同类的项目；另一方面，要根据本工程特殊的专业特点，如复杂地基的处理、特殊施工工艺要求（特殊焊接工艺、大型专业设备安装）等，看其监理经验是否能满足要求。

（二）监理实施方案（监理大纲）

监理实施方案（监理大纲）包括以下几方面内容。

1. 监理工作的指导思想和工作目标

理解发包人对该项目的建设意图，工作目标在内容上包括了全部委托的工作任务，监理目标与投资目标和建设意图一致。

2. 项目监理班子的组织结构

组织形式、管理模式等方面合理，结合了项目实施的具体特点，与发包人的组织关系和承包人的组织关系相协调等。

3. 工作计划

在工程进展中各个阶段的工作实施计划合理、可行，在每个阶段如何控制项目目标，以及组织协调的方法。

4. 对进度、质量、资金进行控制的方法

应用经济、合同、技术、组织措施保证目标的实现，方法科学、合理、有效。

5. 计算机的管理软件

所拥有和准备使用的管理软件类型、功能满足项目监理工作的需要。

（三）派驻人员计划

1. 项目监理机构的人员结构

项目监理机构应具有合理的人员结构，包括以下两方面的内容。

1）合理的专业结构

项目监理机构应由与监理工程的性质（民用项目、专业性强的生产项目）及业主对工程监理的要求（全过程监理或是某一阶段如设计或施工阶段的监理，是投资、质量、进度的多目标控制或某一目标的控制）相适应的各专业人员组成，也就是各专业人员要配套。应根据项目特点和准备委托监理任务的工作范围，考虑土建工程师、机械工程师、造价工程师等是否能够满足开展监理工作的需要，专业是否覆盖项目实施过程中的各种专业，以及高、中级职称和年龄结构组成的合理性。

一般来说，项目监理机构应具备与所承担的监理任务相适应的专业人员。但是，当监理工程局部有某些特殊性，或业主提出某些特殊的监理要求而需要采用某种特殊的监理手段时，如局部的钢结构、网架、罐体等质量监控需采用无损探伤、X光及超声探测仪，水下及地下混凝土桩基需要用遥测器探测等，此时，将这些局部的专业性的监控工作另行委托给有相应资质的咨询机构来承担，也应视为保证了人员合理的专业机构。

2)合理的技术职务、职称结构

为了提高管理效率和经济性，项目监理机构的监理技术职称结构表现为高级职称、中级职称和初级职称有与监理工作要求相称的比例。

(1)总监理工程师。在工程项目建设监理中，我国实行的是总监理工程师负责制。因此，总监理工程师人选是否合适，是执行监理任务成败的关键。主要根据项目本身的特点，看其学历、专业、现任职务、年龄、健康状况、以往的工作成就等一般条件是否符合要求。此外，看其在以往所监理工程中担任的职务，与本项目类似工程的工作经验，对项目的理解和熟悉程度，应变与决策能力，对项目实施监理的具体设想、专业水平和管理能力、责任心，以及是否与发包人顺利交流及是否善于与被监理单位交往等。

(2)从事监理工作的其他人员。参与监理工作的人员除总监理工程师外，还包括专业监理工程师和其他监理人员。从投标书中所提供的拟派驻项目人员名单中，了解主要监理人员的学历、专业成就、职称或职务，以及参与过哪些工程的监理工作。

2. 项目监理机构监理人员数量的确定

根据工程建设强度、建设工程复杂程度、监理单位的业务水平等配备具体的监理人员。专业类别较多的工程，派驻人员数量可适当增加。项目监理机构的监理人员数量和专业配备应随工程施工进展情况做相应的调整，从而满足不同阶段监理工作的需要。

3. 将提供给业主的监理阶段性文件

在监理大纲中，监理单位还应该明确未来工程监理工作中向业主提供的阶段性的监理文件，这将有助于满足业主掌握工程建设过程的需要，有利于监理单位顺利承担该建设工程的监理业务。

(四)监理服务费计价方式

监理服务费的计算，按招标文件提供的格式、计算方法确定。监理服务费的计算方法如前所述。

任务五 评标、定标和签订合同

一、评标

(一)评标工作程序

评标工作一般按照以下程序进行：

(1)招标人从评标专家库中选评标专家与业主代表组成评标委员会，由评标委员会成员推荐产生评标委员会主任；

(2)在评标委员会主任的主持下，根据需要，讨论通过成立有关专业组和工作组；

(3)熟悉招标文件;

(4)组织评标人员学习评标标准与方法;

(5)评标委员会对投标文件进行符合性和响应性评定;

(6)评标委员会对投标文件中的算术错误进行更正;

(7)评标委员会根据招标文件规定的评标标准与方法对有效投标文件进行评审;

(8)评标委员会听取项目总监理工师陈述;

(9)经评标委员会讨论,并经 1/2 以上成员同意,提出需投标人澄清的问题,并以书面形式送达投标人;

(10)投标人对需书面澄清的问题,经法定代表人或者授权代表人签字后,作为投标文件的组成部分,在规定的时间内送达评标委员会;

(11)评标委员会依据招标文件确定的评标标准与方法,对投标文件进行横向比较,确定中标候选人推荐顺序;

(12)在评标委员会 2/3 以上成员同意并在全体成员签字的情况下,通过评标报告。评标委员成员必须在评标报告上签字。若有不同意见,应明确记载并由其本人签字,方可作为评标报告附件。

(二)评审内容

评标委员会对各投标书进行审查评阅,主要考察以下几方面的合理性:

(1)投标人的资质,包括资质等级、批准的监理业务范围、主管部门或股东单位、人员综合情况等;

(2)监理大纲;

(3)拟派项目的主要监理人员(重点审查总监理工程师和主要专业监理工程师);

(4)人员派驻计划和监理人员的素质(通过人员的学历证书、职称证书和上岗证书反映);

(5)监理单位提供用于工程的检测设备和仪器,或委托有关单位检测的协议;

(6)近几年监理单位的业绩及奖惩情况;

(7)监理费报价和费用组成;

(8)招标文件要求的其他情况。

在审查过程中对投标书不明确之处可采用澄清问题和方式请投标人予以说明,并可通过与总监理工程师的会谈,考察其风险意识、对业主建设意图的理解、应变能力、管理目标的设定等的素质高低。

(三)评标标准

监理评标的量化比较通常采用综合评分法对各投标人的综合测评能力进行对比。依据招标项目的特点设置评分内容和分值的权重。招标文件中说明的评标原则和预先确定的计分标准开标后不得更改,作为评标人员的打分依据。

评标标准包括投标人的业绩和资信、项目总监理工程师的素质和能力、资源配置、监理大纲以及投标报价等五个方面。按其重要程度可分别考虑为 20%、25%、25%、20%、10% 的权重,也可根据项目具体情况确定。

1. 业绩和资信

(1)有关资质证书、营业执照等情况;

(2)人力、物力与财力资源;

(3)近3~5年完成或者正在实施的项目情况及监理效果;

(4)投标人以往的履约情况;

(5)近5年受到的表彰或者不良业绩记录情况;

(6)有关方面对投标人的评价意见等。

2. 项目总监理工程师的素质和能力

(1)项目总监理工程师的简历、监理资格;

(2)项目总监理工程师主持或者参与监理类似的工程项目及监理业绩;

(3)有关方面对项目总监理工程师的评价意见;

(4)项目总监理工程师月驻现场工作时间;

(5)项目总监理工程师的陈述情况等。

3. 资源配置

(1)项目副总监理工程师、项目负责人的简历及监理资格;

(2)项目相关专业人员和管理人员的数量、来源、职称、监理资格、年龄结构、人员进场计划;

(3)主要监理人员的月驻现场工作时间;

(4)主要监理人员从事类似工程的相关经验;

(5)拟为工程项目配置的检测及办公设备;

(6)随时可调用的后备资源等。

4. 监理大纲

(1)监理范围与目标;

(2)对影响项目工期、质量和投资的关键问题的理解程度;

(3)项目监理组织机构与管理的实效性;

(4)质量、进度、投资控制和合同、信息管理的方法与措施的针对性;

(5)拟定的监理质量体系文件等;

(6)工程安全监督措施的有效性。

5. 投标报价

(1)监理服务范围、时限;

(2)监理服务费用结构、总价及所包含的项目;

(3)人员进场计划;

(4)监理服务费用报价取费原则是否合理。

(四)评标

项目监理评标标准和方法应当体现根据监理服务质量选择中标人的原则。评标标准和方法应当在招标文件中载明,在评标时不得另行制定或者修改、补充。

项目监理招标不宜设置标底。评标方法主要为综合评分法、两阶段评标法和合理低价法,可根据工程规模和技术难易程度选择采用。大、中型项目或者技术复杂的项目宜采用综合评分法或者两阶段评标法，规模小或者技术简单的项目可采用综合比选法。

1. 综合评分法

根据评标标准设置详细的评价指标和评分标准，经评标委员会集体评审后，评标委员会分别对所有投标文件的各项评价指标进行评分，去掉最高分和最低分后，其余评委评分的算术和即为投标人的总得分。评标委员会根据投标人总得分的高低排序选择中标候选人1～3名。若候选人出现分值相同的情况，则对分值相同的投标人改为投票法，以少数服从多数的方式，也可以根据总监理工程师、监理大纲的得分高低决定次序选择中标候选人。

2. 两阶段评标法

对投标文件的评审分为两阶段进行。首先进行技术评审，然后进行商务评审。有关评审方法可采用综合评分法或综合比选法。评标委员会在技术评审结束之前，不得接触投标文件中商务部分的内容。

评标委员会根据确定的评审标准选出技术评审排序的前几名投标人，而后对其进行商务评审。根据规定的技术和商务权重，对这些投标人进行综合评价和比较，确定中标候选人1～3名。

3. 综合比选法

根据评标标准设置详细的评价指标，评标委员会成员对各个投标人进行定性比较分析，综合评比，采用投票表决的形式，以少数服从多数的方式，排序推荐中标候选人1～3名。

二、定标

获得最佳综合评价的投标人中标，中标人的投标应当符合下列条件之一：

(1)能够最大限度地满足招标文件中规定的各项综合评价标准；

(2)能够满足招标文件的实质性要求，并且投标价格较低。

招标单位根据评标委员会提出的书面评标报告和推荐的中标候选单位确定中标单位，招标单位也可以授权评标委员会直接确定中标单位。评标委员会经过评审可以否决所有投标单位，所有投标被否决的，招标单位应当依照有关规定重新组织招标。评标决标工作一般应在开标会议后15日内完成。中标单位确定后，招标单位应当向中标单位发出中标通知书，并同时将中标结果通知所有未中标的投标单位。

三、签订合同

招标单位和中标单位应当自中标通知书发出之日起30日内按照招标文件和中标单位的投标文件订立书面委托监理合同(可采用《建设工程委托监理合同(示范合同文本)》)，招标单位和中标单位不得再行订立背离合同实质性内容的其他协议。

所订立的合同应当向当地建设主管部门备案。

建设工程委托监理合同的主要内容包括第一部分建设工程委托监理合同、第二部分标准条件、第三部分专用条件。

项目小结

本项目主要介绍了水利工程监理招标与投标,主要内容包括监理招标概述、监理招标文件、监理投标人的资格审查、监理投标文件的编制、评标、定标和签订合同等。项目监理招标分为公开招标和邀请招标。监理投标人应当按照监理招标文件的要求编制投标文件。投标文件应当对招标文件提出的实质性要求和条件做出响应。投标文件通常可分为技术标和商务标两大部分。技术标主要分为监理单位的经验、拟完成委托监理任务的实施方案(监理大纲)和人员配备方案等主要方面;商务标则主要是报价的合理性。中标单位确定后,招标单位应当向中标单位发出中标通知书,招标单位和中标单位应当自中标通知书发出之日起30日内按照招标文件和中标单位的投标文件订立书面委托监理合同。

复习思考题

1. 水利工程建设监理的范围包括哪些?监理招标应当具备的条件有哪些?
2. 监理招标方式有哪些?
3. 监理招标、投标的程序有哪些?
4. 监理招标文件的主要内容有哪些?
5. 监理单位在项目建设不同阶段的委托监理工作分别有哪些?确定委托监理工作范围应考虑的因素有哪些?
6. 监理招标文件的主要内容有哪些?
7. 监理投标人资格审查文件的主要内容有哪些?
8. 什么是资格预审?什么是资格后审?
9. 监理投标文件的组成一般包括哪些内容?
10. 监理投标文件的编制内容主要有哪些?
11. 评标的工作程序有哪些?评审内容有哪些?
12. 监理评标标准有哪些?
13. 评标方法主要有哪些?
14. 建设工程委托监理合同的主要内容有哪些?

项目三　水利工程监理系列文件

【学习目标】 通过本项目的学习,学生应掌握监理大纲、监理规划、监理实施细则、监理报告编制的依据、要点及内容;熟悉监理记录和监理日志的内容;了解监理大纲、监理规划、监理实施细则、监理记录、监理报告和监理日志的作用。具备监理员和监理工程师职业岗位必需的基本知识和技能。

任务一　监理大纲

一、监理大纲的概念和作用

监理大纲又称监理方案,是指在监理招标投标阶段,监理单位投标为承揽监理业务而编制的监理方案性文件。

监理大纲是项目监理投标书的重要组成部分,是项目监理规划编写的直接依据。监理单位编制监理大纲的主要作用包括:一是使项目法人认可监理大纲中的监理方案,其目的是让项目法人信服本监理单位能胜任该项目的监理工作,从而承揽到监理业务。二是为监理单位对所承揽的监理项目,而组建的监理机构为以后开展监理工作制订方案、编制监理规划的基础和依据。

二、监理大纲编制的依据

(1)国家和行业有关工程建设监理的政策、法律、法规。

(2)建设单位提供的勘察、设计文件。

(3)建设单位的工程监理招标文件。

(4)监理单位监理人员的资历与资质情况。

(5)监理单位的质量保证体系认证资料。

(6)监理单位的技术装备和经营业绩。

三、监理大纲的主要内容

监理单位应根据项目法人发布的建设项目监理招标文件、项目的特点、规模以及监理单位自身的条件和以往承担工程项目监理的经验编制监理大纲。一般应主要包括以下几点:

(1)监理单位拟派往监理项目的主要监理人员,并对这些人员的资格情况进行介绍,其中介绍拟派驻的项目总监理工程师的情况至关重要,这往往决定监理单位承揽监理业务的成效。

(2)监理单位根据项目法人所提供的和自己初步掌握的工程信息,制订准备采用的监理方案。具体包括监理项目的监理组织机构方案,质量、投资、进度三大目标控制方案,工程建设所涉及的合同管理方案,监理组织机构在监理过程中进行组织协调的方案等。

(3)监理单位明确说明将提供给项目法人的反映监理阶段性成果的文件,这有助于监理单位承揽到建设监理业务。

通常监理大纲的主要内容如下:

(1)工程项目概况。

(2)监理工作范围及监理目标。

(3)监理机构的组织形式。

(4)拟派监理机构和人员。

(5)质量、进度、资金控制。

(6)安全、合同和信息管理。

(7)建设工程监理组织协调。

(8)监理工作程序。

(9)监理工作的主要任务。

(10)安全文明施工管理。

(11)对业主的合理化建议。

(12)投标综合说明。

任务二　监理规划

一、监理规划的概念和作用

监理规划是指在监理单位与发包人签订监理合同之后,由总监理工程师主持编制,并经监理单位技术负责人批准的,用以指导监理机构全面开展施工监理工作的指导性文件。

监理规划编制的主要作用如下:

(1)监理规划的基本作用是指导项目监理机构全面开展监理工作。项目监理机构制定的监理规划应包括确定监理目标,制订监理计划,安排目标控制、合同管理、信息管理、安全管理、组织协调等各项工作,并确定各项工作的方法和手段等。

(2)监理规划是建设单位检查监理单位履行监理合同的重要依据。

(3)监理规划是建设行政管理部门对监理单位监督管理的主要依据。建设行政管理部门依法对工程监理单位实施监督、管理和指导,对其管理水平、人员素质、监理业绩、专业配套和技术装备等进行核查和考评,以确认其资质等级,同时建设行政管理部门还对工程监理单位实行资质年检制度。

二、监理规划编制的依据

工程建设监理规划必须根据监理委托合同和监理项目的实际情况来编制。监理规划编制的依据有:

(1)工程项目的自然条件、社会条件和经济条件等外部环境调查研究资料。

(2)工程建设方面的有关法律、法规、规章、技术标准。

(3)政府批准的工程建设文件、设计文件。

(4)建设工程委托监理合同。

(5)项目业主的正当要求。

(6)项目监理大纲。

(7)工程实施过程中输出的有关信息。

三、监理规划编制的要点

《水利工程施工监理规范》(SL 288—2014)规定了监理规划编制的要点,叙述如下:

(1)监理规划的具体内容应根据不同工程项目的性质、规模、工作内容等情况编制,格式和条目可有所不同。

(2)监理规划的基本作用是指导监理机构全面开展监理工作。监理规划应对项目监理的计划、组织、程序、方法等做出表述。

(3)总监理工程师应主持监理规划的编制工作,所有监理人员应熟悉监理规划的内容。

(4)监理规划应在监理大纲的基础上,结合承包人报批的施工组织设计、施工总进度计划编制,并报监理单位技术负责人批准后实施。

(5)监理规划应根据其实施情况、工程建设的重大调整或合同重大变更等对监理工作要求的改变进行修订。

四、监理规划的主要内容

(一)总则

(1)工程项目基本概况。简述工程项目的名称、性质、等级、建设地点、自然条件与外部环境;工程项目建设内容及规模、特点;工程项目建设目的。

(2)工程项目主要目标。包括工程项目总投资及组成、计划工期(包括阶段性目标的计划开工日期和完工日期)、质量控制目标。

(3)工程项目组织。列明工程项目主管部门、质量监督机构、发包人、设计单位、承包人、监理单位、工程设备供应单位等。

(4)监理工程范围和内容。包括发包人委托监理的工程范围和服务内容等。

(5)监理主要依据。列出开展监理工作所依据的法律、法规、规章,国家及部门颁发的有关技术标准,批准的工程建设文件和有关合同文件、设计文件等的名称、文号等。

(6)监理组织。包括现场监理机构的组织形式与部门设置,部门职责,主要监理人员的配置和岗位职责等。

(7)监理工作基本程序。

(8)监理工作主要制度。包括技术文件审核与审批、会议、紧急情况处理、监理报告、工程验收等方面。

(9)监理人员守则和奖惩制度。

(二)工程质量控制

(1)质量控制的内容。

(2)质量控制的制度。

(3)质量控制的措施。

(三)工程进度控制

(1)进度控制的内容。

(2)进度控制的制度。

(3)进度控制的措施。

(四)工程资金控制

(1)资金控制的内容。

(2)资金控制的制度。

(3)资金控制的措施。

(五)施工安全及文明施工监理

(1)施工安全监理的范围和内容。

(2)施工安全监理的制度。

(3)施工安全监理的措施。

(4)文明施工监理。

(六)合同管理的其他工作

(1)变更的处理程序和监理工作方法。

(2)违约事件的处理程序和监理工作方法。

(3)索赔的处理程序和监理工作方法。

(4)分包管理的监理工作内容。

(5)担保及保险的监理工作。

(七)协调工作

(1)协调工作的主要内容。

(2)协调工作的原则与方法。

(八)工程质量评定与验收监理工作

(1)工程质量评定。

(2)工程验收。

(九)缺陷责任期监理工作

(1)缺陷责任期的监理内容。

(2)缺陷责任期的监理措施。

(十)信息管理

(1)信息管理程序、制度及人员岗位职责。

(2)文档清单、编码及格式。

(3)计算机辅助信息管理系统。

(4)文件资料预立卷和归档管理。

(十一)监理设施

(1)制订现场监理办公和生活设施计划。

(2)制定现场交通、通信、办公和生活设施使用管理制度。

(十二)监理实施细则编制计划

(1)监理实施细则文件清单。

(2)监理实施细则编制工作计划。

(十三)其他

(略)

任务三　监理实施细则

一、监理实施细则的概念和作用

监理实施细则是指由监理工程师负责编制,并经总监理工程师批准,用以实施某一专业工程或专业工程监理的操作性文件。监理实施细则的主要类型有专业工程监理实施细则、专业工作监理实施细则、施工项目安全监理实施细则及原材料、中间产品和工程设备进场核验和验收监理实施细则。

监理实施细则是监理工作中的重要文件,用来指导具体监理工作,是监理单位重要的存档材料。监理实施细则一般应按照施工进度要求在相应工程开始施工前,由专业监理工程师编制并经总监理工程师批准。监理实施细则一般要分专业编制。监理实施细则是在监理规划的基础上,根据项目实际情况对各项监理工作的具体实施和操作要求的具体化、详细化。

监理实施细则是项目监理工作实施的技术依据,它落实了项目计划、规范了施工行为、明确了专业分工和职责,可以协调施工过程中的矛盾。

二、监理实施细则编制的依据

(1)国家有关法律法规。

(2)勘察、设计等技术文件与图纸。

(3)施工合同文件。

(4)监理规划。

(5)监理机构已批准的施工组织设计及技术措施。

(6)细则适用范围内有关的技术标准、规程、规范。

三、监理实施细则编制的要点

《水利工程施工监理规范》(SL 288—2014)规定了监理实施细则编制的要点,叙述如下:

(1)在施工措施计划批准后、专业工程(或作业交叉特别复杂的专项工程)施工前或专业工作开始前,负责相应工作的监理工程师应组织相关专业监理人员编制监理实施细

则,并报总监理工程师批准。

(2)监理实施细则应符合监理规划的基本要求,充分体现工程特点和监理合同约定的要求,结合工程项目的施工方法和专业特点,明确具体的控制措施、方法和要求,具有针对性、可行性和可操作性。

(3)监理实施细则应针对不同情况制订相应的对策和措施,突出监理工作的事前审批、事中监督和事后检验。

(4)监理实施细则可根据实际情况按进度、分阶段编制,但应注意前后的连续性、一致性。

(5)总监理工程师在审核监理实施细则时,应注意各专业监理实施细则间的衔接与配套,以组成系统、完整的监理实施细则体系。

(6)在监理实施细则条文中,应具体写明引用的规程、规范、标准及设计文件的名称、文号;文中涉及采用的报告、报表时,应写明报告、报表所采用的格式。

(7)在监理工作实施过程中,监理实施细则应根据实际情况进行补充、修改和完善。

四、监理实施细则的主要内容

(一)专业工程监理实施细则

专业工程主要指施工导(截)流工程、土石方明挖、地下洞室开挖、支护工程、钻孔和灌浆工程、地基及基础处理工程、土石方填筑工程、混凝土工程、砌体工程、疏浚及吹填工程、屋面和地面建筑工程、压力钢管制造和安装、钢结构的制作和安装、钢闸门及启闭机安装、预埋件埋设、机电设备安装、工程安全监测等。专业工程监理实施细则的编制应包括下列内容:

(1)适用范围。

(2)编制依据。

(3)专业工程特点。

(4)专业工程开工条件检查。

(5)现场监理工作内容、程序和控制要点。

(6)检查和检验项目、标准和工作要求。一般应包括:巡视、检查要点;旁站监理的范围(包括部位和工序)、内容、控制要点和记录;检测项目、标准和检测要求,跟踪检测和平行检测的数量和要求。

(7)资料和质量评定工作要求。

(8)采用的表式清单。

(二)专业工作监理实施细则

专业工作主要指测量、地质、实验、检测(跟踪检测和平行检测)、施工图纸核查与签发、工程验收、计量支付、信息管理等工作,可根据专业工作特点单独编制。根据监理工作需要,也可增加有关专业工作的监理实施细则,如进度控制、变更、索赔等。专业工作监理实施细则的编制应包括下列内容:

(1)适用范围。

(2)编制依据。

(3)专业工作特点和控制要点。

(4)监理工作内容、技术要求和程序。

(5)采用的表式清单。

(三)施工项目安全监理实施细则

施工现场临时用电和达到一定规模的基坑支护与降水工程、土方和石方开挖工程、模板工程、起重吊装工程、脚手架工程、爆破工程、围堰工程和其他危险性较大的工程应编制安全监理实施细则。安全监理实施细则应包括下列内容:

(1)适用范围。

(2)编制依据。

(3)施工安全特点。

(4)安全监理工作内容和控制要点。

(5)安全监理的方法和措施。

(6)安全检查记录和报表格式。

(四)原材料、中间产品和工程设备进场核验和验收监理实施细则

原材料、中间产品和工程设备进场核验和验收监理实施细则,可根据各类原材料、中间产品和工程设备的各自特点单独编制,应包括下列内容:

(1)适用范围。

(2)编制依据。

(3)检查、检测、验收的特点。

(4)进场报验程序。

(5)原材料、中间产品检验的内容、技术指标、检验方法与要求。包括原材料、中间产品的进场检验内容和要求,检测项目、标准和检测要求,跟踪检测和平行检测的数量要求。

(6)工程设备交货验收的内容和要求。

(7)检验资料和报告。

(8)采用的表式清单。

监理实施细则的具体内容可根据工程特点和监理工作需要进行调整。

任务四 监理记录

一、监理记录的概念和作用

监理记录是监理工作的各项活动、决定、问题及环境条件的全面记载。

监理记录是监理过程中的重要基础工作,在很大程度上反映出监理工作的质量。监理记录可以用来在任何时间对工程进行评估或作为判断依据,解决各种纠纷和索赔,给施工单位定出公平的报酬,还有助于为设计人员及工程验收人员提供翔实的资料。总之,监理记录既是项目监理机构行政管理、内部管理的工具,又是监督施工单位按合同要求施工的重要依据。

二、监理记录的种类和内容

监理记录可分为以下四大类。

(一)历史性记录

1. 会议记录

会议记录是各类会议的记录,如第一次工地会议、工地例会、专题工作会议、现场协调会等会议记录。

2. 监理员日报表

监理员日报表是监理员每天现场监理记录,包括当天的施工内容;当天参加施工的人员(工种、数量、施工单位等);当天施工用的机械的名称和数量等;当天发现的施工质量问题;当天的施工进度和计划进度的比较(若发生进度拖延,应说明原因);当天天气综合评语;其他说明及应注意的事项等。监理员日报表应采用标准表格进行填写上报,并依次编号。监理员日报表应交给监理工程师一份。

监理员要做好现场记录,现场记录通常记录以下内容:

(1)现场监理人员对所监理工程范围内的机械、劳力的配备和使用情况做详细记录。如:承包人现场人员和设备的配置是否同计划所列的一致;工程质量和进度是否因人员或设备不足而受到影响,受到影响的程度如何;是否缺乏专业施工人员或专业施工设备,承包商有无替代方案;承包商施工机械完好率和使用率是否令人满意;维修车间及设施如何,是否存储有足够的备件等。

(2)记录气候及水文情况:每天的最高气温、最低气温,降雨量和降雪量,风力,河流水位;有预报的雨、雪、台风及洪水到来之前对永久性或临时性工程所采取的保护措施;气候、水文的变化影响施工及造成损失的细节,如停工时间、救灾的措施和财产的损失等。

(3)记录承包商每天工作的范围,完成工程数量,以及开始和完成工作的时间;记录出现的技术问题,采取了怎样的措施进行处理,效果如何,能否达到技术规范的要求等。

(4)对工程施工中每步工序完成后的情况做简单描述,如此工序是否已被认可,对缺陷的补救措施或变更情况等做详细记录。监理人员在现场对隐蔽工程应特别注意记录。

(5)记录现场材料供应和储备情况:每一批材料的到达时间、来源、数量、质量、存储方式和抽样检查情况等。

(6)对于一些必须在现场进行的实验,现场监理人员进行记录并分类保存。

3. 监理工程师日志

监理工程师日志是监理工程师的个人笔记,应记录每天作业的重大决定、对施工单位的指示、发生的纠纷及解决的办法、与工程有关的特殊问题、参观工地及有关细节、与施工单位的口头协议、总监理工程师的指示或协商、对下级的指示、工程主要进度或问题等。

4. 监理日志

监理日志是项目监理部日常记录,动态地反映出监理工程的实际施工全貌和监理部工作成效,监理日志填写前就要做好相关信息的收集工作,将全部工作内容草拟后整理入册。填写时用词要简洁达意,书写清楚工整。监理日志记录的内容如下:

(1)气候方面。主要包括当日最高气温、最低气温,当日降雨(雪)量,当天的风力,因气候原因损失的施工工时等。

(2)进度方面。主要包括当日的施工内容、部位、进度,施工人员工种、数量等,施工投入使用的机械设备名称、数量等,以及当日实际施工进度与计划施工进度的比较。若发生施工延期或暂停应说明原因,如停电、停水、不利气候条件等。

(3)当日进场的原材料名称、数量、产地、拟用部位及见证取样情况。对进场的原材料根据其外包装标识,对照产品合格证、使用说明书、质保书等核实无误后,登记入监理日志。在数量方面,必要时进行复核;需要进行见证取样的,应及时取样送检,并将取样数量、部件及取样送检人记录清楚。该部分内容应与材料/设备/构配件报验单闭合。

(4)混凝土、砂浆试块的留置、数量、取样部位,配合比检查结果。混凝土、砂浆试块取样要记录清楚取样部位、组数、取样人;在记录时要强调监理日志中的试块取样日期、部位,必须做到与旁站记录、平行检测和实验报告单相吻合。

(5)分部、分项验收情况。要记录清楚验收参加人员、验收时间及结果。及时记录验收、巡视中发现的问题,以及处理意见和处理结果。工序验收情况是监理日志中可记载内容最丰富的部分;分部工程记录参验的建设、勘察、设计、施工、监理各方人员到位情况及验收结论;分项工程验收应记录监理方、施工方参加人员及验收中发现的问题。对于发现的问题,无论是下达了口头通知或是书面通知都应记录进日志,并应与监理通知单(回复单)相闭合。

(6)记录当日签发的工程报验表、监理工作联系单、监理通知等,汇总概括收发文情况。

(7)记录当日处理设计变更、费用索赔、工程款支付内容。设计变更可以由工程参建方任一方提出,经设计方认可后必须由总监理工程师签发至施工方执行;对索赔处理记录索赔事件发生的时间及原因,施工方提出索赔意向和索赔报告的时间与概要内容及监理部做出的答复。

(8)监理例会、专题会议的主要议题摘要。

(9)施工现场安全施工检查情况以及对安全隐患的处理意见。

(10)有关口头洽商、指示。包括监理方与建设单位的洽商意见、对施工方的口头指示,以及项目总监理工程师对监理部人员的指示等。

监理日志在记录中要注意时效性,每日完成的监理工作要在当日记录,不能拖延;监理日志记录的内容不能空洞、泛泛而谈,应客观、真实;在填写日志时还要注意闭合问题,日志的内容不仅要与监理通知、旁站记录、平行检测记录及相关报验资料等闭合,自身也要闭合。监理日志应由专人每日填写,总监理工程师每日阅示。应妥善保管日志,按月装订成册。

5.监理月(季)报

监理月(季)报是监理工程师为总监理工程师和建设单位准备的工程报告。应包括工程进度情况、工程价款及支付情况、工程延误及主要原因、遇到的重要问题或困难、重要纠纷和争议、异常天气情况等内容。

6.监理巡视记录

监理巡视记录主要记录监理人员巡视工程现场时发现的主要问题及对问题的处理

意见。

7. 天气记录

天气记录应记录每天的温度变化、风力、雨雪情况及其他特殊天气情况,还应记录因天气变化而损失的工作时间。如果工地范围较大,则应多选择几个有代表性的施工单位进行天气观察记录。

8. 对施工单位的指示

监理工程师或总监理工程师对施工单位的指示应以正式函件表达为主。此外,工地指示和口头指示也较为常用,均应做好记录,同时应记录口头指示得到正式确认的方式和时间。还有许多指示体现在各种监理表格中,对此也要留意。口头指示必须得到书面确认方才有效。

9. 给施工单位的图纸

经审核的图纸和补充图纸的发送均应全面记录,以免遗漏而延误工程和施工单位提出索赔。

10. 施工单位的报告或通知

施工单位除正式例行报告和报表外,日常工作中的各种正式函件、口头通知、报告均应做记录。

(二)工程计量及工程款支付记录

1. 工程量记录

工程量记录是为了核对财务支出数额,因而必须以计量结果为标准,根据计量结果进行统计和分析。

工程量记录往往表现在系列计量表格中,这些表格可以参照标准表格格式。

工程量记录的数值必须是工程师和施工单位双方同意认可的数据。

归档的工程量记录可以另编表格累计,也可以直接复制有关的计量单和计量汇总表。

2. 工程款支付记录

工程款支付记录主要记录工程款支付情况,包括每月净支付数额以及各类款项的支出额,这些数据都体现在月付款证书中,当然月付款证书也可以事后由工程师修改,应予注意。计日工、设计变更、洽商、索赔、材料预付款等项目都可以单独编制统计表。

工程款支付记录表可以单独成册归档,有些项目还需编制专门的工程款支付月报。记录与报表,应分类编号后归档。

(三)质量记录

工程质量记录可分为以下三类:

(1)试件、试样、样品抽样记录。

(2)实验、检验结果分析记录。

(3)各种质量验收记录。

工程质量记录具体内容如下:

(1)工作内容的简单叙述。如进行了哪些实验、结果如何等。

(2)承包商实验人员配备情况。如实验人员配备与承包商计划所列是否一致,数量和素质是否满足工作需要,增减或更换实验人员的建议。

(3)对承包商实验仪器、设备配备、使用和调动情况记录,需增加新设备的建议。

(4)监理实验室与承包商实验室所做同一实验,其结果有无重大差异,原因如何。

(四)竣工记录

竣工记录既有助于施工过程的控制,也有利于最后的竣工验收工作。竣工记录应包括施工过程中的验收记录和竣工验收阶段的记录两部分。竣工验收阶段的记录应包括验收检查、验收实验、验收评定及验收资料各方面的内容。

施工单位负责完成竣工图绘制,竣工图包括修正的施工图,以及在现场绘制的其他有关图件。

任务五　监理报告

一、监理报告的概念

监理报告是指建设单位、监理单位、施工单位之间的工作表格和报告的总称。在施工监理实施过程中,承包人常用表格 CB01 - 41、监理机构常用表格 JL01 - 40(见附录二“施工监理工作常用表格目录”),由监理机构编制并提交的监理报告包括监理月报、监理专题报告、监理工作报告、监理工作总结报告等。

二、监理报告编制的要求

(1)监理月报。应全面反映当月的监理工作情况,编制周期与支付周期宜同步,在约定时间前报送发包人和监理单位。监理月报的编制周期一般为上月 26 日至本月 25 日。施工单位在本月 25 日前向监理员递交施工月报,再由监理员审核后填报监理月报,报监理部由总监理工程师组织监理工程师汇编,总监理工程师审签后在下月 5 日前,由监理部报送发包人和监理公司。

(2)监理专题报告。应针对施工监理中某项特定的专题编制。专题事件持续时间较长时,监理机构可提交关于该专题事件的中期报告。

(3)监理工作报告。在各类工程验收时,监理机构应按规定提交相应的监理工作报告。监理工作报告应在验收工作开始前完成。

(4)监理工作总结报告。监理工作结束后,监理机构应在以前各类监理报告的基础上编制全面反映所监理项目情况的监理工作总结报告。监理工作总结报告应在结清监理费用后 56 日内发出。

(5)总监理工程师应负责组织编制监理报告,审核后签字盖章。

(6)监理报告应真实反映工程或事件状况、监理工作情况,做到内容全面、重点突出、语言简练、数据准确,并附必要的图表和照片等。

三、监理月报的主要内容

(1)本月工程施工概况。

(2)工程质量控制情况。

(3)工程进度控制情况。

(4)工程资金控制情况。

(5)施工安全监理情况。

(6)文明施工监理情况。

(7)合同管理的其他工作情况。

(8)监理机构运行情况。

(9)监理工作小结。

(10)存在问题及有关建议。

(11)下月工作安排。

(12)监理大事记。

(13)附表。

表格宜采用规范中施工监理工作常用表格格式。

四、监理专题报告的主要内容

(一)用于汇报专题事件实施情况的监理专题报告

主要包括下列内容:

(1)事件描述。

(2)事件分析。①事件发生的原因及责任分析。②事件对工程质量影响分析。③事件对施工进度影响分析。④事件对工程资金影响分析。⑤事件对工程安全影响分析。

(3)事件处理。①承包人对事件处理的意见。②发包人对事件处理的意见。③设代机构对事件处理的意见。④其他单位或部门对事件处理的意见。⑤监理机构对事件处理的意见。⑥事件最后处理方案和结果(如果为中期报告,应描述截至目前事件处理的现状)。

(4)对策与措施。

为避免此类事件再次发生或其他影响合同目标实现事件的发生,监理机构提出的意见和建议。

(5)其他。

其他应提交的资料和说明事项等。

(二)用于汇报专题事件情况并建议解决的监理专题报告

主要包括下列内容:

(1)事件描述。

(2)事件分析。①事件发生的原因及责任分析。②事件对工程质量影响分析。③事件对施工进度影响分析。④事件对工程资金影响分析。⑤事件对工程安全影响分析。

(3)事件处理建议。

(4)其他。

其他应提交的资料和说明事项等。

五、监理工作报告的主要内容

(1)工程概况。

(2)监理规划。

(3)监理过程。

(4)监理效果。①质量控制监理工作成效。②进度控制监理工作成效。③资金控制监理工作成效。④施工安全监理工作成效。⑤文明施工监理工作成效。

(5)工程评价。

(6)经验与建议。

(7)附件。①监理机构的设置与主要工作人员情况表。②工程建设监理大事记。

六、监理工作总结报告的主要内容

(1)监理工程项目概况。包括工程特性、合同目标、工程项目组成等。

(2)监理工作综述。包括监理机构设置与主要工作人员,监理工作内容、程序、方法,监理设备情况等。

(3)监理规划执行、修订情况的总结评价。

(4)质量控制监理工作成效及综合评价。

(5)进度控制监理工作成效及综合评价。

(6)资金控制监理工作成效及综合评价。

(7)施工安全监理与文明施工监理工作成效及综合评价。

(8)合同管理工作成效及综合评价。

(9)信息管理工作成效及综合评价。

(10)经验与建议。

(11)工程监理大事记。

(12)其他需要说明或报告事项。

(13)其他应提交的资料和说明事项等。

任务六　监理日志

一、监理日志的概念和作用

监理日志是监理机构实施监理活动的原始记录,是执行委托监理合同、分析质量问题、编制监理竣工文件和处理索赔、延期、变更的重要依据,是监理档案的基本组成部分。

监理日志充分反映了工程建设过程中监理人员参与工程质量、资金、进度、合同管理及现场协调的实际情况,它对监理工作的重要性体现在以下几方面:

(1)监理日志是监理机构工作内容、效果的重要外在表现,管理部门也主要通过监理日志的记录内容了解监理公司的管理活动。

(2)通过监理日志,监理工程师可以对一些质量问题和重要事件进行准确追溯和定位,为监理工程师的重要决定提供依据。

(3)对监理日志进行统计和总结,可以为监理月报、质量评估报告、监理工作总结、监理会议等提供重要内容。

二、监理日志填写的要点

监理日志填写的要点如下：

(1)监理日志作为监理的工程跟踪资料是监理资料的重要组成部分,能动态地反映出监理工程的实际施工全貌和监理部工作成效,其内容必须真实、准确、全面。

(2)监理日志由监理机构指定专人填写,按月装订成册。

(3)监理日志可分项目监理日志和专业监理日志,每个工程项目必须设项目监理日志,对于专业不复杂的工程项目,可只设项目监理日志。项目监理日志和专业监理日志不分层次,平行记载并归档。

(4)专业监理日志由专业监理工程师填写并签字,总监理工程师定期检查。项目监理日志可与主要专业(如土建专业)监理日志合并,由项目总监理工程师或项目总监理工程师指定专人当日填写,项目总监理工程师每日签阅。

三、监理日志记录的内容

(一)日期及气象情况

记录当天日期、气温及天气情况(分上午、下午及晚上)。主要包括当日最高气温、最低气温、当日降雨(雪)量、当天的风力。气候条件不仅对工程进度影响,而且也影响工程质量,因此需要详细记录气候情况。

(二)项目施工工作情况

1.施工进度情况

记录当天施工部位、施工内容、施工进度、施工班组及作业人数、施工投入使用的机械设备数量、名称。施工进度除应记录本日开始的施工内容、正在施工的内容及结束的施工内容外,还应记录留置试块的编号(与施工部位对应)。重要的隐蔽工程验收、施工实验、检测等应予摘要记录,以备检索。若发生施工延期或暂停施工应说明原因。要深入施工现场对每天的进度计划进行跟踪检查,检查施工单位各项资源的投入和施工组织情况并详细记录进监理日志。

2.建筑材料情况

记录当天建筑材料(含构配件、设备)进场情况,填写材料(含构配件、设备)名称、规格型号、数量、产地、所用部位、取样送检委托单号、实验合格与否(补填)、验证情况、不合格材料处理等。对进场的原材料应详细记入监理日志。需要进行见证取样的,应及时取样送检,并将取样数量、部位及取样送检人记录清楚。

3.施工机械情况

记录当天施工机械运转情况,填写机械名称、规格型号、数量及机械运转是否正常,若出现异常,应注明原因。

(三)项目监理工作情况

(1)现场质量、安全等问题的发现和处理。监理人员应做好旁站、巡视和平行检验等现场工作。现场监理工作要深入、细致,这样才能及时发现问题、解决问题,监理人员应在当天现场检查工作结束后,按不同施工部位、不同工序进行分类整理,并按时间顺序记录当日主要监理工作及监理在现场发现及监理预见到的问题，并应逐条记录监理所采取的措施及处理结果，对于当日没有结果的问题，应在以后的监理日志中得到明确反映。

(2)当日收发文号、收发文的主题以及重要文件的内容摘要。包括收到的各方要求、请示来文和当日签发的监理指令（如指令单、通知单、联系单）、监理报表（各种施工单位报审表及监理签证等），并应逐一说明监理落实处理上述收发文的情况。

(3)有关会议纪要及工程变更洽商摘要。

(4)本项目重要监理事件的记录。

(5)其他事宜。

监理机构的监理日志表，见表3-1。

表3-1 监理日志

（监理〔 〕日志 号）

填写人：________ 日期：____年____月____日

天气		气温		风力		风向	
施工部位、施工内容、施工形象及资源投入（人员、原材料、中间产品、工程设备和施工设备动态）							
承包人质量检验和安全作业情况							
监理机构的检查、巡视、检验情况							
施工作业存在的问题、现场监理提出的处理意见及承包人对处理意见的落实情况	总监理工程师：						
其他事项							

说明：1. 本表由监理机构指定专人填写，按月装订成册。

2. 本表栏内内容可另附页，并标注日期，与日志一并存档。

四、监理日志记录注意事项

(1)准确记录日期、气象情况。有些监理日志往往只记录时间，而忽视气象记录，其实气象情况与工程质量有直接关系。因此，监理日志除写明日期外，还应详细记录当日气象情况(包括气温、晴、雨、雪、风力等天气情况)及因天气原因而延误的工期情况。

(2)做好现场巡查,真实、准确、全面地记录工程相关问题。监理人员在书写监理日记之前,必须做好现场巡查,增加巡查次数,提高巡查质量,巡查结束后按不同专业、不同施工部位进行分类整理,最后工整地书写监理日记,并做记录人的签名工作。记录监理日记时,要真实、准确、全面地反映与工程相关的一切问题(包括"三控制、三管理、一协调")。

(3)监理日志应注意监理事件的"闭合"。监理人员在记监理日志时,往往只记录工程存在的问题,而没有记录问题的解决,从而存在"缺口"。发现问题是监理人员经验和观察力的表现,而解决问题是监理人员能力和水平的体现,是监理的价值所在。在监理工作中,并不只是发现问题,更重要的是怎样科学合理地解决问题。所以,监理日记要记录好发现的问题、解决的方法以及整改的过程和程度。所以,监理日志应记录所发现的问题、采取的措施及整改的过程和效果,使监理事件圆满"闭合"。

(4)监理日志的内容应严谨真实、书写工整、规范用语。监理日志体现了记录人对各项活动、问题及其相关影响的表达。文字如处理不当,比如错别字多,涂改明显,语句不通,不符逻辑,或用词不当、用语不规范、采用日常俗语等都会产生不良后果。语言表达能力不足的监理人员在日常工作中要多熟悉图纸、规范,提高技术素质,积累经验,掌握写作要领,严肃认真地记录好监理日志。

(5)监理日志记录后,要及时提交项目总监理工程师审阅,以便及时沟通和了解,从而促进监理工作正常有序地开展。

项目案例

案例一 ××县新出险小型病险水库除险加固工程项目监理大纲

1 工程项目基本概况和主要目标

工程项目基本概况和主要目标参见项目一案例《××县新出险小型病险水库除险加固工程项目监理组织》。

2 监理机构组织

监理机构组织参见项目一案例《××县新出险小型病险水库除险加固工程项目监理组织》。

3 对项目关键点、难点的分析及对策建议

3.1 关键点分析与对策

3.1.1 土坝清基质量控制

××县新出险小型病险水库除险加固工程加固的16座水库均需进行坝体加高培厚,加固的方式均是在原土坝补坡填土,其特点是填筑方量不大,但清基面积大、范围广,清基是关系新填土能否与原坝体良好结合的重要工序,质量要求较高;原坝坝面有护坡、排水沟、台阶、灌木、杂草等设施和附着物,这些设施和附着物清挖后可能形成坑槽,需做分层

填夯处理,处理不彻底容易留下质量隐患。因此,清基是质量控制的关键点之一。主要对策如下:

(1)保证清挖厚度:土坝的清基厚度控制往往容易被忽视,本工程属于坝后补坡填土,为了保证新老填土的良好结合,清基时不但要把表面的杂草、树木、杂物等清除干净,而且必须严格按设计要求控制清基厚度,把不合格的表土层和伸入土中的树根、草根等彻底清除干净。

(2)关注特殊部位的处理:原坝坡一般建有排水沟、台阶和坝后排水棱体等构筑物,这些刚性体必须按设计要求清除干净,清挖后形成的坑槽应分层填土夯实,坑槽填夯处理时监理人要做好旁站监督工作,保证其处理质量,防止留下质量隐患。

(3)严把验收关:清基属于关键工序,清基完成后,监理人将与发包人和施工等单位组成联合验收小组,严格按设计和规范要求进行检查验收。

3.1.2　土坝填筑质量控制

土坝断面加固方式为在原土坝坝面补坡填土,新填土作业面宽度有限,不利于大型机械作业和工序质量控制,且边角部位多,压路机不能到达的部位一般需改用小型压路机或打夯机处理,密实质量往往较难保证;新老填土之间不但接触面积大,而且存在不均匀沉降问题,若新老填土接触面处理不善或新老填土之间出现过大的沉降差,将削弱加固后坝体的整体性,危及水库安全。因此,土坝填筑是质量控制的关键点之一。主要对策:

(1)控制新填土的上升速度:为减少新老填土之间不均匀沉降的负面作用,控制新填土的上升速度是有效措施,即新填土上升至一定高度后,暂停填筑,待其自然沉降一段时间,然后再往上填筑,可有效减少新老填土之间的最终总沉降差。

(2)严格控制填筑土料质量:填筑土料应在勘探选定的料场开采,开采前做好料场规划,表面无用层必须挖除干净,取土深度控制在有用层范围内,不合格土料不准上坝。同时,根据施工气候条件确定开采部位和开采方式,使土料含水量保持在最优含水量附近,若含水量低于或超过设计和规范要求,必须进行洒水或翻晒处理。

(3)开工前进行压实实验,通过实验选定铺土厚度、压实方法、碾压遍数和含水量适宜范围等参数,用于指导填筑施工。

(4)合理选择填筑施工时间:本工程土坝填筑工程量不大,坝体填筑宜安排在枯水时段施工,因枯水期土料含水量一般处于较佳状态。

(5)填筑作业控制:坝面施工应统一规划和管理,保证工序衔接,分段流水作业,层次清楚,大面平整,均衡上升以减少接缝;分段填筑时,分段交接处设立旗杆标志,防止漏压、欠压和过压;宜用进占法卸料,严格控制铺土厚度,刨毛、洒水和压实指标检测等按规范要求进行;碾压应沿平行坝体轴线方向进行,分段碾压时,相邻两段交接带碾迹应彼此搭接,如出现"弹簧土"、层间光面和剪切破坏现象,应做局部换土处理;与刚性构筑物接合处和边角部位,改用小型机具压实或打夯机夯实,刚性体表面涂刷浓泥浆;施工时应做好雨情预报,雨前快速压实表层松土,防止雨水下渗,填筑面向下游倾斜,避免坝面积水,雨后不许践踏坝面,禁止车辆通行。

3.1.3　外观质量控制

外观是工程总体形象的重要标志,也是参建单位质量管理水平的体现,控制好外观质量有重要意义,是质量控制的关键点之一。影响外观感观效果的要素主要包括轮廓线的顺直度、颜色的均一性和表面平整度,监理人将从这三方面入手进行控制。主要对策:

(1)把好材料选购关,同一部位只使用同一品种的材料,如同一部位混凝土采用一种水泥,同一饰面工程选用同一产地、同一批次的产品等,以保持颜色的均一性和质感协调。

(2)安排有多年监理经验的专职测量工程师负责测量控制工作,重点是控制好轴线、轮廓线顺直度和表面平整度。

(3)混凝土、护坡、坝顶构造、装饰工程和环境美化等是关系外观效果的主要项目,针对这些项目,监理人将分别制定外观质量检查标准,从严控制外观质量。

(4)模板是关系混凝土外观质量的要素,监理将针对本工程混凝土结构的特点,依据类似工程经验,对模板的设计选用、安装、脱模剂使用等方面进行严格的控制。

3.1.4 溢洪道工期控制

为确保度汛安全,本工程如何合理安排溢洪道加固施工计划,保证溢洪道的加固任务是进度控制的关键点之一。主要对策:

(1)溢洪道宜在汛末尽早开工:工程开工后正值汛期,不宜进行溢洪道施工,建议溢洪道在汛末尽早开工,争取主动。

(2)关注承包人的资源投入:施工过程中,应合理安排作业计划,督促承包人投入足够的施工资源,保证实际施工进度符合计划进度要求。

(3)加强进度检查:根据经验,在进度控制方面要特别关注网络图上节点时间,施工过程中应定期检查计划的执行情况,若有滞后偏差,要督促承包人及时采取赶工措施,保证这些节点时间与计划相符。

3.1.5 安全监督

工程建设中存在施工安全和度汛风险,因此抓好安全监督工作有重要意义,是监理工作的重点之一。主要对策如下:

(1)事前进行安全风险分析,制定预控措施,如针对拆除、爆破开挖、起重吊运作业、场内交通、度汛等安全风险因素,监理人将分别制定安全预控措施。

(2)严格审查承包人的安全保障措施,重点是对安全风险因素的评估是否全面,措施的针对性,组织机构与制度的建立等。

(3)施工过程中,充分发挥现场监理工程师的现场监督作用,按分管范围全程跟踪施工安全状况,及时识别和消除安全隐患,纠正违章作业行为,以及反馈安全信息,为决策提供依据。

(4)建立安全大检查制度,包括每月一次定期检查、汛前检查、节前检查、异常气候来临前检查等安全大检查制度,防患于未然。

(5)在监理内部建立安全监督责任制,明确各级监理人员安全监督责任,总监是安全监督的第一责任人,各级监理人员负责分管范围内的日常安全监督工作。若我公司中标,将制定具体的安全考核标准,并以安全监督作为考核监理人员的重要指标。

3.2 难点分析及对策

(1)本工程工期要求紧,施工季节跨越夏季农忙和主汛期,如何处理气候影响和农忙季节人力资源保障、与驻地农民的交叉作业影响,在保证质量的前提下,确保安全和工期,

是本工程监理工作的难点。主要对策如下:

①在严格按照国家规范标准和监理规划要求的程序、措施实施监理的前提下,要对症下药,采取针对性的措施,克服项目的难点、确保关键节点,加强事前控制,保证工程的质量、安全、工期等项目目标全面实现。

②加强与当地气象、水文等有关部门,督促施工单位完善应急预案,了解天气预报和实时气温、水文状况,及时调整施工计划和施工方案,做好已完工作面的防汛防冲措施,以确保质量和工期。

③严格审查施工单位的施工组织设计,并监督落实,确保冬季施工方案和质量保证措施可靠、可行和有效实施,保证工程质量和施工安全。

(2)本工程位于山区,交通不便。坝坡填筑设计为直接利用水库疏挖土料和就近购置土料填筑,由于不同水库所处区域地质、水文和交通等条件不一致,土料来源和质量状况复杂,如何采取针对性措施控制土料质量是本工程的另一个重要难点。主要对策如下:

①加强原材料和各工序的检验实验工作,确保工程质量。

②加强对关键节点的监控和验收,对大坝清表及坝坡局部缺陷部位的先期整修、换填或者防渗处理等工序设置质量控制点,严格按照施工组织设计方案分层填筑和碾压,做好检测实验的监控和平行检测工作,保证工程质量。

(3)本工程涉及不同乡镇和村庄,有的水库处于邻村交界处的“插花地”区域,点多、面广,项目分散,现场管理跨度大,协调有难度;施工跨越夏忙、秋收季节,与村民生产作业交叉,加上施工占地、赔青补偿、交通干扰等各种因素影响,施工中的各种矛盾和冲突不可避免,如何未雨绸缪,兼顾参建单位和当地村居民等各方的利益诉求,并及时与地方政府和有关人员沟通协调,是保证工程顺利进行和目标实现的关键因素。主要对策如下:

①开工前对各施工标段需要相互配合的环节进行全面梳理,明确各方的职责,并建立沟通与协调机制,为做好协调工作打下良好的基础。

②加强与参建各方、当地政府和村居等有关部门和人员的沟通和协调,及时化解和处理各种矛盾及影响施工的问题,保证工程施工顺利进行。

③建立定期协调会议制度和工作面移交签证制度,及时处理争议,从制度上保证协调工作的效果。

④施工招标时,建议在招标文件中详细约定不同承包人之间需要相互配合的有关细节,明确各承包人的责任和义务,从源头上减少滋生矛盾和纠纷的可能性。

⑤配合发包人与当地政府有关部门建立良好的关系,争取地方政府和当地居民的支持。同时,督促承包人文明施工,注意保护现场环境,避免与当地居民发生矛盾,减少外部干扰。

⑥充分发挥总监理工程师的主导协调作用,拟派出的总监理工程师具有多年监理经验,曾主持过多项水利工程的监理工作,有丰富的现场管理经验和良好的组织协调能力。

4 质量控制

4.1 质量控制的主要任务

(1)协助发包人做好施工现场准备工作,为承包人提交质量合格的施工现场。

(2)审查确认承包人的项目经理、技术负责人和技术岗位作业人员的资格以及分包单位资质。

(3)审查施工组织设计和承包人的质量保证体系,核实质量文件。

(4)检查施工机械和机具,检查并协助承包人搞好各项生产环境、劳动环境和管理环境,保证施工质量。

(5)检查原材料和工程设备质量,进行质量认证。

(6)行使质量监督权,检查工序质量和隐蔽工程质量,严格工序交接制度,对重要工程部位和关键工序实行旁站监督。

(7)以单元工程为基础,按《水利水电基本建设工程质量等级评定标准》以及本工程质量监督部门的要求,对承包人评定的工程质量等级进行核定。

(8)做好中间验收和竣工验收工作,审查项目验收资料。

4.2　关键部位(或工序)分析

关键部位(或工序)的施工质量是关系工程总体质量和安全的重要因素,是质量监督的重点,监理人将通过制定预控措施和加强旁站监督的措施来保证其施工质量。针对本工程特点,关键部位(或工序)分析见表3-2。

表3-2　关键部位(或工序)分析

1	土坝填筑	清基
		土料质量
		分层厚度
		碾压
		边角部位处理
2	护坡及排水	修坡平整度
		反滤料铺筑
		排水棱体堆砌
		草皮品种与养生
3	钢筋混凝土工程	新老混凝土接合面处理
		材料质量
		钢筋制安
		配合比及拌和质量
		浇筑
		养护
4	坝顶构造	防浪墙放样顺直度
		防浪墙混凝土外观质量
5	放水洞加固	防护处理
		回填混凝土
		回填灌浆
6	其他	观测仪器埋设
		各种实验

4.3 质量控制的方法与措施

4.3.1 事前控制

(1)建立健全监理组织,完善内部管理。

一旦我公司中标,将严格按本投标文件报送的监理组织形式组建项目监理部,配备水工、施工、地质、金结、水机、电气、测量、检测、造价等专业监理工程师,进行部门分工,明确职责,实行严格管理,保证监理工作的质量,使发包人和质监部门满意。

(2)掌握质量控制的技术依据。

监理人在施工准备阶段,将组织学习有关工程设计、施工方面的规程规范,掌握设计意图,熟悉施工图纸,深入研究施工承包合同有关约定和条款,明确工程各部位的质量标准。

(3)做好施工场地的质量检查验收和移交工作。

开工前,监理人将与发包人、承包人共同检查施工场地的准备情况,主要检查工程施工所需的场地征用、居民占地设施或堆放物的迁移是否完成,以及道路和水、电及通信线路是否开通等,对符合开工条件的场地,及时提供给承包人使用。

(4)审查主要施工人员的资格条件,根据合同授权,审查合同项目分包及分包人资质。

审查承包人承担任务的施工队伍和人员的资质与条件是否符合要求,主要技术负责人是否到位。控制的重点是项目施工的组织者、管理者的资质和质量管理水平,以及特殊工种、关键的施工工艺和新技术、新工艺、新材料等应用方面的操作者的素质与能力,按规定需持证上岗的岗位,检查上岗人员的资格证。

主包人按合同规定,允许选择分包人时,需事先由主承包人提出申请,经总监审查认可,确认其技术能力和管理水平能保证按要求完成施工任务时,报发包人批准后,方可进场承担施工任务。

(5)检查施工机械设备的进场情况和完好率。

承包人进场的主要施工机械、设备是否满足要求,是关系工程质量、工期的重要因素。为此,监理人应督促承包人按投标文件的承诺投入足够的设备,并从如下几方面进行监控:

①机械选型是否恰当,是否满足质量要求和适合现场条件。

②机械设备的数量是否足够,是否满足作业要求和保证施工的连续性。

③施工机械设备,是否按已批准的计划备妥,是否处于完好的可用状态。

④施工设备进场,承包人需填报《进场设备申报表》,向监理人申报审批。

(6)审查承包人提交的施工组织设计、施工技术措施。

监理人对施工组织设计的审查,着重如下几方面:

①质量管理体系、保证体系是否健全。

②施工现场总体布置是否合理,特别是施工道路、防洪排水、器材存放、给水及供电、混凝土供应系统等方面。

③主要的施工项目有无针对性措施及预控方法,有无可靠有效的技术和组织措施。

④各分部工程进度安排是否合理,是否符合工期目标要求。

⑤设备、人员配备是否合理,是否满足施工强度要求。

⑥施工程序的安排是否合理。

施工组织设计、施工技术措施提交监理人审查批准后，承包人应遵照执行，不得擅自变更，如需变更施工方案或工艺，必须报请监理人审查批准后才能实施。

(7)检查承包人的工程技术环境和管理环境。

监理人要主动向政府质量监督部门联系、汇报本项目开展质量监理的具体方法，取得质监部门的支持和帮助。同时，对承包人的技术、质量管理环境进行检查，主要包括以下内容：

①质量管理的组织结构、检测制度、人员配备等方面是否完善和明确，自检系统是否处于良好的状态。

②质量检测、实验和计量等仪器、设备和仪表是否满足使用要求，有无合格的证明和检定表。

③拟定检测、实验机构的资质等级是否符合要求。

④若自然环境条件对施工作业质量可能出现不利影响时，是否已有充分的认识，并采取有效的对策措施以保证工程质量。

(8)组织图纸会审和设计交底。

设计文件、图纸是工程施工的直接依据，图纸会审是质量控制的重要手段。图纸会审将由监理人组织施工承包人、设计人及有关单位人员参加。先由设计人介绍设计意图、施工要求和关键技术问题，然后，由各方代表对设计图纸中存在的问题及对设计人的要求进行讨论、协商，解决存在的问题和澄清疑点，并写出会议纪要。

为了使施工承包人熟悉有关的设计图纸，充分了解拟施工工程特点、设计意图和工艺与质量要求，在工程开工前，由监理人组织设计人和施工承包人进行设计交底，交底的主要内容有如下几方面：

①自然条件方面情况。

②设计依据、设计规范及建筑材料情况。

③设计意图、进度与工期设计安排等。

④设计中采用新结构、新工艺对施工提出的要求等。

(9)复核施工测量控制网。

协助发包人向承包人提供施工测量基准点、基准线和水准点。承包人据此按规范精度要求测设施工控制网，并埋设标桩和完成有关内业工作，报监理人审查和复测。

(10)审查原材料供货能力与材料质量。

为了保证施工的连续性和工程质量，监理人必须严格审查拟供货方的供货能力和信誉，必要时对生产厂商进行实地考察。水泥、钢筋等工业产品应由信誉良好的厂商供货，砂、碎石、块石等有固定的来源渠道。批量进货前均要求承包人报送供货方名录，并由承包人抽样检验，向监理人报送检验结果，监理人将根据设计要求、工程的环境条件、供货方的社会信誉及检验结果批复承包人，经监理人同意后才能进货。

(11)检查开工条件，严把开工关。

准备工作是否充分，对工程质量和施工的连续性均有较大影响，当单位工程的主要施工准备工作已完成时，由施工承包人提出单位工程开工报告，监理人对承包人各项准备工作进行细致的检查,满足要求后,由监理人发布开工指令。

4.3.2　事中控制

4.3.2.1　以工序为重点实施质量控制

工程实体的质量是在施工过程中形成的,工程产品的质量需通过工序的质量来保证。因此,监理人将把工序的质量控制作为质量控制的重点和核心,并针对本工程的特点设置质量控制点,制定预控措施,对工序的效果及时进行检验、分析和纠偏,实施动态控制。

(1)设置质量控制点进行预控。

质量控制点是工序质量控制的重点,设置质量控制点的目的是抓住影响工序质量的主要因素,对工序活动中的重要部位或薄弱环节,事先分析影响质量的要素,提出相应措施进行预控。开工前,监理人将根据本工程的特点编制质量控制点一览表。

(2)工序质量监控。

工序质量监控内容包括工序过程和工序效果的监控,通过对施工准备工作和过程的监控,保证工序的质量,事后及时对工序的质量进行评价,做出认可或纠偏的决定,使工序质量受到实时和动态的控制。

4.3.2.2　现场跟踪监督检查

监理人将根据质量控制的要求,建立现场值班制度,全过程监督承包人的工作人员、施工设备、使用的材料、工艺方法和施工环境,掌握现场施工质量状况,及时制止不规范的行为,以保证工程质量。

(1)现场跟踪检查的主要内容包括:

①开工前检查:检查承包人的各项准备工作完成情况,是否具备开工条件,能否保证施工的连续性和工程质量。

②工序施工检查:主要检查和监督在施工过程中,人员、材料、施工设备、施工方法和施工环境条件是否处于良好的状态,若发现问题及时予以纠正。

③工序交接检查:工序完成后,施工承包人进行自检,经自检合格通知监理人到现场检验,检验合格签署《工序质量评定表》,方可进入下道工序施工。在工序交接检查中,要严格遵守上道工序不经检查验收不准进行下道工序施工的原则。

④隐蔽工程覆盖前检查:隐蔽工程施工完成后,承包人首先进行自检,并进行必要的测量和地质测绘素描,经自检合格后通知监理人验收,监理人将联合设计代表、承包人代表,必要时会同发包人代表和质量监督部门代表,联合组成隐蔽工程验收小组,对隐蔽工程实行联合验收,办理隐蔽工程验收签证手续,经验收合格后方可覆盖。

⑤施工预检:为了避免出现难以补救或全局性危害的质量事故,施工之前对一些重要的施工参数进行复核性的预先检查。如分部分项工程的位置、轴线、标高、预留孔的位置和尺寸、管线的坡度等。

⑥成品保护质量检查:在施工过程中,当某些工程或部位已完工,而其他工程或部位还在继续施工,为保护已完工的成品免受损坏,应督促承包人采取防护、包裹、覆盖、封闭等措施加以保护,并经常进行巡视检查。

(2)现场质量跟踪检查的方法如下:

①目测检查:包括观察、目测和手摸检查,采用看、摸、敲、照等手法对检查对象进行检

查。如材料的品种、规格和质量;混凝土浇筑的平整情况,出现麻面、蜂窝、空洞、露筋情况;模板安装的稳定性、刚度和强度,表面光洁度等;施工操作是否符合规程等项目的检查。

②量测检查:利用仪器和工具进行检查,量测的手法分为靠、吊、量。如建筑物的轴线、标高、轮廓尺寸;混凝土拌合物坍落度、分层浇筑厚度和表面平整度等。

③实验:通过现场实验或实验室实验等理化手段取得数据,分析判断质量情况,若出现偏差及时采取措施调整。如水泥、砂、石的品质,土料压实度等。

4.3.2.3　重要部位和关键工序旁站监督

重要的工程部位和对质量有重大影响的工序,监理人将进行施工过程的旁站监督与控制,及时发现和纠正违章作业以及不按设计文件、规程规范施工的现象,确保使用材料及工艺过程的质量。

4.3.2.4　利用数理统计分析,提高作业水平

监理人将影响工程质量的因素进行分解,设置统计指标,对施工过程中输出的数据进行统计分析,寻找影响质量的负面因素,并采取针对性的措施加以改善,提高作业水平。

4.3.2.5　召开现场质量协调会,扬长避短

监理人将根据现场施工质量的状况,不定期组织现场质量协调会,对先进的施工方法、措施、质量优良部位进行现场讲解、学习,对容易出现质量问题及施工质量普遍存在缺陷的部位,现场研究解决方案。现场质量协调会由专业监理工程师或总监理工程师主持,协调会后,监理人将印发会议纪要,并作为技术档案存档。

4.3.2.6　运用指令性文件

监理人将对施工承包人在施工中存在的问题及限期整改的要求等下达书面指令,书面指令作为技术资料存档。

4.3.2.7　必要时下达停工指令控制施工质量

在施工过程中,出现下述情况,除合同另有规定外,监理人将及时下达停工指令控制施工质量。

(1)施工中出现质量异常情况,承包人未采取有效措施,或措施不力未能扭转这种情况者。

(2)隐蔽作业未经依法查验确认合格,而擅自覆盖者。

(3)已发生质量事故迟迟未按监理工程师要求进行处理,或者是已发生质量缺陷或事故,如不停工则质量缺陷或事故将继续发展的情况下。

(4)未经监理工程师审查同意,擅自变更设计或修改图纸进行施工者。

(5)未经技术资质审查的人员或不合格人员进入现场施工者。

(6)使用的原材料、构配件不合格或未经检查确认者,或擅自采用未经审查认可的代用材料者。

(7)擅自使用未经监理人审查认可的分包商进场施工。

(8)合同规定的其他情况。

4.3.2.8　加强质量动态分析,建立质量跟踪档案

监理人将对各个工序施工活动过程进行详细记录,以便对其质量状况进行严密、细致和有效的控制。记录内容包括:材料的检验情况及质量状态,工序施工工艺状况,工序施

工质量验收及签证情况，不合格项目的记录及其处理措施、处理效果等。

监理人将把收集来的质量信息进行整理，根据信息种类采取不同的分析方法进行分析，目的在于及时发现有无系统因素的影响，以便及时采取纠正和预防措施，使工程质量处于受控状态，并将相关信息报告发包人。

4.3.2.9　原材料与中间产品采取复检措施

所有进场材料均由承包人填写进场材料签证表，监理人将做如下检查：检查出厂合格证和材质检验报告，进行外观检查，按规定频率见证抽样检验，经检查合格签证后才允许投入使用。材料检验具体要求见表 3-3。

表 3-3　原材料及中间产品抽检取样表

序号	名称	取样频率	取样数量	取样方法
1	水泥	同品种、同标号每 200 ~ 400 t 为一批，不足者也按一批论	不少于 10 kg	用取样筒从 20 个不同部位等量取样后混合
2	钢筋	同品种、同规格、同炉号每 60 t 为一批，不足者也按一批论	直条钢筋：2 个拉伸、2 个弯曲；盘条钢筋：1 个拉伸、2 个弯曲	端部截去 500 mm 后取样，拉伸取样长度不小于 450 mm，弯曲取样长度不小于 300 mm
3	钢筋焊接	以 300 个接头为一批，不足者也按一批论	取 3 个接头拉伸	从焊接成品中随机截取
4	砂	以 400 m^3 为一批，不足者也按一批论	做品质鉴定时取 30 kg，做配合比时取 100 kg	上、中、下不同方位铲去表层后各取 4 个共 12 个样品混合
5	碎石	以 400 m^3 为一批，不足者也按一批论	做品质鉴定时取 30 kg，做配合比时取 200 kg	上、中、下不同方位铲去表层后各取 4 个共 12 个样品混合
6	普通混凝土	每一工作班不少于一组；每 100 m^3 不少于一组；楼房每层不少于一组	每组 3 个 150 × 150 × 150(mm^3) 试块	在浇筑地点随机取样
7	砌筑砂浆	每一工作班不少于一组；每一结构部位不少于一组；每 250 m^3 不少于一组	每组 6 个 70.7 × 70.7 × 70.7(mm^3) 试块	在搅拌机出口处随机取样
8	填土	每 200 m^3 取一个土样检测干容重和含水量，且每一单元土层不少于 3 组	每组一个环刀	填筑面均匀取样
9	反滤料	每 200 ~ 400 m^3 取一组检测颗粒级配和含泥量	不少于 30 kg	上、中、下不同方位铲去表层后各取 4 个共 12 个样品混合
10	块石料	每 500 m^3 为一批，不足者也按一批论	不少于 200 kg	从不同的 3 个部位均匀取样

4.3.2.10　计量与进度款支付,采取质量否决措施

如果施工承包人完成的工程质量达不到规定的要求和标准,而又不能按监理人的批示予以处理,监理人将拒绝开具部分或全部的支付签证,采取经济手段促使承包人保证施工质量。

4.3.2.11　及时处理已发生的质量问题或质量事故

在施工过程中如发生质量问题或质量事故,监理人将及时要求承包人进行处理。处理的原则:找出问题或事故原因,制定处理或清除问题的措施,责任者受到教育,制定预防类似问题再发生的措施等。

4.3.3　事后控制

4.3.3.1　及时组织分部工程验收,严把验收关

分部工程完成后,承包人应对其进行自检,确认合格后,再向监理人提交验收申请报告。监理人将联合发包人、设计人,承包人、质量监督部门组成联合验收小组,依据合同、设计文件和规程规范,对其外观、几何尺寸、内在质量等方面进行现场检查,并审查质量验收签证、检验、检测资料,检查工程质量是否存在缺陷,判断验收项目是否达到验收标准,不合格的工程不予验收,严把验收关,不留后患。

4.3.3.2　审查竣工图及其他技术资料,并编目建档

竣工图是工程建设的重要档案文件,监理人将严格按竣工图的编制规定审查承包人提交的竣工图质量,保证其与工程实物吻合。其他技术资料按工程建设档案整编规定整编和建档,监理人审查其整编质量。

4.3.3.3　缺陷责任期质量控制

(1)工程竣工验收后,监理人应对验收过程中发现的质量缺陷进行分析归类,列成细目,通知承包人进行修补、修复。

(2)工程投入运行后,监理人应对工程质量状况进行检查,在缺陷责任期内出现的质量问题,会同有关单位进行认真的分析,分清责任,并制定措施妥善处理。

(3)对修补缺陷的项目进行检查、验收。在这一过程中,监理人仍要像控制正常施工质量一样,抓好每一环节的质量控制,缺陷修补完成后,仍按合同、设计文件和有关规程规范进行检查验收。

4.4　质量管理体系

4.4.1　拟编写的监理实施细则

监理作业文件主要包括监理规划和监理实施细则,若我公司中标,编制的监理规划将以本监理大纲为基础,充分听取发包人的意见后,加以补充和完善,作为监理工作的指导性文件。

在专业工程开工前,根据本工程的特点,由总监理工程师进行质量策划,完成相关专业工程监理实施细则编写工作,拟编写的监理实施细则(质量控制方面)如下(不限于此):

(1)测量监理实施细则。

(2)材料质量控制监理实施细则。

(3)土石方开挖监理实施细则。

(4)土石坝工程监理实施细则。

(5)混凝土工程监理实施细则。

(6)观测工程监理实施细则。

4.4.2 质量监督制度

4.4.2.1 技术文件审核、审批制度

根据施工合同约定由双方提交的施工图纸以及由承包人提交的施工组织设计、施工计划措施、施工进度计划、开工申请等文件均应通过监理机构核查、审核或审批,方可实施。

4.4.2.2 开工申报审批制度

当项目工程的主要施工准备工作已完成时,承包人应提出《开工申请报告》。监理人对开工准备情况进行检查,满足要求后签发开工指令。

4.4.2.3 原材料、构配件和工程设备检验制度

进场的原材料、构配件和工程设备应有出厂合格证和技术说明书,经承包人自检合格后,方可报监理机构检验。不合格的材料、构配件和工程设备应按监理指示在规定时限内运离工地或进行处理。

4.4.2.4 工程质量检验制度

承包人每完成一道工序或一个单元工程,应经过自检,合格后方可报监理机构进行复检。上道工序或上一单元工程未经复检或复检不合格,不得进行下道工序或下一单元工程施工。

4.4.2.5 隐蔽工程联合验收制度

隐蔽以前,承包人应进行自检,在自检合格的基础上通知监理人验收,监理人将组织施工人、设计人,必要时联合发包人和质监站共同进行检查签认,未经签证不得覆盖。

4.4.2.6 旁站制度

监理人员每天均应到工地现场进行巡视,重要部位和关键工序实行旁站监督。

4.4.2.7 质量事故处理制度

若发生质量事故,承包人必须用书面形式逐级上报。对重大的质量事故和工作事故,监理人应立即上报发包人。凡对工程质量事故隐瞒不报,或拖延处理,或处理不当,或处理结果未经监理人同意的,对事故部分及受事故影响的部分工程应视为不合格,不予验收计价。

5 进度控制

5.1 进度控制的主要任务

(1)协助发包人编制施工总进度计划,确定阶段性进度目标,据此进行进度控制。

(2)审查批准承包人提交的施工进度计划,督促承包人投入足够的施工资源,实现合同的工期要求。

(3)跟踪施工进展情况,掌握施工动态,做好人力、材料、设备和机具投入控制工作,保证施工进度。

(4)审查承包人的进度报告,如出现滞后偏差及时采取赶工措施。

(5)主持召开进度协调会议,及时协调各方关系,解决存在问题,保证施工顺利进行。

(6)研究制定预防工期索赔措施,公正处理工期索赔。

5.2 进度控制的方法与措施

(1)建立进度控制组织机构，落实人员职责与分工。

总监是进度控制的总负责人和总协调人，各专业或子项的进度控制由相关部长、组长负责，按照职责分工，事前编制进度控制监理实施细则，对施工进度实行有效监控。

(2)协助发包人完善总进度计划，分解工期目标，确定关键线路并重点监控。

针对总目标工期，全面分析与工程项目进度有关的各种有利因素和不利因素，协助发包人编制总进度计划及控制性进度计划。对总目标工期进行分解，找出关键线路，对关键线路上的各个项目实行重点跟踪控制，保证其按计划实施。监理人在合同条款规定的期限内发出开工通知。

(3)利用 P3 软件进行工期优化和辅助进度管理。

P3 软件在工程建设管理方面有其强大的功能，通过资源分析，对计划及其执行情况进行优化。本公司已在多个项目中使用了 P3 软件进行辅助进度管理，取得了良好效果。

(4)审批承包人的施工进度计划。

①对施工进度计划的要求。

要求承包人按合同规定，以监理工程师规定的格式和详细程序，向监理工程师递交一份工程进度计划。在施工过程中，监理工程师将要求承包人报送月施工进度计划，经审查批准后实施。

施工进度计划一般以横道图或网络图的形式编制，同时应说明施工方法，施工场地、道路占用的时间和范围，发包人所提的临时工程和辅助设施的利用计划，并附机械设备需要计划、主要材料需求计划及附属设施计划等。进度计划的主要内容包括：

a. 物资供应计划主要包括：机械需要计划、主要材料需要计划。

b. 劳动力平衡计划：根据施工进度及工程量，安排落实劳动力的调配计划，包括各个时段和工程部位所需劳动力的技术工种、人数、工日数等。

c. 技术组织措施计划：根据施工进度计划及施工组织设计的要求，编制在技术组织措施方面的具体工作计划，如保证完成关键作业项目，实现安全施工等。

d. 财务资金计划：详细安排施工期间的资金使用计划，包括设备、材料、人工等支出计划。

②进度计划审批重点。

a. 进度安排是否满足合同规定的开竣工日期。

b. 施工顺序的安排是否符合逻辑，是否符合施工程序的要求。

c. 承包人的劳动力、材料、机具设备供应计划能否保证进度计划的实现。

d. 进度安排的合理性，以防止承包人利用进度计划的安排造成发包人违约，并以此向发包人提出索赔。

e. 该进度计划是否与其他工作计划协调。

f. 进度计划的安排是否满足连续性、均衡性的要求。

g. 各承包人的进度计划之间是否协调。

h. 承包人的进度计划是否与发包人的工作计划协调。

(5)落实按合同规定应由发包人提供的施工条件。

施工承包合同中除了规定承包人应为发包人完成的工程建设任务外，发包人也应为承包人施工提供必需的施工条件。包括：给出施工场地与交通道路，提供某些特定的工程设备、施工图纸与技术资料,及时支付工程款等,监理工程师除了监督承包人的施工进度外,也应及时落实合同规定应由发包人提供的施工条件。

(6)进度协调。

①承包人与发包人之间的协调。

主要对发包人提供的材料、工程设备和提供的场地、交通、设施、资金等与承包人施工进度计划之间的协调。当承包人与发包人之间因某种原因发生冲突,甚至形成僵持局面时,监理工程师应从中进行协调。

②供图计划的协调。

当实际供图时间与承包人的施工计划发生矛盾时,原则上应尽量满足进度计划的要求,若设计人确有困难,监理工程师将建议对施工进度计划做适当调整。承包人对设计图纸提出的修改意见或建议,监理工程师与设计代表协商处理。

(7)进度监测。

①定期收集进度报表资料:按进度控制监理实施细则中规定的时间和报表内容,要求承包人定期(按月、旬或周)报送进度报表,监理人对进度数据进行必要的处理和汇总。

②监理人员现场检查实际进度:监理工程师常驻现场,随时跟踪检查承包人的现场施工进度,监督承包人按经批准的进度计划施工,检查承包人的劳动力、材料、机械设备的实际投入是否符合施工进度计划要求,并做好监督日志。

③定期召开现场会议:监理人与承包人的有关人员面对面了解实际进度情况,并就施工进度问题进行协调。

通过以上工作,监理人掌握工程实际进度情况,并对收集的数据进行整理、统计和分析,形成与计划具有可比性的数据。

(8)进度对比分析。

通过进度监测并与计划对比,从而得出实际进度与计划进度是否吻合,一旦进度拖后,应进行如下分析:

①分析偏差原因,以便研究对策。

②分析偏差对后续工作和总工期的影响,确定是否调整计划。

③当进度偏差为关键线路上的项目时,无论偏差大小,对后续工作和总工期均有影响,必须采取相应的调整措施。

④如果进度拖延不是由于承包人的原因或风险造成的,应在剩余网络计划分析的基础上,着手研究相应措施(如发布加速施工指令、批准工程工期延期或加速施工与部分工程工期延期的组合方案)并征得发包人同意后实施,同时主动与发包人、承包人协调,决定由此应给予承包人相应的费用补偿。

⑤如果工程施工进度是由于承包人的原因或风险造成的,监理工程师可发出赶工指令,要求承包人采取措施,修正进度计划,以使监理工程师满意。

⑥监理人在审批承包人的修正进度计划时,可根据剩余网络的分析结果,做出在原计划范围内赶工或对合同工期进度调整的考虑。

(9)进度滞后偏差的处理。

当进度出现滞后偏差时,监理人应与发包人、承包人进行协商,根据偏差的情况采取如下处理措施：

①修订进度计划。

不论何种原因发生工程的实际进度与合同进度计划不符时，监理人都将要求承包人提交一份修订的进度计划，监理人将在收到该进度计划后，及时与发包人研究批复承包人，批准后的修订进度计划作为合同进度计划的补充文件。

②采取赶工措施。

不论何种原因造成施工进度计划拖后，监理人将要求承包人按监理人的指示，采取有效措施赶上进度。监理人将要求承包人在报送修订进度计划的同时，编制一份赶工措施报告报送监理人审批，赶工措施应重点考虑以下因素：

a. 增加工作面，组织更多的队伍作业。

b. 增加劳动力和施工机械数量，延长每天工作时间。

c. 改进施工工艺和技术，缩短工艺技术间歇时间。

d. 改善外部配合条件和劳动条件，实施强有力的调度。

e. 适当采用激励机制，提高施工人员的积极性。

(10)编写进度报告报送发包人。

在施工阶段，现场记录、资料整编、文档管理是监理工程师的任务之一，监理工程师将组织有关人员做好现场监理日志记录，每周做出小结，每月向发包人报告。进度报告一般包括如下内容：

①工程施工进度概述。

②工程的形象进度和进度描述。

③月内完成工程量及累计完成工程量统计。

④月内支付额及累计支付额。

⑤发生的设计变更、索赔事件及其处理。

⑥材料、设备采购情况及质量。

⑦发生的质量事故及其处理。

⑧下阶段的施工重点分析。

⑨下阶段施工要求发包人解决的问题。

6　投资控制

6.1　投资控制的主要任务

(1)协助发包人制订投资控制目标和分年度投资计划。

(2)审查承包人提交的资金流计划。

(3)审核承包人完成的工程量和单价费用，签发计量和支付凭证。

(4)处理工程变更，经发包人同意后下达工程变更令。

(5)受理索赔申请，进行索赔调查和谈判，提出索赔处理书面意见，协助发包人做好反索赔工作。

(6)审核工程结算。

6.2　投资控制程序

投资控制程序见图3-1。

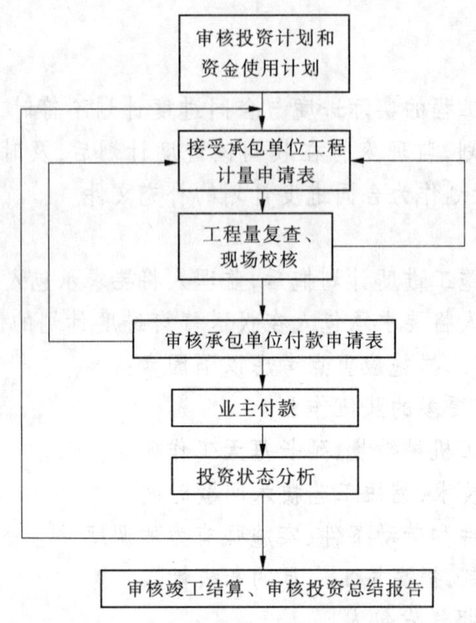

图3-1 施工阶段投资控制程序

6.3 投资控制的方法与措施

6.3.1 建立投资控制机构,明确职责与分工。

投资控制由综合部负责,相关专业或子项监理工程师配合其工作,监理人将编写投资控制监理实施细则,对工程投资实施动态控制。

6.3.2 分解投资目标,编制资金使用计划

对总投资目标进行项目分解,协助发包人编制投资控制分解目标和资金使用计划,拟定现金流量计划表,为发包人筹措资金提供依据,使资金投入连续、衔接、均衡、合理。

6.3.3 进行风险分析,避免投资损失

依据工程项目的特点和地处的环境条件,进行风险分析,并制定防范性对策。加强现场监督管理并做好监理日志和其他同期资料管理,为处理索赔提供证据,认真组织调查与索赔报告审查,努力做好反索赔工作。

6.3.4 对施工方案进行经济技术比较,寻求节约投资的可能性

严格审查承包人的施工技术方案,对主要施工方案进行技术经济分析,寻求节约投资的可能性。

6.3.5 提出合理化建议,进行投资挖潜

监理人将充分发挥其具有丰富类似工程经验的优势,以主人翁的姿态,在设计和施工方面多为发包人着想,尽力为发包人提供合理化建议,以节省工程投资。

6.3.6 严格付款控制

工程款支付应与工程形象进度吻合,不超前、不过量支付,以减少资金占用成本和利息支出。

6.3.7 进行投资比较,为决策提供依据

建立月完成工程量、投资统计表,对实际完成工程量和投资与计划完成工程量和投资

进行比较、分析，制定调整措施，并在《监理工作月报》中向发包人报告，为发包人的投资决策提供依据。

6.3.8　使用P3软件辅助投资控制

使用P3软件编制工程进度计划、资源使用计划、资金使用计划，跟踪工程实施过程的各种变化，对工程的进度、资源和费用进行全面管理和控制，从而预先发现或及时发现可能出现的潜在资源冲突，跟踪实际发生费用，预测后续费用。利用P3进行施工方案技术经济比较分析，从而优选施工方案。

6.4　计量与支付控制

6.4.1　预付款

预付款一般包括工程预付款和材料预付款，审查工程预付款时，要检查承包人是否按合同提供了预付款保函和施工机械进场情况；审查材料预付款时要检查材料的数量、质量及入库情况，并要求承包人提供有关进货单据。

6.4.2　计量

专业监理工程师进行现场计量，如有疑问，将要求承包人派代表与监理工程师共同复核。若承包人未按监理工程师的要求参加复核，则监理工程师复核修正的工程量将视为承包人实际完成的准确工程量。监理工程师认为有必要时，可要求与承包人联合进行测量计量，承包人应遵照执行。计量的依据如下：

(1)符合合同条件。

(2)有质量合格证，不合格的工程不予计量。

(3)工程量清单前言和技术规范。

(4)建筑物的几何尺寸以图纸为准。

6.4.3　支付

(1)承包人按施工合同约定的工程量计算规则和支付条款，统计经专业监理工程师质量验收合格的工程量，按施工合同的约定填报工程量清单和工程款支付申请表。

(2)承包人每月报送的工程款支付申请应包括以下内容：

①已完成的施工合同《工程量清单》中的工程项目及已经确认的合同外项目的应付金额。

②经监理工程师签认的当月计日工支付凭证标明的应付金额。

③工程材料预付金额。

④价格调整金额。

⑤根据合同规定承包人应有权得到的其他金额。

⑥应扣还的工程预付款和工程材料预付金额。

⑦应扣留的保留金额。

⑧按合同规定应由承包人付给发包人的其他金额。

(3)总监理工程师在施工合同约定的时间内签署工程款支付证书，并报发包人。

(4)监理工程师有权对以往历次已签证的《工程款支付证书》的汇总和复核中发现的错、漏或重复进行修正或更改；承包人亦有权提出此类修正或更改。经双方复核同意的此类修正或更改，将列入《工程款支付证书》中予以支付或扣除。

(5)施工合同《工程量清单》中的总价承包项目，在施工合同签订后首先将总价承包项目进行分解,以便于该项目计量支付控制。

6.4.4 结算

(1)工程完工后,及时按下列程序进行完工(竣工)结算:

①承包人按施工合同规定填报完工(竣工)结算申报表。

②专业监理工程师审核承包人报送的完工(竣工)结算报表。

③总监理工程师审定完工(竣工)结算报表,与发包人、承包人协商一致后,签发完工(竣工)结算文件和最终的工程款支付证书报发包人。

(2)在工程完工(未验收前)时的支付签证中,除按施工承包合同规定扣留质量保证金外,注意索赔结算,尤其要注意承包人在投标文件中关于工期和质量的承诺。

(3)工程竣工验收后,在施工合同规定的时间内,由总监理工程师审核承包人提交的竣工《工程款支付申请表》,表后应附有以下详细证明文件:

①至工程竣工日期止,根据施工合同累计完成的全部工程款金额。

②承包人认为根据合同应支付的追加金额和其他金额。

(4)最终结清按施工合同的规定进行。

6.4.5 进度款支付程序

进度款支付程序如图3-2所示。

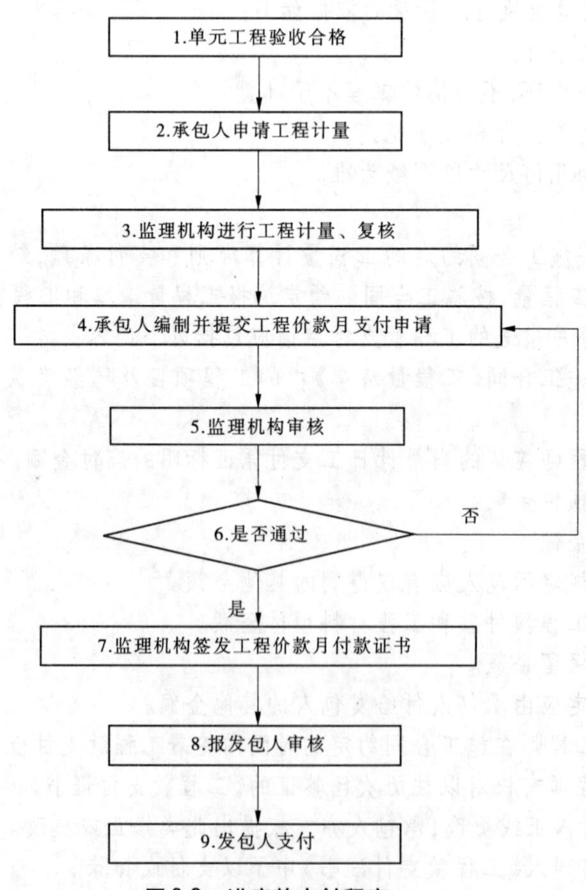

图3-2 进度款支付程序

6.4.6 工程变更控制

工程变更是影响工程投资的重要因素,监理人在投资控制中应严格控制变更的数量,尤其是可能引起投资增加较大的项目,应尽量减少或避免。对于确需变更的项目,应进行多方案比较,择优选定最佳方案。

6.4.6.1 工程变更管理的原则与措施

(1)监理人将按照监理合同和发包人与承包人签订的施工合同规定,对工程的任何变更进行审查,确定变更工程的单价和总价,经发包人同意后由监理人书面下达变更令。

(2)在合同实施中,为了优化设计或处理设计中存在的问题,以及由于现场施工条件变化、地质条件变化等原因,发包人、设计人、承包人以及监理人都可以提出变更建议,但任何变更都必须在发包人授权范围内或得到发包人批准后方能实施。

(3)工程变更的单价或价格应根据发包人与施工承包人签订的施工合同中的有关规定确定。

(4)工程变更的要求或建议应包括以下内容:

①变更的原因和依据。

②变更的内容及范围。

③变更引起的工程量增加或减少,以及合同工期的延长或提前。

④变更导致工程质量的变化是否符合设计或规范要求。

⑤变更引起的工程造价的增加或减少。

⑥为变更方案审查所必须提交的附图和计算资料。

(5)监理人对工程变更建议书的评价意见,包括变更的可行性、合理性以及变更引起的费用、工期等的合理调整,将建立在充分调查、分析论证基础上。

(6)监理人对工程变更建议书审查的基本原则是:

①变更后不降低工程的质量标准,不影响工程完建后的运行管理。

②工程变更在技术上必须可行、可靠。

③工程变更的费用及工期是经济合理的。

④工程变更尽可能避免对后续施工在工期和施工条件上产生不良影响。

(7)监理人将坚持合理、公正、科学诚信的原则,就变更费用、计划调整等问题协调发包人与承包人达成一致意见。

6.4.6.2 工程变更管理程序

工程变更程序如图3-3所示。

6.4.7 索赔控制

6.4.7.1 索赔管理的原则

(1)加强合同管理,充分熟悉图纸及合同文件,以事前控制为主,预防索赔事件的发生。

(2)对连续影响性事件,应当及时采取有效措施,避免索赔事端的扩大。

(3)索赔事件的处理,应以法律和合同为依据,以索赔事件及其造成的影响为基础,从工程建设全局出发,本着实事求是、公平合理、科学诚信的原则,根据监理委托合同的授权,独立公正地做出评价,并积极协调解决。

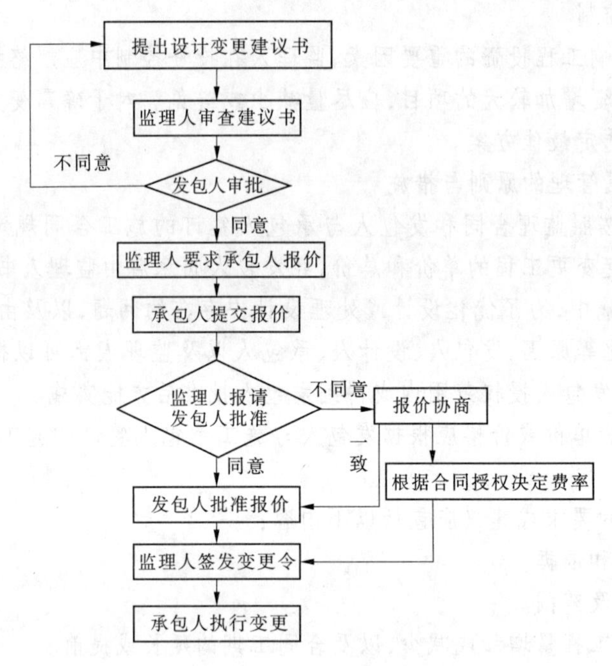

图 3-3　工程变更程序

6.4.7.2　索赔控制措施

(1)熟悉合同文件,随时掌握合同实施情况并及时分析研究存在的问题及其处理措施,及早发现可能引发索赔的事项,采取预防措施,以避免或减少索赔事件的发生。

(2)做好监理日志及其他同期记录资料的管理,监督承包人做好实验记录、施工日志等资料管理。

(3)当索赔事件发生时,及时采取措施,尽量减少事件影响的扩大,并做好有关记录、照片等同期资料管理。

(4)认真组织索赔事件的调查,严格审查索赔报告,对索赔事件造成的影响、索赔的合同与法律依据、责任的分担、索赔计算和证明材料等提出评价意见。根据合同授权,公正处理索赔。

6.4.7.3　索赔程序

(1)索赔事件发生并在合同规定时间内接到承包人提交的索赔意向申请后,监理人应及时通报发包人,并建立索赔档案,组织索赔事件调查。

(2)监理人在审定承包人提出的索赔事件事实的基础上,审定其索赔权利,对认为不合理的索赔应给以书面否决。

(3)承包人在递交索赔申请后的规定时间内,应向监理人提交索赔报告,其内容至少应包括基本事实、索赔依据、索赔要求(费用或工期)、计算方法、证据材料等。

(4)监理人应组织有关人员对索赔报告进行评价,如索赔事件及其影响的真实性、索赔依据的合理性与可信性、计算方法与结果的正确性与准确性、证据材料的充分性和可信性及其被引用的正确性等。

(5)监理人对索赔报告的评价意见应及时报送发包人。如果发包人同意,则在中间付款中给予承包人支付;如果双方有争议,监理人应做好组织协商工作。

(6)当发包人和承包人意见不统一且协商不一致时,由监理人在合同授权范围内提出决定意见。如果双方接受监理人的决定,则可执行;如果一方不同意接受,可邀请中间方协调(或)提交仲裁或诉讼。具体索赔程序见图3-4。

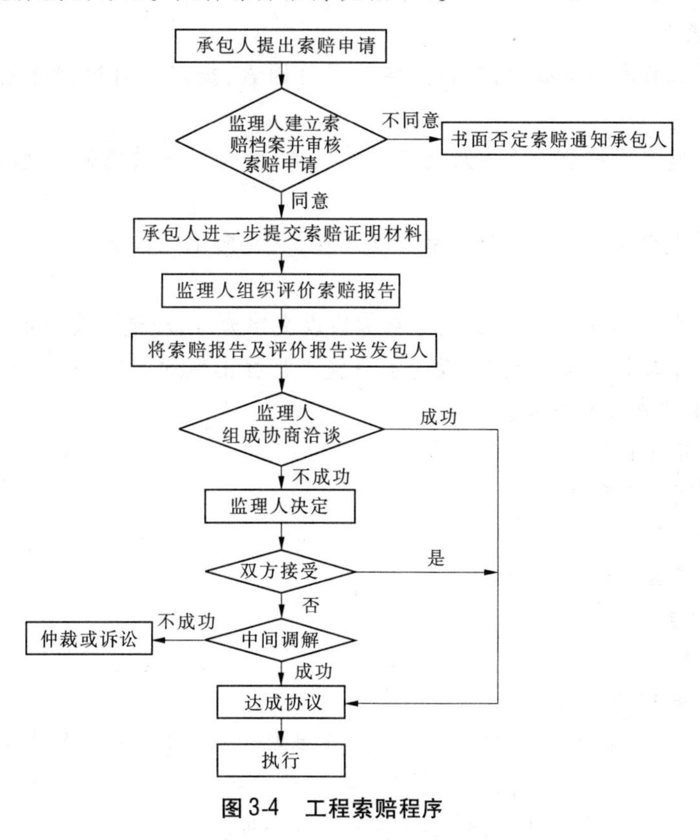

图3-4　工程索赔程序

7　合同、信息管理和组织协调

7.1　合同管理

7.1.1　合同管理的目标

防范索赔、风险和其他损失,努力排除或减少合同争议,使发包人在尽可能节省投资的情况下,保质、按期或提前完成工程施工任务。

7.1.2　合同管理的主要任务

(1)熟悉合同文件,正确解析和引用合同条款。

(2)审查工程变更申请,提出处理意见,经发包人和上级有关部门批准后下达工程变更令。

(3)审查承包人提出的索赔申请,进行索赔与反索赔调查,提出索赔处理意见,报上级有关部门批准。

(4)审查工程分包,经监理人审查同意并经发包人批准后,分包队伍才能进场施工。

(5)掌握施工动态,督促各方履行合同义务,减少违约事件的发生。

(6)进行风险分析,避免投资损失。

(7)调解合同纷争,减少矛盾和纠纷。

7.1.3　合同管理措施

(1)参与合同谈判,检查拟签合同是否存在缺陷和约定不明确的现象,根据监理人的经验,分析合同是否存在不利于发包人的约定,并加以纠正,从源头上减少产生合同纠纷和争议的可能性。

(2)根据工程实施的条件,分析潜在的风险因素,提出针对性的防范措施,避免风险损失。

(3)提示发包人按合同约定履行应尽的义务,如按时提供施工场地、及时支付工程款等。

(4)监理人严格按合同规定开展监理工作,及时向承包人发出有关指示,批复承包人报送的文件。

(5)严格有关工作程序和制度,信息沟通以文字为准,杜绝口头协定。

(6)建立定期协调会议制度,及时解决施工过程出现的问题,并以会议纪要的形式将会议确定的事项发往有关单位。

7.1.4　合同管理制度

7.1.4.1　工程变更管理

见投资控制。

7.1.4.2　施工索赔管理

见投资控制。

7.1.4.3　分包管理

(1)分包管理的原则。

①工程分包必须遵守《建筑法》《合同法》和建设工程施工合同的有关规定。

②分包项目应为非主要部分或专业性较强的工程。

③不允许任何形式的转包,分包以后不得再分包。

④根据监理合同的授权,审查任何分包人的资格和分包工程的类型、数量报发包人审批。

(2)分包审查制度与措施。

承包人若要求将合同项目分包,应按下列程序进行:

①承包人将项目分包理由、候选的分包人的名单及其机构设备、技术力量、财务状况以及所承担过的工程情况等详细资料及分包合同草本报监理人。

②监理人对上述分包情况进行仔细审核,必要时对分包人进行现场考察,根据审核及考查情况,将分包意见书面答复承包人。

③经过监理人审查和报请发包人批准后,承包人方可同分包人正式签订分包合同,并将分包合同的一份副本送监理人。

④分包合同生效后,分包商才能进入工地施工。

7.1.4.4　违约管理

(1)监理人对施工承包合同应进行全面分析,找出容易出现违约事件的合同条款做好标记。在施工过程中,随时掌握施工现场情况,及时建议发包人落实应尽义务,监督承包人按照合同约定履行义务,减少或避免违约事件的发生。

(2)做好同期资料管理工作,为可能发生的违约事件处理提供充分、准确的证据。

(3)对于发生的违约事件,监理人应严守合同,在深入调查清楚违约事件的基础上,公正处理各种违约事件。

(4)不管是发包人违约还是承包人违约,违约事件的发生对工程建设的顺利实施均可能造成负面影响,为了减少影响和损失,应及时采取补救措施。

7.1.4.5　工程延期或工期延误管理

(1)承包人提出工程延期要求时,监理人应分析工程延期的原因与责任,如非承包人的责任造成延期并符合承包合同规定时,监理人应与发包人协商,予以受理。

(2)当影响工期事件具有持续性时,监理人在收到承包人提交的阶段性延期申请报告并经审查后,先由总监理工程师签署临时延期审批表,并通报发包人;当承包人提交最终工程延期申请报告后,监理人复查工程延期及临时延期情况,由总监理工程师签署最终延期审批表。

(3)监理人依据以下原则批准工程延期时间:

①承包合同中已有明确约定按合同批准。

②客观评价影响工期事件对工期的影响程度,计算延期天数。

③若延期的施工项目处于关键线路上时,监理人应评估其对总工期的影响,经发包人同意,可采取适当的赶工措施而减少延期天数的办法处理。

(4)若属于承包人的原因造成工期延误,延期竣工交付发包人使用,监理人应按合同约定从承包人应得款项中扣除发包人的损失。

7.1.4.6　工程暂停和复工管理

(1)当发生下列情况之一时,经发包人同意,总监理工程师发布停工令:

①发包人要求暂停施工,且工程确需暂停施工。

②出现安全隐患,总监理工程师认为有必要停工以消除安全隐患。

③发生了必须暂停施工的紧急事件。

(2)总监理工程师签发停工令时,根据停工原因的影响范围和影响程度,确定暂停施工范围。

(3)若非承包人的原因造成停工,签发停工令之前总监理工程师应与承包人协商有关工期和费用事宜;停工后,监理人要如实记录有关情况,为最终确定工期索赔和费用索赔提供依据;具备复工条件时及时发出复工令,承包人继续组织施工。

(4)若属于承包人的原因造成暂停施工,具备复工条件时,由承包人报送复工申请和有关资料,经监理人审查同意后由总监签发复工令。

(5)在签发停工令至复工令之间的时段内,监理人会同有关单位,按合同约定协商处理因停工造成的工期和费用问题。

7.1.4.7　合同争议调解

(1)在合同履行过程中,掌握各方履约情况,及早发现有可能引起发包人和承包人争议的潜在因素,采取有效措施,以避免合同争议的发生。

(2)争议发生初期,监理人要充分发挥调解人的作用,平衡各方利益,鼓励双方采取积极的态度解决争议,努力把争议消灭在萌芽状态,避免事态扩展。

(3)对于发生的发包人和承包人之间的争议,监理人遵循搞清事实、互相沟通、友好协作、公正、独立、科学的原则,努力做好协调工作。

7.1.4.8　风险防范措施

(1)工程建设是一个复杂的系统过程,潜伏着各种风险因素,监理人事前应根据工程地处的环境条件和工程特点进行风险分析,找出可能遭遇的各种风险,提高风险的可预见性。

(2)施工过程中,随时掌握施工现场的人员、设备、材料、交通、施工工艺、气象、水文、地质以及其他可能的工程风险因素,及早采取预防措施,尽量避免由于风险造成的损失。

(3)当风险发生后,及时采取措施,调动现场包括承包人在内的一切人员和设备力量,尽量减少风险造成的损失。

(4)对于由于风险原因给承包人造成的劳动量增加、费用增加和工期影响以及发包人损失,应严格按照合同规定,确定发包人和承包人各自应承担的损失。

7.2　信息管理

7.2.1　信息管理的目标

建立信息编码系统,保证工程信息的采集准确、全面和及时,运用计算机网络技术和P3软件协助快速处理和反馈,为工程建设的目标控制提供及时、准确的信息。

7.2.2　信息管理程序

7.2.2.1　监理文件的建立和发送

监理文件格式按本公司《信息管理规定》(ISO2001:2000 监理工作质量保证体系文件)执行,并按图3-5的程序建立和发送。

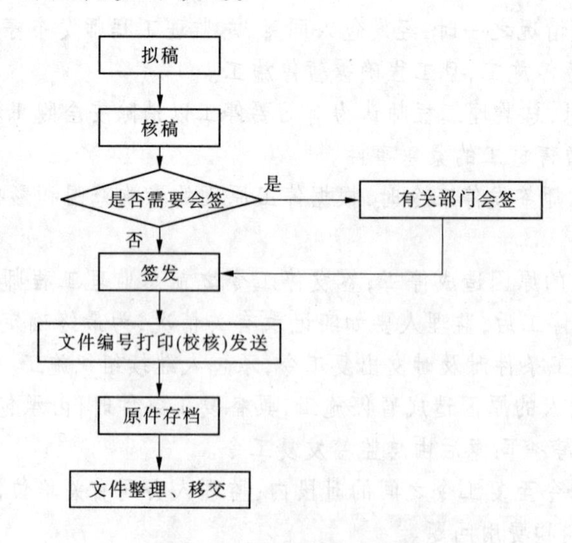

图3-5　监理文件建立流程

7.2.2.2　外部文件管理程序

外部文件和资料包括来自发包人、承包人和其他有关各方如上级及地方单位的资料,其管理程序按图3-6所示程序进行。

7.2.3　信息收集、整理、储存

7.2.3.1　信息收集

(1)监理工作准备阶段,由信息员负责向发包人收集工程设计文件及有关工程资料。

(2)合同、造价监理工程师负责收集工程建设地区的原材料、燃料来源、水电供应、交通运输、劳力、工资标准等信息资料。

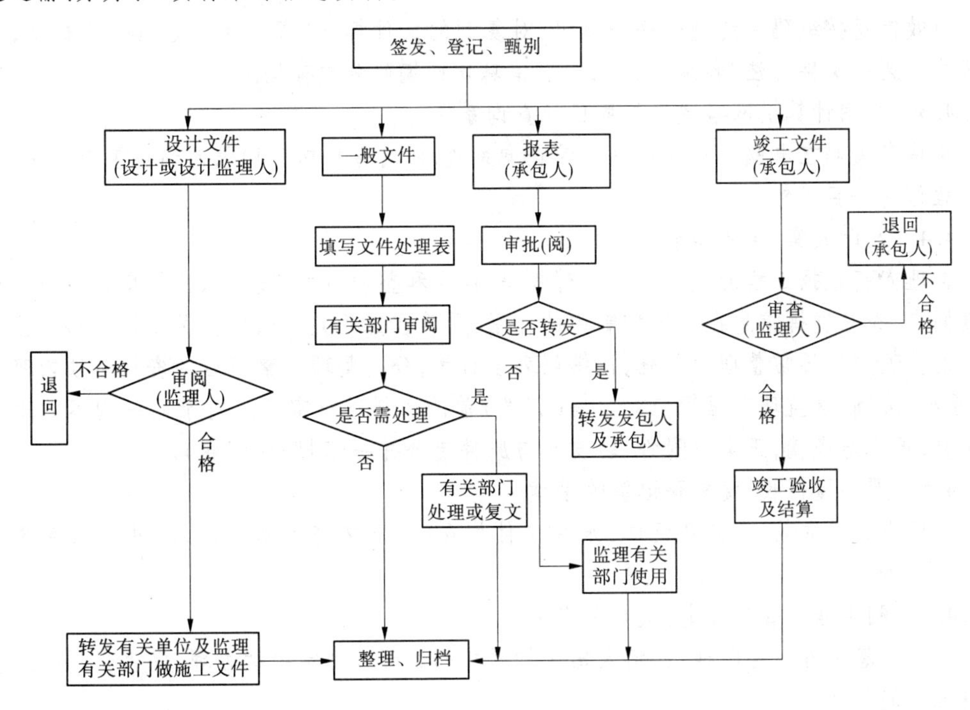

图3-6　外部文件管理程序

(3)施工过程,驻地监理工程师负责收集有关进度、质量、投资、合同等方面的信息,收集上级单位对工程建设的各种意见和指令。

(4)各专业监理组负责收集各种工程项目自检报告、质量问题报告、质量验收签证等。

(5)工地会议信息记录将在参加会议的监理人员中指定专人进行收集整理。

(6)现场每日的气象资料收集由信息员进行记录。

7.2.3.2　信息整理和储存制度

(1)监理人建立的文件,属内部信息,由信息员按《信息管理规定》的格式整理归类储存。

(2)工序质量验收签证类外部信息,按分部工程类别,由各专业监理组按工程档案管理规定整理储存。

(3)设计文件、一般文件、报表、竣工等文件信息资料按外部文件管理程序进行整理储存。

7.2.4 信息管理措施

7.2.4.1 安排专职信息员负责信息管理

监理人将安排专职的文档管理员负责监理文件和外部文件的管理,包括文件收发、保管、整理、归档、移交、无效文件的回收处理等。

7.2.4.2 所有信息均编码标识

有效信息按编码系统进行编码标识,对复制的文件标注"复印件"或"副本"标记,被替代或作废的文件标注"作废"标记,所有信息均按编码分类存档。

7.2.4.3 采用计算机网络建立信息目录查询系统

按信息编码在电脑中建立信息目录查询系统,所有存档信息均录入到目录查询系统,使工程信息一目了然。

7.2.4.4 及时收集、传递和整理有关信息

监理人将根据工程的进展情况及时收集、传递和整理有关资料,保证信息资料与工程进度同步,充分发挥信息在动态控制中的作用,严禁在工程完工以后补做工程资料。监理资料的整理应以日常整理为基础,按编码列出目录,分类整理。整理后的资料必须内容完整、系统、准确,总监理工程师应对归档(归卷)前的资料进行审查。对于同一内容的来函及批复,正本与底稿,正文与附件,转发文与原件要合并一起归档(归卷)。

7.2.4.5 严格履行收、发文登记签收手续

监理人将建立收、发文登记本,来往文件均在收、发文登记本上记录,并履行签收手续。

7.2.4.6 制定档案管理规定,做好保密工作

所有信息文件一经归档,任何人借阅均须按档案管理规定手续办理,保密资料需经领导批准才能借阅。

7.2.4.7 采用数码照相与计算机结合进行工程形象进度管理

监理人将采取数码照相机的先进技术,定期、定点对工程的形象进度进行拍照,并把照片附在监理月报中报送发包人。

7.2.4.8 采用 EXP6.0 和 P3 软件辅助信息管理

采用合同事务软件 EXP6.0、项目计划管理软件 P3 建立进度、投资、质量、合同管理、文档管理系统。

7.2.5 信息编码

7.2.5.1 文件信息编码

文件信息采用三级编码,第一级表示文件类别,取文件类别名称中关键字的一个拼音字母;第二级表示文件名称,取文件名称中两个关键字的拼音字母;第三级表示文件信息序号,从"1"开始,按先后顺序编排。文件信息的具体编码见表 3-4。

7.2.5.2 常用信息名称及报送范围

常用信息名称及报送范围见表 3-5,监理人将根据实际施工需要,在监理过程中对本表进行补充和完善。

表3-4　某县新出现小型病险水库除险加固工程文件信息编码

类别	信息编码	信息名称	备注
合同文件	HT－SJ－i	勘测设计合同	
	HT－JL－i	监理合同	
	HT－SG－i	施工承包合同	
	HT－CG－i	采购合同	
	HT－QT－i	其他合同	
来往文件	L－FB－i	发包人文件	
	L－SJ－i	设计人文件	
	L－SG－i	施工承包人文件	
	L－CG－i	供货人文件	
	L－QT－i	其他来往文件	
监理文件	J－TZ－i	监理通知	
	J－BW－i	监理备忘录	
	J－JY－i	会议纪要	
	J－YB－i	监理月报	
	J－QT－i	其他监理文件	
三控文件	K－SJ－i	监理签发的设计文件	
	K－KG－i	开、停、复工资料	
	K－JD－i	进度计划资料	
	K－DT－i	工、料、机动态报表资料	
	K－CL－i	测量复核资料	
	K－SY－i	检测实验资料	
	K－WT－i	质量问题处理资料	
	K－BG－i	工程变更资料	
	K－ZF－i	计量与支付资料	
	K－SP－i	索赔资料	
	K－JG－i	工程交工证书	
	K－YS－i	验收资料	
	K－QT－i	其他“三控制”资料	

注：i 为文件的先后顺序号码，如01，02，03…。

表 3-5　常用信息名称及报送范围

序号	名称	报送范围				备注
		专业监理工程师	总监理工程师	承包人	发包人	
1	设计文件审签表		△		●	
2	进场材料质量检验报告单	●	○	△		
3	施工放样报验单	●		△		
4	施工进度计划审批表	○	△	●	○	
5	实际施工进度报告表	○	●	△	○	
6	主要施工机械、设备使用情况月报表	●		△		
7	现场施工人员月报表	●		△		
8	工程变更令	○	△	●	○	
9	工程变更签证单	○	△	○	●	
10	索赔签证单	○	△	○	●	
11	工程质量事故处理报告单	○	●	△	○	
12	工程交工证书		△	●	○	
13	工程缺陷责任期终止证书		△	●	○	
14	监理备忘录	○	△	○	●	
15	监理通知	○	△	●	○	
16	会议纪要	○	△	○	●	
17	单位工程开工令		△	●	○	
18	工程暂停令		△	●	○	
19	分部(分项)工程开工许可证		△	●	○	
20	工程款支付证书		△	○	●	
21	监理月报	○	△	○	●	

注:△—发件人;●—主送人;○—抄送人。

7.3　组织协调

7.3.1　协调的目标和原则

7.3.1.1　协调的目标

融洽各方关系,减少矛盾和争议,促使工程建设有序、协调开展,保证项目目标按合同实现。

7.3.1.2　协调的原则

(1)以大局利益为重。

坚持以国家利益和工程项目建设大局为重,以全面实现项目建设目标为协调工作的出发点。

(2)实事求是、平等协商、公正合理。

坚持"实事求是、平等协商、公正合理"的原则,按照合同中规定的权力和责任,协调发包人、承包人和其他参建单位相互之间的关系,同时充分考虑合同中各方的利益。

(3)平衡各方利益,充分调动积极性。

工程建设各方均有其利益所在,协调工作应注意平衡各方利益,防止厚此薄彼,维护权益人的合法权益,调动其积极性。

7.3.2 协调的重点内容

7.3.2.1 与发包人的协调

(1)提供合格的施工用地,按时提供由发包人负责的部分准备工程。

(2)及时处理承包人要求解决的问题。

(3)按时支付工程款。

(4)治安与环保的统一管理。

7.3.2.2 与设计人的协调

(1)按时提供施工图纸,保证设计文件的质量。

(2)及时处理并提供设计修改图纸和设计修改通知单。

(3)参与由监理人认为需设计人参加的验收,如隐蔽工程验收。

7.3.2.3 与承包人的协调

(1)施工资源的投入应保证施工进度和工程质量。

(2)按章作业,保证工程质量。

(3)工程变更或风险造成施工组织计划的调整。

(4)施工安全与环境保护。

(5)承包人之间相互干扰与配合的协调。

7.3.2.4 与材料、设备供应商的协调

(1)按合同约定的时间供应材料和设备。

(2)保证材料和设备的质量。

(3)材料和设备的交货与保管。

7.3.2.5 监理内部协调

(1)监理不同部门之间的协调。

(2)人与人之间的协调。

7.3.3 协调的方法与措施

7.3.3.1 建立各参建单位的沟通渠道

工程建设是一个复杂的系统过程,参建单位众多,监理人要分析清楚各单位影响力大的关键领导人,与他们建立良好的合作关系,这是做好协调工作的捷径。

7.3.3.2 充分发挥总监的主导作用

总监是履行监理合同的总负责人,行驶监理合同赋予的权力,我公司拟派出的总监有10年的监理工作经验,主持过多项大中型工程的监理工作,以其丰富的经验、扎实的功底

将出色地发挥总协调人的作用。

7.3.3.3　建立各种会议制度

为了及时、有效地解决施工过程中遇到的问题，监理人将协同有关单位建立定期和不定期会议制度，定期会议制度如由各参建单位参加的定期协调会议（一般每月一次）、监理内部周例会等，不定期会议制度如设计交底会议、专题会议、重大问题协调会议等。

7.3.3.4　以合同为依据开展协调工作

合同是约束各方履行义务的重要依据，在协调工作中，应充分利用合同的效力解决纷争，同时，监理人要充分领会合同含义，准确引用合同条款，提高协调工作的效果。

7.3.3.5　明确现场监理工程师在现场协调工作中的地位与责任

施工场地、交通道路、工序作业交接等方面的协调以现场协调会的形式协商解决，由专业监理工程师牵头召集相关各方，明确责任方、措施、完成时间等，最后由专业监理工程师督促，检查各方执行情况。

7.3.3.6　重大问题的协调

重大设计变更、不可抗力破坏引起的重大合同变更、资金安排、计划的统筹安排、与各级地方政府、金融机构、新闻媒体等方面的协调，由总监理工程师配合有关各方进行协调，可以采取专题会议、高层次的协调会等措施进行协调。

7.3.3.7　监理内部协调

监理内部协调采取定期会议制度，由总监理工程师或副总监理工程师召集。

7.3.4　工地会议

7.3.4.1　工地例会

(1)在施工过程中，监理人应定期主持召开工地例会。会议纪要应由监理人负责起草，并经与会各方代表会签后，发送至有关单位。

(2)工地例会应包括以下内容：

①检查上次会议决议落实情况，分析未完事项的原因。

②检查分析工程项目进度计划完成情况，提出下一阶段进度目标及其落实措施。

③检查分析工程项目质量情况，针对存在的质量问题提出改进措施。

④检查工程量核定及工程款支付情况。

⑤解决需要协调的有关事项。

7.3.4.2　技术交底会议

监理人将组织设计人向承包人进行施工设计图纸的全面技术交底（设计意图、设计要求、质量标准、技术措施），并根据讨论决定的事项做出书面纪要交设计、承包人执行。

7.3.4.3　监理实施细则交底会议

相应专业工程开工前，监理部将组织召开发包人、承包人参加的会议，进行相应监理实施细则交底。

7.3.4.4　专题会议

由监理部组织召开解决专门问题的会议。

以上会议必须有会议签到、会议记录。必要时整理成会议纪要，发给与会单位。

7.3.4.5　监理部工作会议

监理部将每周召开监理例会,检查本周监理工作,沟通情况,商讨难点问题,布置下周监理工作计划,总结经验,不断提高监理业务水平。

8　安全管理与环境保护、文明施工措施

8.1　安全管理

8.1.1　安全管理的目标与方针

安全管理的目标:无责任事故,力争施工过程零伤亡。

安全管理的方针:安全第一,预防为主。

8.1.2　安全管理主要内容

(1)监督、指导承包人建立安全生产保证体系。

(2)检查承包人的劳动保护措施、安全生产规程和制度的执行情况,施工过程中发现不安全因素及时督促承包人排除,将安全事故消灭在萌芽状态。

(3)检查承包人的防汛准备工作以及抵御各种自然灾害的应对措施。

(4)督促承包人做好生活区的防火、防盗、安全用电及文明管理,督促并检查承包人做好危险物品的管理工作。

(5)参加重大安全、质量事故的调查和处理,并提出事故调查和处理的报告。

8.1.3　安全管理措施

8.1.3.1　明确监理人员的分工与安全监督责任

总监理工程师是安全监督的第一责任人,负责制定安全监督监理措施,审查批准承包人的安全保证体系,定期巡视工地检查安全状况,督促各级监理人员履行安全监督职责。一旦我公司中标,将把安全监督工作的业绩作为考核监理人员的一项重要内容。

8.1.3.2　监督、检查承包人建立安全保证体系

(1)审查承包人的安全文明施工组织机构、人员配置、设备配置情况。

(2)审核承包人的安全规程、文明守则、特殊工种和特殊作业条件的操作规程是否符合国家及政府规定的标准。

(3)对承包人的岗前培训及考核进行审查,不合格者不得上岗,特种作业人员(如电工、焊工、起重机司机等)必须持证上岗。

(4)落实防洪度汛物资及组织措施,确保工程安全。

(5)敦促承包人开展安全生产无事故活动。

8.1.3.3　建立安全检查制度

(1)开工前检查:检查承包人的安全机构设置,人员、设备和制度的落实情况,特殊工种和特殊作业条件的安全应对措施等。

(2)施工过程定期检查:每月一次,组织有关单位人员深入工地现场检查和召开安全会议,检查安全生产状况,找出潜在的安全隐患,杜绝安全事故的发生。

(3)特殊气象条件出现前检查:台风、暴雨是水利工程的重要风险因素,事前的预防准备工作是避免经济损失和发生安全事件的重要手段,监理人应通过检查来保证承包人做好预防准备工作。

(4)日常检查:主要包括作业安全、劳动保护、设备运行、用电和消防安全检查,一旦

发生违章现象,及时予以纠正。

8.1.3.4　及时处理安全事故

在生产过程中,承包人凡发生重伤以上的人身事故或造成较大损失的机械设备事故、坍塌、水灾及意外灾害等,均应在事发后24小时内,专题报告监理人。监理人接到承包人的安全事故报告后及时组织现场调查、事故分析,提出处理意见和今后防范措施,并报发包人,报告内容包括事故情况综述、事故调查分析、事故处理意见、今后防范措施。

8.2　环保与水保监理

8.2.1　环保与水保监理的内容和原则

8.2.1.1　环保与水保监理工作内容

(1)监督、检查和落实承包人的环境保护、水土保持组织保证体系。

(2)检查承包人在环境保护、水土保持方面是否严格遵守国家、地方的法规和规章以及合同文件的有关规定。

8.2.1.2　环保及水保监理的原则

认真贯彻执行国家和地方有关部门颁布的法律、法规及环境保护和水土保持法规、规程,按合同规定行使发包人赋予监理人环境保护和水土保持权力和责任。

8.2.2　环保与水保监理措施

8.2.2.1　监督和检查承包人的环保和水保的工程措施

(1)督促和审查承包人在施工组织设计中做好施工弃渣、废水、污水的处理与排放措施,严格按批准的弃渣、排水规划有序地进行。

(2)监督承包人按合同规定采取有效措施,对施工开挖的边坡及时进行支护和做好排水措施,避免由于施工造成的水土流失。

(3)监督承包人在施工过程中采取有效措施,确保江河、道路免受施工活动的污染。

(4)监督和检查承包人按合同技术规范的规定加强对噪声、粉尘、废气、废水的控制和治理,采取先进设备和技术,努力降低噪声,科学安排施工工序,居民区尽量避免夜间施工,控制粉尘浓度以及做好废水和废油的处理和排放;督促承包人对施工道路进行洒水、清扫,以减少粉尘污染。

(5)监督承包人保持施工区和生活区以及周围的环境卫生,及时清除施工废弃物并运至指定地点。废弃物、生活垃圾的堆放、外运与处理必须符合有关部门的要求。

(6)督促承包人做好人群的卫生免疫工作,定期进行防疫检查;定期对生活区周围进行消毒,灭蚊、灭蝇、灭鼠工作,确保人群健康。

8.2.2.2　审查承包人的环保和水保报告

(1)对于承包人违反国家和地方的有关环境保护和水土保持的法规和规章,监理人将督促其做出专题报告,上报发包人,并责成承包人承担全部责任。

(2)审查承包人的旬报或月报中有关环境保护和水土保持方面的施工情况,并进行调查、分析、核实。

(3)定期或不定期向发包人报告工程环境保护和水土保持情况。

9　监理检测、实验计划

对本工程的实验检测我方进场将做出实验计划送施工单位执行,在实施中我方按见证取样送样方式进行见证实验,实验送有资质的单位进行。

案例二　××区圈村水库除险加固工程监理规划

1　总则

1.1　工程项目基本概况

圈村水库位于××市××区，本水库设计洪水标准20年一遇，校核洪水标准200年一遇；溢洪道消能防冲设计洪水标准10年一遇。设计水库大坝坝顶顶长235 m，坝顶宽4.5 m，坝顶高程为68.0 m，防浪墙高0.6 m，宽0.5 m。大坝渗漏段防渗灌浆。设计溢洪道长105 m，开挖、整修、护砌，进口为宽顶堰，控制段底宽5 m。放水洞位于大坝桩号0+178处，现状为Φ300混凝土涵管，进口底高程59.5 m，出口底高程59.2 m。进出口维修改造，改建原坝后闸阀，增设3个蝶阀及伸缩器，配套蝶阀室。整修、硬化防汛路1 300 m，新建管理房60 m^2。

本期工程主要建设内容有主坝工程、放水洞工程、溢洪道工程、防汛路工程、办公管理工程、金属结构设备及安装工程等。

1.2　工程项目主要目标

1.2.1　工程项目总投资及组成

总投资218.83万元，中标合同价153.12万元。

1.2.2　工期目标

2015年3月13日开工，2015年6月12日完工，施工总工期92日历日。

1.2.3　质量目标

工程施工质量达到优良。

1.3　工程项目组织

工程项目组织见表3-6。

表3-6　工程项目组织

序号	工程项目组织机构	单位名称	工程负责人	
			姓名	职务
1	发包人	××市××区水利局	×××	×××
			×××	×××
2	设计单位	××水利勘测设计院有限公司	×××	×××
3	承包人	××水利工程处	×××	×××
4	监理单位	××建设监理有限公司	×××	×××

1.4　监理工程范围和内容

1.4.1　监理工程范围

按照监理合同，承担××市××区圈村水库除险加固工程施工阶段监理。

1.4.2　监理工作内容

(1)协助发包人进行工程招标和签订工程建设合同。

(2)全面管理工程建设合同,就承包人选择的分包单位资格进行审查批准。

(3)督促发包人按工程建设合同的规定,落实必须提供的施工条件,检查工程承包人的开工准备工作,并在检查与审查合格后签发工程开工令。

(4)审批承包人提交的施工组织设计、施工进度计划、施工技术措施、作业规程、工艺实验成果、临建工程设计以及使用的原材料等。

(5)签发补充设计文件、技术规范等,答复承包人提出的建议和意见。

(6)工程进度控制:根据工程建设合同总进度计划,编制控制性进度目标和年度施工计划,并审查批准承包人提出的施工实施进度计划和检查其实施情况。督促承包人采取明确措施,实现合同的工期目标要求。当实施进度发生较大偏差时,及时向发包人提出调整控制性进度计划的建议意见,经发包人批准后,完成进度计划的调整。

(7)施工质量控制:审查承包人的质量保证体系和措施,核实质量文件;依据工程建设合同文件、设计文件、技术标准,对施工的全过程进行检查,对重要工程部位和主要工序进行跟踪监督。以单元工程为基础,按水利部《水利水电基本建设工程单元工程质量等级评定标准》和《水利水电工程施工质量评定规程》的要求,对承包人评定的工程质量等级进行复核。

(8)工程投资控制:协助发包人编制投资控制目标;审查承包人提交的资金流计划;审核承包人完成的工程量和单价费用,并签发计量和支付凭证;受理索赔申请,进行索赔调查和谈判,并提出处理意见;处理工程变更,下达工程变更令。

(9)施工安全监督:检查施工安全措施、劳动防护和环境保护措施,并提出建议;检查防洪度汛措施并提出建议;参加重大的安全事故调查。

(10)主持监理合同授权范围内工程建设各方的协调工作,编制施工协调会议纪要。

(11)协助发包人按国家规定进行工程各阶段验收及竣工验收,审查设计单位和承包人编制的竣工图纸和资料。

(12)信息管理:做好施工现场记录与信息反馈;按照监理合同附件的要求编制监理月、年报;按期整编工程资料和工程档案,做好文、录、表、单的日常管理,并在期限届满时移交发包人。

(13)其他相关工作。

1.5　监理主要依据

(1)国家和部门颁布的有关法律、法规。

(2)现行工程建设技术标准。

(3)已批准的设计文件。

(4)招标、投标文件。

(5)委托监理合同。

(6)施工承包合同。

(7)承包人报批的施工组织设计和施工进度计划等技术文件。

主要法律、法规、技术标准一览表见表3-7。

表 3-7　主要法律、法规、技术标准一览表

序号	名称	文号	备注
1	中华人民共和国建筑法		
2	中华人民共和国合同法		
3	中华人民共和国招标投标法		
4	建设工程质量管理条例		
5	建设工程安全生产管理条例		
6	工程建设标准强制性条文 房屋建筑部分		
7	工程建设标准强制性条文 水利工程部分		
8	通用硅酸盐水泥	GB 175—2007	
9	混凝土强度检验评定标准	GB/T 50107—2010	
10	建设边坡工程技术规范	GB 50330—2002	
11	建设工程文件归档整理规范	GB/T 50328—2001	
12	建筑工程施工现场供用电安全规范	GB 50194—2002	
13	建筑机械使用安全技术规程	JGJ 33—2012	
14	建筑基坑支护技术规程	JGJ 120—2012	
15	建筑施工安全检查标准	JGJ 59—2011	
16	建筑施工扣件式钢管脚手架安全技术规范	JGJ 130—2011	
17	浆砌石坝施工技术规范	SD 120—95	
18	普通混凝土配合比设计规程	JGJ 55—2011	
19	砌体工程施工质量验收规范	GB 50203—2011	
20	砌体工程现场检测技术标准	GB/T 50315—2011	
21	水电水利工程工程量计算规定	DL/T 5088—1999	
22	水电水利工程施工安全防护设施技术规范	DL 5162—2002	
23	水工混凝土实验规程	DL/T 5150—2001	
24	水利工程施工监理规范	SL 288—2014	
25	水利水电工程等级划分及洪水标准	SL 252—2000	
26	水利水电工程施工测量规范	SL 52—93	
27	水利水电工程施工组织设计规范(试行)	SL 303—2004	
28	水利水电建设工程验收规程	SL 223—2008	

注:表中未列出的,按国家和行业现行有关法律、法规、规章和技术标准执行。

1.6 监理组织

1.6.1 监理机构组织形式

根据××市××区圈村水库除险加固工程的特点和具体情况，该工程项目监理部采取直线职能制的组织形式。本工程项目监理机构设总监理工程师一名，下设现场监理组、安全监督组，与之配套的还有公司总部设置的技术部、资料室等辅助部门。

1.6.2 部门职责分工（略）

1.6.3 主要监理人员的配置和岗位职责（略）

1.7 监理工作基本程序

该工程项目监理工作总流程见图1-3。单元工程（工序）质量控制监理工作程序图、质量评定监理工作程序图、进度控制监理工作程序图、工程款支付监理工作程序图、索赔处理监理工作程序图等参见《水利工程施工监理规范》（SL 288—2014）附录C。原材料及设备质量签认程序、混凝土（钢筋混凝土）施工质量控制监理程序、设备安装监理程序分别如图3-7～图3-9所示。

1.8 监理工作主要方法和主要制度（略）

1.9 监理人员守则和奖惩制度（略）

2 施工准备阶段的监理工作

2.1 协助业主做好施工准备工作

监理人员在施工准备阶段要认真检查业主责任内的准备工作是否办妥和符合要求，如有不妥应尽早采取措施，督促帮助业主尽快予以完善，以满足开工的实际需要。

（1）检查核对施工图纸。

一般情况施工图纸已在招标前就已完成。而监理单位在进场后，应对施工图纸，包括标准图，进行一次认真的清点核对。如果施工图纸不够齐全，不能满足施工的需要时，则应尽快与设计院联系，查明原因，尽快落实补图时间。这个时间应与承包人的施工准备及开工时间相协调。如全部出齐图纸有困难时，应根据施工进度需要要求设计单位列出供图时间表，可先将开工急需的施工图纸出齐。但图纸一定要配套，即建筑、结构、设备的预留孔洞图都应配齐。

（2）检查开工前需要办理的各类手续。

例如，委托质量监督、检测实验单位。

（3）检查施工现场及“四通一平”工作。

（4）尽快向施工单位办理有关交接工作。

为了帮助施工单位尽快进入工作，加快施工准备工作，监理公司应会同业主尽早将施工现场的有关情况向施工单位办理交接工作，主要内容包括：

①施工场地。

②水源电源接入点。

③水准点坐标点交接。

④占道及开路口的批准文件，具体位置及注意事项。

⑤地下电缆、水管等管线线路情况。

⑥按合同规定份数向施工单位移交施工图纸、地质勘查报告及有关技术资料。

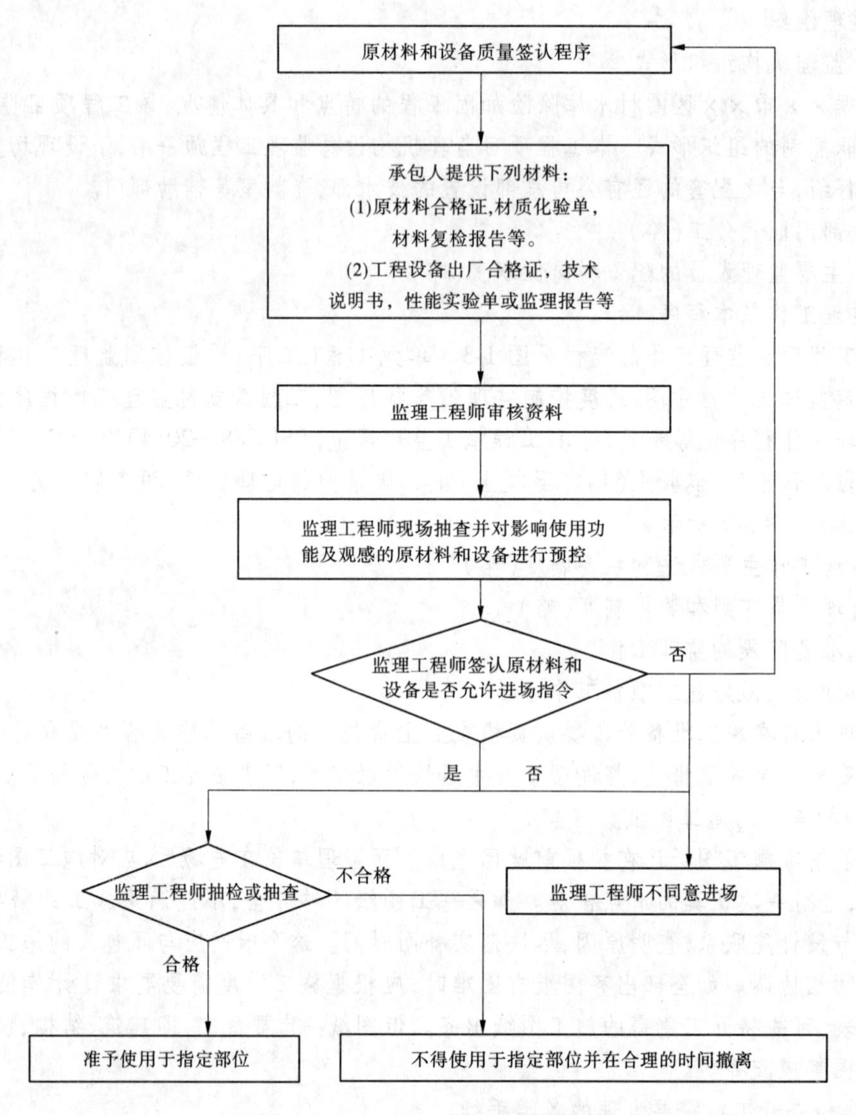

图3-7 原材料及设备质量签认程序

2.2 熟悉设计文件

在设计交底前,总监理工程师应组织监理人员熟悉设计文件,并对图纸中存在的问题通过建设单位向设计单位提出书面意见和建议。

2.3 主持召开施工图纸会审技术交底会议

设计图纸中难免会出现这样或那样的问题,故应于施工前主持召开施工图纸会审技术交底会议,组织设计单位、承包人进行施工图纸会审,尽可能早地发现图纸中的差错、不足,以减少不必要的浪费与损失。会后起草《施工图交底会会议纪要》。

(1)图纸会审主要审查下面几个关键环节：

①核对设计图纸是否符合国家有关技术政策、标准、规范和批准的设计文件精神。

②图纸及设计说明是否完整、清楚、明确、齐全,图中尺寸、坐标、标高是否正确,相互

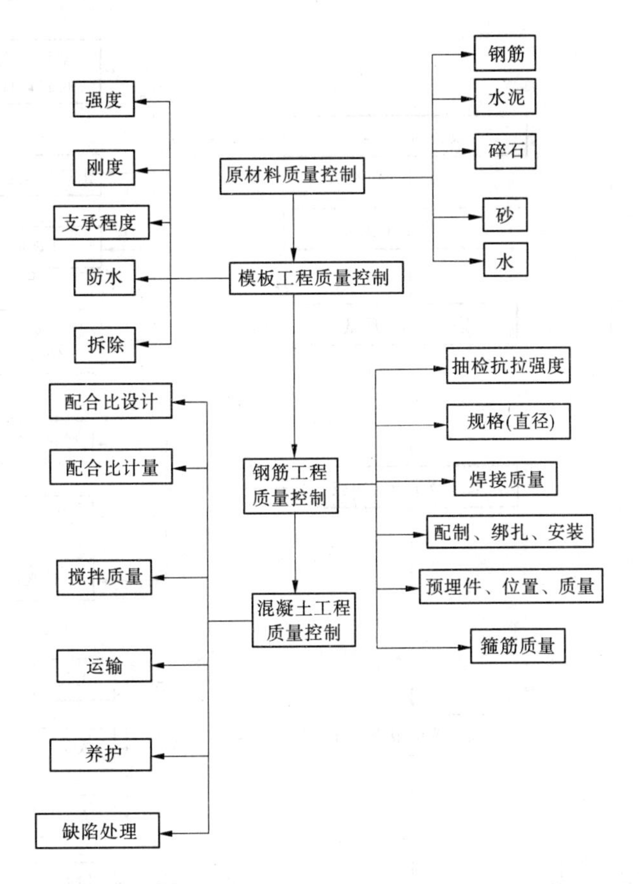

图 3-8　混凝土(钢筋混凝土)施工质量控制监理程序

间有无矛盾。

③建筑、结构与设备安装之间在平面与空间上有无重大矛盾。

④有无特殊结构,如有,其设计深度是否足够,施工单位的技术装备条件能否完成。

⑤图中涉及的特殊材料及配件本地能否供应,要求的品种、规格、数量是否满足需要。

⑥图中有无表述含糊之处。

(2)技术交底与图纸会审由监理公司代表业主进行,做好图纸会审记录并整理编写成图纸会审纪要,交由参加图纸会审各方会签,设计院审定盖章后,下发施工单位实施。

2.4　审查施工组织设计(方案)

工程项目开工前,总监理工程师应组织专业监理工程师审查承包单位报送的施工组织设计(方案),提出审查意见,并经总监理工程师审核、批复后报建设单位。

(1)对于施工组织设计的审查应注意掌握如下八条原则:

①施工组织设计应符合当前国家基本建设的方针与政策,突出"质量第一、安全第一"的原则。

②施工组织设计应与施工合同条件相一致。

③施工组织设计中的施工程序和顺序,应符合施工工艺学的原则和本工程的特点,对冬雨季施工应制定有效措施,且在工序上有所考虑。

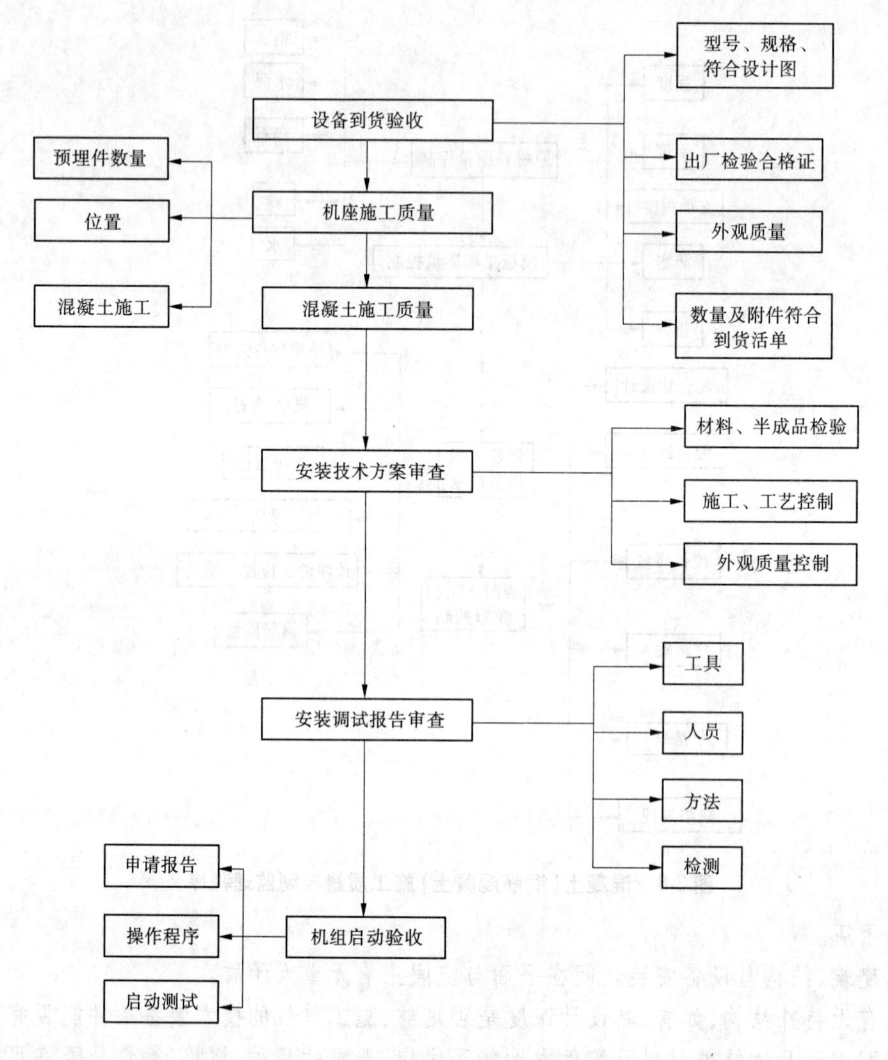

图3-9　设备安装监理程序

④施工组织设计应优先选用目前先进成熟的施工技术,而这些新技术的使用对本工程的质量、安全与造价有利。

⑤施工组织设计应采用流水施工方法和网络计划技术,做到均衡连续施工。

⑥施工机构的选用配备应经济合理,满足工期与质量等要求。

⑦施工平面图的布置与地貌环境、建筑平面协调一致,并符合紧凑合理、文明安全、节约方便的原则。

⑧降低成本,确保质量和安全的措施齐全可行。

(2)对于施工组织设计的审查应该抓住施工方案及施工方法,施工进度计划及施工平面布置三个重点。

①施工方案与施工方法的审查。

A.审查施工程序与顺序有无不妥。

B. 审查选用的施工机械是否满足工程需求。

C. 主要施工方法的审查。

D. 审查技术组织措施。

a. 质量保证措施。

b. 安全生产措施。

②施工进度计划。

对施工进度计划的审查应突出以下几个重点：

A. 施工进度计划的开工、竣工时间，即工期应与合同要求相一致，应与监理单位编制的综合进度控制计划相吻合，计划安排上留有一定的调节余地。

B. 检查施工进度计划图中所描述的施工程序、顺序与施工组织设计以及相应的技术、工艺、组织要求是否一致。

C. 审查每一个施工过程的持续时间有无不当，这个时间应与机械设备、劳力调配及材料半成品供应计划相一致。

D. 对该进度计划均衡特征及工期费用特征做出评价。

③审查施工总平面布置。

施工总平面的审查掌握三个原则，即布局科学合理、满足施工使用要求、费用低。

2.5 审查承包人现场项目管理机构体系

工程项目开工前，总监理工程师应审查承包人现场项目管理机构的质量管理体系、技术管理体系和质量保证体系，确定能保证工程项目施工质量时予以确认。对质量管理体系、技术管理体系和质量保证体系应审核以下内容：

(1)质量管理、技术管理和质量保证的组织机构。

(2)质量管理、技术管理制度。

(3)专职管理人员和特种作业人员的资格证、上岗证。

2.6 审查施工测量成果

监理工程师应按以下要求对承包单位报送的测量放线控制成果及保护措施进行检查，符合要求时，专业监理工程师对承包单位报送的《施工测量成果》予以签认：

(1)检查承包单位专职测量人员的岗位证书及测量设备检定证书。

(2)复核控制桩的校核成果、控制桩的保护措施以及平面控制网、高程控制网和临时水准点的测量成果。

2.7 审查材料及混凝土配合比

本工程需要的水泥、河砂与石子等原材料的质量需要经过科学的检验手段才能确认。混凝土、砂浆配合比，由于技术上的要求，需要的时间更长一些。这些工作必须于施工准备阶段完成，才能满足开工后的需要，所以监理工程师首先要做的一件工作，就是督促施工单位尽早、尽快开始原材料的调查选点和混凝土配合比的试配工作，并配合施工单位及时做好原材料材质的认证工作和混凝土配合比的审批工作。

同意使用的配合比应向施工单位发出“混凝土配合比批准使用通知书”，施工单位应按批准的配合比，严格计量、投料和搅拌，不得随意变更，需要变更时应重新申报。

2.8　签发开工令

监理工程师应审查承包单位报送的合同项目开工申请表及相关资料，具备以下开工条件时，由总监理工程师签发合同项目开工令，并报建设单位：

(1)施工许可证已获政府主管部门批准；

(2)征地拆迁工作能满足工程进度的需要；

(3)施工组织设计已获总监理工程师批准；

(4)承包单位现场管理人员已到位，机具、施工人员已进场，主要工程材料已落实；

(5)进场道路及水、电、通信等已满足开工要求。

2.9　组织召开第一次工地会议

工程项目开工前，监理机构主持召开的第一次工地会议。

第一次工地会议应包括以下主要内容：

(1)建设单位、承包单位和监理单位分别介绍各自驻现场的组织机构、人员及其分工；

(2)建设单位根据委托监理合同宣布对总监理工程师的授权；

(3)建设单位介绍工程开工准备情况；

(4)承包单位介绍施工准备情况；

(5)建设单位和总监理工程师对施工准备情况提出意见和要求；

(6)总监理工程师介绍监理规划的主要内容；

(7)研究确定各方在施工过程中参加工地例会的主要人员，召开工地例会周期、地点及主要议题。

第一次工地会议纪要由项目监理机构负责起草，并经与会各方代表会签。

3　工程质量控制

3.1　质量控制原则

工程项目按设计完成，满足安全和使用功能要求。

3.2　质量控制目标

质量控制目标为工程施工质量达到合格。

为达此目标，监理机构主要工作内容为审查承包人的质量保证体系和措施，核实质量文件；依据工程建设合同文件、设计文件、技术标准，对施工的全过程进行检查，对主要工程部位和主要工序进行跟踪监督。以单元工程为基础，按水利部《水利水电基本建设工程单元工程质量等级评定标准》和《水利水电工程施工质量评定规程》的要求，对承包人评定的工程质量等级进行复核。上述工作由本机构的监理工程师监督，会同承包人的专职质检人员、总工程师、施工员共同完成。考核标准为：单元工程质量全部合格，分部工程质量全部合格，原材料和中间产品质量全部合格，单位工程全部合格，且施工中未发生过较大及其以上质量事故，施工质量检验资料齐全。

3.3　质量控制内容

依据合同文件，批准的设计图纸和文件、国家现行的有关法规、规程规范和技术标准，对项目的施工全过程进行事前、事中和事后的检查、监督、控制和管理，排除影响工程质量的各种不利因素，促使工程建设质量目标符合合同、批准的设计文件、技术规范和验收标准及使用要求,符合合格标准。

3.4 质量控制措施

3.4.1 质量控制的工作程序

拟定本工程施工质量控制工作程序见图3-10。

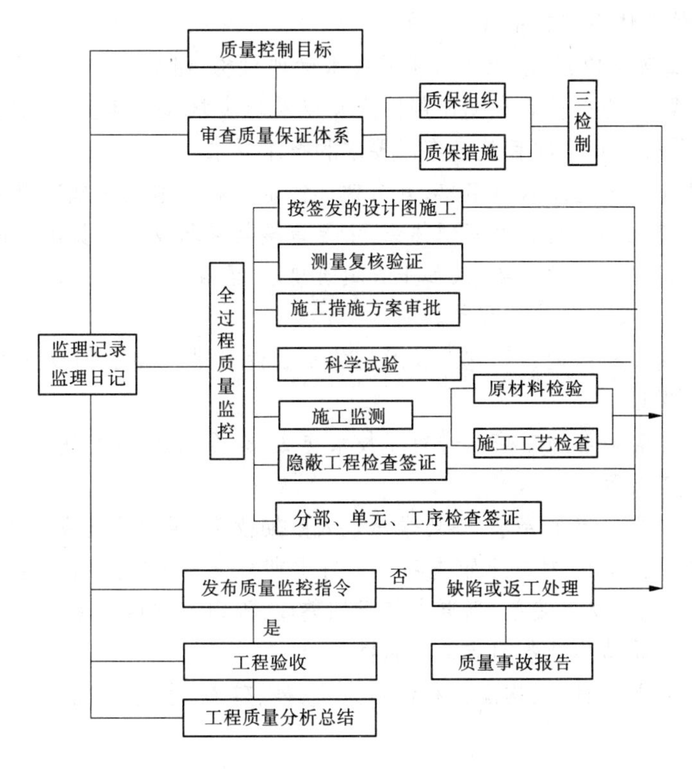

图3-10 施工质量控制工作程序

3.4.2 承包人现场项目管理机构体系审查措施

3.4.2.1 质量保证体系审查措施

(1)工程承包合同签订后,在工程施工实施前,要求承包人将其组织机构、组成人员及资质,为经理、副经理、总工和职能部门人员以及职能部门的职责报监理审查,具体内容看其是否符合合同和投标承诺。

审查特殊工种的施工人员名单,其有效证件的原件是否满足项目施工要求,真实有效。

审查承包人建立和健全质量保证体系,主要审核其专职质检人员配置情况,是否建立了完善的质量检查制度和程序,承包人对专职质保人员和施工人员是否进行了培训、交底,有否培训记录。

审查承包人是否建立了各种必要的规章制度和技术标准,如三检制、安全三级教育制度、安全文明施工制度、混凝土浇筑施工技术要求等。

要求承包人将本项目施工资料记录、验收报表等全过程拟用表格全套提交监理审查,看其是否符合水利部及水利厅的有关要求。

上述项目的审查结果如不满足要求,则要求承包人限期改正,否则不签发开工令。

(2)工程施工实施过程中,对以上开工前审查项目每月定期检查和不定期地随机抽查,并将检查结果及时上报业主,如检查发现承包人各种配置严重背离其合同和投标承诺,各种制度和技术标准形同虚设,则监理应与业主协商,签发停工令,令承包人限期整改。

3.4.2.2 技术管理体系审查措施

(1)工程施工实施前,要求承包人将其技术管理机构、组成人员及资质,如总工程师、副总工程师、工程师、施工员等和职能部门人员以及职责报监理审查,具体内容看其是否符合投标承诺,是否满足本项目施工实际要求和技术要求。

审查其技术工种的施工人员名单,其有效证件是否满足本项目施工技术要求。

审查承包人建立和健全技术管理体系,主要审核其专职技术人员配置情况,是否建立了完善的各种技术管理制度和要求,如土方填筑要求、混凝土浇筑要求、预制构件埋设、安装要求、金属结构设备及安装工程等。

审查承包人施工组织设计和施工技术措施是否满足进度要求和节点工期,对施工质量优良目标有否保证。

审查承包人是否对各施工班组进行了技术交底、有否记录,其拟进场的各种设备是否满足其承诺和施工实际。

如上述审查结果不满足要求,则要求承包人限期改正,否则不签发开工令。

(2)工程施工全过程,对以上审查项目每月定期检查和不定期随机抽查,每月上报业主,如检查发现承包人发生偏差,则要求其限期整改,否则签发停工令。

3.4.3 原材料、金属结构设备的质量控制措施

本项目施工主要原材料、构配件和设备为土、砂、碎石、水泥、钢筋、块石、金属结构设备等。

3.4.3.1 控制主要工作内容

(1)在材料或金属结构设备等商品构件订货之前,就要求施工单位提供生产厂家的合格证书及实验报告。必要时监理人员还应对生产厂家生产设备、工艺及产品的合格率进行现场调查了解,或由施工单位提供样品进行实验,以决定同意采购与否。

(2)材料、构件或设备等运入现场时,查验其出厂质量合格证明材料后方能入库,并监督施工单位在使用前按规定进行抽样检测实验,确认合格后才能使用到工程上。不合格的材料、构件或设备由施工单位做好标识并运出场外。

(3)在施工进行中,随机对用于工程的材料或商品构件进行符合性的抽样实验检查。

(4)随时监督检查各种材料的储存、堆放、保管及防护措施。

(5)组织各方对施工单位进场的中间产品金属结构设备进行联合检查验收,并做出详细记录。

3.4.3.2 主要材料、构件及金属结构设备质量控制工作程序

主要材料、构件及金属结构设备质量控制工作程序见图3-7。

3.4.3.3 混凝土原材料质量的控制

(1)水泥。

水泥进场时,施工单位必须向监理工程师提交出厂质量证明书,并对其品种、标号包

装(或散包包号)、出厂日期等检查验收。同时,对进场的每批水泥,使用前施工单位必须按有关规程规范的要求抽样复检,并提交检验报告给监理工程师审查。袋装水泥在运输和贮存时应防止受潮。水泥如果受潮或存放时间超过一个月,应至少每月重新取样检验一次,并按其复检结果确认能否使用。

(2)粗细骨料。

混凝土工程中使用的砂、碎(卵)石料要按规定抽样检验,检验结果合格,并报监理机构审核后方可进入施工现场,已运进施工现场的材料,经检验不合格的,令其退出现场,坚决杜绝不合格的材料用于工程施工。

3.4.3.4　工程使用钢材质量控制

(1)进场时进行外观检查和核验出厂合格证明材料,确认无误后方准入库,并做好标识。

(2)督促施工单位使用前按有关规程规范要求抽样复检,并审查复检实验报告,确认合格后方准使用到工程上。

(3)检查库存、制作和场内转运等环节,若发生锈蚀或损坏等情况,则令施工单位进行处理。

3.4.3.5　进场设备的控制措施

对用于工程的各种设备,在设备出厂前,要求生产厂家提交产品合格证、实验报告以及用于生产设备的材质证明和检验报告。设备运到工地后,由监理机构组织发包人、质监、设计、安装设备生产厂家进行开箱验收和外观检查。设备如有缺陷则要求生产厂家进行处理,如有严重缺陷或存在质量问题,则退回生产厂家。设备外观检查验收合格后,由参检人员签字认可后方可移交安装单位进行安装。

3.4.3.6　原材料检验要求

原材料检验要求见表3-8。

表3-8　原材料检验要求

热处理钢筋	出厂合格证(核对批号、标志、数量)现场取样实验报告	拉力实验	经同规格、同处理方法和同炉(批)号为一批,每批重量不大于50 t,每批按盘(捆)总数10%(但不少于25盘)取样,各截取一根试样
水泥	出厂合格证(核对批号、标志、数量)现场取样实验报告	标准稠度、凝结时间、抗压及抗折强度、细度、安定性	同品种、同标号、同批号、不超过200 t为一批,一批水泥选取平均试样20 kg
砂	现场取样实验报告	含水率、含泥率、云母含量、有机质含量	不超过400 m^3为一批取样本30~50 kg(人工砂加检查石粉含量)
碎石块石	现场取样实验报告	颗粒级配、比重含水率、含泥量、针片状、软弱颗粒、有机质含量	不超过400 m^3为一批,取样30~50 kg

3.4.4　施工方法和工艺控制措施

3.4.4.1　施工方法的控制

本工程主要施工项目为主坝工程、放水洞工程、溢洪道工程、防汛路工程、办公管理工程、金属结构设备及安装工程等。

对以上项目施工方法的控制,是整个工程质量好坏的关键,其主要控制措施和手段如下:

(1)项目(或部位)施工前,要求承建单位在合同或监理工程师规定的期限内,将施工项目的施工方法、技术方案、工艺流程、施工设备和人员的配置、安全质量保证措施等提交项目监理部,总监理工程师在规定的时间内组织项目(或专业)监理工程师对照合同文件、设计文件及有关教程规范的要求,并结合施工的具体情况进行审查,审查批准后才允许该项目(或部位)正式开工。

(2)项目(或部位)正式施工时,要求承建单位(或施工项目)技术负责人对施工人员进行现场技术交底,并安排施工员跟班指导和监督施工。

(3)监理工程师加强施工过程的巡视检查,及时发现和纠正各种违规行为或存在的问题,保证审定的施工方法、技术方案、工艺流程和安全质量保证措施等贯彻。

3.4.4.2　施工工艺控制

(1)工艺控制措施。

依据技术规范的规定,在动工之前对需要通过实验方能正式施工的分项工程预先进行工艺实验,然后依其实验结果全面指导施工。

①要求施工单位提出工艺实验的方案和细则并予以审查批准;

②工艺实验的机械组合、人员配置、材料、施工程序、预埋观测以及操作法等应有两组以上方案,以便通过实验做出选定;

③监理工程师应对施工单位的工艺实验进行全过程的旁站监理,并应做出详细记录;

④实验结束后应由施工单位提出实验报告,并经监理工程师审查批准。

(2)工艺控制手段。

①基础开挖中,重视开挖程序、安全问题,明确开挖警戒范围;

②必须做好施工排水工作,否则不得转入下道工序施工;

③严格按配合比配制混凝土、砂浆,监理人员随机抽查投料称量偏差,并记录在案;

④混凝土、砂浆运输应避免浆液与骨料离析;

⑤施工单位每月定期将混凝土、砂浆综合评定资料呈报监理,由监理组织综合评定;

⑥加强施工现场巡视检查,及时纠正各种违规施工行为。

3.4.4.3　施工测量放线工艺及质量的控制

工程开工前,监理人向承包人提供测量的基准点、基准线和水准点及其书面资料。承包人应根据上述基准点(线)以及国家测绘标准或本工程精度要求,按照设计文件要求进行测量放线,并做好原始资料的记录和整理工作。为确保测量放线质量,避免造成重大失误和不应有的损失,监理人员要旁站监测。承包人将测量成果资料整理后,以《施工测量放线报验单》形式报监理机构审核,经监理工程师签字认可方可进行基础开挖施工。

3.4.4.4 开挖工艺及质量的控制

开挖要自上而下进行。在施工过程中,要求承包人及时测放、检查开挖断面及控制开挖面高程。施工过程中发现工程地质、水文地质条件变化或其他实际条件与设计不符时,承包人应及时将有关资料报送监理机构,由监理机构核转设计单位,供变更或修改设计参考。当发生边坡滑塌,或观测资料表明边坡处于危险状态时,监理工程师应立即要求承包人采取相应防范措施,防止事故或事态范围的扩大和延伸。危急时,现场监理人员可下令停工。

3.4.4.5 基础处理控制

基础处理为关键部位,监理人要旁站监督。现场监理人员应旁站监督承包人严格按照设计图准确放线,基础开挖后,做好联合检查验收工作。基础面的地质条件要达到设计要求承载力标准,才能批准下一道工序施工。否则,要按设计要求进行处理后再验收。

3.4.4.6 钢筋混凝土(含混凝土)施工方法和工艺控制措施

(1)按《水工混凝土施工规范》(DL/T 5144—2015)进行质量控制。

(2)重要施工环节质量控制。

①工序质量控制:混凝土浇筑执行监理工程师签发“混凝土浇筑开仓证”和工序交接制度。承包人按设计图(含设计修改、变更通知)要求完成钢筋制安、模板安装等工序作业后,由班组填写“三检表”,施工队质检员按“三检表”中的内容进行检查,复检合格后报项目经理部专职质检员检查,终检合格后将“三检表”附在《混凝土浇筑开仓报审表》中,连同其他质量合格证明材料报监理机构。监理工程师审核“三检”资料完整性,符合要求则组织设计、发包人(关键部位还应通知质监部门参加)、施工方进行验收。验收合格,监理工程师签署《混凝土浇筑开仓报审表》,施工方才能进行混凝土浇筑。监理工程师签署《混凝土浇筑开仓报审表》前,应对各工序质量进行检查和控制。

②配合比计量控制:检查计量工具,符合计量标准,计量操作方法正确,计量准确。

③钢筋制作与安装质量控制:钢筋品种、规格、形式、数量、间距严格按设计文件要求施工。钢筋的加工、接头、安装按《水工混凝土施工规范》(DL/T 5144—2013)中的规定进行检查。还应检查钢筋安装位置和固定方法是否正确,保护层厚度应符合设计要求。采用单面或双面焊接的钢筋,要规定进行现场取样检验。若采用其他焊接钢筋方式(如电渣压力焊),要有论证,并经实验合格方可使用,并严格控制使用的部位。

④模板到位安装控制:严格按设计建筑物结构尺寸放样安装,模板及支撑构件要满足强度、刚度要求,结构合理,连接拉接可靠。

⑤细部构造质量控制:混凝土止水、伸缩缝安装:根据设计图要求,检查止水片(带)的宽度、长度、高度(牛鼻子)的偏差值是否在允许范围内;伸缩缝的混凝土表面蜂窝麻面是否已处理并填平,表面是否按规范要求成毛面,无乳皮。外露施工铁件是否已割除,铺设材料厚度是否均匀、平整、牢固。

⑥混凝土浇筑质量的控制:控制好水泥标号与混凝土等级之间的合理比值,严格遵守施工规范的最大水灰比的最小水泥用量,严格按实验确定并经监理机构批准的配合比进行施工,并将配合比上牌挂在拌和机旁,严格按称量配料,并保证足够的拌和时间。现场监理要经常检测坍落度,控制使其符合要求。要求承包人选用正确的运输和入仓方法,运

输时间不能过长和运输中不能激烈振动,防止漏浆、离析。混凝土按要求取样实验,监理人员旁站见证,对混凝土质量有怀疑的,监理人员要对取样、养护、输送、试压全过程监控。要求施工方采用合适的施工顺序,按合理的分层、分块浇筑;控制混凝土自由下落高度不大于2 m;采用正确的振捣方法,防止漏振和过度振捣。监理人员要随时检查模板及支撑变形情况,发现问题及时处理,防止漏浆和胀模。混凝土浇筑为关键工序,监理人员要旁站。(接止水后)还应检查新老混凝土接合面是否已凿毛,表面是否清洗洁净,无积水无积渣杂物,防止出现冷缝。

⑦混凝土浇筑工序质量控制简要表见表3-9。

表3-9　混凝土浇筑工序质量控制简要表

常见质量问题	检查方法	控制措施
原材性能不良	观察、检查及抽样实验	按常用建筑材料质量控制表
混凝土和易性不良(拌和物松散、黏和性差、坍落度不符合要求)、混凝土强度达不到要求,或强度离散和均匀性差	观察、检查及抽样实验	1. 控制水泥标号与混凝土等级之间的合理比值,严格遵守施工规范的最大水灰比的最小水泥用量; 2. 严格按实验确定并经监理批准的配合比施工,拌和机旁挂牌,严格按称量配料,并保证足够的拌和时间; 3. 测定坍落度,控制使其符合要求; 4. 选用正确的运输及入仓方法,运输时间不能过长和运输中不能激烈震动,防止漏浆; 5. 混凝土见证取样实验,试块标准养护
混凝土出现孔洞、表面蜂窝、麻面	观察、检查	1. 采用合适的施工顺序,按合理的分层、分块浇筑; 2. 防止运输中漏浆、离析,防止运输、入仓、铺料间歇时间过长,控制混凝土自由下落高度不大于2 m; 3. 采用正确的振捣方法,防止漏振和过度振捣; 4. 随时检查模板及支撑变形情况,发现问题及时处理,防止漏浆

3.4.4.7　浆砌石工艺及质量的控制

(1)砌石砂浆必须严格按配比投料,拌制宜采用200~350 L搅拌机拌浆,搅拌时间2~2.5 min。

(2)块石应采用符合设计规范要求的石料,不得采用小块石砌筑。

(3)砌筑方法采用先坐浆后放块石,石块尖端向上,并用小块石尖实,砌筑之前应测量,定点放样,校正无误后才能砌筑,砌石时应拉线砌筑,按“平、稳、实、错”的要求进行。即:砌筑平顺直、稳重,浆满石满、砌缝错开,砌筑过程中从选料、砂浆拌和、测量定点放线、勾缝每道工序应按有关规范进行。

(4)砌石工艺流程:选石→铺浆→安放石块→灌浆→捣实→检查质量→养护。

3.4.4.8　土方填筑工艺及质量的控制

(1)监理人监督承包人按制订的施工方案和填筑的工艺流程进行施工。

(2)监理人要审核选定土料场的土料,土料要符合设计要求,贮藏量能满足工程量需要。

(3)要求承包人进行土料填筑示范段实验。通过示范段辗压取得能满足设计要求的各项参数,再铺开施工。通过实验,对选用的土料、土料含水量、土料粒径、铺土厚度、辗压机械型号、施工工艺流程等。检验压实度及各项力学指标能达到设计要求的标准。

(4)施工过程的质量控制:检查填筑面的腐殖土、草树根、杂物要清理干净,基础开挖至设计标高,经过验收合格签证,填土层面要进行刨毛处理。对与堤头接触处、边坡、运输缺口、心墙等部位辗压质量进行重点监控。要监督承包人按批准的施工技术方案和工艺流程进行施工。

3.4.4.9 施工工艺过程质量控制一览表

施工工艺过程质量控制一览表见表3-10。

表3-10 施工工艺过程质量控制一览表

序号	项目	质量控制要点	控制手段
1	基础开挖工程	高程、中轴线 开挖范围及边线(从中线向两侧量测)	测量、抽查、复核 测量、量测
2	基础工程	位置(轴线及高度) 外形尺寸 混凝土或砂浆强度	测量、量测 审核配合比、现场取样审核实验报告
3	现浇混凝土工程	轴线、高程及垂直度 断面尺寸 钢筋:数量、直径、位置、接头 混凝土强度:配合比、坍落度、强度	测量 量测 检查、量测 配合比实验、试块、审核实验报告
4	浆砌石工程	砂浆强度等级 毛石强度、质量 伸缩缝处理	砂浆配合比实验 量测 旁站检查
5	干砌石工程	石块强度、质量 石块尺寸 平整度	量测 材质检验 旁站检查
6	填筑工程	填筑料 填筑质量、尺寸	检查、目测 量测
7	金结制作及安装工程	材料强度、质量 焊接质量、平整度、漏焊、虚焊及强度 管线位置、标高、尺寸、安装接头	审核实验报告、目测 检查、超声波检查、探伤、实验 观察、量测

3.4.5 关键部位工程质量控制措施

3.4.5.1 关键部位、关键工序确定

溢洪道工程、主坝加固工程。

3.4.5.2 关键部位、关键工序的质量控制措施和手段

对上述关键部位和关键工序，拟采取如下质量控制措施：

(1)对以上部位及工序实行全过程的旁站监控，及时消除影响工程质量的一切不利因素。

(2)对施工单位的各项施工程序、施工方法、施工工艺以及工程使用材料的质量、机械设备及人员的配备等进行全方位监督和巡视，通过全过程的旁站、逐个环节的检查，以达到对施工质量实施有效监督、控制和管理的目的。

(3)对每道工序结束后，督促施工单位做好"三检"，监理人员及时进行检查和认定，并监督施工单位的试样抽取及施工记录。

关键部位和工序的质量控制手段及要求如下：

(1)溢洪道工程。

钢筋混凝土：混凝土的施工浇筑严格按照《水工混凝土施工规范》(DLT 5144—2015)和《混凝土结构工程质量验收规范》(GB 50204—2002)(2010年版)要求进行施工，结构尺寸是否符合设计要求，高程、平整度等为控制重点。

A. 混凝土浇筑工程严格按照《水工混凝土施工规范》和《混凝土结构工程质量验收规范》施工，所用水泥必须按设计要求。

B. 混凝土的级配应按设计要求实施，施工配合比应通过实验确定。所用水泥进场时应有出厂合格证和实验报告，并严格进行检查验收，进场后按规定抽样复检实验，确认合格后投入使用。使用过程中，当对其质量有怀疑或出厂超过三个月的水泥应再次抽样复查实验，并按实验结果确定可否使用。

C. 混凝土所用骨料必须符合规定标准，粗骨料粒径不超过结构面最小尺寸的1/4，且不得超过钢筋间距的3/4，对实心板不宜超过板厚的1/2，且不得超过50 mm，骨料品种规格应分别堆放，不得混杂。

D. 采用机械拌制混凝土，用混凝土水应符合有关规程规范的要求，不得采用带有酸碱和腐蚀性水。

E. 混凝土的拌和时间应通过实验确定，加料顺序应符合规范要求。

F. 混凝土的运输过程中，不得出现离析现象，如出现离析，应进行二次搅拌 。

G. 进行基础混凝土浇筑时，应将杂物清除干净，并做好排水和防水措施。

H. 混凝土浇筑前，必须对模板及其支架、预埋件等进行检查，做好记录，符合设计要求后方能浇筑混凝土。

I. 混凝土自高处倾落的自由高度不得超过2 m，浇筑中不得出现离析现象，当浇筑高度超过3 m时，应采用串筒、溜管式振动溜管使混凝土下落。混凝土浇筑层的厚度，应符合规范要求。当进行混凝土连续浇筑时，其间歇时间宜缩短，应在前层凝结前，将次层混凝土浇筑完毕。

J. 采用插入式振捣器振捣混凝土时，振捣器应垂直插入混凝土中，浇筑上层混凝土时，宜插入下层混凝土中5 cm左右，每一振点的时间应使混凝土表面呈现浮浆和不再沉落，振点间距不宜大于振捣器作用半径的1.5倍，在浇筑墙和柱边成整体的梁和板时，应在柱和墙浇筑完毕后停歇1~1.5 h，再进行浇筑。

K. 混凝土的养护

a. 对已浇筑完毕的混凝土,应在 12 h 内进行覆盖和浇水养护;

b. 采用硅酸盐水泥时,浇水养护时间不得少于 7 天,若掺用外加剂时不少于 14 天,浇水次数应能保持混凝土处于润湿状态,养护用水与混凝土用水相同。

(2) 主坝加固工程。

坝体填筑质量控制以工序控制及施工参数为主要手段,在施工过程中,重点检查以下项目是否符合设计及碾压实验的要求:

A. 坝体填筑施工各工序应按技术规范、碾压实验的要求和报经批准的作业措施计划进行。铺料应分层摊铺,层面如出现明显的凸凹不平整现象时,必须进行整平,才允许进行碾压。靠岸坡或其他边角部位碾压不到的地方应通过碾压实验确定采用其他有效压实机具压实。

B. 坝体填筑材料的级配、含泥量、风化石等软弱岩体储量必须符合设计要求,超过设计标准者,不允许上坝。对于已运至填筑地点的不合格填筑料,承建单位的施工监督人员、质检人员和监理工程师可以拒绝其卸料,已填筑的不合格料必须挖除并运出坝外,填筑料中的超径石必须采取用机械方法解小处理,特殊情况需经监理工程师同意方可采用爆破解小。

C. 坝体内修建的临时施工道路,其材料应按所经过填筑区的质量要求填筑并碾压密实。通过这些临时道路的车辆不能污染坝体内的任何永久性填筑料。

D. 铺料时应采取措施防止发生分离,不允许从高边坡向下卸料,不得发生大块石集中,力求做到粗细石料铺料均匀,防止发生架空现象。

E. 碾压采用进退错距法,在进退方向上一次延伸至整个单元,错距不应大于碾轮宽除以碾压遍数。碾压速度必须符合批准的施工措施的要求。当采用分段碾压时,相邻的两段交接带碾迹应彼此搭接,碾压方向搭接长度应不小于 0.3 ~ 0.5 m,垂直碾压方向搭接宽度应不小于 1 ~ 1.5 m。

F. 施工中宜采用退铺法和进占法铺料、平料,以避免颗粒分离。分离严重部位应掺混或挖除处理。

G. 垫层料的铺筑,应向上游坡面法线方向超填 30 ~ 40 cm。进行水平碾压时,振动碾距上游坝面边缘的距离不宜大于 40 cm。垫层填筑每升高 15 ~ 25 m 应进行一次坡面碾压。坡面碾压应按碾压实验确定的碾压机具、方法和碾压参数进行。斜坡碾压前,应以超填的坡面为基础进行修整,修整后的坡面,在法线方向应高出设计线 10 ~ 15 cm。垫层坡面防护应做到喷摊均匀密实,无空白、无鼓包,表面平整干净。当用水泥砂浆对坡面进行防护时,其砂浆表面在 5 m 范围内不应高于设计线 5 cm 和低于设计线 8 cm,并同时做好养护。施工过程中应做好施工期排水措施。

H. 下游坡面应随同相应部位坝体填筑进行,边填边护,同步上升。坡面砌石应从相邻的坝后区内的大石块中挑选,并进行加工,砌筑时禁止出现浮塞、叠砌、通缝等现象。完成后的坡面应有均匀的颜色和平整的外观。

3.4.6　工程质量评定和验收

3.4.6.1　质量评定

(1)重要隐蔽单元工程(关键部位单元工程)质量签证:施工承包人在重要隐蔽(关键部位)工程完成后,实施“三检”合格后,将“三检表”提交监理,监理工程师抽查合格后,由监理组织有关发包人、设计、运行管理、施工等各方人员对重要隐蔽工程部位的联合检查验收,待各方代表在重要隐蔽单元工程及关键部位单元工程质量等级签证表签认,方可进行覆盖。同时,监理签认单元(工序)工程施工质量报审表;如承包人未及时通知监理人到场检查,私自将隐蔽部位覆盖,监理人有权指示承包人采用钻孔探测以致揭开进行检查,由此增加的费用和工期延误责任由承包人承担。

关键部位联检工作流程如图3-11所示。

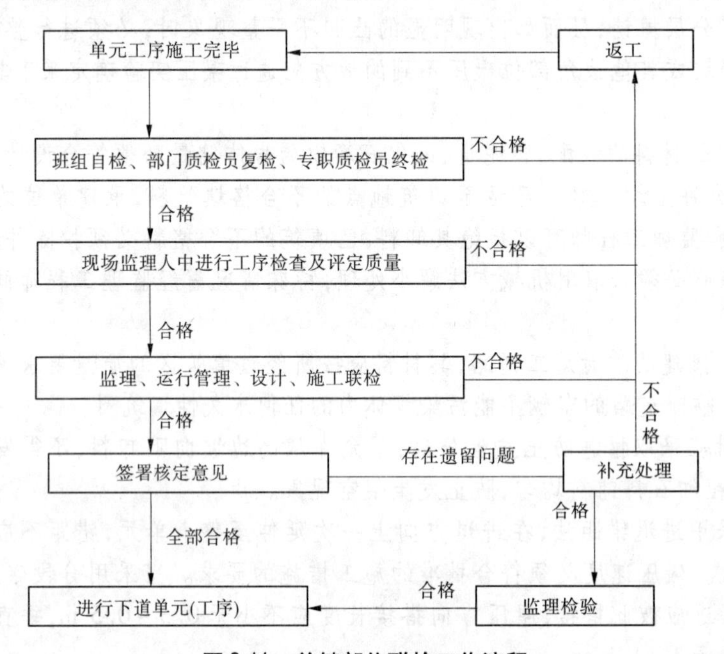

图3-11 关键部位联检工作流程

(2)工序检查认可:在施工质量的过程控制中,坚持上道工序不经检查合格不准进入下道工序的原则。混凝土开仓前,必须实行由施工承包人的班组自检、部门质检员复检、专职质检员终检的三检制度。当三检合格后,填报施工质量终检合格(开工、仓)证和工程报验单后送交现场监理,现场监理接到单元(工序)工程施工质量报审表后及时进行检查,符合验收条件签署开仓证。不符合验收条件,退回施工承包人进行补充,符合要求后重新申报。检验合格签署意见后方可进入下道工序。

(3)单元工程质量评定,承包人在单元工程施工完成后,根据“三检”填写相应的工序质量评定表评定单元工程质量,报监理机构核定。

(4)对已完建的分部工程,由承包人质检部门根据单元工程质量核定情况和规定进行质量评定,报监理机构审核签证。

(5)机电设备安装前,由监理机构组织发包人、设计、质监、安装、设备厂家代表进行开箱验收和外观检查,经检查合格,由参检人员签字认可方可移交安装。

3.4.6.2 工程验收

(1)工程验收办法包括:工序交接验收、中间验收(重要隐蔽工程和关键部位的开仓验收)、单元工程验收、分部工程验收、单位工程验收、项目的竣工验收。工程验收是在工程质量评定的基础上,依据既定的验收标准,采取相应的手段来检验工程产品的特性是否满足验收标准的过程。

(2)工序交接验收:由施工承包人完成工序施工,实行“三检”后填写相应的工序质量评定表,并以工序施工质量报验单的形式向监理申报,监理现场检验合格后,进入下道工序的施工;否则进行返工处理。

(3)重要隐蔽工程和关键部位的开仓验收:重要隐蔽工程和关键部位的开仓验收,由施工承包人完成工序施工,实行“三检”后填写相应的工程质量评定表,并以《工序施工质量报验单》的形式向监理申报,监理现场检验合格后,由监理组织设计、地质(若有重要隐蔽工程)、施工、质监、发包人等各方进行联合开仓检验,检验合格并经参验各人员签认后,方可进入下道工序的施工。

(4)单元工程验收:对已完的单元工程质量由施工承包人质检部门组织评定,填写单元工程施工质量验收评定表,以单元工程施工质量报验单的形式提交监理复核其质量等级。监理核验合格后,进入下一单元工程的施工;否则进行返工处理。

(5)分部工程验收:对已完建的分部工程质量由施工承包人质检部门自评的基础上,提交监理进行复核,并要求承包人制备分部工程验收必须提供的图纸、资料和成果,由监理组织项目法人、质监、设计、施工、运行管理等有关专业技术人员参加验收。分部工程验收通过后,监理机构签署分部工程验收鉴定书,并督促承包人按照分部工程验收鉴定书中提出的遗留问题及时进行完善和处理。

(6)单位工程验收:单位工程质量评定在施工承包人自评的基础上,报监理复核,由质量监督部门核定单位工程质量等级。监理机构协助发包人按照《水利水电建设工程验收规程》(SL 223—2008)主持单位工程投入使用验收或完工验收。

(7)竣工验收和最终验收:完善监理过程资料和编写工程建设监理工作报告,审核施工承包人提交的竣工验收资料,协助发包人完成竣工验收必备的资料和报告。

(8)在竣工验收完成阶段草拟竣工验收证书,经发包人同意后,监理和发包人签发竣工验收证书,并签发工程移交证书。

(9)最终验收在缺陷责任期满,经对遗留工程和质量缺陷处理后检查合格,符合合同要求,由监理和发包人签发最终验收证书和缺陷责任期终止证书。

3.4.7　施工结果控制措施

(1)对施工结果(质量缺陷)的现场处理。

①当因施工而引起的质量缺陷处在萌芽状态时,应及时制止,并要求立即更换不合格的材料、设计或不称职的施工人员;或要求立即改变不正确的施工方法及操作工艺。

②当因施工而引起的质量缺陷已出现时,应立即向施工单位发出暂停施工的指令(先口头后书面),待施工单位采取了能足以保证施工质量的有效措施,并对质量缺陷进行了正确的补救处理后,再书面通知恢复施工。

③当质量缺陷发生在某道工序或单项工程完工以后,而且质量缺陷的存在将对下道工序或分项工程产生质量影响时,监理工程师应在对质量缺陷产生的原因及责任做出判定并确定了补救方案后,再进行质量缺陷的处理或下道工序的施工。

④在交工使用后的缺陷责任期内发现施工质量缺陷时,监理工程师应及时指令施工单位进行修补、加固或返工处理。

(2)质量缺陷的修补与加固。

①对因施工原因而产生的质量缺陷的修补与加固,应先由施工单位提出修补方案及方法,经监理工程师批准后方可进行;对因设计原因而产生的质量缺陷,应由设计部门提出处理方案及方法,并通过业主单位通知施工单位进行修补。

②修补措施及方法应不降低质量控制指标和验收标准,并应是技术规范允许的或是行业公认的良好工程技术。

③如果已完工程的缺陷,并不构成对工程安全的危害,并能满足设计和使用要求时,经征得业主单位的同意,可不进行加固或变更处理。如工程的缺陷属于施工单位的责任,应通过与业主单位及施工单位的协商,降低对此项工程的支付费用。

4 工程进度控制

4.1 进度控制原则

工程施工进度满足合同文件要求,按时完工。

4.2 进度控制的目标

总体目标:2015年3月13日开工,2015年6月13日完工,施工总工期92日历日。

4.3 进度控制的内容

(1)根据本工程控制性进度计划和施工承包合同要求,编制总进度计划和控制性网络计划,确定进度控制关键线路,提出阶段进度目标和重要施工项目控制工期目标。

(2)根据总进度计划编制月进度计划,内容包括:计划完成工程、工程形象、主要措施、供图计划、设备材料供应计划、资金使用计划等,并以此作为实施控制的依据。

(3)审批承建单位呈报的月进度计划,重点核查阶段施工进度计划与总进度计划的符合情况及劳动力、机械设备、材料等资源配置的适应程度。

(4)监督、检查、记录施工进度计划实施的实际情况,包括施工措施、施工条件、劳动力和设备的投入量、生产效率等。发现问题,及时发出指令要求施工单位采取措施保证施工进度计划实施。

(5)协调处理可能影响施工进度的各种因素。

(6)定期进行工程进度分析,对施工进度进行跟踪检查控制,当实际施工进度与总进度要求发生较大偏差时,及时查清原因,并提出修改调整意见,报业主批准后,指导承建单位对施工进度计划进行相应的调整,对施工进度进行动态控制。

(7)按时审核承建单位呈报的月施工进度统计报表,编制监理月进度统计报表报业主,为进度分析提供可靠依据。

(8)督促承建单位加强施工管理,防止出现安全质量事故而影响施工进度。

4.4 进度控制的措施

4.4.1 进度控制工作程序

工程进度控制工作程序参见《水利工程施工监理规范》(SL 288—2014)附录C。

4.4.2 进度控制措施

影响施工进度的因素较多,按照干扰施工进度的责任及处理应分为两大类:第一类是由于承包人的责任造成的进度拖延;第二类是由承包人责任外的原因造成的进度拖延。

4.4.2.1　实施前的进度计划审查措施

在收到施工单位报送单项开工计划后的七天内给予明确的书面答复,并对如下内容进行检查:

(1)工期和时间安排的合理性。

(2)施工总工期的安排是否符合合同工期。

(3)各施工阶段或单位工程(包括分部或单元工程)的施工顺序和时间安排与材料和设备的进度计划相协调。

(4)易受低温、炎热、雨季等气候影响的工程应安排在适宜的时间,并应采取有效的预防和保护措施。

(5)对节假日及不良气候影响的时间,应有适当的扣除,并留有一定的余地。

(6)施工准备是否具有可靠性。

(7)所需主要材料和设备及配件到场日期有保证。

(8)主要骨干人员及施工设备的配置是否已经落实,是否与投标文件中所报人员和设备相符。

(9)施工测量、材料检查及标准实验的工作是否已经安排;道路、供电、供水等都是否已解决或有可靠的解决方案。

(10)质保体系和环保、安全措施是否完善可靠。

(11)计划目标与施工能力是否相适应。

(12)各阶段或各单位工程计划完成的工程量投资应与施工单位的设备和人力实际状况相适应。

(13)各项施工方案应与施工单位的施工经验和技术水平的实际相适应。

(14)关键项目上的施工力量安排与非关键项目上的施工力量安排是否相适应。

4.4.2.2　施工进度计划审查程序

(1)阅读文件、列出问题、进行调查了解。

(2)召开专题会议,提出问题与施工单位进行讲座或澄清。

(3)对有问题的部分进行分析,向施工单位提出修改意见。

(4)复审批准施工单位修改后的进度计划。

4.4.2.3　施工进度控制方法

1)每日检查记录实际施工进度

监理工程师应要求施工单位按单位工程、分部工程或施工点对实际进度进行记录,并予以检查,以作为掌握工程进度和进行决策的依据。每日进度检查记录应包括以下内容:

(1)当日实际完成及累计完成的工程量。

(2)当日实际参加施工的人力、机械数量及生产效率。

(3)当日施工停滞的人力、机械数量及其原因。

(4)当日施工单位的主管及技术人员到达现场的情况。

(5)当日施工单位的影响工程进度的特殊事件或原因。

(6)当日的天气情况等。

2)每月工程进度报告

监理工程师应要求施工单位根据现场提供的每日施工进度记录,及时进行统计和标记,并通过分析和整理,每月向总监提交一份每月工程进度报告,总监审核后汇总作为监理月报的一部分提交给业主单位。月工程进度报告应包括以下主要内容:

(1)概况或总说明:对计划进度情况提出分析。

(2)工程进度:应以工程数量清单所列细目为单位,编制出工程进度累计曲线和完成投资额的进度累计曲线。

(3)工程图片:应显示关键路线上(或主要工程项目上)一些施工活动及进展情况。

(4)财务状况:主要反映工程建设的资金到位、进度款支付、工程变更、价格调整、索赔工程支付及其他财务支出等情况。

(5)其他特殊事项:应主要记述影响工程进度或造成延误的因素及解决措施。

3)进度控制图表

监理工程师应编制和建立各种用于记录、统计、标记、反映实际工程进度与计划工程进度差距的进度控制图及进度统计表,以便随时对工程进度进行分析和评价,并作为要求施工单位加快工程进度、调整进度计划或采取其他合同措施的依据。

4.4.2.4 进度计划的调整措施

1)进度符合计划

在工程实施期间,如果实际进度(尤其是关键线路上的实际进度)与计划进度基本相符时,监理工程师不应干预施工单位对进度计划的执行;但应及时掌握影响和妨碍工程进展的不利因素,促进工程按计划进行。

2)进度计划的调整

监理工程师发现工程现场的组织安排、施工顺序或人力和设备与进度计划上的要求有较大不一致时,应要求施工单位对原工程进度计划及资金使用计划予以调整,调整后的工程进度计划应符合工程现场实际,并应保证满足合同工期的要求。

调整工程进度计划,主要是调整关键线路上的施工安排,对于非关键线路,如果实际进度与计划进度的差距并不对关键线路上的实际进度造成不利影响时,监理工程师可不必要求施工单位对整个工程进度计划进行调整。

3)加快工程进度

在施工单位没有取得合理延期的情况下,监理工程师认为实际工程进度过慢,将不能按照进度计划预定的竣工期完成工程时,就要求施工单位采取加快的措施,以赶上工程进度计划中阶段目标或总体目标。施工单位提出和采取的加快工程进度的措施必须经过监理工程师批准。批准时应注意以下事项:

(1)只要施工单位提出的加快工程进度的措施符合施工程序并能确保工程质量,监理工程师应予以批准。

(2)因采取加快工程进度措施而增加的施工费用应由施工单位自负。

(3)因增加夜间施工或法定节假日施工而涉及业主单位的附加监督管理(包括监理)费用,应由业主单位、监理工程师及施工方协商解决。

4)进度计划的延期

由于业主单位或监理工程师的原因,或施工单位在实施工程中遇到不可预见或不可抗力的因素,因而使工程进度延误并批准延期后,监理工程师应要求施工单位对原来的工程进度计划予以调整,并按经审批后的调整计划实施工程。

5)进度计划的延误

由于施工单位的原因造成工程进度的延误,而且施工单位拒绝接受监理工程师加快工程进度的指令,或虽采取了加快工程进度的措施,但仍然不能赶上预期的工程进度并将致使工程在合同工期内难以完成时,监理工程师应对施工单位的施工能力重新进行审查和评价,并应发出书面警告,还应向业主单位提出书面报告,必要时建议对工程的一部分实行强制分割或考虑更换施工单位。

4.4.2.5　工程进度控制要点

(1)根据合同总进度计划,编制控制性进度目标和施工计划,并审查批准承包人提出的施工实施进度计划和检查落实其实施情况。

(2)根据本工程项目特点,本机构拟采用直方图和时标横道图方式按月检查实际进度与计划进度的符合性,重点分析工程进度计划的关键节点、关键线路。

(3)按时提供月进度实施完成情况,当实施进度发生较大偏差时,及时向发包人提出调整性进度计划的建议意见,经发包人批准后,完成进度计划的调整。

5　工程投资控制

5.1　投资控制原则

工程总投资不大于施工图预算总投资。单项工程投资不超过合同金额。

5.2　投资控制的目标

工程投资控制目标:协同项目各方据实核签工程量,确保工程投资。

5.3　投资控制的工作内容

监理机构主要工作内容为协助发包人编制投资控制目标;审查承包人提交的资金计划;审核承包人完成的工程量和单价费用;并签发计量和支付凭证;受理索赔申请,进行索赔调查和谈判,并提出处理意见;处理工程变更,下达工程变更令。

5.4　投资控制措施

5.4.1　工程计量方法

监理机构严格按照施工合同的《通用条款》和《技术条款》中的有关工程计量的规定进行工程计量。

(1)工程计量单位:均采用国家法定单位。

(2)计量方法:各个项目的计量方法,应按合同《技术条款》的有关规定执行。

①重量计量的计算:钢筋应按监理人批准的钢筋下料表,以直径和长度计算,不计入钢筋损耗和架设定位的附加钢筋量;钢板和型钢钢材按制成件的成型净尺寸和使用钢材规格的标准单位重量计算其工程量,不计其下料损耗量和施工安装等所需的附加钢材用量。施工附加量均不单独计量。

②面积计量的计算:结构面积的计算,应按施工图纸所示结构物尺寸线或监理人批示在现场实际量测的结构物净尺寸线进行计算。

③体积计量的计算:结构物体积计量的计算,按施工图纸所示轮廓线内的实际工程量或按监理人批示在现场量测的净尺寸线进行计算。经监理人批准,大体积混凝土中所设体积小于0.1 m^3的孔洞、排水管、预埋管和凹槽等工程量不予扣除,按施工图纸和指示要求对临时孔洞进行回填的工程量不重复计量;混凝土工程量的计量,应按监理人签认的已完工程的净尺寸计算;土石方填筑工程量的计量,应按完工验收时实测的工程量进行最终计量。

④长度计量的计算:所有以延米计量的结构物,除施工图纸另有规定,应平行于结构物位置的纵向轴线或基础方向的长度计算。

(3)工程计量。

①工程计量原则:不符合工程承建合同文件要求、未经工程质量检验合格或未按设计要求完成的工程与工作,均不予计量;因承建单位责任与风险,或因为承建单位所需要另外发生的工程量不予计量;按工程承建合同文件规定及监理人员批准的方法、范围、内容和单位进行计量。

②工程计量方式:按单位工程、分部工程、分项工程和单元工程四级项目划分,以单元工程或分项工程为基础,每完成一个单元工程或分项工程经过验收合格后就进行计量。由现场监理人员、业主驻工地代表、施工员三方共同对照设计图纸、设计补充修改通知、原地面测量资料、断面开挖后联检验收资料,现场核实建筑物尺寸、开挖量及回填量。及时核实已经完工的单元或分项工程量。特别是开挖量的土石方比例以及不在现场难以确定的工程量,要现场核算。参加三方签字认可,作为工程月进度款支付和今后工程完工结算的原始依据资料。

③监理人员核实承包人每月完成的工程量及工程进度款申报表。承包人对已完成验收且质量合格的单元工程进行准确计量,在每月末随同月付款申请单,按合同《工程量清单》的项目分列,向总监理工程师提交月报表及有关计量过程的原始资料。监理人员审核承包人报送的资料时,应该对完成项目的工程部位、验收资料、测量资料、断面开挖后联检验收资料、设计图纸、采用的计量公式和方法等方面资料的完整性及准确性进行审核。核实后,将结果报总监理工程师签认,作为进度款支付凭证。

5.4.2 工程款支付

5.4.2.1 工程款支付程序

工程款支付程序参见《水利工程施工监理规范》(SL 288—2014)附录C。

5.4.2.2 工程进度款付款

监理人根据承包人报送的月完成的工程量及月进度款申请,经现场监理人核实完成的工程量,按照合同单价及其他规定核定月申请进度款额后,由总监理工程师签发进度款支付凭证。

5.4.2.3 工程结算办法

1)工程结算依据

工程施工合同和有关规定,经过批准的施工图,施工修改图或修改通知,原地面测量资料,断面开挖联检资料,预算外费用现场签证,施工竣工图,施工承包人工程量计算、单价分析、竣工结算等原始资料。工程预付款、材料预付款、工程月进度款支付的申报材料及付款凭证,年度、月结算等资料。

2)工程结算审核

监理人首先对工程结算的每项依据原始资料进行核对分析其可靠性、真实性和准确性。首先,审核施工承包人申报的工程量计算的准确性,工程量计算的依据资料要齐全,手续要完备,要有依据,资料之间不能有矛盾。如承包人绘制的竣工图,监理人要审查其真实性,要符合设计图纸或补充修改设计图纸要求。绘制的竣工图要经现场监理签字认可;土石方开挖量计算断面要符合设计断面、测量数据及联检断面尺寸。审核工程量计算的准确性,检查有无重复计算、多算或无计算依据的工程量。其次,对工程费用计算的审核。单价分析审核:有计算依据,分析采用的数据符合有关编制概(预)算定额规定。

3)完工结算

工程竣工通过验收合格移交后,监理人对承包人提交的完工结算资料进行认真审核后,写出审核意见与承包人协商基本一致,将审核意见报业主审批作为完工结算的依据。业主按规定时间内向承包人支付应该支付的工程余款。

4)最终结清

工程达到规定的保修期后,监理人组织有关人员对工程检查复检,认为符合要求后,由承包人提交最终结算的申报材料,监理人对申报材料复核后签字认可,报业主最后审批作为最终结算凭证,业主按规定时间办理工程移交手续,结清工程余款。

5.4.3 投资控制的经济措施

(1)及时对计划费用和实际开支做出对比分析,向合同双方提出投资控制的合理化建议。

(2)工程计量应以合同文件、批准的设计图纸和文件为依据,计量必须以经监理工程师确认的数量为准。

(3)对施工承包合同文件(包括招标文件)中有具体工程量清单的项目,监理工程师必须按工程量清单标明的单价和核实的计量办理;对暂估数量的清单栏目,必须严格控制工程数量;对暂定金额的清单栏目,监理工程师应根据实际情况,部分动用、全部动用或根本不动用该项费用;当因工程变更引起实际费用超出清单限额,必须输完整手续;对以时间为单位的清单栏目,监理工程师必须根据工程实施的具体情况严格掌握。

(4)计量原则:不符合合同文件、批准的设计文件要求的工程项目不得计量;按合同文件所规定的方法、范围、内容、单位计量;按监理工程师同意的计量方法计量。

5.4.4 投资控制的技术措施

(1)认真分析和研究施工方案和工序关系,合理配置资源,使资源均衡。审核施工单位的施工组织设计,按合同文件要求组织施工,避免不必要的赶工费。

(2)熟悉设计文件及合同价构成因素,找出工程费用中最易突破的部分和环节作为投资控制的重点。该工程的工程费用中最易突破的部位和环节是基础开挖及处理、导流围堰,应着重控制其工程量和工期,同时应与设计及业主单位研究是否可以进一步优化设计。

(3)慎重对待工程变更和设计修改,应事先做好技术经济合理性分析,以控制由此增加的工程费用。

(4)分析工程质量与投资的关系,以求满足工程质量要求情况下投资最省,避免片面追求高质量的现象。

(5)做好各种现场施工条件变化的记录和核签工作,如基础地质条件、气象条件、停电、停水等,为费用签证提供可行依据。

5.4.5 投资控制的合同措施

(1)协助业主单位完善施工承包合同,在合同中明确计量和支付等的办法和程序,避免因合同漏洞引起事后的争议。

(2)预测工程风险和可能发生索赔的原因,制定防范对策,减少施工单位向业主单位索赔事件的发生。

(3)提醒业主单位及时支付进度款,并及时做好合同规定属于甲方的工作,全面履约,不要违约造成对方索赔。

(4)按合同规定,及时对已完工程进行验收和计量,以作为支付进度款的依据。

(5)公正、合理地处理不可预见情况的索赔。

5.4.6 投资风险分析及防范对策

5.4.6.1 风险分析

影响工程投资增加的因素较多,影响本工程投资的主要因素如下:

(1)施工进度计划滞后,进度计划控制不好。

(2)原材料产地选择不当也会增加工程费用。

(3)由于承包人责任外的因素影响造成索赔,也可能增加工程投资。

5.4.6.2 防范对策

(1)审查施工进度计划的合理性、科学性和可行性。

(2)审查施工组织设计采用的施工技术方案所配置的施工机械设备、材料供应计划、管理措施及作业人数等能否满足施工进度要求。

(3)按照承包人编制施工进度计划,监理部编制施工进度计划控制横道图,分时段和分工程部位进行检查控制。当发现施工进度滞后计划进度时,监理部应及时召开有关方参加的施工进度协调会议,分析原因,采取措施进行补救或调整进度计划。

(4)监理人监督承包人要按审查批准的施工组织设计选定的施工方案实施。

(5)要求承包人编制较详细的资金使用计划和材料供需旬、月计划。甲方要保证资金到位满足施工进度的需要,施工需要的原材料采购供应要保证满足进度要求。

(6)监理人要审查和监督资金使用计划和材料采购计划实施。

(7)预测承包人责任外的因素:如超常规气象因素发生,外界环境干扰造成工期延误等各种因素可能发生,做好防范对策,尽可能减少索赔费用。

5.4.7 投资控制要点

(1)熟悉设计文件,审查施工预算,了解工程量项目、预算定额,严格量测承包人完成的工程量,按合同单价进行计量支付,尤其对合同外工程量的签证应及时通报业主并加以严审。

(2)严格审核工程变更、设计修改所增加的工程费用,按合同及有关文件签发进度款支付凭证。

(3)做好承包人提出的工程费率索赔的原始记录,索赔金额计算准确、证据确凿。

(4)审查承包人提交的资金流计划,处理工程变更,下达工程变更令。

(5)分析工程投资风险并向业主提出规避风险的建议。

6 合同管理

6.1 变更的处理程序和监理工作方法

6.1.1 变更的处理程序

变更的处理程序参见《水利工程施工监理规范》(SL 288—2014)附录C。

6.1.2 变更的监理工作方法

(1)设计变更的内容。

乙方对原设计进行变更,须经甲方代表或监理工程师同意,并由甲方取得相应的批准。甲方对原设计变更,在取得有关批准后,向乙方发出变更通知,乙方按通知进行变更,否则乙方有权拒绝变更。

双方办理变更、洽商后,乙方按甲方代表或监理工程师要求,可进行下列变更:

①增减合同中约定的工程数量;

②更改有关工程的性质、质量、规格;

③更改有关部分的标高、基线、位置和尺寸;

④增加工程需要的附加工作;

⑤改变有关工程的施工时间和顺序。

(2)变更处理原则。

发生了合同约定的变更后,乙方应在规定的时间内按下列方法提出变更价格或延长工期,报甲方代表或监理工程师批准后调整合同价款和竣工日期:

①合同中已有适用于变更工程的价格,按合同已有的价格计算,变更合同价款;

②合同中只有类似于变更情况的价格,可以此为基础确定变更价格,变更合同价款;

③合同中没有类似和适用的价格,由乙方提出适当的变更价格,送甲方批准后执行;

④变更需要延长工期时,应按有关规定办事。

(3)变更引起本合同工程或部分工程的施工组织和进度计划发生实质性变动,以致影响本项目和其他项目的单价或合价时,发包人和承包人都有权要求调整本项目和其他项目的单价或合价,监理人应与发包人和承包人协商解决。

(4)完工结算时,如果出现全部变更工作引起合同价格增减金额超过15%时,除了按以上原则增减金额外,如果还需对合同价格进行调整时,其调整金额由监理人与发包人和承包人协商解决。如果协商后未达成一致意见,则应由监理人在进一步调查工程实际情况后提出调整意见,征得发包人同意后将调整结果通知承包人。

6.2 违约事件的处理和监理工作方法

6.2.1 承包人违约的处理

对于承包人违约,监理机构应依据施工合同约定进行下列工作:

(1)在及时进行查证和认定事实的基础上,对违约事件的后果做出判断。

(2)及时向承包人发出书面警告,限其在收到书面警告后的规定时限内予以弥补和纠正。

(3)在承包人收到书面警告的规定时限内仍不采取有效措施纠正其违约行为或继续违约,严重影响工程质量、进度,甚至危及工程安全时,监理机构应限令其停工整改,并在规定时限内提交整改报告。

(4)在承包人继续严重违约时,监理机构应及时向发包人报告,说明承包人违约情况及其可能造成的影响。

当发包人向承包人发出解除合同通知后,监理机构应协助发包人按照合同约定派员进驻现场接收工程,处理解除施工合同后的有关合同事宜。

6.2.2 发包人违约的处理

对于发包人违约,监理机构应依据施工合同约定进行下列工作:

(1)由于发包人违约,致使工程施工无法正常进行,在收到承包人书面要求后,监理机构应及时与发包人协商,解决违约行为,赔偿承包人的损失,并促使承包人尽快恢复正常施工。

(2)在承包人提出解除施工合同要求后,监理机构应协助发包人尽快进行调查、认证和澄清工作,并在此基础上,按有关规定和施工合同约定处理解除施工合同后的有关合同事宜。

6.3 索赔的处理程序和监理工作方法

6.3.1 索赔的处理程序

索赔的处理程序参见《水利工程施工监理规范》(SL 288—2014)附录C。

6.3.2 索赔的监理工作方法

6.3.2.1 分析引起索赔的原因

在施工承包合同履行过程中,由于现场条件复杂、影响因素多,以及原来的设计、合同文件不可能完美无缺,因此引起索赔的原因很多,主要有以下几方面:

(1)发包人违约。

(2)合同缺陷。

(3)不利自然条件和客观障碍。

(4)监理工程师指令。

(5)国家政策及法律、法令变更。

(6)其他承包人干扰。

6.3.2.2 可以索赔的费用

(1)所发生的费用应该是承包人履行合同所必需的,即如果没有该费用支出,就无法合理履行合同,无法使工程达到合同要求。

(2)给予补偿后,应该是承包人处于发生索赔事项情况下的同等有权或无权地位(承包人在投标中所确立的地位),即承包人不因索赔事项的发生而额外受益或额外受损。

6.3.2.3 不允许索赔的费用

(1)承包人的索赔准备费用。

(2)工程保险费用。

(3)因合同变更或索赔事项引起的工程计划调整、分包合同修改等费用。

(4)因承包人的不适当行为而扩大的损失。

(5)索赔金额在索赔处理期间的利息。

6.3.2.4 索赔费用的计算

索赔费用的计算方法应根据《水利水电工程施工合同》的规定进行。

6.3.2.5 监理工程师对索赔的审查与合理处理

监理工程师对索赔要求的审查和合理处理,是施工阶段投资控制的一个重要方面,包括以下主要工作。

1)承包人向发包人的索赔

(1)审定索赔权。

工程施工索赔的法律依据,是该工程项目的合同文件,也要参照有关施工索赔的法规。监理工程师在评审承包人的索赔报告时,首先要审定承包人的索赔要求有没有合同法律依据,即有没有该项索赔权。

(2)事态调查和索赔报告分析。

①分析索赔事项。对承包人索赔事项进行分析的目的,是从施工的实际情况出发,对发生的一系列变化对施工的影响,进行客观的可能状态分析,从而判断承包人索赔要求的合理程度。即在因受到干扰而发生索赔事项的条件下,对承包人造成的可能损失款额或工期,进行客观公正的评价。在进行索赔事项可能状态的分析时,要根据承包人提出的索赔原因和论证资料,以及索赔事项发生时的政治、经济、社会和物价等情况,进行综合分析,计算出在正常、公正的条件下所引起的经济损失或工期延误。

②细分析索赔报告。监理工程师应对索赔报告仔细审核,包括合同根据、事实根据、证明材料、索赔计算、照片和图表等,在此基础上提出明确的意见或决定,正式通知承包人。

2)发包人向承包人的索赔

发包人向承包人的索赔是针对承包人向发包人而言的,是对要求索赔者的反措施,是变被动为主动的一个策略性行动。当然,无论是发包人向承包人的索赔还是承包人向发包人的索赔,都应以该工程项目的施工承包合同文件为依据,绝不是无根据的讨价还价,更不是无理取闹。

6.4 合同争议的调解

6.4.1 友好协商解决

友好协商解决工作首先主要委托给监理工程师,发生争议后,要求合同双方首先向监理工程师提出,监理工程师做出公正的决定后,与合同双方进行协商。友好协商解决可采用下面两种方式:

(1)监理工程师与争议双方反复协商,达成双方均可接受的解决办法,由监理工程师出面正式决定,通知合同双方照办。

(2)邀请中间人调解,沟通双方的意见,再通过友好协商达成一致的解决办法。

监理工程师在接到任何一方争端申诉以后,应在84天内做出自己的决定,并正式通知争议的双方。如果在84天内监理工程师做不出决定,或争议双方的任何一方不同意监理工程师的决定时,在之后70天以内,争议的任何一方可申请通过仲裁的方式解决争议。

6.4.2 仲裁

采取仲裁方式解决争端,应注意以下几点:

(1)争议的任何一方如欲将合同争议提交仲裁时,必须书面通知监理工程师,否则,仲裁机关不受理仲裁要求,不能开始仲裁工作。

(2)仲裁机关在受理仲裁申请后,首先要进行调解,争取协商解决,经过56天的调解仍不能使争议双方达成一致意见时,才正式开始仲裁。

(3)在仲裁期间,承包人仍应努力地进行施工,并保护工程不受损害。项目法人仍按原合同规定支付工程进度款,合同双方的义务没有改变。

(4)仲裁决定可能推翻监理工程师的决定,也可能与监理的决定基本相同,但是,争议双方必须遵守仲裁决定。

6.5 清场与撤离的监理工作内容

(1)监理机构依据施工合同约定,在签发工程移交证书前,监督承包人完成施工场地的清理,做好环境恢复工作。

(2)监理机构应在工程移交证书颁发后的约定时间内,检查承包人在保修期内为完成尾工和修复缺陷应留在现场的人员、材料和施工设备情况,其余承包人的人员、材料和施工设备均应按批准的计划退场。

7 协调

监理机构主要通过召开周例会、月例会、专题会、现场会的形式协调发包人与承包人之间的关系。

8 工程验收与移交

8.1 工程验收与移交工作内容

(1)协助发包人制订各时段验收工作计划。

(2)编写各时段工程验收的监理工作报告,整理监理部提交和提供的验收资料。

(3)参加或受发包人委托主持分部工程验收,参加阶段验收、单位工程验收、竣工验收。

(4)督促承包人提交验收报告和相关资料并协助发包人进行审核。

(5)督促承包人按照验收鉴定书中对遗留问题提出的处理意见完成处理工作。

(6)验收通过后及时签发工程移交证书。

8.2 分部工程验收监理工作内容

(1)在承包人提出验收申请后,组织检查分部工程的完成情况并审核承包人提交的分部工程验收资料。对提供的资料中存在的问题及时指示承包人进行补充、修正。

(2)在分部工程的所有单元工程已经完建且质量全部合格、资料齐全时,提请发包人及时进行分部工程验收。

(3)主持分部工程验收工作,并在验收前准备应由发包人提交的验收资料和提供的验收备查资料。

(4)分部工程验收通过后,监理部签署分部工程验收鉴定书,并督促承包人按照分部工程验收鉴定书中提出的遗留问题及时进行完善和处理。

8.3 阶段验收监理工作内容

(1)监理部在工程建设进展到基础处理完毕、截流、水库蓄水、机组启动、输水工程通水以及堤防工程汛前、除险加固工程过水等关键阶段之前，提请发包人进行阶段验收的准备工作。

(2)如需进行技术性初步验收，监理部参加并在验收时提交和提供阶段验收监理工作报告和相关资料。

(3)在初步验收前，监理部督促承包人按时提交阶段验收施工管理工作报告和相关资料，并进行审核，指示承包人对报告和资料中存在的问题进行补充、修正。

(4)根据初步验收中提出的遗留问题处理意见，监理部督促承包人及时进行处理，以满足验收的要求。

8.4　单位工程验收监理工作内容

(1)监理部参加单位工程验收工作，并在验收前按规定提交和提供单位工程验收监理工作报告和相关资料。

(2)在单位工程验收前，监理部督促承包人提交单位工程验收施工管理工作报告和相关资料，并进行审核，指示承包人对报告和资料中存在的问题进行补充、修正。

(3)在单位工程验收前，监理部协助发包人检查单位工程验收应具备的条件，检验分部工程验收中提出的遗留问题的处理情况，并参加单位工程质量评定。

(4)对于投入使用的单位工程在验收前，监理部审核承包人因验收前无法完成、但不影响工程投入使用而编制的尾工项目清单和已完工程存在的质量缺陷项目清单及其延期完工、修复期限和相应施工措施计划。

(5)督促承包人提交针对验收中提出的遗留问题的处理方案和实施计划，并进行审批。

(6)投入使用的单位工程验收通过后，监理部签发工程移交证书。

8.5　合同项目完工验收监理工作内容

(1)当承包人按施工合同约定或监理指示完成所有施工工作时，监理部及时提请发包人组织合同项目完工验收。

(2)监理部在合同项目完工验收前，按规定整编资料，提交合同项目完工验收监理工作报告。

(3)监理部在合同项目完工验收前，检验前述验收后尾工项目的实施和质量缺陷的修补情况；审核拟在保修期实施的尾工项目清单；督促承包人按有关规定和施工合同约定汇总、整编全部合同项目的归档资料，并进行审核。

(4)督促承包人提交针对已完工程中存在质量缺陷和遗留问题的处理方案和实施计划，并进行审批。

(5)验收通过后，监理部按合同约定签发合同项目工程移交证书。

8.6　竣工验收监理工作内容

(1)监理部参加工程项目竣工验收前的初步验收工作。

(2)作为被验收单位参加工程项目竣工验收，对验收委员会提出的问题做出解释。

9　保修期监理

9.1　保修期的起算、延长和终止

9.1.1　保修期的起算

按施工合同约定,本工作保修期自工程移交证书中写明的全部工程完工日开始算起。

9.1.2 保修期的延长

若保修期满后仍存在施工期的施工质量缺陷未修复或有施工合同约定的其他事项时,监理部在征得发包人同意后,做出相关工程项目保修期延长的决定。

9.1.3 保修期的终止

保修期或保修延长期满,承包人提出保修期终止申请后,监理机构在检查承包人已经按照施工合同约定完成全部其应完成的工作,且经检验合格后,28 天内签署和颁发保修责任终止证书给承包人。

9.2 保修期监理的主要工作内容

(1)监理部督促承包人按计划完成尾工项目,协助发包人验收尾工项目,并为此办理付款签证。

(2)督促承包人对已完工程项目中所存在的施工质量缺陷进行修复。在承包人未能执行监理机构的指示或未能在合理时间内完成修复工作时,监理机构可建议发包人雇佣他人完成质量缺陷修复工作,并协助发包人处理由此所发生的费用。

若质量缺陷是由发包人或运行管理单位的使用或管理不周造成,监理部受理承包人因修复该质量缺陷而提出的追加费用付款申请。

(3)督促承包人按施工合同约定的时间和内容向发包人移交整编好的工程资料。

(4)签发工程项目保修责任终止证书。

(5)签发工程最终付款证书。

(6)保修期间现场监理部保留必要的人员和设施,撤离其他人员和设施,或将设施移交发包人。

10 信息管理

10.1 信息采集、资料整理及文档管理制度

10.1.1 信息采集

信息采集,就是收集原始信息,监理人员主要从以下几方面进行信息采集:

(1)现场监理工程师每日及时填写监理日志。

(2)现场监理工程师对关键部位或关键工序进行旁站监理,并及时填写旁站记录。

(3)现场监理工程师按月向项目法人提交监理月报。

(4)监理人员对承包人的指令,及设计、施工、发包人和上级部门提供的信息。

(5)工程质量记录。

(6)单元质量评定记录。

(7)实验记录。

(8)会议记录。

10.1.2 资料整理及文档管理制度

对在工程建设实施过程中形成的原始信息进行收集积累,加工整理,立卷归档和检索利用等一系列工作,为了管好和用好监理资料,单位还建立一套相应的文档管理制度。资料及文档管理均采用计算机辅助管理。

10.2　监理报表

(1)承包人用表按照规范要求报表。

(2)监理机构用表按照规范要求报表。

11　安全生产与文明施工的监督

监理机构主要从以下几方面进行安全生产与文明施工的监督:

(1)监督各承包人建立、健全安全生产与文明施工保证体系,落实安全生产责任制和管理制度。

(2)核查设计图纸是否符合法律、法规和工程建设强制性标准。

(3)审查承包人报送的施工组织设计中的安全技术措施或者专项施工方案是否符合建设强制性标准。着重审查以下达到一定规模的危险性较大的分部分项工程的专项施工方案:①抛石工程;②土方开挖工程;③模板工程;④起重吊装工程;⑤脚手架工程;⑥拆除工程。

(4)在实施监理过程中,发现存在安全事故隐患的,应当要求承包人整改;情况严重的,应当要求承包人暂时停止施工,并及时报告业主。承包人拒不整改或者不停止施工的,监理部应当及时向有关主管部门报告。

(5)对从事爆破等具有危险性工种的作业人员要求持证上岗。

(6)要求承包人在危险部位设置明显的安全警示标志。

(7)要求承包人在施工过程中加强环境保护工作。督促承包人遵守有关环境保护法律、法规的规定,在施工现场采取措施,防止或者减少粉尖、废气、废水、固体废物、噪声、振动和施工照明对人和环境的危险和污染。

(8)监督承包人落实三级安全生产教育制度。

(9)要求承包人制定本单位生产安全事故应急救援预案,建立应急救援组织,配备必要的应急救援器材、设备。

(10)定期组织建设各方对工程进行安全生产与文明施工检查。

(11)检查防洪度汛措施并提出建议。

(12)参加重大的安全事故调查。

12　监理设施

12.1　本工程投入的监理设施

本工程投入的主要监理设施见表3-11。

表3-11　主要监理设施清单

序号	设施名称	型号	数量	单位	备注
1	计算机		1	台	
2	相机	索尼	1	台	
3	打印机	惠普	1	台	
4	常用检测工具		1	批	

12.2 设施使用的规章制度

(1)计算机、打印机不使用时用布盖好。

(2)未征得总监理工程师同意,不允许在计算机内私自安装软件。

(3)常用检测工具使用后要及时进行维护,并妥善保管。

项目小结

本项目主要介绍了水利工程监理系列文件,主要内容包括监理大纲、监理规划、监理实施细则、监理记录、监理报告和监理日志等。监理大纲又称监理方案,是指在监理招标投标阶段,监理单位投标为承揽监理业务而编制的监理方案性文件。监理规划是指在监理单位与发包人签订监理合同之后,由总监理工程师主持编制,并经监理单位技术负责人批准的,用以指导监理机构全面开展施工监理工作的指导性文件。监理实施细则是指由监理工程师负责编制,并经总监理工程师批准,用以实施某一专业工程或专业工程监理的操作性文件。监理记录是监理工作的各项活动、决定、问题及环境条件的全面记载。监理报告是指建设单位、监理单位、施工单位之间的工作表格和报告的总称。监理日志是监理机构实施监理活动的原始记录,是执行委托监理合同、分析质量问题、编制监理竣工文件和处理索赔、延期、变更的重要依据,是监理档案的基本组成部分。这些监理系列文件必须根据施工监理规范规定的编制要点和内容编写。

复习思考题

1.什么是监理大纲?监理大纲编制的依据有哪些?监理大纲的主要内容有哪些?

2.什么是监理规划?监理规划编制的要点有哪些?监理规划的主要内容有哪些?

3.什么是监理实施细则?监理实施细则编制的要点有哪些?监理实施细则的主要内容有哪些?

4.监理大纲、监理规划、监理实施细则的区别与联系是什么?

5.什么是监理记录?监理记录的种类和内容有哪些?

6.什么是监理报告?监理报告编制的要求有哪些?监理报告的主要内容有哪些?

7.什么是监理日志?监理日志填写的要点有哪些?监理日志记录的内容有哪些?

下篇 水利工程施工监理实践操作

项目四　水利工程施工准备阶段的监理

【学习目标】 通过本项目的学习,学生应掌握水利工程施工准备阶段的监理工作;熟悉监理机构的准备工作;了解开工条件的控制。具备监理员和监理工程师职业岗位必需的基本知识和技能。

任务一　监理机构的准备工作

一、施工准备阶段概述

施工准备阶段是指初步设计完成后至工程开工前的建设阶段。施工准备阶段是一个极为重要的工作阶段,它的工作质量对整个项目建设的工期、质量、安全、经济都起着举足轻重的作用。从技术经济的角度来讲,施工准备是一个施工方法、人力、机械、物资投入、工期、质量、成本的设计和比选的优化过程;而从项目实施角度来讲,施工准备则是为项目按期开工创造必要的技术物质条件。因此,参与工程建设的有关单位,都必须对该阶段的工作予以足够的投入和重视。

项目法人在施工准备阶段的主要工作包括施工现场的征地、拆迁;完成施工用水、用电、通信、道路和场地平整等工程;必需的生产、生活、临时建筑工程;组织招标设计、咨询、设备和物资采购等服务;组织工程监理和施工招标投标,并择优选定工程监理单位和施工单位。

施工单位在施工准备阶段应做好人力、材料、机具、经济、技术、设施等的组织调配工作。

监理单位在施工准备阶段的主要工作包括监理单位自身的准备工作,确认项目法人的准备工作,检查承包商的准备工作等。

二、监理机构的准备工作

《水利工程施工监理规范》(SL 288—2014)规定施工准备阶段监理机构的准备工作主要包括:①监理单位依据监理合同约定,进场后及时设立监理机构,配备监理人员,并进行必要的岗前培训。②建立监理工作制度。③提请发包人提供工程设计及批复文件、合同文件及相关资料。收集并熟悉工程建设法律、法规、规章和技术标准等。④依据监理合同约定接收由发包人提供的交通、通信、办公设施和食宿条件等;完善办公和生活条件。⑤组织编制监理规划,在约定的期限内报送发包人。⑥依据监理规划和工程进展,结合批准的施工措施计划,及时编制监理实施细则。监理机构的具体准备工作内容如下。

(一)熟悉工程建设合同文件

合同文件是开展监理工作的依据,监理人员应全面熟悉工程建设合同文件,通过对监理合同、施工合同、施工图纸及相关技术标准的学习,确定监理目标及范围,明确监理职责及权利,了解工程内容及要求,同时对合同文件中存在的问题进行记载与查证,做出合理的解释,提出合理的处理方案,这样,在今后的监理工作中才能做到有的放矢。

(二)调查施工环境

施工环境是影响工程施工的一项重要因素,监理机构应对工程所在地的自然环境(如地质、水文、气象、地形、地貌、自然灾害情况等)和社会环境(如当地政治局势、社会治安、建筑市场状况、相关单位、基础设施、金融市场情况等)做必要的调查研究,重点对可能造成工程延期和费用索赔的施工环境进行实际调查和掌握,例如:

(1)设计阶段尚未发现并在图纸上尚未明示的地下障碍。

(2)施工场地范围内尚未拆迁的建筑物及其他障碍物。

(3)施工中可能危及安全的建筑物及设施。

(4)可能危及工程安全的自然灾害及地质病害。

(5)工程所在地建材价格、质量情况及地方资源条件等。

上述调查都要以实际数据为基础,调查结果以图表的形式分类存档。

(三)编制监理规划

监理规划是在项目监理机构充分分析和研究建设工程的目标、技术、管理、环境及承建单位、协作单位等方面的情况后,由项目总监理工程师主持编写的,是指导项目监理机构开展监理工作的指导性文件。监理规划应在开工之前编写完成,并经监理单位技术负责人批准后报送项目法人。

(四)编制监理实施细则及表式文件

监理实施细则是在监理规划的基础上,由项目监理机构的专业监理工程师针对建设工程某一专业或某一方面的监理工作编写的,并经总监理工程师批准实施的操作性文件。在相应专业工作实施前,专业监理工程师应完成分项工程监理实施细则、监理报表等文件的编制工作。

(五)制订监理工作程序

为使监理工作科学、有序地进行,监理机构应按监理工作的客观规律及监理规范要求制订工作流程,以便规范化地开展监理工作。

(1)制订监理工作总程序应根据专业工程特点,并按工作内容分别制定具体的监理工作程序。

(2)制订监理工作程序应体现事前控制和主动控制的要求。

(3)制订监理工作程序应结合工程项目的特点,注重监理工作的效果中应明确工作内容、行为主体、考核标准、工作时限。

(4)当涉及项目法人和承包单位的工作时,监理工作程序应符合委托监理合同和施工合同的规定。

(5)在监理工作实施过程中,应根据实际情况的变化对监理工作程序进行调整和完善。

(六)编制综合进度控制计划

监理单位受项目法人委托,对某一工程项目建设进行监理,力求实现项目法人期望的工程质量、工期及投资目标。为了使项目法人制订的合理工期目标顺利实现,监理机构应当编制一个较为详细而又科学可行的综合进度控制计划。一个工程项目的建设周期一般都较长,涉及许多方面,又受环境、交通、气候、水电等因素影响,故对各分包、各工种插入的先后次序及相互间的搭接配合,各种成品、半成品、机电设备的订货到货时间等,都需要予以统筹安排,不然就会因为某个方面考虑不周,动作迟缓,而影响到整个项目。综合进度计划就是把各个个体的活动统配在一个盘子里。它依据项目法人的工期要求,结合国家工期定额、施工程序和有关合同条件,综合各种有利和不利因素,确定各有关工作的最佳起始时间和最终必须完成时间,合理分配使用空间和时间,以个体保证整体。所以,它对项目法人、设计单位、承包商、供应商均具有约束力。各方都必须严格按照计划的要求开展工作,不得有半点随意性。监理工程师应该负责编制并监督协调执行这个计划。

(七)编制投资控制规划与资金投入计划

为了更好地控制投资,监理机构应于施工前做出投资控制规划,其目标就是使实际投资值不大于施工合同价款。这一投资控制规划,实际上就是将合同造价按建筑工程分部分项切片分解,或称合同造价肢解。把一个笼统的货币数字变成一个个具体的有数量、有单价、有合价的分块,便于掌握、分析与控制。然后再对每一块造价进行预测分析,解析出其固定不变造价和可变造价,再对可变造价制订控制措施,对各类可变因素综合分析研究之后,对投资可能增加的比率事先就能估测出一个概数。如果在控制过程中重点对预先已分析出的可变部分加强控制预防的话,这种可变因素也可以减弱或消失。于是投资增大的幅度就可减少,最多也不会超过最初规划时分析估计的那一概数。如此,这一控制规划及该监理单位的投资控制就算是成功的。为此监理单位应将分解后的投资控制份额分配落实到部门人头,人人负责,层层把关,从设计变更、技术措施、现场签证、价格审批到增加造价的新技术、新工艺、新材料的使用,都要从严控制,真正从技术、经济、管理各个方面把投资控制好。

在投资控制规划做出之后,监理机构就可以根据综合进度计划与有关合同来编制资金投入计划。各期的资金投资数额除按照合同价分解的数值考虑外,还应加一个该期可能发生的增加系数,以便实际上发生超增时有备无患。如该期超增数因控制得当而未发生,可通知项目法人调减下期的筹措资金。同时,在编排资金投入计划时要注意可能发生的工期提前现象。所以,项目法人在控制资金投入计划筹措资金时,最好能较计划投入期提前2~3个月。

(八)编制质量预控措施和分项监理流程图

质量控制目标在施工合同中均已予以明确,质量标准在国家施工验收规范和有关设计文件中也已确定。为了按标准要求实现合同确定的质量目标,监理机构应将质量目标具体化,即予以细化分解。为此,在开工前应组织专业监理人员按分项或工序编制质量预控措施和分项监理流程图,并将该图下发给施工单位,以便在今后施工中配合工作。

(九)准备监理设施

在项目开工前,监理机构要做好各项物质准备,包括办公设施、办公生活用房、交通工具、通信工具、实验测量仪器等。以上装备根据监理合同约定,部分由监理单位自备,部分由项目法人提供。

(十)协助项目法人做好施工准备工作

在工期目标确定之后,项目法人、承包商、监理机构都要认真准备,为项目按时开工积极创造条件,而项目法人的施工准备工作更不容忽视。许多项目法人往往有一种错误的认识,认为一旦合同签订,似乎所有问题就都由承包商负责了,这种认识往往导致准备不周而贻误工程,甚至还会引起承包商索赔。对此监理机构在施工准备阶段要特别予以注意,要认真检查项目法人负责的准备工作是否办妥和符合要求,如有不妥应尽早采取措施,督促或帮助项目法人尽快予以完善,以满足开工的需要。

1.检查核对施工图纸

一般情况下,施工图纸已在招标前完成。监理机构在进场后,应对施工图纸检查核对,如果与标准不符,则应尽快报告项目法人与设计单位联系,查明原因,落实补图时间。这个时间应与承包商的施工准备及开工时间相协调。

2.检查开工前需要办理的各种手续

由于各地区对于报建手续要求不尽统一,监理机构新到一个地方开展监理工作时,首先要了解当地政府建设主管部门对项目开工前需要办理的手续种类。依此来检查项目法人完成的情况。未完部分督促、协助项目法人尽快办妥,争取在合同规定的开工日期之前办妥施工许可证。

3.检查施工现场及"四通一平"工作

查看规划部门的放线资料是否齐全,指定施工使用的坐标点、高程控制点有无变动,若有变动,应请原给点单位进行复测确认,并对这些点进行特别的加固保护。

检查项目法人应提供的施工场地、道路、供电、供水、通讯(信)等条件是否具备。

4.了解资金到位情况并根据施工合同及施工组织设计编制资金使用计划

向项目法人了解资金到位情况及资金筹集渠道,对项目法人提出资金运行方面的咨询意见,确保对工程价款的支付。防止项目法人对此认识估计不足造成支付上的困难,拖欠施工单位进度款,从而处于违约被动的地位。

5.了解大型设备订货情况

目前,许多项目的大型机电设备订货,都是由项目法人负责的。由于机电设备从订货到供货进场周期较长,规模型号及其有关的技术参数差别较大,而这些技术参数还可能涉及设计修改和施工变更,故应尽早落实。监理机构在施工准备阶段,就应该了解项目法人在这个方面的安排,并依据项目法人的意图,对原有设备订货计划进行审查和调整,对有关技术问题提出建议,以满足工程建设的需要。

6.了解工程保险情况

随着建筑市场的开放、发展与完善,风险管理在国内正逐步被认识并渐渐引起重视。

风险管理是监理单位的一项重要服务内容,在接受项目法人委托之后,监理单位应对工程所有的风险因素进行分析预测,并在此基础上制定有效措施,对风险进行预控,在充分分析论证的基础上,确定风险保留部分和风险转移部分。而解决风险转移的最有效办法是向保险公司投保。目前,我国对建筑工程的保险种类有三种,即建筑工程险、人身保险、第三者责任保险。监理工程师应于开工前,向项目法人了解投保情况,并根据工程特点,对投保方式向项目法人提出咨询。

任务二 施工准备阶段的监理

一、施工准备工作的基本任务

施工准备工作的基本任务是为拟建工程的施工建立必要的技术、物质条件,统筹安排施工力量和施工现场,是工程施工顺利进行的根本保证。施工准备工作的主体是施工单位。在施工准备阶段,监理机构应该积极参与,热情帮助,多出主意,当好参谋,为项目的尽早开工创造条件,与施工单位共同创建一个良好的施工环境。

二、施工准备阶段的监理工作

《水利工程施工监理规范》(SL 288—2014)规定施工准备阶段监理机构的监理工作主要包括以下内容:

(1)检查开工前发包人应提供的施工条件是否满足开工要求。①首批开工项目施工图纸的提供。②测量基准点的移交。③施工用地的提供。④施工合同约定应由发包人负责的道路、供电、供水、通信及其他条件和资源的提供情况。

(2)检查开工前承包人的施工准备情况是否满足开工要求。①承包人派驻现场的主要管理人员、技术人员及特种作业人员是否与施工合同文件一致。如有变化,应重新审查并报发包人认可。②承包人进场施工设备的数量、规格和性能是否符合施工合同约定,进场情况和计划是否满足开工及施工进度的要求。③进场原材料、中间产品和工程设备的质量、规格是否符合施工合同约定,原材料的储存量及供应计划是否满足开工及施工进度的需要。④承包人的检测条件或委托的检测机构是否符合施工合同约定及有关规定。⑤承包人对发包人提供的测量基准点的复核,以及承包人在此基础上完成施工测量控制网的布设及施工区原始地形图的测绘情况。⑥砂石料系统、混凝土拌和系统或商品混凝土供应方案以及场内道路、供水、供电、供风及其他施工辅助加工厂、设施的准备情况。⑦承包人的质量保证体系。⑧承包人的安全生产管理机构和安全措施文件。⑨承包人提交的施工组织设计、专项施工方案、施工措施计划、施工总进度计划、资金流计划、安全技术措施、度汛方案和灾害应急预案等。⑩应由承包人负责提供的施工图纸和技术文件。⑪按照施工合同约定和施工图纸的要求需进行的施工工艺实验和料场规划情况。⑫承包人在施工准备完成后递交的合同工程开工申请报告。

(3)参加、主持或与发包人联合主持召开设计交底会议,由设计单位进行设计文件的技术交底。

(4)按照有关规定核查与签发施工图纸。①工程施工所需的施工图纸,应经监理机构核查并签发后,承包人方可用于施工。承包人无图纸施工或按照未经监理机构签发的施工图纸施工,监理机构有权责令其停工、返工或拆除,有权拒绝计量和签发付款证书。②监理机构应在收到发包人提供的施工图纸后及时核查并签发。在施工图纸核查过程中监理机构可征求承包人的意见,必要时提请发包人组织有关专家会审。监理机构不得修改施工图纸,对核查过程中发现的问题,应通过发包人返回设代机构处理。③对承包人提供的施工图纸,监理机构应按施工合同约定进行核查,在规定的期限内签发。对核查过程中发现的问题,监理机构应通知承包人修改后重新报审。④经核查的施工图纸应由总监理工程师签发,并加盖监理机构章。

(5)参与发包人组织的工程质量评定项目划分。

监理机构的具体监理工作内容如下。

(一)尽快向施工单位办理有关交接工作

为了帮助施工单位尽快进入角色,加快施工准备工作,监理机构应会同项目法人尽早将施工现场向施工单位办理交接,主要包括:

(1)场地界线及自然地貌情况,四邻各类原有建筑物的详细情况。

(2)水源、电源接驳点及其管径、流量、容量等,如已装有水表电表的,双方应办理水表、电表读数认证手续。

(3)水准点、坐标点交接。

(4)占道及开路口的批准文件,具体位置及注意事项。

(5)地下工程管线情况。

(6)交代指定排污点及市政对施工排水的要求。

(7)如果施工现场处于古代历史文化区域,应提醒施工单位注意对可能碰到的地下文物的保护。

(8)按合同规定份数向施工单位移交施工图纸、地质勘查报告及有关技术资料。

(9)其他施工单位需要了解的情况。

(二)组织好图纸会审与技术交底

施工图纸是施工的依据,施工单位必须严格按图施工;施工图纸同样也是监理的依据,因此熟悉施工图纸、理解设计意图、搞清结构布局是监理机构和施工单位的首要任务。同时由于施工图纸数量大,涉及多个专业,加之各种其他影响因素,设计图纸中难免存在不便施工、难以保证质量以及错漏等问题,故应于施工前进行施工图纸会审,尽可能早地发现图纸中的问题,以减少不必要的浪费与损失。

图纸会审与技术交底是一项重要的技术准备工作,监理机构必须特别重视,应由总监理工程师负责专门抓好这项工作。首先在征求施工单位意见的基础上,尽早商定图纸会审的日期,或安排一个日程表,通知设计单位等有关方面,以便做好充分准备,提高图纸会审的质量。这个时间不宜太短,应给施工单位以足够的阅图时间,以便把图纸吃透、问题看准。监理工程师也要花大量的精力研究、熟悉图纸,弄清设计要求、结构体系及关键环节,准备会审意见,期间要与施工单位保持经常的联系,收集阅图中发现的问题,随时与设计单位进行信息交流,早做准备。

图纸会审与技术交底是两项工作。正常的做法应是按先交底后会审的次序进行,技术交底是设计单位在向施工单位全面介绍设计思想的基础上,对新结构、新材料、重要结构部位和易被施工单位忽视的技术问题进行技术交底,并提出在确保施工质量方面具体的技术要求。在此基础上进行阅图和会审,将会有利于施工单位对图纸的理解。

图纸会审在技术交底之后。施工单位在认真、仔细地阅读、核对图纸的基础上,主要抓以下几个关键环节:

(1)核对设计图纸是否符合国家有关技术政策、标准、规范和批准的设计文件精神。

(2)图纸及设计说明是否完整、清楚、明确、齐全,图中尺寸、坐标、标高是否正确,相互间有无矛盾。

(3)总平面与施工图的几何尺寸、平面位置、标高等是否一致。

(4)地基处理方法是否合理,主体与细部是否存在不能施工、不便于施工的技术问题,或容易导致质量、安全、工程费用增加等方面的问题。

(5)各专业图纸本身是否有差错或矛盾,各专业之间在平面与空间上有无矛盾,表示方法是否清楚,是否符合制图标准,预埋件是否表示清楚。

(6)建筑物内部工艺管道、电气线路、设备装置、运输道路与建筑物之间或相互间有无矛盾,布置是否合理。

(7)防火措施的设计是否符合防火规范的要求。

(8)有无特殊结构,如有,其设计深度是否足够,施工单位的技术装备条件能否完成。

(9)图中涉及的特殊材料及配件本地能否供应,要求的品种、规格、数量是否满足需要。

(10)施工安全、环境卫生有无保证。

(11)施工图中所列各种标准图册施工单位是否具备。

(12)施工图中有无含糊不清之处。

(13)有无修改方面的建议与要求。

技术交底与图纸会审应由监理机构或与项目法人联合主持,各方都要做好图纸会审记录并由监理机构整理编写成图纸会审纪要,交由参加图纸会审各方会签,设计单位审定盖章后,下发施工单位实施。经项目法人、施工单位、设计单位及监理单位确认的图纸会审纪要,与施工图具有同等效力。

(三)督促编制施工图预算

编制施工图预算是施工准备工作的一个重要部分,只有通过施工图预算才能提供准确的工程量和施工材料数量,为编制施工组织设计提供数据,故监理单位应督促施工单位尽早编制,并于编制完成后抓紧予以审查。

(四)审查施工组织设计

施工组织设计是指导施工现场全部生产活动的技术经济文件,是施工单位组织施工的纲领性文件,编制施工组织设计是施工单位最主要最关键的施工准备工作,审查施工组织设计同样也是监理机构的一项非常重要的工作。

1.审查施工组织设计的指导思想

监理机构审查施工组织设计的指导思想是:通过对方案的经济技术分析比较、综合、评估,优选一个经济、实用、安全、可行的最佳方案,达到投入少、工期快、质量好的目的。

2.审查施工组织设计的原则

(1)施工组织设计应符合当前国家基本建设方针与政策,突出"质量第一,安全第一"的原则。

(2)施工组织设计应与施工合同条件相一致。

(3)施工组织设计中的施工程序和顺序,应符合施工工艺原则和本工程的特点,对冬季、雨季施工应制定有效措施,且在工序上有所考虑。

(4)施工组织设计应优先选用当前先进成熟的施工技术。

(5)施工组织设计应采用流水施工方法和网络计划技术,做到连续均衡施工。

(6)施工机械的选用配备应经济合理,满足工期与质量的要求。

(7)施工平面图的布置与地貌环境、建筑平面协调一致,并符合紧凑合理、文明安全、节约方便的原则。

(8)降低成本、确保质量和安全的措施科学合理。

3.施工组织设计审查的重点内容

施工组织设计审查的重点内容包括施工方案(施工方法)、施工进度计划及施工总平面布置等。

1)施工方案(施工方法)的审查

对施工方案(施工方法)审查,首先从以下几个方面入手,再在此基础上做综合评述:

(1)在通阅施工方案的基础上,审视该方案与本工程所处的地貌环境、结构特点及合同要求是否一致,如果相互矛盾,应要求施工单位修改。

(2)审查施工程序与顺序有无不妥。施工程序就是根据施工生产的固有特点和规律,合理安排施工的起点、流向和顺序,这种程序一般是遵循"先准备后施工,先地下后地上,先土建后安装,先主体后围护,先结构后装修"的原则,它受施工条件、工程性质、使用要求的影响。这种程序能满足缩短工期、保证质量的要求,一般是不能违背的。而每一个施工过程的施工顺序则更为严格,它一般情况是不允许更改的。它是由施工工艺、施工组织、施工方法和质量要求来确定的。对于施工程序和顺序的审查要依据设计要求、国家技术规范和合同条件,结合同类工程施工经验仔细进行。对选用个别非常规程序的施工方法,如地下建筑物施工中的逆作法,它又有自身的工艺程序,在应用时也必须严格遵守。

(3)审查施工流水段的划分。一个先进的施工组织设计必须采取流水施工交叉作业的施工方法,而流水段的划分影响着施工方案的结构和人力、物力、设备的投入,也影响着工期和成本。因此,在审查时,应突出以下四个重点:①流水段的分界必须是结构上允许停歇的地方;②流水段的工程每段应大致相等,施工生产做到连续均衡;③流水段的数量与主要施工过程数量间的关系符合常规要求;④每段工程量与劳力、设备投入及计划工日间应满足:

$$T = Q/RS \tag{4-1}$$

式中　T——该段计划持续时间;

Q——该段工程量;

R——计划投入的人力、设备数量;

S——产量定额。

(4)审查选用的施工机械。施工机械化程度是现代化施工生产的标志,但绝不是越多越好,应本着工程需要、实际可能、经济合理的原则去配置,而所配置设备的型号、数量,应与工程规模、工期、成本相适应。所以,在审查这一部分时,可根据设备的技术性能、效率及运行成本进行定量的分析比较,以确定机械配置的合理程度。

(5)审查主要施工方法。主要施工方法是施工方案的核心,也是监理工程师审查的重点。先进的施工方法应满足以下三个条件:①有利于提高工效,改善劳动环境和降低工程成本;②有利于提高工程质量又不打乱原方案的流水走向及流水段;③有利于施工生产的标准化、工程化、机械化,而又满足工艺技术上的要求。

某些施工方法涉及重要工程部位和复杂施工要求,或采用新的技术、新结构、新工艺的施工过程,故对于这些主要施工方法的审查,一定要以认真、慎重、负责的态度,了解施工单位对这些方法的熟练程度、管理水平以及当地的施工水平及市场条件,然后再决定取舍,没有把握的施工方法是不能同意使用的。

某些施工方法又常常涉及额度较大的费用。如深基坑施工中的支护方法和降水方法,不同方法间的差额有时能达数十万元至上百万元,对成本影响较大。在审查这些方法时,就要结合埋深、地貌、地质、水文、季节、气候等条件进行综合分析,在确保施工质量和安全的前提下,审定最佳施工方法。

(6)审查技术组织措施。技术组织措施是在技术、组织方面为保证质量安全和降低成本所采取的方法,它与施工企业技术管理水平和施工经验有着密切的关系。对于这部分的审查重点,应放在质量保证措施及安全生产措施上,而降低成本措施,对固定总价合同项目审查可以从简。

①质量保证措施。

质量保证措施的组织措施:审查施工单位的质量保证体系是否健全,各级质检人员资质及素质是否符合要求;是否建立了分级质量责任制,工序间自检、互检、交接检查制度是否执行;全员质量意识如何,有无培训措施;质量有无奖罚办法措施。

质量保证措施的技术措施:是否按工法组织施工,有无事前技术交底制度和备有工序施工技术工艺卡;质量监控手段和使用检测工具,中心实验室设备及人员配置情况如何,计量管理水平如何;审查使用新材料、新技术、新工艺的具体技术措施。

某些技术措施常常会引起成本费用的变化,如新材料、新技术、新工艺的使用,对这种情况,除进行技术可靠性的审查论证外,还应对成本的影响进行比较。凡引起建筑成本上升的新材料、新工艺、新技术,都要从严控制。

②安全生产措施。

安全生产人命关天,频繁的安全事故会严重影响工人的心理情绪,影响施工质量,故施工生产必须树立"安全第一,预防为主"的思想。为此,在施工组织设计中应有安全生产的组织与技术措施,严格贯彻执行《建设工程安全生产管理条例》(国务院令393号)。

按照"谁管生产谁管安全"的原则,建立安全生产保证体系、安全生产教育制度和安全生产责任制。项目要按规定设专职安全员,施工班组要设兼职安全员。

此外,监理机构应当重视对安全生产措施的审查和实施监督。

2)施工进度计划的审查

施工进度计划是用线条和网络形象表达的施工组织设计的缩影,是指导实际施工生产和控制工期的纲领。监理单位对施工进度计划的审查应突出以下几个重点:

(1)施工进度计划的开工时间、竣工时间,即工期应与合同要求相一致,应与监理单位编制的综合进度控制计划相吻合,计划安排上留有一定的调节余地。

(2)检查施工进度计划图中所描述的施工程序、顺序、流水段和流水走向与施工组织设计以及相应的技术、工艺、组织要求是否一致。

(3)用定额法审查每一个施工过程的持续时间有无不当,这个时间应与机械设备、劳力调配及材料半成品供应计划相一致。

(4)对该进度计划均衡特征及工期费用特征做出评价。

3)施工总平面布置的审查

施工总平面审查应掌握三个原则,即布局科学合理、满足使用要求和费用低。

(1)所谓布局是指施工机械、施工道路、材料堆场、生产生活临时设施、水电管线等在平面上的位置安排。这种安排从以下六个方面考虑:①布局紧凑、占地少,方便施工,保证安全;②水平运距短,二次搬运少,装、卸、吊方便;③生产设施要在道路两侧布置,便于运输;④生产设施与生活设施要分设,避免互相干扰,⑤不占用拟建永久建筑物位置,不破坏地下管线,不影响市容;⑥注意防火安全,易燃易爆仓库要远离施工区并有安全防护措施。

(2)满足施工使用要求:①审查各种临时设施的面积、容量、质量与施工方案和进度要求是否适应,材料储备和成品、半成品的加工能力能否满足连续施工需要,审查各类仓库、加工棚(厂)和生活设施的面积;②核算用水量;③照明用电量。

为简化计算,一般选用动力机械用电量的10%为照明用电量,于是总用电量为

$$S_{总} = S_{动} + S_{照} = 1.1S_{动} \tag{4-2}$$

施工现场所选变压器要满足$S_{变} \geqslant S_{总}$。

某些临建工程质量与施工生产有密切关系,在方案审查中也需引起重视。临时道路路基质量若不与汽车载重量及使用频率相适应,就可能会出现道路路基下陷,受到浸水软化不能使用,而致使运输中断或道路返修,使材料运输不能正常进行,以致影响到施工生产。对临时排水系统也存有类似问题,特别在南方多雨地区,暴雨成灾,排泄不畅,积水成灾,淹没库房及道路,致使施工中断。这些方面在审查中都应做重点核算审查,免除后患。

(3)临建费用。需要审查:①各类临建设施的数量统计;②利用原有建筑物或正式新建建筑物(道路)的比率;③单方造价、临建总价与工程成本的比率。

监理机构通过以上分部分项的审查核算,运用类似工程经验或自编评价系统,即可对该方案的优劣做出定性的评价。需要强调的是,在评价一个施工组织设计时,要把它当成一个系统工程来考虑,在突出质量、工期、费用的前提下,体现系统整体优化。一般施工单位只申报一个施工组织设计,此时用上述的评判方法已能满足要求。若是报送多个方案时,可采用多目标线性模糊综合评判模型进行定量分析。另外,监理单位虽然代表项目法人利益,更多注意的是合同造价外增加的费用控制,但对于方案中涉及施工成本部分的审查也应关注。

（五）审查承包人现场项目管理机构体系

工程项目开工前，监理机构应审查承包人现场项目管理机构的质量管理体系、技术管理体系和质量保证体系，确能保证工程项目施工质量时予以确认。对质量管理体系、技术管理体系和质量保证体系应审核：①质量管理、技术管理和质量保证的组织机构；②质量管理、技术管理制度；③专职管理人员和特种作业人员的资格证、上岗证。

对于施工组织管理机构的审查，可分为以下三部分：

1.工程负责人（项目经理）的资格审查

监理机构主要审查项目经理的资格是否符合工程等级要求，大型工程的项目经理需要具备一级项目经理资格，中型工程的项目经理需要具备二级以上项目经理资格，小型工程的项目经理需要具备三级以上项目经理资格。对于招标的项目，还要求项目经理必须是施工单位投标文件中所列的项目经理，如所报项目经理与投标文件不一致需经项目法人书面认可。

2.施工组织机构的审查

施工组织机构，即项目经理部，是由施工项目经理在企业的支持下组建并领导、进行项目管理的组织机构，是项目实施的组织管理班子，它的任务是按照施工合同确定的承包范围和工期、质量、造价目标，合理调配人、材、物、技术等生产要素，组织好项目施工，达到投资少、工期快、质量好的最佳效果。

施工组织机构应该人员配备齐全、结构设置合理、管理制度健全。审查时要看其组织系统是否是一个线性系统，指令源是否只有一个，信息流程是否灵活畅通，避免一个组织“政出多门”；岗位责任制是否明确，横向联系间有无矛盾。这个组织是否符合“精干、高效、实用”原则，系统覆盖面够不够，有无遗漏；每个部门的负责人和成员的资历经验与所承担的责任是否相适应。如果上述这些问题都令人满意，那么这个组织机构就可以信赖，应批准同意。但书面提供的东西，还不等于现实，监理工程师还需对投入实际运转的组织机构进行观察，个别不能胜任的工作人员，总监理工程师有权要求承包人予以撤换。

3.劳动组织机构的审查

一个施工组织机构应该包括管理机构和劳动组织两方面。对操作工人的审查主要有以下三个方面：

（1）劳动组织机构中的工种配置是否符合本工程特点。

（2）各工种工人的级别等级比例是否得当，特种作业工人有无上岗证书，持证上岗率有多大。

（3）工人的培训教育情况。

审查可通过施工单位填表的方法进行。

（六）审查分包队伍

《建设工程质量管理条例》和《水利工程建设项目施工分包管理暂行规定》中规定施工单位不得转包或者违法分包工程。要求项目的主体部分必须由施工单位自行完成，而一些专业性较强的项目，允许分包给专业施工队伍施工，现行法规还允许劳务作业分包。但所选定的分包单位必须经项目法人审查同意，监理机构则应本着对项目法人和工程负责的态度，负责对总包单位提供的分包单位进行资质审查。审查分以下两步：

(1)审查分包单位的营业执照、注册资本、资质证书和承包范围、经济和技术人员构成、机械设备情况、公司概况,以及近几年的主要施工业绩。

(2)做社会调查和实地考察。

向行业主管部门、有关项目法人了解分包单位的履约、信誉、管理水平。进行实地考察,了解该公司目前的任务情况、综合加工能力、机械装备等,最好能考察1~2个正由该单位施建的工程项目。

根据上述两项审查,综合本工程特点,权衡该分包承担本工程的能力,来决定取舍。若同意,则应尽快对承包人提交的分包申请进行批复。

(七)审查材料及混凝土配合比

工程建设需要大量的建筑材料。这些材料的质量又需要经过科学的检验手段才能确认。加之又要选择运输距离短、货源充足、运输有保障的厂家,就需要花费更多的时间。而混凝土、砂浆配合比,由于技术上的要求,需要的时间更长一些。特殊的混凝土,如高强度等级混凝土、抗渗混凝土、特种混凝土、预应力混凝土等,对材料的质量又有特殊要求,试配工作更加复杂,若一次试配不成功,所需的时间就会更长,而这些工作又必须在施工准备阶段完成,才能满足开工后的需要。所以,监理工程师首先要做的一件工作,就是督促施工单位尽早、尽快开始原材料的调查选点和混凝土配合比的试配工作,并配合施工单位及时做好原材料材质的认证工作和混凝土配合比的审批工作。

为了控制好工程质量,监理机构要把好原材料审查这一关。确保工程使用的所有材料,都必须符合设计及国家技术规范的要求。为此应要求施工单位于订货前,将材料样品及有关技术参数报送监理工程师审批,未获批准前不得订货。监理工程师对施工单位所报材料样品在直观目测、审查保证资料和技术参数的基础上决定是否批准。监理工程师对批准的材料样品负责(该样品分成两份,做出标记,一份交施工单位,一份存监理工程师处)。申报获准后,施工单位可按样品订货。施工单位在组织材料进场时,应持获准样品及批准使用通知书,邀请监理工程师验货进场,并按有关规定进行进场前的批量抽检。施工单位不得随便更改已获准使用的工程材料,需要变更时,应按上述程序重新申报,待监理工程师批准后执行。

监理工程师发现施工单位使用了与样品不符的材料时,应予以制止,并责成施工单位申报使用部位。该部位工程量,监理工程师有权不予验收支付。

外购的成品、半成品、构配件的质量审查原则同上。

对于施工单位报审的混凝土及砂浆配合比,监理工程师可分不同的情况采取不同的审查方法。对于大型建筑公司,在审查了配合比的组分及实验强度无甚异常,选用水泥品种、坍落度与结构要求及输送振捣方法相符之后,即可批准该配合比的使用。而对技术力量比较薄弱的小型建筑公司,除非是外委有资格单位出具的配合比外,一般应按国家规范要求给予复算审查。

混凝土及砂浆配合比必须通过实验确定,实验前承包人应向监理机构报送实验计划。承包人按施工图纸要求完成配合比实验后,须报监理机构审批。施工单位应按批准的配合比,严格计量、投料和搅拌,不得随意变更,需要变更时应重新申报。

对于现场材料的抽样检验,监理工程师应进行见证取样。

目前,建材市场比较混乱,假冒伪劣商品屡禁不绝,已成为工程质量的一大灾害。对此监理工程师在做原材料审查时,要给以特别关注。

(八)施工准备阶段的协调工作

在目前的施工合同中,留给施工单位做准备工作的时间,远远小于正常需要的时间,而且还有逐渐缩短的趋势。为此,监理单位在协助项目法人签订施工合同时,要做好解释工作,给出一个科学、紧凑、合理的施工准备时间,否则就要出现适得其反的结果。而一旦合同签订之后,监理单位就应当全力以赴地抓好施工准备,力保项目按合同要求的时间开工。

施工准备工作千头万绪,涉及勘察、设计、项目法人、监理和承包商。有些准备工作是各自独立进行的,有些又是互相穿插、相互影响的,需要监理机构认真做好组织协调和监督检查,才能做到有条不紊地达到既定目标。为此,监理机构首先要做好以下工作。

1.编制施工准备计划书

施工准备计划书应指明什么时间至什么时间做什么工作,由谁做,有何要求,谁检查、谁验收,与谁联系等,这份计划书要在征求各家意见的基础上排定下发。要求各方严格遵守,谁不能按计划完成,影响了整个目标的实现,谁就要承担经济责任;若在准备过程中出现异常情况,要及时通知监理工程师,以便采取相应的补救措施。这也可以称为施工准备阶段的责任制。

2.建立必要的会议检查制度

由于施工准备工作的特点是任务重、时间紧、干扰多,因此监理工程师在一周内至少要召开一次由设计、项目法人、施工单位参加的碰头会,通报各方准备工作进展情况,下一步打算和需要解决的问题。监理工程师根据实际进展与计划的偏离情况,提出调整意见。碰头会要做好记录,遇有特殊情况时,监理工程师可召开临时会议解决。

3.建立申报制度

不论哪一方,每完成一项准备工作,都要立即向监理工程师书面报告,申请组织验收或报告转入下一项准备工作。当最后一项准备工作报告完成的时候,项目开工的时间也就到来了。

监理工程师在施工准备阶段的责任是将项目法人、设计、施工单位的工作纳入到确保项目如期开工这一控制目标上来。除协调监督工作外,更多的应是积极热情地帮助各方做好工作。

4.建立信息收集整理制度

监理工程师要主动做好信息的收集整理与反馈工作,掌握第一手材料,这样才能在组织协调上处于主动地位。

(九)组织召开第一次工地会议

工程项目开工前,监理机构应主持召开第一次工地会议,第一次工地会议包括以下主要内容。

(1)建设单位、承包单位和监理单位分别介绍各自驻现场的组织机构、人员及其分工。

(2)建设单位根据委托监理合同宣布对总监理工程师的授权。

(3)建设单位介绍工程开工准备情况。

(4)承包单位介绍施工准备情况。

(5)建设单位和总监理工程师对施工准备情况提出意见和要求。

(6)总监理工程师介绍监理规划的主要内容。

(7)研究确定各方在施工过程中参加工地例会的主要人员,召开工地例会周期、地点及主要议题。

第一次工地会议纪要由项目监理机构负责起草,并经与会各方代表会签。

(十)开工前对施工准备工作进行总检查再确认

当项目有关方的施工准备工作即将结束时,监理工程师应会同施工单位与项目法人对整个施工准备工作进行一次全面的检查确认,以保证项目开工后能够顺利进行。需要检查确认的工作分五个部分。

1.技术准备工作

(1)施工图纸及有关标准图已齐全,能满足施工需要,且已进行技术交底与图纸会审,影响施工的各类技术问题业已解决,会审纪要已签字下发各单位。

(2)施工组织设计已经审查批准,各种计划已下发部门执行。

(3)永久性、半永久性坐标点已埋设固定,施测成果已经监理工程师复查认可。

(4)监理工作程序、本项目工作关系图、项目综合控制计划、质量预控措施及分项工程监理流程图已发至施工单位。

(5)原材料、半成品、构配件及混凝土配合比已获监理工程师审查批准。

(6)施工组织机构组建完成并到位。

(7)已向当地建设行政主管部门办妥相关手续。

2.劳力、物资的准备工作

(1)按劳力需要计划,基础施工所需要的各种劳动力,已陆续进场或正在接受入场前的质量安全教育。

(2)基础部分所需要的钢筋模板,制作加工已基本完成,能满足进度需要。

(3)基础工程需要的原材料已按计划足量进场储好,后续货源及运输均已落实。

(4)各仓库内需要的储存物资,如油料、配件、工具、劳保用品已备足。

3.临时设施

(1)施工道路建成,已与市政道路接轨,质量符合使用及安全要求。

(2)给水供电线路已按方案布置,并已与市水、市电碰头,符合安全要求。

(3)消防设施及安全警标已安装悬挂完毕。

(4)围墙、宿舍、门卫、厕所、办公室、仓库、车间、工棚、堆场已建成并通过验收。职工食堂、开水间、浴室、卫生所已运营。

(5)降水工程已运作,每日抽水量符合原设计要求。

4.机械设备及计量器具

(1)垂直运输设备已按方案就位,并通过了技术与动力部门的联合验收,已做了负荷运转实验,符合有关规程要求,水平运输设备已全部进场。

(2)混凝土搅拌机、输送泵、钢筋、模板加工设备、电焊机与计量器具已全部安装完毕,并进行了试转,动力机械部门已验收,同意使用。

(3)中心实验室的设备、仪器已安装就位,并具备有效的检定证书。

5.资金情况

(1)工程预付款已进入施工单位的账户。

(2)投资计划已送达项目法人,项目法人有一定的资金储备,融资渠道畅通。

(3)施工图预算已编审完毕,施工预算已编妥下发。

(4)已做了工程投保。

上述五项工作经监理工程师、项目法人、承包商联合检查确认符合要求后,即可向地方政府施工管理部门报告,申请开工。

(十一)签发开工令

监理工程师应审查承包单位报送的合同项目开工申请表及相关资料,具备以下开工条件时,由总监理工程师签发合同项目开工令,施工开始,并报建设单位。

(1)施工许可证已获政府主管部门批准。

(2)征地拆迁工作能满足工程进度的需要。

(3)施工组织设计已获总监理工程师批准。

(4)承包单位现场管理人员已到位,机具、施工人员已进场,主要工程材料已落实。

(5)进场道路及水、电、通信等已满足开工要求。

三、开工条件的控制

开工条件的控制是监理工程师实现其目标控制的基础。开工条件控制的好坏直接关系到建设工程能否按计划顺利完成,是关系到今后主体工程施工正常进行和保证工程目标实现的重要环节。为了使施工承包人能够在合理、可能的情况下尽快开工,监理工程师应严格审查工程开工应具备的各项条件,做好开工条件的控制工作。

(一)审查开工条件

监理机构应经发包人同意后向承包人发出开工通知(或称进场通知),开工通知中应载明开工日期。监理机构应协助发包人向承包人移交施工合同中约定的应由发包人提供的施工用地、道路、测量基准点以及供水、供电、通信等。承包人在接到开工通知后,应按约定及时调遣人员和施工设备、材料进场,按施工总进度要求完成施工准备工作。

承包人完成合同工程开工准备后,应向监理机构提交合同工程开工申请表。监理机构在检查所列各项条件满足开工要求后,应批复承包人的合同工程开工申请。对于开工条件,如组织机构与人员,材料与施工设备,水、电、风、燃油、场内交通及其附属设施等准备不足,施工技术方案、施工进度计划未经审批,质量保证体系和安全保证体系不健全等,开工申请均不予批准。监理机构经检查确认项目法人和承包人的施工准备满足开工条件后,签发开工令。开工令一般是指由总监理工程师签发的合同项目的第一次开工指令,其后的其他内容的开工,可用开工通知、开仓证或批准开工申请的形式指示开工。

对于分部工程开工,开工前承包人应向监理机构报送分部工程开工申请表,经监理机构批准后方可开工。对于单元工程开工,第一个单元工程应在分部工程开工批准后开工,后续单元工程凭监理工程师签认的上一单元工程施工质量合格文件方可开工。对于混凝土浇筑开仓,监理机构应对承包人报送的混凝土浇筑开仓报审表进行审批,符合开仓条件后,方可签发。

(二)延误开工的处理

1.由于承包人的原因延误开工

由于承包人的原因使工程未能按施工合同约定时间开工的,监理机构应通知承包人在约定时间内提交赶工措施报告并说明延误开工原因。赶工措施报告应详细说明不能及时进点的原因和赶工办法,由此增加的费用和工期延误责任,由承包人承担。

2.由于项目法人的原因延误开工

由于项目法人的原因使工程未能按施工合同约定时间开工的,监理机构在收到承包人提出的顺延工期的要求后,立即与项目法人和承包人共同协商补救方法。由此增加的费用和工期延误造成的损失,由项目法人承担。

项目小结

本项目主要介绍了水利工程施工准备阶段的监理,主要内容包括监理机构的准备工作和施工准备阶段的监理等。施工准备阶段监理机构的准备工作内容主要包括熟悉工程建设合同文件、调查施工环境、编制监理规划、编制监理实施细则及表式文件、制订监理工作程序、编制综合进度控制计划、编制投资控制规划与资金投入计划、编制质量预控措施和分项监理流程图、准备监理设施、协助项目法人做好施工准备工作等。施工准备阶段监理机构的监理工作内容主要包括尽快向施工单位办理有关交接工作、组织好图纸会审与技术交底、督促编制施工图预算、审查施工组织设计、审查承包人现场项目管理机构体系、审查分包队伍、审查材料及混凝土配合比、施工准备阶段的协调工作、组织召开第一次工地会议、开工前对施工准备工作进行总检查再确认、签发开工令等。

复习思考题

1.施工准备阶段监理机构的准备工作有哪些?

2.监理机构协助项目法人应做好哪些施工准备工作?

3.施工准备阶段监理机构的监理工作内容有哪些?

4.施工准备阶段图纸会审主要抓哪些关键环节?

5.监理机构审查施工组织设计的指导思想是什么?审查施工组织设计的原则有哪些?

6.监理机构审查施工组织设计的重点内容是什么?

7.工程项目开工前,监理机构应审查承包人现场项目管理机构体系有哪些?

8.施工准备阶段监理机构应做好哪些协调工作?

9.第一次工地会议的主要内容有哪些?

10.工程项目开工前,监理机构对施工准备工作进行总检查再确认的内容有哪些?

11.监理机构应如何控制开工条件?

12.监理机构应如何处理延误开工?

项目五　水利工程施工实施阶段的监理

【学习目标】　通过本项目的学习，学生应掌握水利工程施工实施阶段的质量控制、进度控制和资金控制；熟悉施工安全监理与文明施工监理、合同管理和信息管理；了解工程建设项目的组织协调工作。具备监理员和监理工程师职业岗位必需的基本知识和技能。

任务一　工程质量控制

“百年大计，质量第一”是人们对建设工程项目质量重要性的高度概括。工程质量是基本建设效益得以实现的基本保证，没有质量，就没有投资效益和工程进度。建设项目的资金、进度控制必须以一定的质量水平为前提，确保建设项目能全面满足各项要求。为此，国务院颁布了《建设工程质量管理条例》（国务院令第279号），水利部颁布了《水利工程质量管理规定》（水利部令第7号），而质量控制是保证工程质量的一种有效方法。

一、工程质量管理体系

《水利工程质量管理规定》明确规定：水利工程质量实行项目法人（建设单位）负责、监理单位控制、施工单位保证和政府监督相结合的质量管理体制。水利工程质量由项目法人（建设单位）负全面责任。监理、施工、设计单位按照合同及有关规定对各自承担的工作负责。质量监督机构履行政府部门监督职能，不代替项目法人（建设单位）、监理、设计、施工单位的质量管理工作。水利工程建设各方均有责任和权利向有关部门和质量监督机构反映工程质量问题。由此可见，水利工程质量管理的三个体系分别为政府部门的质量监督体系、项目法人/监理单位的质量控制体系和设计单位/施工单位的质量保证体系。

（一）政府部门的质量监督体系

水利部主管全国水利工程质量监督工作，水利工程质量监督机构按总站、中心站、站三级设置。

（1）水利部设置全国水利工程质量监督总站，办事机构设在建设司。水利水电规划设计管理局设置水利工程设计质量监督分站，各流域机构设置流域水利工程质量监督分站作为总站的派出机构。

（2）各省、自治区、直辖市水利（水电）厅（局），新疆生产建设兵团水利局设置水利工程质量监督中心站。

（3）各地（市）水利（水电）局设置水利工程质量监督站。

各级质量监督机构隶属于同级水行政主管部门，业务上接受上一级质量监督机构的指导。

水利工程质量监督机构的任务是监督设计、监理、施工等单位在其资质等级允许范围内从事水利工程建设的质量工作，检查和督促建设、设计、监理、施工单位建立健全质量体系，并按照国家和水利行业有关工程建设法规、技术标准和设计文件，来实施工程质量监督，对施工现场影响工程质量的行为进行监督检查。

工程质量监督的主要内容如下：

(1)对监理、设计、施工和有关产品制作单位的资质进行复核。

(2)对建设、监理单位的质量检查体系和施工单位的质量保证体系以及设计单位现场服务等实施监督检查。

(3)对工程项目的单位工程、分部工程、单元工程的划分进行监督检查。

(4)监督检查技术规程、规范和质量标准的执行情况。

(5)检查施工单位和建设、监理单位对工程质量检验和质量评定情况。

(6)在工程竣工验收前，对工程质量进行等级核定，编制工程质量评定报告，并向工程竣工验收委员会提出工程质量等级的建议。

政府部门的质量监督是以抽查为主的监督方式，运用法律和行政手段，做好监督抽查后的处理工作。工程竣工验收时，质量监督机构对工程质量等级进行核定。未经质量核定或核定不合格的工程，承包人不得交验，工程主管部门不能验收，工程不得投入使用。

(二)项目法人/监理单位的质量控制体系

项目法人为维护自己的利益，保证工程质量，充分发挥投资效益，需要建立质量检查控制体系，成立质量检查机构，对各道工序、各个阶段的工程质量进行检查、认证。目前，在实行建设监理制的工程中，项目法人已把这部分工作委托给监理单位。

项目法人/监理单位的质量控制体系是依据国家的有关法律、技术规范、标准和承包合同，对承包人在施工全过程中的每一工序、每一环节进行检查认证，及时发现其中的质量问题，分析原因，采取正确的措施加以纠正，防患于未然。但是，它并不能代替承包人内部的质量保证体系，它只能通过合同双方履行承包合同的约定，运用质量认证和否决权，对承包人进行检查和管理，并帮助、促进承包人建立健全质量保证体系并使之正常运转，从而保证工程质量。

项目法人/监理单位对工程质量的控制认证，有一套完整的、严密的组织机构、工作制度、程序和方法，构成了项目建设的质量检查控制体系，成为我国工程建设管理体系中不可缺少的另一层次的组成部分，并对强化工程质量管理发挥着越来越重要的作用。

(三)设计单位/施工单位的质量保证体系

设计单位/施工单位的质量保证体系是指设计单位/施工单位运用系统工程的观点和方法，以保证工程质量为目的，将单位内各部门、各环节的经营、管理活动严密协调地组织起来，明确他们在保证工程质量方面的任务、责任、权限、工作程序和方法，从而形成一个有机的质量保证整体。

设计单位/施工单位的质量保证体系，是我国工程质量管理三个体系中最基础的部分，对于确保工程质量是至关重要的。只有使质量保证体系正常实施和运行，才能使建设单位和设计单位、施工单位在风险、成本及利润三个方面，达到最佳状态。

设计单位/施工单位对工程项目质量负有首要的责任。这就要求设计单位和施工单位积极推行全面质量管理，保证全员、全过程、全企业的工作质量，逐步实现企业经营管理和生产技术的标准化、规范化、系列化,以保证设计质量、工程施工质量,创造优质工程,缩短建设工期,降低物质消耗,改善服务质量,提高社会经济效益。

二、工程建设各单位的质量责任

(一)项目法人(建设单位)的质量责任

(1)项目法人(建设单位)应根据国家和水利部有关规定依法设立,主动接受水利工程质量监督机构对其质量体系的监督检查。

(2)项目法人(建设单位)应根据工程规模和工程特点,按照水利部有关规定,通过资质审查招标选择勘测设计、施工、监理单位并实行合同管理。在合同文件中,必须有工程质量条款,明确图纸、资料、工程、材料、设备等的质量标准及合同双方的质量责任。

(3)项目法人(建设单位)要加强工程质量管理,建立健全施工质量检查体系,根据工程特点建立质量管理机构和质量管理制度。

(4)项目法人(建设单位)在工程开工前,应按规定向水利工程质量监督机构办理工程质量监督手续。在工程施工过程中,应主动接受质量监督机构对工程质量的监督检查。

(5)项目法人(建设单位)应组织设计和施工单位进行设计交底;施工中应对工程质量进行检查,工程完工后,应及时组织有关单位进行工程质量验收、签证。

(二)监理单位的质量责任

(1)监理单位必须持有水利部颁发的监理单位资格等级证书,依照核定的监理范围承担相应水利工程的监理任务。监理单位必须接受水利工程质量监督机构对其监理资格质量检查体系及质量监理工作的监督检查。

(2)监理单位必须严格执行国家法律、水利行业法规、技术标准,严格履行监理合同。

(3)监理单位根据所承担的监理任务向水利工程施工现场派出相应的监理机构,人员配备必须满足项目要求。监理工程师上岗必须持有水利部颁发的监理工程师岗位证书,一般监理人员上岗要经过岗前培训。

(4)监理单位应根据监理合同参与招标工作,从保证工程质量全面履行工程承建合同出发,签发施工图纸;审查施工单位的施工组织设计和技术措施;指导监督合同中有关质量标准、要求的实施;参加工程质量检查、工程质量事故调查处理和工程验收工作。

(三)设计单位的质量责任

(1)设计单位必须按其资质等级及业务范围承担勘测设计任务,并应主动接受水利工程质量监督机构对其资质等级及质量体系的监督检查。

(2)设计单位必须建立健全设计质量保证体系,加强设计过程质量控制,健全设计文件的审核、会签批准制度,做好设计文件的技术交底工作。

(3)设计文件必须符合下列基本要求:①设计文件应当符合国家、水利行业有关工程建设法规、工程勘测设计技术规程、标准和合同的要求。②设计依据的基本资料应完整、准确、可靠,设计论证充分,计算成果可靠。③设计文件的深度应满足相应设计阶段有关规定要求,设计质量必须满足工程质量、安全需要并符合设计规范的要求。

(4)设计单位应按合同规定及时提供设计文件及施工图纸,在施工过程中要随时掌握施工现场情况,优化设计,解决有关设计问题。对大中型工程,设计单位应按合同规定在施工现场设立设计代表机构或派驻设计代表。

（5）设计单位应按水利部有关规定在阶段验收、单位工程验收和竣工验收中，对施工质量是否满足设计要求提出评价意见。

（四）施工单位的质量责任

（1）施工单位必须按其资质等级和业务范围承揽工程施工任务，接受水利工程质量监督机构对其资质和质量保证体系的监督检查。

（2）施工单位必须依据国家、水利行业有关工程建设法规、技术规程、技术标准的规定以及设计文件和施工合同的要求进行施工，并对其施工的工程质量负责。

（3）施工单位不得将其承接的水利建设项目的主体工程进行转包。对工程的分包，分包单位必须具备相应资质等级，并对其分包工程的施工质量向总包单位负责，总包单位对全部工程质量向项目法人（建设单位）负责。工程分包必须经过项目法人（建设单位）的认可。

（4）施工单位要推行全面质量管理，建立健全质量保证体系，制定和完善岗位质量规范、质量责任及考核办法，落实质量责任制。在施工过程中要加强质量检验工作，认真执行"三检制"，切实做好工程质量的全过程控制。

（5）工程发生质量事故，施工单位必须按照有关规定向监理单位、项目法人（建设单位）及有关部门报告，并保护好现场，接受工程质量事故调查，认真进行事故处理。

（6）竣工工程质量必须符合国家和水利行业现行的工程标准及设计文件要求，并应向项目法人（建设单位）提交完整的技术档案、实验成果及有关资料。

（五）建筑材料、工程设备采购单位的质量责任

（1）建筑材料和工程设备的质量由采购单位承担相应责任。凡进入施工现场的建筑材料和工程设备均应按有关规定进行检验。经检验不合格的产品不得用于工程。

（2）建筑材料和工程设备的采购单位具有按合同规定自主采购的权利，其他单位或个人不得干预。

（3）建筑材料或工程设备应当符合下列要求：①有产品质量检验合格证明；②有中文标明的产品名称、生产厂名和厂址；③产品包装和商标式样符合国家有关规定和标准要求；④工程设备应有产品详细的使用说明书，电气设备还应附有线路图；⑤实施生产许可证或实行质量认证的产品，应当具有相应的许可证或认证证书。

三、监理机构工程质量控制的目标、原则与依据

（一）工程质量控制的目标

监理机构通过有效的质量控制工作和具体的质量控制措施，使建设工程项目施工质量满足设计要求和规范规定，施工质量等级达到合格或者优良。

（二）工程质量控制的原则

（1）坚持质量第一。

（2）坚持以人为控制核心。

（3）坚持以预防为主。

（4）坚持质量标准。

(5)坚持"守法、诚信、公正、科学"的执业准则。

(三)工程质量控制的依据

施工阶段质量控制的依据,据其适用范围及性质,可分为质量控制的共同性依据和有关质量检验与控制的专门技术法规性依据。

1.质量控制的共同性依据

(1)工程合同文件,如工程施工承包合同、设备材料供应合同、监理合同等。

(2)设计文件。经过批准的设计图纸和技术说明书,由监理单位组织设计单位、施工单位参加的设计交底及图纸会审形成的纪要文件等。

(3)国家及政府有关部门颁布的质量管理方面的法律法规文件。

2.有关质量检验与控制的专门技术法规性依据

这类依据包括各种有关的技术标准、规范、规程或规定等。技术标准可分为国际标准(如ISO系列)、国家标准、行业标准和企业标准,如质量检验及评定标准、材料半成品技术检验和验收标准等;技术规范、规程是为有关人员制定的行动准则,通常与质量形成有密切关系,如施工技术规程、施工及验收规范等;有关质量方面的规定,是有关主管部门发布的带有方针目标性的文件,它对于保证标准和规范、规程实施改善实际问题,具有指令性和及时性的特点。

四、影响工程质量控制的因素

影响工程质量控制的因素多种多样,但归结起来可分为五个方面,即人(Man)、材料(Material)、机械(Machine)、方法(Method)、环境(Environment),简称为"4M1E"。

(一)人的控制

人是生产经营活动的主体,在水利工程建设中,项目建设的决策、管理、操作均是通过人来完成的。其中,既包括了施工承包人的操作、指挥及组织者,也包括了监理人员。"人"作为控制的对象,要避免产生失误,要充分调动人的积极性。因此,建设工程质量控制中人的因素是质量控制的重点。

在工程监理质量控制中,应从领导者的素质、人的理论和技术水平、人的生理缺陷、人的心理行为、人的错误行为和人的违纪违章行为等方面考虑对质量的影响。

总之,在对人的控制上,应从人的思想素质、业务素质和身体素质等方面综合考虑,全面控制。

(二)材料质量控制

工程材料包括工程实体所用的原材料、成品、半成品、构配件等,是工程质量的物质基础。材料不符合要求,就不可能有符合要求的工程质量。

1.材料质量控制的要点

材料质量控制的要点包括订货前的控制、进货后的控制、现场配制材料的控制、现场使用材料的控制等。

2.材料质量控制的内容

(1)掌握材料质量标准。

(2)材料质量检验。

材料质量检验的方法分为书面检验、外观检验、理化检验和无损检验等四种。

①书面检验。是通过对提供的材料质量保证资料、实验报告等进行审核,取得认可方能使用。

②外观检验。是对材料从品种、规格、标志、外形尺寸等进行直观检验,看其有无质量问题。

③理化检验。是指在物理、化学等方法的辅助下的量度。它借助于实验设备和仪器对材料样品的化学成分、机械性能等进行科学的鉴定。

④无损检验。是在不破坏材料样品的前提下,利用超声波、X 射线、表面探伤仪等进行检测。

(3)材料质量检验程度。

①免检:如足够质量保证的一般材料、实践证明质量长期稳定且保证资料齐全的材料等。

②抽检:如性能不清楚的材料、质量保证资料有怀疑的材料、成批生产的构配件等。

③全检:如进口材料、重要工程部位的材料、贵重材料等。

(4)材料质量检验项目。通常分为一般实验项目和其他实验项目。一般实验项目,即常规进行的实验项目;其他实验项目,即根据实际需要又进行的实验项目。

(三)机械设备控制

机械设备包括组成工程实体和配套的工程设备及施工机械设备两大类。

1.机械设备控制的要点

监理工程师应从保证项目施工质量角度出发,着重对机械设备的选型、机械设备的主要性能参数和机械设备的使用操作要求等三方面予以控制。

1)机械设备的选型

机械设备选型的原则:技术上先进、经济上合理、生产上适用、性能上可靠、使用上安全、操作上方便、维修上简便。机械设备选型的方针:贯彻执行机械化、半机械化与改良工具相结合的方针,突出机械与施工相结合的特色,使其具有适用性、可靠性、方便性、安全性。

2)机械设备的主要性能参数

机械设备的主要性能参数必须满足施工需要和保证工程质量。

3)机械设备的使用操作要求

机械设备的使用操作贯彻"人机固定"的原则,实行定机、定人、定岗的"三定"制。操作人员认真执行各项规章制度,严格遵守操作规程。

2.施工机械设备控制的内容

监理工程师应按照质量控制的要求进行审核,以确保为施工提供性能好、效率高、操作方便、安全可靠、经济合理并数量足够的施工机械设备。督促承包人做好施工机械设备的使用管理工作。督促承包人对施工机械设备特别是关键性的施工机械设备的性能和状况定期进行维护和鉴定。

对施工设备的主要控制内容如下:

(1)审核承包人在其施工组织设计和施工技术方案中所选择的施工机械设备的形

式、性能和数量。

(2)按照施工合同约定保证施工设备按计划及时进场,并对进场的施工设备进行评定和认可。禁止不符合要求的设备投入使用并应要求承包人及时撤换。检查操作人员的合格性。

(3)督促承包人对施工机械设备,特别是关键性的施工机械设备的及时进场和对其性能、状况定期进行维护和鉴定。

(4)督促承包人建立和健全机械设备维修、保养、使用管理的各种规章制度与措施,严格执行各项技术规定。

(5)旧施工设备进入工地前,承包人应提供该设备的使用和检修记录,以及具有设备鉴定资格的机构出具的检修合格证。经监理机构认可,方可进场。

(6)设备专用于本工程管理。

(7)监理机构若发现承包人使用的施工设备影响施工质量和进度,应及时要求承包人增加或撤换。

(四)施工方法控制

施工方法即工艺方法,包括施工组织设计、施工方案、施工计划及工艺技术等。控制方法的主要方法如下:

(1)制订正确的施工方案。

(2)加强技术业务培训和工艺管理。

(3)严格工艺操作规程。

(4)合理配合和使用机械机具。

监理工程师在制订和审核施工方案和施工工艺时,必须结合工程实际,从技术、管理、经济、组织等方面进行全面分析,综合考虑,确保施工方案、施工工艺在技术上可行,经济上合理,且有利于提高施工质量。

(五)环境因素控制

通常影响工程质量的环境因素有:

(1)自然环境,如工程地质、水文、气象、温度等。

(2)管理环境,如质量保证体系、三检制、质量管理制度、质量签证制度、质量奖惩制度等。

(3)技术环境,如施工所用的规程、规范、设计图纸、质量评定标准等。

(4)作业环境,如作业面大小、防护设施、通风照明和通信条件等。

(5)周边环境,如工程邻近的建筑物、高空设施、地下管线等。

(6)社会环境,如社会秩序、社会治安等。

对环境因素控制的措施主要是创造良好的工序环境,排除环境的干扰等。

五、施工阶段工程质量控制的内容及程序

(一)工程质量控制的内容及要求

《水利工程施工监理规范》(SL 288—2014)规定了工程质量控制的内容及要求,分述如下:

(1)监理机构应按照监理工作制度和监理实施细则开展工程质量控制工作,并不断改进和完善。

(2)监理机构应监督承包人的质量保证体系的实施和改进。

(3)监理机构应按照《工程建设标准强制性条文(水利工程部分)》等有关技术标准和施工合同约定,对施工质量及与质量活动相关的人员、原材料、中间产品、工程设备、施工设备、工艺方法和施工环境等质量要素进行监督和控制。

(4)监理机构应按有关规定和施工合同约定,检查承包人的工程质量检测工作是否符合要求。

(5)监理机构应检查承包人的现场组织机构、主要管理人员、技术人员及特种作业人员是否符合要求,对无证上岗、不称职或违章、违规人员,可要求承包人暂停或禁止其在本工程中工作。

(6)原材料、中间产品和工程设备的检验或验收应符合下列规定:

①承包人对原材料和中间产品按照有关规定的工作内容进行检验,合格后向监理机构提交原材料和中间产品进场报验单。

②监理机构应现场查验原材料和中间产品,核查承包人报送的进场报验单;监理合同约定需要平行检测的项目,按照有关规定进行。

③经监理机构核验合格并在进场报验单签字确认后,原材料和中间产品方可用于工程施工。原材料和中间产品的进场报验单不符合要求的,承包人应进行复查,并重新上报;平行检测结果与承包人自检结果不一致的,按照有关规定处理。

④对承包人或发包人采购的原材料和中间产品,承包人应按供货合同的要求查验质量证明文件,并进行合格性检测。若承包人认为发包人采购的原材料和中间产品质量不合格,应向监理机构提供能够证明不合格的检测资料。

⑤对承包人生产的中间产品,承包人应按施工合同约定和有关规定进行合格性检测。

⑥监理机构发现承包人未按施工合同约定和有关规定对原材料、中间产品进行检测,应及时指示承包人补做检测;若承包人未按监理机构的指示补做检测,监理机构可委托其他有资质的检测机构进行检测,承包人应为此提供一切方便并承担相应费用。

⑦监理机构发现承包人在工程中使用不合格的原材料、中间产品时,应及时发出指示禁止承包人继续使用,监督承包人标识、处置并登记不合格原材料、中间产品。对已经使用了不合格原材料、中间产品的工程实体,监理机构应提请发包人组织相关参建单位及有关专家进行论证,提出处理意见。

⑧监理机构应按施工合同约定的时间和地点参加工程设备的交货验收,组织工程设备的到场交货检查和验收。

(7)施工设备的检查应符合下列规定:

①监理机构应监督承包人按照施工合同约定安排施工设备及时进场,并对进场的施工设备及其合格性证明材料进行核查。在施工过程中,监理机构应监督承包人对施工设备及时进行补充、维修和维护,以满足施工需要。

②旧施工设备(包括租赁的旧设备)应进行试运行,监理机构确认其符合使用要求和有关规定后方可投入使用。

③监理机构发现承包人使用的施工设备影响施工质量、进度和安全时，应及时要求承包人增加、撤换。

(8)施工测量控制应符合下列规定：

①监理机构应主持测量基准点、基准线和水准点及其相关资料的移交，并督促承包人对其进行复核和照管。

②监理机构应审批承包人编制的施工控制网施测方案，并对承包人施测过程进行监督，批复承包人的施工控制网资料。

③监理机构应审批承包人编制的原始地形施测方案，可通过监督、复测、抽样复测或与承包人联合测量等方法，复核承包人的原始地形测量成果。

④监理机构可通过现场监督、抽样复测等方法，复核承包人的施工放样成果。

(9)现场工艺实验应符合下列规定：

①监理机构应审批承包人提交的现场工艺实验方案，并监督其实施。

②现场工艺实验完成后，监理机构应确认承包人提交的现场工艺实验成果。

③监理机构应依据确认的现场工艺实验成果，审查承包人提交的施工措施计划中的施工工艺。

④对承包人提出的新工艺，监理机构应提请发包人组织设计单位及有关专家对工艺实验成果进行评审认定。

(10)施工过程质量控制应符合下列规定：

①监理机构可通过现场察看、查阅施工记录以及按照有关规定实施的旁站监理、跟踪检测和平行检测等方式，对施工质量进行控制。

②监理机构应加强重要隐蔽单元工程和关键部位单元工程的质量控制，注重对易引起渗漏、冻融、冻蚀、冲刷、气蚀等部位的质量控制。

③监理机构应要求承包人按施工合同约定及有关规定对工程质量进行自检，合格后方可报监理机构复核。

④监理机构应定期或不定期对承包人的人员、原材料、中间产品、工程设备、施工设备、工艺方法、施工环境和工程质量等进行巡视、检查。

⑤单元工程(工序)的质量评定未经监理机构复核或复核不合格，承包人不得开始下一单元工程(工序)的施工。

⑥需进行地质编录的工程隐蔽部位，承包人应报请设代机构进行地质编录，并及时告知监理机构。

⑦监理机构发现由于承包人使用的原材料、中间产品、工程设备以及施工设备或其他原因可能导致工程质量不合格或造成质量问题时，应及时发出指示，要求承包人立即采取措施纠正，必要时，责令其停工整改。监理机构应对要求承包人纠正问题的处理结果进行复查，并形成复查记录，确认问题已经解决。

⑧监理机构发现施工环境可能影响工程质量时，应指示承包人采取消除影响的有效措施。必要时，按照有关规定要求其暂停施工。

⑨监理机构应对施工过程中出现的质量问题及其处理措施或遗留问题进行详细记录，保存好相关资料。

⑩监理机构应参加工程设备的安装技术交底会议,监督承包人按照施工合同约定和工程设备供货单位提供的安装指导书进行工程设备的安装。

⑪监理机构应按施工合同约定和有关技术要求,审核承包人提交的工程设备启动程序,并监督承包人进行工程设备启动与调试工作。

(11)旁站监理应符合下列规定:

①监理机构应依据监理合同和监理工作需要,结合批准的施工措施计划,在监理实施细则中明确旁站监理的范围、内容和旁站监理人员职责,并通知承包人。

②监理机构应严格实施旁站监理,旁站监理人员应及时填写旁站监理值班记录。

③除监理合同约定外,发包人要求或监理机构认为有必要并得到发包人同意增加的旁站监理工作,其费用应由发包人承担。

(12)工程质量检验应符合下列规定:

①承包人应首先对工程施工质量进行自检。承包人未自检或自检不合格、自检资料不齐全的单元工程(工序),监理机构有权拒绝进行复核。

②监理机构对承包人经自检合格后报送的单元工程(工序)质量评定表和有关资料,应按有关技术标准和施工合同约定的要求进行复核。复核合格后方可签认。

③监理机构可采用跟踪检测监督承包人的自检工作,并可通过平行检测核验承包人的检测实验结果。

④重要隐蔽单元工程和关键部位单元工程应按有关规定组成联合验收小组共同检查并核定其质量等级,监理工程师应在质量等级签证表上签字。

⑤在工程设备安装调试完成后,监理机构应监督承包人按规定进行设备性能实验,并按施工合同约定要求承包人提交设备操作和维修手册。

(13)跟踪检测应符合下列规定:

①实施跟踪检测的监理人员应监督承包人的取样、送样以及试样的标记和记录,并与承包人送样人员共同在送样记录上签字。发现承包人在取样方法、取样代表性、试样包装或送样过程中存在错误时,应及时要求予以改正。

②跟踪检测的项目和数量(比例)应在监理合同中约定。其中,混凝土试样应不少于承包人检测数量的7%,土方试样应不少于承包人检测数量的10%。施工过程中,监理机构可根据工程质量控制工作需要和工程质量状况等确定跟踪检测的频次分布,但应对所有见证取样进行跟踪。

(14)平行检测应符合下列规定:

①监理机构可采用现场测量手段进行平行检测。

②需要通过实验室进行检测的项目,监理机构应按照监理合同约定通知发包人委托或认可的具有相应资质的工程质量检测机构进行检测实验。

③平行检测的项目和数量(比例)应在监理合同中约定。其中,混凝土试样应不少于承包人检测数量的3%,重要部位每种强度等级的混凝土至少取样1组;土方试样应不少于承包人检测数量的5%,重要部位至少取样3组。施工过程中,监理机构可根据工程质量控制工作需要和工程质量状况等确定平行检测的频次分布。根据施工质量情况要增加平行检测项目、数量时,监理机构可向发包人提出建议,经发包人同意增加的平行检测费

用由发包人承担。

④当平行检测实验结果与承包人的自检实验结果不一致时,监理机构应组织承包人及有关各方进行原因分析,提出处理意见。

(15)监理机构应组织填写施工质量缺陷备案表,内容应真实、准确、完整,并及时提交发包人。施工质量缺陷备案表应由相关参建单位签字。

(16)质量事故的调查处理应符合下列规定:

①质量事故发生后,承包人应按规定及时报告。监理机构在向发包人报告的同时,应指示承包人及时采取必要的应急措施并如实记录。

②监理机构应积极配合事故调查组进行工程质量事故调查、事故原因分析等有关工作。

③监理机构应指示承包人按照批准的工程质量事故处理方案和措施进行事故处理,并监督处理过程。

④监理机构应参与工程质量事故处理后的质量评定与验收。

(17)监理机构应接受质量监督机构的监督,主要包括:

①按要求参加质量监督机构的现场监督活动,并提供相关监理文件。

②质量监督机构要求监理机构整改的,应按要求及时整改并提交整改报告。

③质量监督机构对施工质量保证体系和施工行为要求整改的,或者对工程实体质量问题要求处理的,应督促承包人进行整改、处理。

(二)质量控制、评定监理工作程序

工程质量控制监理工作程序见图5-1。

工程质量评定监理工作程序见附录一中的附图2。

六、工序(单元工程)质量控制

(一)工序质量控制的含义

工序是指人、机械、材料、方法、环境等因素对工程综合起作用的过程,它是组成工程施工过程的最基本单位。

工序质量控制是指对施工过程的每一道工序质量进行控制,使每一道工序质量符合要求。工序质量控制是生产活动效果的质量控制,根据单元工序质量检验及对反馈来的工程产品性能特征的各方面的质量数据的分析,针对存在的差异问题采取措施,消除这些差异因素,使质量达到合同规定的要求,并保持稳定的调节管理过程。

(二)工序分析的步骤

工序质量控制应以工序分析为基础,工序分析为工序质量控制提供了信息和方法。

工序分析一般按下述三个步骤:

(1)采用排列图、直方图、控制图、因果分析图、分层法、相关图法、调查表等方法进行分析,找出工序支配性要素。

(2)找出质量特性和工序支配性要素之间的关系,按实验方案进行实验,确定实验结果。

(3)制定质量标准,控制工序支配性要素。

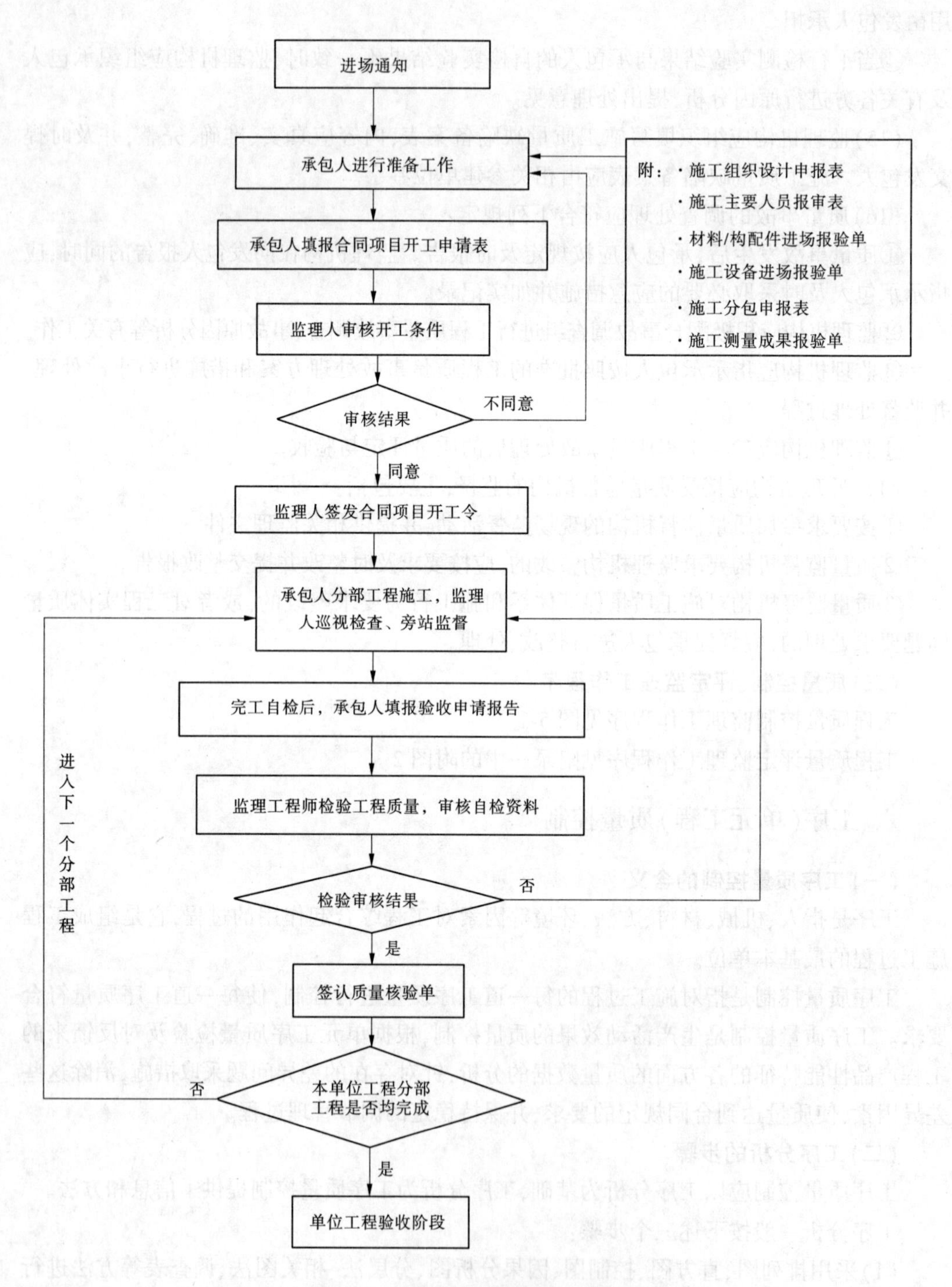

图 5-1　工程质量控制监理工作程序

(三)工序质量控制的内容

(1)工序施工前的控制,首先要检查上一道工序有无质量合格证。

(2)工序施工过程中的质量控制,重点对承包人设置的两类质量检验点("见证点""待检点")进行检查和控制。

监理工程师应要求承包人加强工序质量管理,通过工序能力及工序条件的分析研究,充分管理施工工序,使之处于严格的控制之中,以保证工序质量。同时,在工序施工过程中,监理工程师也应加强工序质量检查控制,在工序施工过程中及时检查和抽查,对重要的工序实行旁站检查。对承包人设置的两类质量检验点,应重点检查和控制。

所谓"见证点"(也称截留点或 W 点),是指承包人在施工过程中达到这一类质量检验点时,应事先书面通知监理工程师到现场见证,观察和检查承包人对这些关键工序的实施过程。如果监理工程师接到通知后未能在约定的时间到达现场见证,承包人有权继续施工该"见证点"相应的工序。

所谓"待检点"(也称停止点或 H 点),是指对于选定在某些特殊工序或特殊过程上的质量检验点,必须要在监理工程师到场监督、检查的情况下,承包人才能进行检验。如某些重要的预应力钢筋混凝土结构或构件的预应力张拉工序,某些重要的钢筋混凝土结构在钢筋架立后、混凝土浇筑之前,某些重要的重型设备基础预埋螺栓的定位等,均可设置为"待检点"。如果监理工程师接到通知后未能在约定的时间到达现场监督、检查,承包人应停止施工该"待检点"相应的工序,并按合同规定等待监理工程师,未经其认可不能越过该点继续施工。

"见证点"和"待检点"的设置,是监理工程师对工程质量进行检验的一种行之有效的方法。这些检验点应根据承包人的施工技术力量、工程经验、具体的施工条件、环境、材料、机械等各种因素的情况来选定。各承包人的这些因素不同,"见证点"或"待检点"也就不同。有些检验点在施工初期当承包人对施工还不太熟悉、质量还不稳定时可以定为"待检点",而当承包人已较熟练地掌握施工过程的内在规律、工程质量较稳定时,又可以改为"见证点"。某些质量检验点对于这个承包人可能是"待检点",而对另一承包人则可能是"见证点"。

(3)工序完成后的施工质量检验,应符合相关规定。

工序完成后的施工质量检验,应符合水利部颁布的《水利水电工程施工质量检验与评定规程》(SL 176—2007)、《水利水电工程单元工程施工质量验收评定标准》(SL 631~637—2012、SL 638~639—2013)等技术标准的规定。

(四)工序(单元工程)质量控制监理工作程序

工序(单元工程)质量控制监理工作程序见附录一中的附图 1。

七、工程质量事故的分析与处理

(一)工程质量事故的概念与分类

1.工程质量事故的概念

在水利水电工程建设过程中,由于建设管理、监理、勘测、设计、咨询、施工、材料、设备等原因造成工程质量不符合国家和行业相关标准以及合同约定的质量标准,影响使用寿命和对工程安全运行造成隐患和危害的事件,称为工程质量事故。它具有复杂性、严重性、可变性和多发性等特点。

2.水利工程质量事故的分类

水利工程质量事故按照直接经济损失大小、处理事故对工期影响时间的长短以及事故处理后对工程功能和寿命的影响，分为一般质量事故、较大质量事故、重大质量事故和特大质量事故，其分类标准如表5-1所示。

表5-1 水利工程质量事故分类标准

损失情况		特大质量事故	重大质量事故	较大质量事故	一般质量事故
事故处理所需的物质、器材和设备、人工等直接损失费用(万元)	大体积混凝土、金属结构制作和机电安装工程	>3 000	500~3 000	100~500	20~100
	土石方工程、混凝土薄壁工程	>1 000	100~1 000	30~100	10~30
事故处理所需合理工期(月)		>6	3~6	1~3	≤1
事故处理后对工程功能和寿命影响		影响工程正常使用，需限制条件运行	不影响正常使用，但对工程寿命有较大影响	不影响正常使用，但对工程寿命有一定影响	不影响正常使用和工程寿命

注：1.直接经济损失费用为必需条件，其余两项主要适用于大中型工程。

2.小于一般质量事故的质量问题称为质量缺陷。

3.表中的数值范围内，上限值为应小于或等于的数值，下限值为应大于的数值。

（二）工程质量事故原因分析

常见工程质量事故的表现形式有结构倒塌、倾斜、错位、不均匀或超量沉陷、变形、开裂、渗漏、破坏、强度不足、尺寸偏差大等。分析工程质量事故产生的原因一般可分为以下几个方面。

1.违背基本建设程序和法规

（1）违背基本建设程序，如边设计边施工、未搞清地质情况就仓促开工、未经竣工验收就交付使用等。

（2）违反有关法规和工程合同的规定。如无证设计、无证施工、越级设计、越级施工；工程招投标中的不公平竞争，超常的低价中标；擅自转包或分包，多次转包；擅自修改设计等。

2.地质勘查原因

如地质勘查、勘探钻孔深、间距不符合要求，地质勘查报告不详细、不准确，不能全面反映实际地基情况等。

3.对不均匀地基处理不当

如对软弱土、杂填土、冲填土、大孔性土、湿陷性黄土、膨胀土、红黏土、熔岩、土洞、岩层出露等不均匀地基未处理或处理不当。

4.设计计算问题

如盲目套用图纸,采用不合理的结构方案,计算简图与实际受力不符,荷载取值过小,内力分析有误,沉陷缝或变形缝设置不当,悬挑结构未进行抗倾覆演算等。

5.建筑材料及制品不合格

如建筑材料及制品的规格、种类、性能、尺寸、数量或质量等达不到要求。

6.施工与管理问题

如未经设计部门同意擅自修改图纸,或不按图纸施工;图纸未经会审即仓促施工,或不熟悉图纸,盲目施工;不按有关的施工规范和操作规程施工;管理混乱,施工方案考虑不周,施工工序错误,技术交底不清,违章作业,疏于检查、验收等。

7.自然条件影响

自然条件影响,如空气温度、湿度、暴雨、风、浪、洪水、雷电、日晒等。

8.建筑结构或设施使用不当

建筑结构或设施使用不当,如未经核验任意加层,任意拆除承重结构,结构物上任意开槽、打洞等。

(三)工程质量事故的处理程序

工程质量事故处理的一般程序为发现质量事故、下达施工暂停令、质量事故调查、质量事故原因分析、质量事故处理设计、质量事故处理、检查鉴定验收、结论、下达复工令。工程质量事故的具体处理程序如下。

(1)当发现工程出现质量事故后,现场监理人员应及时上报项目总监理工程师。

首先,监理机构应以“监理通知”的形式通知施工单位,要求其停止有质量缺陷部位和与其有关联部位及下道工序施工,需要时,还应要求施工单位采取防护措施。同时,要视情况而定是否上报主管部门。

(2)施工单位接到监理通知单后,在总监理工程师的组织与参与下,尽快进行工程质量事故的调查,写出“调查报告”。

调查报告的内容主要包括:①与事故有关的工程情况。②质量事故的详细情况,如质量事故发生的时间、地点、部位、性质、现状及发展变化情况等。③事故调查中有关的数据、资料。④质量事故原因分析与判断。⑤是否需要采取临时防护措施。⑥事故处理及缺陷补救的建议方案与措施。⑦事故涉及的有关人员和责任者的情况。

事故情况调查是事故原因分析的基础,有些质量事故原因复杂,常常涉及勘查、设计、施工、材料、维护管理、工程环境条件等方面,因此调查必须全面、详细、客观、准确。

(3)在质量事故调查的基础上进行质量事故原因全面分析,正确判断质量事故原因。

质量事故原因分析是确定质量事故处理措施方案的基础。正确的质量事故处理来源于对质量事故原因的正确判断,项目总监理工程师应当组织设计、施工、建设单位等各方参加质量事故原因分析。

(4)在质量事故原因分析的基础上,集中研究,由施工单位制订质量事故处理方案,并报项目总监理工程师批准。

制订的质量事故处理方案,应体现安全可靠,不留隐患,满足建筑物的功能和使用要求,技术可行,经济合理等原则。如果一致认为质量缺陷不需专门的处理,必须经过充分的分析、论证。

(5)确定质量事故处理方案后，由项目总监理工程师指令施工单位按既定的质量事故处理方案实施对质量事故的处理。

如果发生的质量事故不是由于施工单位方面的责任原因造成的，则处理质量事故所需的费用或延误的工期，应给予施工单位补偿。

(6)在质量事故处理完毕后，总监理工程师应组织有关人员对处理的结果进行严格的检查、鉴定和验收，写出“质量事故处理报告”，提交建设单位，并视情况而定是否上报有关主管部门。

质量事故处理报告的内容主要包括：①工程质量事故的情况；②质量事故的调查与检查情况，包括调查的有关数据、资料；③质量事故原因分析；④质量事故处理的依据；⑤质量缺陷处理方案及技术措施；⑥实施质量处理中的有关原始数据、记录、资料；⑦对处理结果的检查、鉴定和验收；⑧结论意见。

(四)工程质量事故的处理原则和方法

1.工程质量事故的处理原则

1)“四不放过”原则

“四不放过”原则，即“事故原因没有查清楚不放过、事故责任者没有严肃处理不放过、广大职工没有受到教育不放过、防范措施没有落实不放过”。

2)经济损失负担原则

由质量事故而造成的经济损失费用，坚持“谁承担事故责任，谁负担”的原则。

2.工程质量事故的处理方法

监理机构对质量事故的处理，常用的方法有三种。

1)不需要进行处理

监理工程师一般在不影响结构安全、生产工艺和使用要求，或某些轻微的质量缺陷，通过后续工序可以弥补等情况下，可做出不需要进行处理的决定；或检验中的质量问题，经论证后可不做处理；或对出现的事故，经复核验算，仍能满足设计要求者，也可不做处理。

2)修补处理

监理工程师对某些虽然未达到规范规定的标准，存在一定的缺陷，但经过修补后还可以达到规范要求的标准，同时又不影响使用功能和外观的质量问题，可以做出进行修补处理的决定。

3)返工处理

凡是工程质量未达到合同规定的标准，有明显而又严重的质量问题，又无法通过修补来纠正所产生的缺陷，监理工程师应对其做出返工处理的决定。

工程质量事故处理后，应由项目法人委托具有相应资质等级的工程质量检测单位检测后，按照处理方案的质量标准，重新进行工程质量评定。

工程质量事故处理的结论可能有以下几种：

(1)事故已排除，可继续施工。

(2)隐患已消除，结构安全有保证。

(3)经修补处理后，完全能够满足使用要求。

(4)基本上满足使用要求,但使用时应有附加的限制条件,如限制荷载等。

(5)对耐久性的结论。

(6)对建筑物外观影响的结论。

(7)对短期难以做出结论者,可提出进一步观测检验的意见。

(五)工程质量缺陷的处理

1.工程质量缺陷的概念

工程质量缺陷是指对工程质量有影响,但小于一般质量事故的质量问题。工程建设中发生的以下质量问题属于质量缺陷:

(1)发生在大体积混凝土、金属结构制作安装及机电设备安装工程中,处理所需物资、器材及设备、人工等直接损失费用不超过20万元。

(2)发生在土石方工程或混凝土薄壁工程中,处理所需物资、器材及设备、人工等直接损失费用不超过10万元。

(3)处理后不影响工程正常使用和寿命。

2.工程质量缺陷备案

在施工过程中,工程个别部位或局部发生达不到技术标准和设计要求(但不影响使用),且未能及时进行处理的工程质量缺陷问题(质量评定仍为合格),应以工程质量缺陷备案形式进行记录备案。

质量缺陷备案表由监理机构组织填写,内容应真实、准确、完整。各参建单位代表应在质量缺陷备案表上签字,有不同意见应明确记载。质量缺陷备案表应及时报工程质量监督机构备案。质量缺陷备案资料按竣工验收的标准制备。工程竣工验收时,项目法人应向竣工验收委员会提交历次质量缺陷备案资料。

八、工程质量控制的数理统计分析方法

工程质量检验是对工程实体的一个或多个特性进行的诸如测量、检查、实验或度量,并将结果与规定要求进行比较,以确定每项特性的合格情况而进行的活动。质量检验的目的一是决定工程产品(或原材料)的质量特性是否符合规定的要求;二是判断工序是否正常。监理机构通常采用抽样检验方法对承包人的检验结果进行复核。抽样检验是收集质量数据的重要手段,在工程项目的施工过程中,数据是质量控制中最重要的信息,是质量控制的基础,通过质量数据的收集、整理和分析,可以找出质量的变化规律,发现存在的质量问题,及时采取预防和纠正措施,从而使产品的质量处于受控状态。在水利工程施工中,工程实体的一个或多个特性质量判断往往运用数理统计手段,从人、机械、材料、方法、环境等几个方面确定各工序影响工程质量的关键因素,进行控制,提高产品的合格率。工程质量控制的数理统计分析常用方法有排列图、直方图、控制图、因果分析图、分层法、相关图法和调查表法等。

(一)排列图

排列图又称巴氏图,是用来分析各因素对质量的影响程度。其原理是按照出现各种质量问题的频数,按大小排列,寻找造成质量问题的主要因素和次要因素,以便抓住关键,采取措施,加以解决。

排列图由两条纵坐标、一条横坐标、若干矩形和一条曲线组成。左边的纵坐标表示频数,即影响调查对象质量的因素重复发生或出现次数(件数、个数、点数)等;横坐标表示影响质量的各种因素,按其影响程度的大小,由左至右依次排列;右边纵坐标表示的是累计频率,即表示横坐标所示的各种质量影响因素在整个影响因素频数中所占的比率。巴雷特曲线则表示各种质量因素在整个影响因素中的累计频率,如图5-2所示。

通常将巴雷特曲线分成三个区:累计频率在80%以下区域的为A区,它所包含的因素为主要因素或关键项目,是应解决的重点;累计频率在80%~90%区域的为B区,它所包含的因素为一般因素;累计频率在90%~100%区域的为C区,为次要因素,一般不作为解决重点。

(二)直方图

直方图是通过频数分布来进一步分析、研究数据的集中程度和波动范围的一种数学方法,也是整理数据、判断和预测生产过程中质量管理的一种常用工具,主要用来分析质量的稳定程度。通过抽样检查,对一些计量型质量指标,如干密度、抗压强度等,做出频数分布直方图。横坐标为质量指标,纵坐标为频数或相对频数。

(三)控制图

为了控制生产的质量状态,必须在生产过程中及时了解质量随时间变化的状态,并使它处于稳定的状态,这就需要借助于控制图。控制图法也称为管理图法,它的使用有可能使质量控制从事后检查变为事先预防。借助于控制图提供的质量动态数据,人们可以了解工序质量状态,发现问题,查明原因,采取措施,使生产处于稳定状态。

控制图用以进行适时的生产控制,掌握生产过程的波动状况,以便采取对策,使生产处于稳定状态。控制图分为双侧控制图和单侧控制图两类。双侧控制图以横坐标为抽样时间或样本序号,纵坐标为质量指标,双侧控制图上主要有三条线:中心线(CL,代表质量的平均指标)、控制上限(UCL)、控制下限(LCL)。上下控制线是判别产品是否处于控制状态的界限。它们的作用是判别工序是否有异常。控制对象发出的反映质量动态的质量特性值用图中某一点来表示,将连续打出的点子顺序连接起来,形成表示质量波动的折线,即为双控制图形,如图5-3所示。单侧控制图仅适用于上界限或下界限需要控制的质量特性,例如混凝土强度只需控制上限的质量特性等。

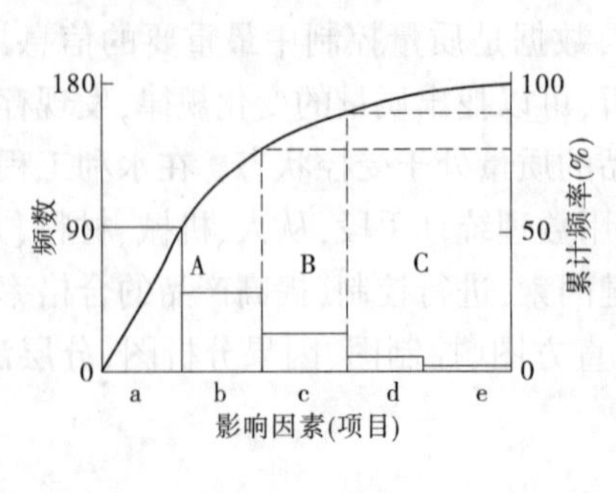

图5-2　排列图

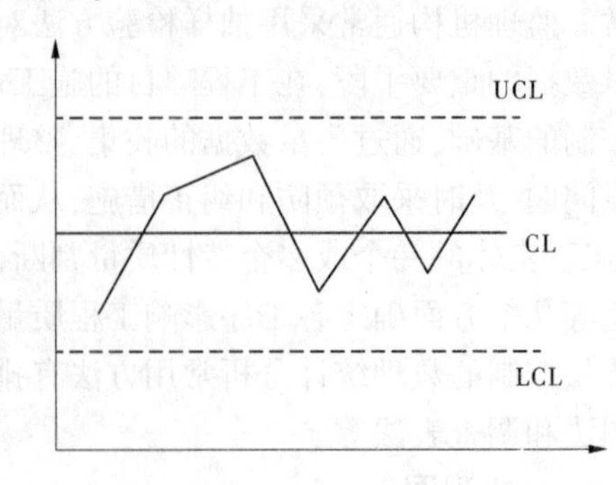

图5-3　双侧控制图

(四)因果分析图

因果分析图又称特性要因图,又叫鱼刺图,是用来表示因果关系的。根据排列图找出

主要因素(主要问题),用因果分析图探寻问题产生的原因。寻找原因时,可从影响工序(生产)的操作人员、机械设备性能、材料、工艺(或操作方法)和环境条件等五个方面考虑。对每个原因要逐层分析,从大到小,追究原因中的原因,即大原因、中原因、小原因等,直到能针对原因采取具体措施解决的程度为止。按大、小原因的顺序,用箭线逐层标记在图上,如图5-4所示。

根据主要原因,制订出相应措施,措施落实后,再通过排列图等,检查其效果。

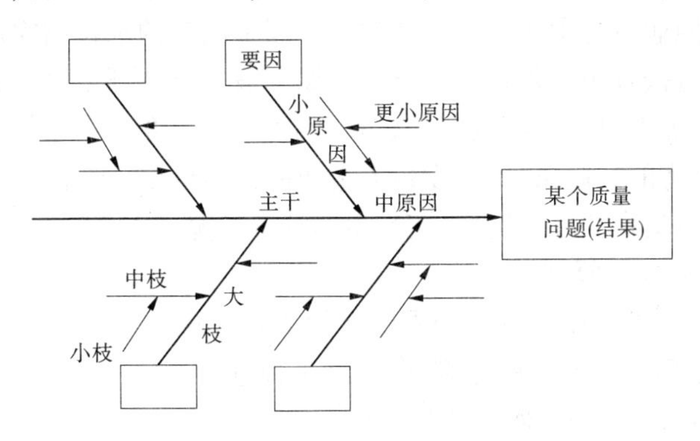

图5-4　因果分析图

(五)分层法

分层法,也称分组法,是将收集来的数据进行整理分析,然后按照不同的目的进行分类,将相同性质、相同施工条件下的数据归为一类,而后利用其他方法制成有关图表,可以得到如分层排列图、分层直方图等。一般来说,分层法不是单独使用的,它是与其他方法配合使用的。

(六)相关图法

相关图法又称散布法,是一种分析、判断两种测定数据之间是否存在相关关系,以及其相关程度的方法,用来分析影响质量原因之间的相关关系。

纵坐标代表某项质量指标,横坐标代表影响质量的某种原因,图中点的集合反映两种数据的相关性及其程度。由于质量指标和原因之间不一定存在确定的关系,故散布中点子可能比较分散,但可以通过相关分析,确定指标与原因之间的相关程度。

(七)调查表法

调查表是用图表或表格统计工程设计施工中发生的各种数据,并对统计的数据概略分析。比较常用的分析表有分部工程质量分析表、不合格内容分析表、不良因素分析表等。

任务二　工程进度控制

一、监理机构工程进度控制的目标与原则

(一)工程进度控制的目标

建设工程进度控制的总目标是建设工期。监理机构以施工合同工期为基准,采取有

力的动态控制手段和措施，通过资源调配，加强施工协调，力争使建设工程项目在合同工期前完成。

建设工期是指建设项目从正式开工到全部建成投产或交付使用所经历的时间。建设工期应按日历天数计算，并在总进度计划中明确建设的起止日期。建设工期是建设单位根据工期定额和每个项目的具体情况，在系统、合理地编制进度计划的基础上，经综合平衡确定的。建设项目正式列入计划后，建设工期应严格执行，不准随意变动。

合同工期是按照业主与承包商签订的施工合同中确定的承包商完成所承包项目的时间。施工合同工期应按日历天数计算。合同工期一般是指从开工日期到合同规定的竣工日期所用的时间，再加上以下情况的工期延长：额外或附加的工作；合同条件中提到的任何误期原因；异常恶劣的气候条件；由发包人造成的任何延误、干扰或阻碍；除承包人不履行合同或违约或由他负责的外，其他可能发生的特殊情况。

（二）工程进度控制的原则

（1）工程进度控制的依据是施工合同约定的工期目标。

（2）在确保工程质量和安全的原则下，控制工程进度。

（3）采用动态的控制方法，对工程进度进行主动控制。

二、监理人施工进度控制的合同权限

（一）监理人施工进度控制的权限

在发包人与监理人签订的监理委托合同中，明确规定了发包人授予监理人进行施工合同管理的权限，并在发包人与承包人签订的施工合同中予以明确，作为监理人进行施工合同管理的依据。根据《水利水电工程标准施工招标文件》（2009年版）和《水利工程施工监理规范》（SL 288—2014）规定，监理人施工进度控制的权限如下。

1.签发开工通知（或称进场通知）

监理人应在专用合同条款规定的期限内，向承包人发出开工通知。承包人应在接到开工通知后及时调遣人员和调配施工设备、材料进入工地。开工通知具有十分重要的合同效力，对合同项目开工日期的确定、开始施工具有重要作用。

2.审批施工进度计划

承包人应按技术条款规定的内容和期限以及监理人的指示，编制施工总进度计划报送监理人审批。监理人应在技术条款规定的期限内批复承包人。经监理人批准的施工总进度计划（称合同进度计划），作为控制本合同工程进度的依据，并据此编制年、季和月进度计划报送监理人审批。监理人认为有必要时，承包人应按监理人指示的内容和期限，并根据合同进度计划的进度控制要求，编制单位工程进度计划报送监理人审批。

3.审批施工组织设计和施工措施计划

承包人应按合同规定的内容和时间要求，编制施工组织设计、施工措施计划和由承包人负责的施工图纸，报送监理人审批，并对现场作业和施工方法的完备和可靠负全部责任。

4.审核劳动力、材料、设备使用监督权和分包单位

监理人有权深入施工现场监督检查承包人的劳动力、施工机械及材料等使用情况，并

要求承包人做好施工日志，并在进度报告中反映劳动力、施工机械及材料等使用情况。

对承包人提出的分包项目和分包人，监理人应严格审核，提出建议，报发包人批准。

5.监督检查施工进度

不论何种原因发生工程的实际进度与合同进度计划不符时，承包人应按监理人的指示在28天内提交一份修订的进度计划报送监理人审批，监理人应在收到该进度计划后的28天内批复承包人。批准后的修订进度计划作为合同进度计划的补充文件。

不论何种原因造成施工进度计划拖后，承包人均应按监理人的指示，采取有效措施赶上进度。承包人应在向监理人报送修订进度计划的同时，编制一份赶工措施报告报送监理人审批，赶工措施应以保证工程按期完工为前提调整和修改进度计划。

6.下达施工暂停指示和复工通知

监理人下达施工暂停指示或复工通知，应事先征得发包人同意。监理人向承包人发布暂停工程或部分工程施工的指示，承包人应按指示的要求立即暂停施工。不论由于何种原因引起的暂停施工，承包人应在暂停施工期间负责妥善保护工程和提供安全保障。工程暂停施工后，监理人应与发包人和承包人协商采取有效措施积极消除停工因素的影响。当工程具备复工条件时，监理人应立即向承包人发出复工通知，承包人收到复工通知后，应在监理人指定的期限内复工。

7.协调施工进度

监理人在认为必要时，有权发出命令协调施工进度，这些情况一般包括各承包人之间的作业干扰、场地与设施交叉、资源供给与现场施工进度不一致、进度拖延等。但是，这种进度的协调在影响工期改变的情况下，应事先得到发包人同意。

8.建议工程变更与签署变更指示

监理人在其认为有必要时，可以对工程或其任何部分的形式、质量或数量做出变更，指示承包人执行。但是，对涉及工期较长、提高造价、影响工程质量等的变更，在发出指示前，应事先得到发包人批准。

9.核定工期索赔

对于承包人提出的工期索赔，监理人有权组织核定，如核实索赔事件、审定索赔依据、审查索赔计算与证据材料等。监理人在从事上述工作时，作为公正的、独立的第三方开展工作，而不是仲裁人。

10.建议撤换承包人工作人员或更换施工设备

承包人应对其在工地的人员进行有效的管理，使其能做到尽职尽责。监理人有权要求撤换那些不能胜任本职工作或行为不端或玩忽职守的任何人员，承包人应及时予以撤换。

监理人一旦发现承包人使用的施工设备影响工程进度或质量，有权要求承包人增加或更换施工设备，承包人应予及时增加或更换，由此增加的费用和工期延误责任由承包人承担。

11.确定完工日期

监理人收到承包人提交的完工验收申请报告后，应审核其报告的各项内容。在签署移交证书前，应由监理人与发包人和承包人协商核定工程项目的实际完工日期，并在移交证书中写明。

(二)监理人施工进度控制的任务

(1)编制工程项目建设监理工作进度控制计划。

(2)审查承包单位提交的施工进度计划。

(3)检查并掌握工程实际进度情况。

(4)比较实际进度与计划进度目标,分析计划提前或拖后的主要原因。

(5)决定应该采取的相应措施和补救方法。

(6)及时调整施工进度控制计划,使总目标得以实现。

三、影响工程进度控制的因素

工程项目的进度,受多种因素的影响,监理人员需事先对影响进度的各种因素进行调查,预测它们对进度可能产生的影响,编制科学合理的进度控制计划,指导建设工作按计划进行。然后根据动态控制原理,不断进行检查,将实际情况与计划安排进行对比,找出偏离计划的原因,特别是找出主要原因,采取相应的措施,对进度进行调整或修正,再按新的计划实施,这样不断地计划、执行、检查、分析、调整计划的动态循环过程。

在工程项目建设过程中,常见的影响进度的因素有业主因素、勘测设计因素、施工技术因素、组织管理因素、材料因素、设备因素、资金因素、环境因素等。归纳起来,主要影响因素有以下几方面。

(一)人的干扰因素

人的干扰因素如建设单位因使用要求改变而提出的设计变更;建设单位应提供的场地条件不及时或不能满足工程需要;勘查资料不准确,特别是地质资料错误或遗漏而引起的不能预料的技术障碍;设计、施工中采用不成熟的工艺或技术方案失当;图纸供应不及时、不配套或出现差错;计划不周,导致停工待料和相关作业脱节,工程无法正常进行;建设单位越过监理职权进行干涉,造成指挥混乱等。

(二)材料、机具、设备干扰因素

材料、机具、设备干扰因素,如材料、构配件、机具、设备供应环节的差错,品种、规格、数量、时间不能满足工程的需要等。

(三)地基干扰因素

地基干扰因素,如受地下埋藏文物的保护、处理的影响。

(四)资金干扰因素

资金干扰因素,如建设单位资金短缺的问题,未及时向承包单位或供应商拨款等。

(五)环境干扰因素

环境干扰因素,如交通运输受阻,水、电供应不具备,外单位临近工程施工干扰,节假日交通、市容整顿的限制;向有关部门提出各种申请审批手续的延误;安全、质量事故的调查、分析、处理及争端的调解、仲裁;恶劣天气、地震、临时停水停电、交通中断、社会动乱等。

受以上干扰因素的影响,会形成工程延期。在工程实践中,将工程延期分为不可原谅的延期和可原谅的延期。不可原谅的延期是由于承包商本身的责任造成的工期延误。可原谅的延期是由于非承包商责任的原因而导致的工期延误。引起可原谅延期的因素很多,主要有两部分,一是客观原因,二是业主原因。业主原因造成的延期,应给予费用补偿;客观因素原因造成的延期,承包商只能提出延长工期的要求,不能提出费用索赔要求。只有非承包商责任的进度延误,才能满足其工期索赔的要求,但要注意索赔成立事件的所造成的工程延期是否发生在关键工作(序)。

监理工程师应对上述各种因素进行全面的预测和分析,公正地区分工程进度拖延的原因,合理地批准工程延期的时间,以便有效地进行进度控制。

四、施工阶段工程进度控制的内容及程序

(一)工程进度控制的内容及要求

《水利工程施工监理规范》(SL 288—2014)规定了工程进度控制的内容及要求,分述如下:

(1)施工总进度计划应符合下列规定:

监理机构应在合同工程开工前依据施工合同约定的工期总目标、阶段性目标和发包人的控制性总进度计划,制订施工总进度计划的编制要求并书面通知承包人。

①施工总进度计划的审批程序应符合下列规定:

A.承包人应按施工合同约定的内容、期限和施工总进度计划的编制要求,编制施工总进度计划,报送监理机构。

B.监理机构应在施工合同约定的期限内完成审查并批复或提出修改意见。

C.根据监理机构的修改意见,承包人应修正施工总进度计划,重新报送监理机构。

D.监理机构在审查中,可根据需要提请发包人组织设代机构、承包人、设备供应单位、征迁部门等有关方参加施工总进度计划协调会议,听取参建各方的意见,并对有关问题进行分析处理,形成结论性意见。

②施工总进度计划审查应包括下列内容:

A.是否符合监理机构提出的施工总进度计划,编制要求。

B.施工总进度计划与合同工期和阶段性目标的响应性与符合性。

C.施工总进度计划中有无项目内容漏项或重复的情况。

D.施工总进度计划中各项目之间逻辑关系的正确性与施工方案的可行性。

E.施工总进度计划中关键路线安排的合理性。

F.人员、施工设备等资源配置计划和施工强度的合理性。

G.原材料、中间产品和工程设备供应计划与施工总进度计划的协调性。

H.本合同工程施工与其他合同工程施工之间的协调性。

I.用图计划、用地计划等的合理性,以及与发包人提供条件的协调性。

J.其他应审查的内容。

(2)分阶段、分项目施工进度计划控制应符合下列规定:

①监理机构应要求承包人依据施工合同约定和批准的施工总进度计划,分年度编制年度施工进度计划,报监理机构审批。

②根据进度控制需要,监理机构可要求承包人编制季、月施工进度计划,以及单位工

程或分部工程施工进度计划,报监理机构审批。

(3)施工进度的检查应符合下列规定:

①监理机构应检查承包人是否按照批准的施工进度计划组织施工,资源的投入是否满足施工需要。

②监理机构应跟踪检查施工进度,分析实际施工进度与施工进度计划的偏差,重点分析关键路线的进展情况和进度延误的影响因素,并采取相应的监理措施。

(4)施工进度计划的调整应符合下列规定:

①监理机构在检查中发现实际施工进度与施工进度计划发生了实质性偏离时,应指示承包人分析进度偏差原因、修订施工进度计划,报监理机构审批。

②当变更影响施工进度时,监理机构应指示承包人编制变更后的施工进度计划,并按施工合同约定处理变更引起的工期调整事宜。

③施工进度计划的调整涉及总工期目标、阶段目标改变,或者资金使用有较大的变化时,监理机构应提出审查意见报发包人批准。

(5)监理机构在签发暂停施工指示时,应遵守下列规定:

①在发生下列情况之一时,监理机构应提出暂停施工的建议,报发包人同意后签发暂停施工指示:

A.工程继续施工将会对第三者或社会公共利益造成损害。

B.为了保证工程质量、安全所必要。

C.承包人发生合同约定的违约行为,且在合同约定时间内未按监理机构指示纠正其违约行为,或拒不执行监理机构的指示,从而将对工程质量、安全、进度和资金控制产生严重影响,需要停工整改。

②监理机构认为发生了应暂停施工的紧急事件时,应立即签发暂停施工指示,并及时向发包人报告。

③在发生下列情况之一时,监理机构可签发暂停施工指示,并抄送发包人:

A.发包人要求暂停施工。

B.承包人未经许可即进行主体工程施工时,改正这一行为所需要的局部停工。

C.承包人未按照批准的施工图纸进行施工时,改正这一行为所需要的局部停工。

D.承包人拒绝执行监理机构的指示,可能出现工程质量问题或造成安全事故隐患,改正这一行为所需要的局部停工。

E.承包人未按照批准的施工组织设计或施工措施计划施工,或承包人的人员不能胜任作业要求,可能会出现工程质量问题或存在安全事故隐患,改正这些行为所需要的局部停工。

F.发现承包人所使用的施工设备、原材料或中间产品不合格,或发现工程设备不合格,或发现影响后续施工的不合格的单元工程(工序),处理这些问题所需要的局部停工。

④监理机构应分析停工后可能产生影响的范围和程度,确定暂停施工的范围。

(6)发生暂停施工时,发包人在收到监理机构提出的暂停施工建议后,应在施工合同约定时间内予以答复;若发包人逾期未答复,则视为其已同意,监理机构可据此下达暂停施工指示。

(7)若由于发包人的责任需暂停施工,监理机构未及时下达暂停施工指示时,在承包人提出暂停施工的申请后,监理机构应及时报告发包人并在施工合同约定的时间内答复承包人。

(8)监理机构应在暂停施工指示中要求承包人对现场施工组织做出合理安排,以尽量减少停工影响和损失。

(9)下达暂停施工指示后,监理机构应按下列程序执行:

①指示承包人妥善照管工程,记录停工期间的相关事宜。

②督促有关方及时采取有效措施,排除影响因素,为尽早复工创造条件。

③具备复工条件后,监理机构应明确复工范围,报发包人批准后,及时签发复工通知,指示承包人执行。

(10)在工程复工后,监理机构应及时按施工合同约定处理因工程暂停施工引起的有关事宜。

(11)施工进度延误管理应符合下列规定:

①由于承包人的原因造成施工进度延误,可能致使工程不能按合同工期完工的,监理机构应指示承包人编制并报审赶工措施报告。

②由于发包人的原因造成施工进度延误,监理机构应及时协调,并处理承包人提出的有关工期、费用索赔事宜。

(12)发包人要求调整工期的,监理机构应指示承包人编制并报审工期调整措施报告,经发包人同意后指示承包人执行,并按照施工合同约定处理有关费用事宜。

(13)监理机构应审阅承包人按施工合同约定提交的施工月报、施工年报,并报送发包人。

(14)监理机构应在监理月报中对施工进度进行分析,必要时提交进度专题报告。

(二)工程进度控制监理工作程序

工程进度控制监理工作程序见附录一中的附图3。

五、工程进度控制、分析的方法

监理机构监督现场施工进度,是一项经常性的工作。在施工进度检查、监督中,监理机构如果发现实际进度较计划进度拖延,一方面应分析这种偏差对工程后续进度及工程工期的影响;另一方面应分析造成进度拖延的原因。

(一)施工进度的监督、检查

1.施工进度监督、检查的主要内容

(1)检查工程形象进度。

(2)检查设计图纸及技术报告的编制工作进展情况。

(3)检查设备采购的进展情况。

(4)检查材料的加工供应情况。

2.施工进度监督、检查的方式

(1)监督、检查和分析承包人的日进度报表和作业状况表。

(2)检查工程进度执行情况。

(3)定期召开施工进度监理例会。结合现场监理例会(如周例会、月例会),要求承包人对上次例会以来的施工进度计划完成情况进行汇报,对进度延误说明原因;依据承包人的汇报和监理人掌握的现场情况,对存在的问题进行分析,并要求承包人提出合理、可行的赶工措施方案,经监理人同意后落实到后续阶段的进度计划中。

(二)施工关键线路的进度控制

在进度计划实施过程中,控制关键线路的进度,是保证工程按期完成的关键。因此,监理人应从施工方案、作业程序、资源投入、外部条件、工作效率等全方位,督促承包人加强关键线路的进度控制。

1.加强监督、检查、预控管理

对每一标段的关键线路作业,监理人应逐日、逐周、逐月检查施工准备、施工条件和工程进度计划的实施情况,及时发现问题,研究赶工措施,抓住有利赶工时机,及时纠正进度偏差。

2.研究、建议采用新技术

当工程工期延误较严重时,采用新技术、新工艺,是加快施工进度的有效措施。对这一问题,监理人应抓住时机,深入开展调查研究,仔细分析问题的严重性与对策。对于承包人原因造成的进度延误,应督促承包人及时提出相应措施方案;对于发包人原因造成的进度延误,监理人应协助发包人研究、比较相应的措施方案,对由于采用新技术引起的承包人的成本增加,应尽快与发包人、承包人协商解决,避免这一问题长期悬而未决,影响承包人的工作积极性,造成工程进度的进一步延误。

(三)逐月、逐季施工进度计划的审批及其资源核查

根据合同规定,承包人应按照监理人要求的格式、详细程度、方式、时间,向监理人逐月、逐季递交施工进度计划,以得到监理人的同意。监理人审批月、季施工进度计划的目的是看其是否满足合同工期和总进度计划的要求。如果承包人计划完成的工程量或工程面貌满足不了合同工期和总进度计划的要求,则应要求承包人采取措施,如增加计划完成工程量、加大施工强度、加强管理、改变施工工艺、增加设备等。同时,监理人还应审批施工进度计划对施工质量和施工安全的保证程度。

一般来说,监理人在审批月、季进度计划中应注意以下几点:

(1)应了解承包人上个计划期完成的工程量和形象面貌情况。

(2)分析承包人所提供的施工进度计划(包括季、月)是否能满足合同工期和施工总进度计划的要求。

(3)为完成计划所采取的措施是否得当,施工设备、人力能否满足要求,施工管理上有无问题。

(4)核实承包人的材料供应计划与库存材料数量,分析是否满足施工进度计划的要求。

(5)施工进度计划中所需的施工场地、通道是否能够保证。

(6)施工图供应计划是否与进度计划协调。

(7)工程设备供应计划是否与进度计划协调。

(8)该承包人的施工进度计划与其他承包人的施工进度计划有无相互干扰。

(9)为完成施工进度计划所采取的方案对施工质量、施工安全和环保有无影响。

(10)计划内容、计划中采用的数据有无错漏之处。

(四)实际进度与计划进度的对比、分析

监理人员将定期检查并整理的实际进度信息与项目计划进度信息进行比较,得出实际进度比计划进度拖后、超前还是一致的结论。常用的比较方法有横道图比较法、S形曲线比较法、前锋线比较法、香蕉曲线比较法和列表比较法等。通过比较得出实际进度与计划进度的对比结果。对比结果有三种情况:相一致、超前、拖后。下面重点介绍常用的横道图比较法、S形曲线比较法和前锋线比较法。

1.横道图比较法

横道图比较法是指将在工程项目实施中检查实际进度收集的信息,经整理统计后直接用横道线并列标于原计划的横道线处,进行直观比较的方法。一般用粗实线表示计划进度,阴影线表示工程施工的实际进度,如图5-5所示。

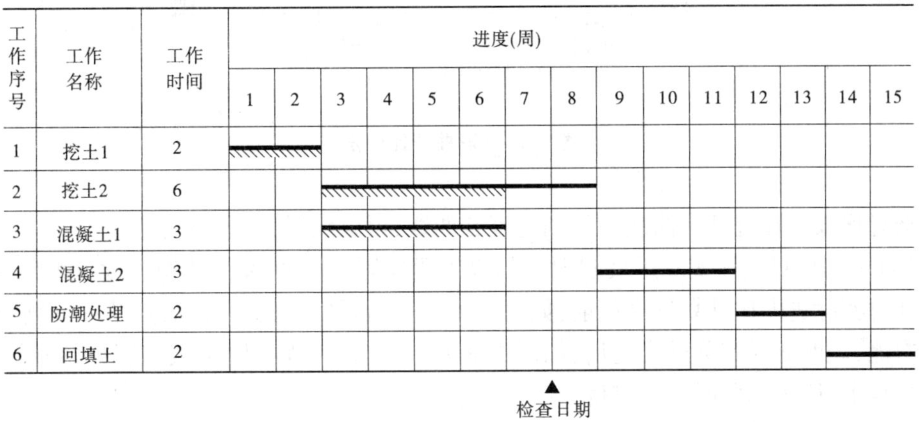

工作序号	工作名称	工作时间	进度(周)														
			1	2	3	4	5	6	7	8	9	10	11	12	13	14	15
1	挖土1	2															
2	挖土2	6															
3	混凝土1	3															
4	混凝土2	3															
5	防潮处理	2															
6	回填土	2															

检查日期

(粗实线表示计划进度,阴影部分表示工程施工的实际进度)

图5-5　某基础工程实际进度与计划进度比较图

该方法只适用于工作从开始到完成的整个过程中其进展速度是不变的,累计完成的任务量与时间成正比。

该方法具有以下优点:

(1)能明确地表示出各项工作的开始时间、结束时间和持续时间。

(2)直观、形象、一目了然,易于理解、掌握和运用。

该方法具有以下缺点:

(1)不能明确地反映出各项工作之间的相互关系,在计划执行过程中,当某些工作的进度提前或拖延时,不便于分析其对其他工作及总工期的影响程度。

(2)不能明确地反映出影响工期的关键工作和关键线路,不便于进度控制人员抓住主要矛盾。

(3)不能反映出各项工作所具有的机动时间,因而不便于施工进度管理和资源调配。

2.S 形曲线比较法

S 形曲线比较法是以横坐标表示时间，纵坐标表示累计完成任务量，首先绘制一条按计划时间累计完成任务量的 S 曲线（即计划进度 S 曲线），然后将工程项目实施过程中各检查时间实际累计完成任务量的 S 曲线（即实际进度 S 曲线）也绘制在同一坐标系中，进行实际进度与计划进度的比较，如图 5-6 所示。

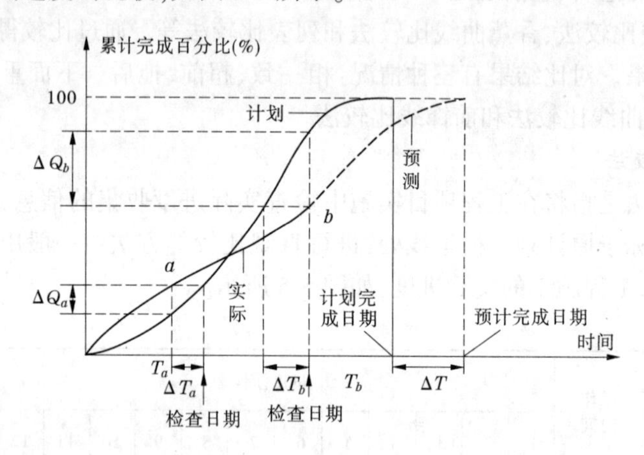

图 5-6　S 形曲线比较法

通过比较实际进度 S 曲线和计划进度 S 曲线，可以获得如下信息：

（1）工程项目整体实际进展状况。如果工程实际进展点落在计划进度 S 曲线左侧，表明此时实际进度比计划进度超前，如图中的 a 点；如果工程实际进展点落在计划进度 S 曲线右侧，表明此时实际进度拖后，如图中的 b 点；如果工程实际进展点正好落在计划进度 S 曲线上，则表示此时实际进度与计划进度一致。

（2）工程项目实际进度超前或拖后的时间。在 S 曲线比较图中可以直接读出实际进度比计划进度超前或拖后的时间。如图 5-6 中 ΔT_a 表示 T_a 时刻实际进度超前的时间，ΔT_b 表示 T_b 时刻实际进度拖后的时间。

（3）工程项目实际超额或拖欠的任务量。在 S 曲线比较图中可以直接读出实际进度比计划进度超额或拖欠的任务量。如图 5-6 中 ΔQ_a 表示 T_a 时刻超额完成的任务量，ΔQ_b 表示 T_b 时刻拖欠的任务量。

（4）后期工程进度预测。如果后期工程按原计划速度进行，则可做出后期工程计划 S 曲线。如图 5-6 中 b 点后的虚曲线所示，从而可以确定工期拖延预测值 ΔT。

3.前锋线比较法

前锋线比较法主要适用于时标网络计划。前锋线比较法是从检查时刻的时标点出发，将检查时刻正在进行工作的点都依次连接起来，组成一条一般为折线的前锋线，根据前锋线与箭线交点的位置判定工程实际进度与计划进度的偏差。前锋线是指在原时标网络计划图上，从检查时刻的时标点出发，用点画线依次将各项工作实际进度位置点连接而成的折线。

前锋线比较法的步骤如下：

(1)绘制时标网络计划图。

(2)绘制实际进度前锋线。一般从时标网络计划图上方时间坐标的检查日期开始绘制,依次连接相邻工作的实际进展位置点,最后与时标网络计划图下方时间坐标的检查日期相连接。

(3)比较实际进度与计划进度。对某项工作来说,其实际进度与计划进度之间的关系可能存在以下三种情况:

①工作实际进展点落在检查日期左侧,表明该工作实际进度拖后,拖后的时间为两者之差;

②工作实际进展点落在检查日期右侧,表明该工作实际进度超前,超前的时间为两者之差;

③工作实际进展点与检查日期重合,表明该工作实际进度与计划进度一致。

(4)预测进度偏差对后续工作及总工期的影响。

图5-7为某工程项目施工进度前锋线比较法示意图。

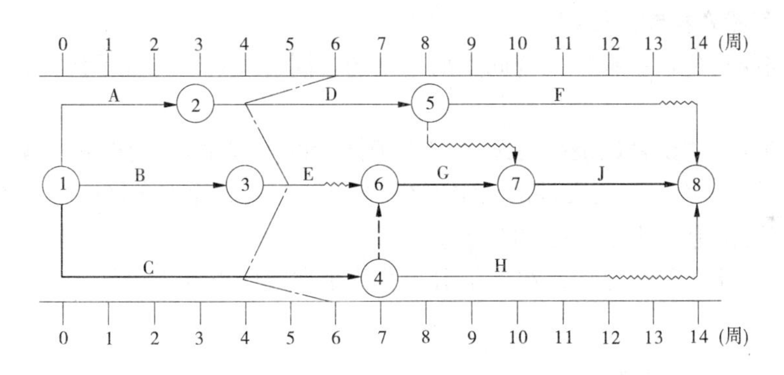

图5-7　某工程项目施工进度前锋线比较法示意图

由图5-7可见,该计划执行到第6周末检查实际进度时,发现工作A和B已经全部完成;工作D、E分别完成计划任务量的20%(1/5,拖后2周)和50%(1/2,拖后1周);工作C完成计划任务量的57%(4/7,拖后2周)。图中点画线(前锋线)表示第6周末实际进度检查结果。

任务三　工程资金控制

一、监理机构工程资金控制的目标与原则

(一)工程项目投资的构成

工程项目投资是指工程项目达到设计效益时所需的全部建设资金,包括规划、勘测、设计、科研、施工等阶段费用。建设项目投资具体由以下费用组成:①建筑安装工程费。②设备工器具购置费。③工程建设其他费用。④预备费(基本预备费、价差预备费)。⑤建设期利息。⑥固定资产投资方向调节税。其中,建筑安装工程费、设备工器具购置

费、工程建设其他费用、基本预备费为静态投资部分,价差预备费、建设期利息、固定资产投资方向调节税为动态投资部分。

我国现行水利工程项目投资构成包括工程部分费用(建筑工程费、机电设备及安装工程费、金属结构设备及安装工程费、施工临时工程费、独立费)、预备费(基本预备费、价差预备费)、移民和环境费用、建设期融资利息和流动资金。

(二)工程投资控制的目标

建设工程投资控制的总目标是合同价。通过发挥监理人员的工程建设监理经验和技术优势,以工程施工承包合同为依据,在建设单位授权范围内,以预防控制为主,采取有效的动态控制措施和工程计量控制手段,努力促使工程造价控制在合同价范围内。

建设项目投资控制的目标应分阶段进行。投资估算是进行初步设计的建设项目投资控制目标,它是建设项目投资的最高限额,不得随意突破;设计概算是技术设计和施工图设计的投资控制目标;设计预算或工程合同价是工程实施阶段投资控制的目标。它们相互制约,相互补充,前者控制后者,后者补充前者,共同组成项目投资控制的系统。

(三)工程投资控制的原则

(1)严格执行建设工程施工合同中所约定的合同价、单价、工程量计算规范和工程款支付方法。

(2)监理人员应认真记录所监理工程应予计量的工程量,必要时进行测量核实。坚持对报验资料齐全而与合同文件的约定不符、未经监理人员验收合格或违约的工程量,不予计量和审核,拒绝该部分工程款的支付。

(3)处理由于工程变更和违约索赔引起的费用增减应以施工合同为基础,坚持合理、公正。

二、影响工程资金控制的因素

施工阶段影响工程投资控制的主要因素是:工程材料成本、人工成本、机械使用成本、施工管理费、总工期、施工索赔、工程变更等。

总工期是指破土动工到竣工交付使用的全部日历天数。它直接影响工程总额、投资回收期和建设项目效益的发挥,无论是工期延长还是加速施工,都会带来投资的变化。工程建设项目周期长,还可能因物价上涨,导致工程投资增大。

三、施工阶段工程资金控制的内容及程序

(一)工程投资控制的主要监理工作

(1)审批承包人提交的资金流计划。

(2)协助发包人编制合同项目的付款计划。

(3)根据工程实际进展情况,对合同付款情况进行分析,提出资金流调整意见。

(4)审核工程付款申请,签发付款证书。

(5)根据施工合同约定进行价格调整。

(6)根据授权处理工程变更所引起的工程费用变化事宜。

(7)根据授权处理合同索赔中的费用问题。

(8)审核完工付款申请,签发完工付款证书。

(9)审核最终付款申请,签发最终付款证书。

(二)工程投资控制的内容及要求

《水利工程施工监理规范》(SL 288—2014)规定了工程投资控制的内容及要求,分述如下:

(1)监理机构应审核承包人提交的资金流计划,并协助发包人编制合同工程付款计划。

(2)监理机构应建立合同工程付款台账,对付款情况进行记录。根据工程实际进展情况,对合同工程付款情况进行分析,必要时提出合同工程付款计划调整建议。

(3)工程计量应符合下列规定:

①可支付的工程量应同时符合以下条件:

A.经监理机构签认,属于合同工程量清单中的项目,或发包人同意的变更项目以及计日工。

B.所计量工程是承包人实际完成的并经监理机构确认质量合格。

C.计量方式、方法和单位等符合合同约定。

②工程计量应符合以下程序:

A.工程项目开工前,监理机构应监督承包人按有关规定或施工合同约定完成原始地形的测绘,并审核测绘成果。

B.在接到承包人提交的工程计量报验单和有关计量资料后,监理机构应在合同约定时间内进行复核,确定结算工程量,据此计算工程价款。当工程计量数据有异议时,监理机构可要求与承包人共同复核或抽样复测;承包人未按监理机构要求参加复核,监理机构复核或修正的工程量视为结算工程量。

C.监理机构认为有必要时,可通知发包人和承包人共同联合计量。

③当承包人完成了工程量清单中每个子目的工程量后,监理机构应要求承包人派员共同对每个子目的历次计量报表进行汇总和总体量测,核实该子目的最终计量工程量;承包人未按监理机构要求派员参加的,监理机构最终核实的工程量视为该子目的最终计量工程量。

(4)预付款支付应符合下列规定:

①监理机构收到承包人的工程预付款申请后,应按合同约定核查承包人获得工程预付款的条件和金额,具备支付条件后,签发工程预付款支付证书。监理机构应在核查工程进度付款申请单的同时,核查工程预付款应扣回的额度。

②监理机构收到承包人的材料预付款申请后,应按合同约定核查承包人获得材料预付款的条件和金额,具备支付条件后,按照约定的额度随工程进度付款一起支付。

(5)工程进度付款应符合下列规定:

①监理机构应在施工合同约定时间内,完成对承包人提交的工程进度付款申请单及相关证明材料的审核,同意后签发工程进度付款证书,报发包人。

②工程进度付款申请单应符合下列规定:

A.付款申请单填写符合相关要求,支持性证明文件齐全。

B.申请付款项目、计量与计价符合施工合同约定。

C.已完工程的计量、计价资料真实、准确、完整。

③工程进度付款申请单应包括以下内容：

A.截至上次付款周期末已实施工程的价款。

B.本次付款周期已实施工程的价款。

C.应增加或扣减的变更金额。

D.应增加或扣减的索赔金额。

E.应支付和扣减的预付款。

F.应扣减的质量保证金。

G.价格调整金额。

H.根据合同约定应增加或扣减的其他金额。

④工程进度付款属于施工合同的中间支付。监理机构出具工程进度付款证书，不视为监理机构已同意、批准或接受了该部分工作。在对以往历次已签发的工程进度付款证书进行汇总和复核中发现错、漏或重复的，监理机构有权予以修正，承包人也有权提出修正申请。

(6)变更款支付。变更款可由承包人列入工程进度付款申请单，由监理机构审核后列入工程进度付款证书。

(7)计日工支付应符合下列规定：

①监理机构经发包人批准，可指示承包人以计日工方式实施零星工作或紧急工作。

②在以计日工方式实施工作的过程中，监理机构应每日审核承包人提交的计日工工程量签证单，具体包括下列内容：

A.工作名称、内容和数量。

B.投入该工作所有人员的姓名、工种、级别和耗用工时。

C.投入该工程的材料类别和数量。

D.投入该工程的施工设备型号、台数和耗用台时。

E.监理机构要求提交的其他资料和凭证。

③计日工由承包人汇总后列入工程进度付款申请单，由监理机构审核后列入工程进度付款证书。

(8)完工付款应符合下列规定：

①监理机构应在施工合同约定期限内，完成对承包人提交的完工付款申请单及相关证明材料的审核，同意后签发完工付款证书，报发包人。

②监理机构应审核下列内容：

A.完工结算合同总价。

B.发包人已支付承包人的工程价款。

C.发包人应支付的完工付款金额。

D.发包人应扣留的质量保证金。

E.发包人应扣留的其他金额。

(9)最终结清应符合下列规定：

①监理机构应在施工合同约定期限内,完成对承包人提交的最终结清申请单及相关证明材料的审核,同意后签发最终结清证书,报发包人。

②监理机构应审核下列内容:

A.按合同约定承包人完成的全部合同金额。

B.尚未结清的名目和金额。

C.发包人应支付的最终结清金额。

③若发包人和承包人双方未能就最终结清的名目和金额取得一致意见,监理机构应对双方同意的部分出具临时付款证书,只有在发包人和承包人双方有争议的部分得到解决后,方可签发最终结清证书。

(10)监理机构应按合同约定审核质量保证金退还申请表,签发质量保证金退还证书。

(11)施工合同解除后的支付应符合下列规定:

①因承包人违约造成施工合同解除的支付。合同解除后,监理机构应按照合同约定完成下列工作:

A.商定或确定承包人实际完成工作的价款,以及承包人已提供的原材料、中间产品、工程设备、施工设备和临时工程等的价款。

B.查清各项付款和已扣款金额。

C.核算发包人按合向约定应向承包人索赔的由于解除合同给发包人造成的损失。

②因发包人违约造成施工合同解除的支付。监理机构应按合同约定核查承包人提交的下列款项及有关资料和凭证:

A.合同解除日之前所完成工作的价款。

B.承包人为合同工程施工订购并已付款的原材料、中间产品、工程设备和其他物品的金额。

C.承包人为完成工程所发生的而发包人未支付的金额。

D.承包人撤离施工场地以及遣散承包人人员的金额。

E.由于解除施工合同应赔偿的承包人损失。

F.按合同约定在解除合同之前应支付给承包人的其他金额。

③因不可抗力致使施工合同解除的支付。监理机构应根据施工合同约定核查下列款项及有关资料和凭证:

A.已实施的永久工程合同金额,以及已运至施工场地的材料价款和工程设备的损害金额。

B.停工期间承包人按照监理机构要求照管工程和清理、修复工程的金额。

C.各项已付款和已扣款金额。

④发包人与承包人就上述解除合同款项达成一致后,出具最终结清证书,结清全部合同款项;未能达成一致时,按照合同争议处理。

(12)价格调整。监理机构应按施工合同约定的程序和调整方法,审核单价、合价的调整。当发包人与承包人因价格调整不能协商一致时,应按照合同争议处理,处理期间监理机构可依据合同授权暂定调整价格。调整金额可随工程进度付款一同支付。

(13)工程付款涉及政府投资资金的，应按照国库集中支付等国家相关规定和合同约定办理。

(三)工程投资控制流程

工程投资控制流程如图5-8所示。

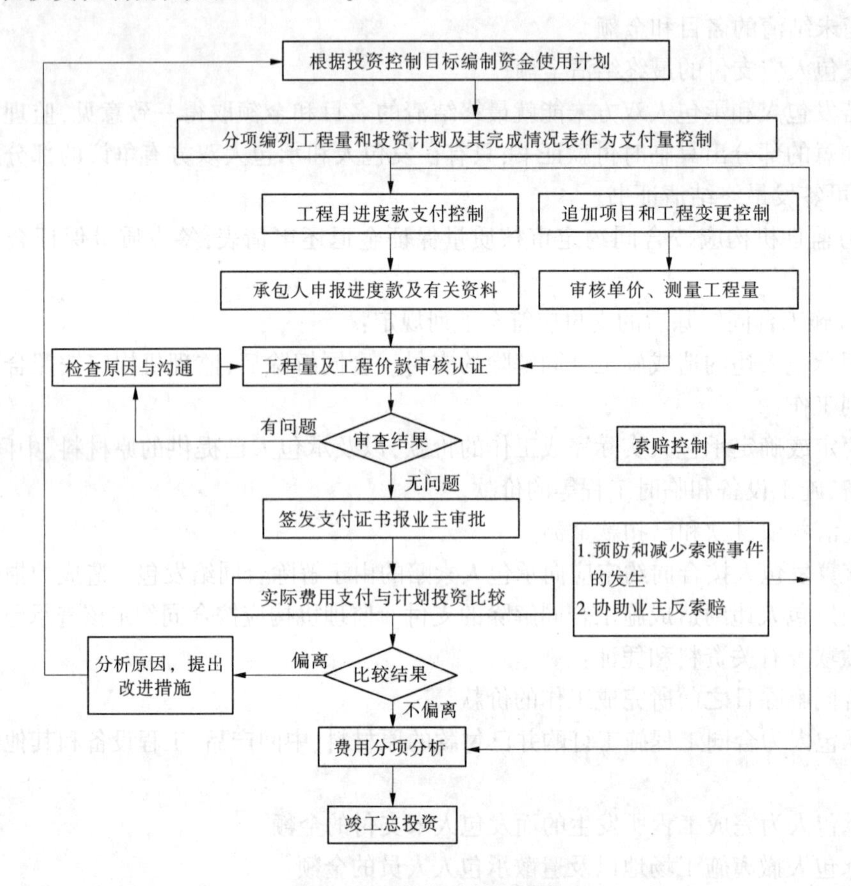

图5-8 工程投资控制流程

四、工程计量

工程计量是指根据设计文件及承包合同中关于工程量计算的规定，项目监理机构对承包人已完成的工程量进行的测量和计算。工程计量控制是投资控制的重要内容、工程款支付的凭证、控制投资支出的关键环节、约束承包人履行合同义务的手段。

在施工过程中，由于地质、地形条件变化，设计变更等多方面的影响，招标文件中的名义工程量和施工中的实际工程量很难一致，再加上工期长，影响因素多，因此在计量工作中，监理工程师既要做到公正、诚信、科学，又必须使计量审核统计工作在工程一开始就达到系统化、程序化、标准化和制度化。

(一)工程计量的程序

《建设工程施工合同(示范文本)》(GF—2013—0201)规定的工程计量的程序如下：

承包人应按专用条款约定的时间，向监理工程师提交已完工程量的报告。监理工程师接到报告后7天内按设计图纸核实已完工程量，并在计量前24 h通知承包人，承包人为计量提供便利条件并派人参加。承包人收到通知后不参加计量，计量结果有效，作为工程价款支付的依据。

监理工程师收到承包人报告后7天内未进行计量，从第8天起，承包人报告中开列的工程量即视为被确认，作为工程价款支付的依据。监理工程师不按约定时间通知承包人，使承包人不能参加计量，计量结果无效。

对承包人超出设计图纸范围和因承包人原因造成返工的工程量，监理工程师不予计量。

（二）工程计量的原则

（1）计量的项目必须是合同中规定的项目。这些项目包括以下几个：

①合同工程量清单中的全部项目。

②合同文件中规定应有监理人现场确认的，并已获得监理人批准同意的项目。

③已有监理人发出变更指令的工程变更项目。

对合同工程量清单规定以外的项目，将不予计量。

（2）计量项目的质量应达到合同规定的技术标准。

所计量项目的质量合格是工程计量最重要的前提。对于质量不合格的项目，不管承包商以什么理由要求计量，监理工程师均不予计量。

（3）计量项目的申报资料和验收手续应该齐全。

（4）计量结果必须得到监理工程师和承包商双方确认。

（5）计量方法的一致性。主要指在工程量表编制时采用的是什么计算方法，在测量实际完成的工程量时必须采用同一方法。所采用测量和估算的原则应在工程量表前言里加以明确。

（三）工程计量的方式

1.由监理工程师独立计量

计量工作由监理人员单独进行，只通知承包商为计量做好各种准备，而不要求承包商参加计量。监理人员计量后，应将计量的结果和有关记录送达承包商。如果承包商对监理人员的计量有异议，可在规定时间内以书面形式提出，再由监理工程师对承包商提出的质疑进行核实。

采用这种计量方式，监理工程师对计量的控制较好，但是程序复杂，并且占用监理工程师人员也比较多。

2.由承包商进行计量

计量工作完全由承包商进行，但监理工程师应对承包商的计量提出具体的要求，包括计量的格式、计量记录及有关资料的规定，承包商用于计量设备的精确程度、计量人员的素质等。承包商计量完成后，需将计量的结果及有关记录和资料，报送监理工程师审核，以监理工程师审核确认的结果作为支付的凭据。

采用这种计量方式，唯一的优点是占用的监理人员较少。但是，由于计量工作全部由承包商进行，监理工程师只是通过抽测甚至免测加以确认，容易使计量失控。

3.由监理工程师与承包商联合计量

由监理单位与承包商分别委派专人组成联合计量小组,共同负责计量工作。当需要对某项工程项目进行计量时,由这个小组商定计量的时间,并做好有关方面的准备工作,然后到现场共同进行计量,计量后双方签字认可,最后由监理工程师审批。

采用这种计量方式,由于双方在现场共同确认计量结果,与上述其他两种方式相比,减少了计量与计量结果确认的时间,同时也保证了计量的质量,是目前普遍采用的计量方式。

(四)工程计量的方法

1.现场测量

现场测量就是根据现场实际完成的工程情况,按规定的方法进行丈量、测算,最终确定支付工程量。

2.按设计图纸计量

按设计图纸测算是指根据施工图对完成的工程进行计算,以确定支付的工程量。

3.仪表测量

仪表测量是指通过使用仪表对所完成的工程进行计量,如混凝土灌浆计量等。

4.按单据计算

按单据计算是指根据工程实际发生的发票、收据等对所完成的工程进行计量。

5.按监理工程师批准计量

按监理工程师批准计量是指在工程实施中,监理工程师批准确认的工程量直接作为支付工程量,承包人据此进行支付申请工作。

6.包干计价项目的计量

包干计价项目一般以总价控制、检查项目完成的形象面貌,逐月或逐季支付价款。但有的项目也可进行计量控制,其计量方式可按中间计量统计支付,同时也要严格按合同文件要求执行。

(五)工程量计量的计算

所有工程项目的计量方法均应符合合同相关条款的规定,使用的计量设备和用具均应符合国家度量衡标准的精度要求。

1.质量计量的计算

钢材的计量是以质量(重量)来计量的。钢材(如钢筋,预应力钢绞线、钢筋、钢丝,钢板、型钢等)质量计量的计算,应按施工图纸所标示的净值计量。

2.面积计量的计算

结构物面积计量的计算,应按施工图纸所标示结构物尺寸线或按监理人指示在现场实际测量的结构物净尺寸线进行计算。

3.体积计量的计算

结构物体积(如混凝土、土石方等)计量的计算,应按施工图纸所示轮廓线内的实际工程量或按监理人指示在现场量测的结构物净尺寸线进行计算。

4.长度计量的计算

结构物长度计量的计算,应按平行于结构物位置的纵向轴线或基础方向的长度计算。

五、工程款支付控制

(一)预付款的支付与扣还

由于水利工程项目一般投资巨大,承包人往往难以承受,项目法人以无息贷款方式在合同签订后、工程正式开工前支付给承包人一部分资金,帮助承包人尽快开始正常施工。

预付款一般分为工程预付款和材料预付款两部分。

1.工程预付款的支付与扣还

1)工程预付款的支付

工程预付款是指项目法人与中标的承包人签约施工合同后、工程正式开工前预付给承包人的一部分资金,帮助承包人尽快做好施工准备,并用于工程施工初期各项费用的支出。

(1)工程预付款的支付条件。

承包人必须按合同规定办理预付款保函或担保。该保函应在建设单位收回全部预付款之前一直有效。监理人在审查了承包人的预付款保函或担保后,才按合同规定开具向承包人支付工程预付款的证书。

(2)工程预付款的支付。

一般工程预付款为签约合同价的10%;招标项目包含大宗设备采购的,可适当提高但不宜超过20%。《建设工程价款结算暂行办法》(财建〔2004〕369号)第十二条规定:包工包料工程的预付款按合同约定拨付,原则上预付比例不低于合同金额的10%,不高于合同金额的30%,对重大工程项目,按年度工程计划逐年预付。计价执行《建设工程工程量清单计价规范》(GB 50500—2003)的工程,实体性消耗和非实体性消耗部分应在合同中分别约定预付款比例。

在具备施工条件的前提下,发包人应在双方签订合同后的一个月内或不迟于约定的开工日期前的7天内预付工程款,发包人不按约定预付,承包人应在预付时间到期后10天内向发包人发出要求预付的通知,发包人收到通知后仍不按要求预付,承包人可在发出通知14天后停止施工,发包人应从约定应付之日起向承包人支付应付款的利息(利率按同期银行贷款利率计),并承担违约责任。

2)工程预付款的扣还

工程预付款由发包人从月进度付款中逐渐扣回。在合同累计完成金额达到专用合同条款规定的数额时开始扣款,直至合同累计完成金额达到专用合同条款规定的数额时全部扣清。

在每次进度付款时,累计扣回的金额按下列公式计算:

$$R=\frac{A}{(F_2-F_1)S}(C-F_1S) \tag{5-1}$$

式中　R——每次进度付款中累计扣回的金额;

A——工程预付款总金额;

S——合同价格;

C——合同累计完成金额;

F_1——按专用合同条款规定开始扣款时合同累计完成金额达到合同价格的比例

（一般为 20%）；

F_2——按专用合同条款规定全部扣清时合同累计完成金额达到合同价格的比例（一般为 90%）。

上述合同累计完成金额均指价格调整前未扣保留金的金额。

【例 5-1】　某工程项目施工合同采用《水利水电土建工程施工合同条件》，合同价格 2 000 万元，合同工期 12 个月。工程预付款为合同价格的 10%，工程开工前由发包人一次付清。合同实施到第 3 个月时，累计扣还工程预付款 50 万元；合同实施到第 4 个月时，累计完成合同金额 890 万元。试计算第 4 个月应扣还的工程预付款是多少？

解：第 4 个月应累计扣还的工程预付款为

$$R=\frac{A}{(F_2-F_1)S}(C-F_1S)$$

$$=\frac{2\ 000\times10\%}{(90\%-20\%)\times2\ 000}\times(890-20\%\times2\ 000)$$

$$=70(\text{万元})$$

则第 4 个月应扣还的工程预付款为 70－50＝20（万元）。

2. 材料预付款的支付与扣还

1）材料预付款的支付

材料预付款是发包人用于帮助承包人在施工初期购进成为永久工程组成部分的主要材料或设施的款项。

（1）材料预付款的支付条件。

①材料的质量和储存条件符合技术条款的要求。

②材料已到达工地，并经承包人和监理人共同验点入库。

③承包人应按监理人的要求提交材料的订货单、收据或价格证明文件。

（2）材料预付款的支付。

材料预付款金额为经监理人审核后的实际材料价的 90%，在月进度付款中支付。

2）材料预付款的扣还

材料预付款从付款月后的 6 个月内在月进度付款中每月按该预付款金额的 1/6 平均扣还。

（二）保留金的扣留与退还

保留金也叫滞留金或滞付金，是发包人从承包人完成的合同工程款中扣留的用于承包人完成工程缺陷和尾工义务的担保。

1. 保留金的扣留

施工合同一般规定，发包人应从承包人有权得到的进度款中扣留一定比例（一般为应支付价款的 10%）的金额，直到该项金额达到合同规定的质量保证金最高限额（一般为合同总价的 3%）为止。因此，监理工程师应从第一个月开始，在给承包人的月进度付款中扣留按专用合同条款规定百分比的金额作为保留金（其计算额度不包括预付款和价格调整金额），直至扣留的保留金总额达到专用合同条款规定的数额为止。

2.保留金的退还

随着工程项目的完工和保修期满,发包人应依据合同规定向承包人退还扣留的保留金,一般分两次退还,具体方式为:

(1)当整个工程通过完工验收并颁发工程移交证书后14天内,由监理工程师开具保留金付款证书,项目法人将保留金总额的一半支付给承包人。在单位工程验收并签发移交证书后,将其相应的保留金总额的一半在月进度付款中支付给承包人。

(2)在全部工程保修期(缺陷责任期)满后,由监理工程师开具剩余的保留金付款证书。项目法人应在收到上述付款证书后14天内将剩余的保留金支付给承包人。若保修期满时尚需承包人完成剩余工作,则监理工程师有权在付款证书中扣留与剩余工作所需金额相应的保留金余额。

(三)工程进度付款控制

1.月进度付款

工程进度款的支付也称中间结算,在水利工程施工合同中,一般规定按月支付。每月结算是在上月结算的基础上进行的,这种支付方式公平合理,风险性小,便于控制。

承包人应在每月末按监理人规定的格式提交月进度付款申请单,并附上完成工程量月报表。工程进度款月支付凭证如表5-2所示。

表5-2　工程进度款月支付凭证　(单位:元)

工程或费用名称		本期前累计完成额	本期申请金额	本期末累计完成额	备注
应支付金额	合同单价项目				
	合同合价项目				
	合同新增项目				
	计日工项目				
	索赔项目				
	材料预付款				
	价格调整				
	发包人迟付款利息				
	其他				
应支付金额合计					
应扣除金额	工程预付款				
	材料预付款				
	保留金				
	违约赔偿				
	其他				
应扣除金额合计					
月总支付金额=应支付金额合计-应扣除金额合计					

2.工程款支付监理工作程序

工程款支付监理工作程序见附录一中的附图4。

(四)完工结算

合同项目完工并经验收、移交,颁发移交证书后,在合同规定时间内,承包人应向监理人提交完工付款申请及支持性材料,经监理人审核后签发完工支付证书并报项目法人批准。

完工结算监理审核内容主要包括:

(1)确认按照合同规定应支付给承包人的款额。

(2)确认发包人已支付的所有金额。

(3)确认发包人还应支付给承包人或者承包人还应支付给发包人的金额,双方以此余额相互找清。

在完工结算阶段,往往存在未解决的索赔问题需要进一步协商,有时会产生争议。

(五)最终结算(最终支付)

在工程保修期终止后,并且监理人向承包人颁发了保修责任终止证书,施工合同双方可进行工程的最终结算,程序如下。

1.承包人向监理人提交最终付款申请单

承包人在收到保修责任终止证书后的28天内,按监理工程师批准的格式向监理工程师提交一份最终付款申请单,该申请单应包括以下内容,并附有关的证明文件。

(1)按合同规定已经完成的全部工程价款金额。

(2)按合同规定应付给承包人的追加金额。

(3)承包人认为应付给他的其他金额。

承包人向监理工程师提交最终付款申请单的同时,应向项目法人提交一份结清单,并将结清单的副本提交监理工程师。该结清单应证实最终付款申请单的总金额是根据合同规定应付给承包人的全部款项的最终结算金额。但结清单只在承包人收到退还履约担保证件和项目法人已向承包人付清监理工程师出具的最终付款证书中应付的金额后才生效。

2.监理人签发最终支付证书

监理工程师收到经其同意的最终付款申请单和结清单副本后的14天内,向项目法人出具一份最终付款证书提交项目法人审批。最终付款证书应说明以下内容:

(1)按合同规定和其他情况应最终支付给承包人的合同总金额。

(2)项目法人已支付的所有金额以及项目法人有权得到的全部金额。

3.最终支付

项目法人审查监理机构提交的最终付款证书后,若确认还应向承包人付款,则应在合同规定的时间内支付给承包人。若确认承包人应向项目法人付款,则应在合同规定的时间内付还给项目法人。不论是项目法人或是承包人,若不按期支付,均应按专用合同条款规定的办法将逾期付款违约金加付给对方。

六、投资偏差分析

(一)挣值法的三个费用值

1.挣值法

挣值法又称为赢得值法或偏差分析法,是用以分析目标实施与目标期望之间差异的一种方法。挣值法通过测量和计算已完成工作的预算费用与已完成工作的实际费用,将其与计划完成工作的预算费用相比较得到的项目费用偏差和进度偏差,从而达到判断项目费用和进度计划执行状况的目的。

2.挣值法的三个费用值

1)计划完成工作预算费用

计划完成工作预算费用(简称为 *BCWS*),是指项目实施过程中某阶段计划要求完成的工作量所需的预算工时和费用,即

计划完成工作预算费用(*BCWS*)= 计划工程量×预算单价　(5-2)

计划完成工作预算费用主要反映计划应完成的工作量。

2)已完工作预算费用

已完工作预算费用(简称为 *BCWP*),是指项目实施过程中某阶段实际完成工作量按预算计算出来的工时或费用,即挣得值,即

已完工作预算费用(*BCWP*)= 已完工程量×预算单价　(5-3)

3)已完工作实际费用

已完工作实际费用(简称为 *ACWP*)是指项目实施过程中某阶段实际完成工作量所消耗的工时或费用,即

已完工作实际费用(*ACWP*)= 已完工程量×实际单价　(5-4)

已完工作实际费用主要反映项目执行的实际消耗指标。

3.挣值法的四个评价指标

1)费用偏差(*CV*)

费用偏差(*CV*)= 已完工作预算费用(*BCWP*)-已完工作实际费用(*ACWP*)　(5-5)

当 *CV* 为正值时,表示节支,项目运行实际费用低于预算费用;当 *CV* 为负值时,表示实际费用超出预算费用。

2)进度偏差(*SV*)

进度偏差(*SV*)= 已完工作预算费用(*BCWP*)-计划完成工作预算费用(*BCWS*)　(5-6)

当 *SV* 为正值时,表示进度提前,即实际进度快于计划进度;当 *SV* 为负值时,表示进度延误,即实际进度落后于计划进度。

3)费用绩效指数(*CPI*)

费用绩效指数(*CPI*)= 已完工作预算费用(*BCWP*)/已完工作实际费用(*ACWP*)　(5-7)

当 *CPI*>1 时,表示节支,即实际费用低于预算费用;当 *CPI*<1 时,表示超支,即实际费用高于预算费用。

4)进度绩效指数(SPI)

进度绩效指数(SPI)=已完工作预算费用($BCWP$)/计划完成工作预算费用($BCWS$) (5-8)

当$SPI>1$时,表示进度提前,即实际进度快于计划进度;当$SPI<1$时,表示进度延误,即实际进度比计划进度拖后。

(二)投资偏差分析参数

1.投资偏差和进度偏差

投资偏差是指在投资控制中,投资的实际值与计划值的差值,即

投资偏差=已完工程实际投资-已完工程计划投资 (5-9)

投资偏差为正值,表示投资超支;投资偏差为负值,表示投资节约。

进度偏差是指在投资控制中,工程的实际时间与计划时间的差值,即

进度偏差=已完工程实际时间-已完工程计划时间 (5-10)

为了与投资偏差联系起来,进度偏差也可表示为

进度偏差=拟完工程计划投资-已完工程计划投资 (5-11)

拟完工程计划投资=拟完工程量(计划工程量)×计划单价 (5-12)

已完工程计划投资=已完工程量×计划单价 (5-13)

进度偏差为正值,表示进度拖后(工期拖延);进度偏差为负值,表示进度超前(工期提前)。

【例5-2】 某混凝土结构工程,合同计划价为1 000万元。5月底拟完成合同计划价的80%,实际完成合同计划价的70%,5月底实际结算工程款750万元,试计算5月底的投资偏差和进度偏差分别是多少?

解:(1)投资偏差=已完工程实际投资-已完工程计划投资=750-1 000×70%=750-700=50(万元)。

(2)进度偏差=拟完工程计划投资-已完工程计划投资=1 000× 80%-1 000×70%=800-700=100(万元)。

通过计算可知,5月底该工程投资超支、进度拖后。

2.局部偏差和累计偏差

局部偏差有两层含义:一是对于整个项目而言,是指各单位工程、分部工程、单元工程的投资偏差;二是对于整个项目已经实施的时间而言,是指每一控制周期内所发生的投资偏差。

累计偏差是指各局部偏差累计之和。累计偏差是一个动态的概念,其数值总是与具体的时间联系在一起的,第一个累计偏差在数值上等于局部偏差,最终的累计偏差就是整个项目的投资偏差。

局部偏差的引入,可使项目投资管理人员清楚地了解偏差发生的时间、所在的单项工程,这有利于分析其发生的原因。而累计偏差所涉及的工程内容较多、范围较大,且原因也较复杂,因而累计偏差分析必须以局部偏差为基础。另外,因为累计偏差分析是建立在对局部偏差进行综合分析的基础上,所以其结果具有代表性和规律性,对投资控制工作在较大范围内具有指导作用。

3.绝对偏差和相对偏差

绝对偏差是指在投资控制中,投资实际值与计划值的差值,即

$$绝对偏差=投资实际值-投资计划值 \tag{5-14}$$

绝对偏差为正值,表示投资超支;绝对偏差为负值,表示投资节约。

绝对偏差的结果很直观,有助于投资管理人员了解项目投资出现偏差的绝对数额,并依此采取一定措施,制订或调整投资支付计划和资金筹措计划。但是,绝对偏差有其不容忽视的局限性。例如,同样是1万元的投资偏差,对于总投资1 000万元的项目和总投资10万元的项目而言,其严重性显然是不同的,因此又引入相对偏差这一参数。

相对偏差是指绝对偏差与投资计划值的比值,即

$$相对偏差=绝对偏差/投资计划值=(投资实际值-投资计划值)/投资计划值 \tag{5-15}$$

与绝对偏差一样,相对偏差可正可负,且两者同号。正值表示投资超支,负值表示投资节约。两者都只涉及投资的计划值和实际值,既不受项目层次的限制,也不受项目实施时间的限制,因而在各种投资比较中均可采用。

4.投资偏差程度和进度偏差程度

投资偏差程度是指投资实际值对计划值的偏离程度,即

$$投资偏差程度=投资实际值/投资计划值 \tag{5-16}$$

进度偏差程度是指工程实际时间对计划时间的偏离程度,即

$$进度偏差程度=已完工程实际时间/已完工程计划时间 \tag{5-17}$$

或

$$进度偏差程度=拟完工程计划投资/已完工程计划投资 \tag{5-18}$$

(三)投资偏差分析的方法

投资偏差分析可采用不同的方法,常用的有横道图法、表格法和投资曲线法。

1.横道图法

用横道图法进行投资偏差分析,是用不同的横道标识已完工程计划投资、拟完工程计划投资和已完工程实际投资,横道的长度与其金额成正比。

横道图法具有形象、直观、一目了然等优点,它能够准确表达出投资的绝对偏差,而且能一眼感受到偏差的严重性。但是,这种方法反映的信息量少,一般在项目的较高管理层应用。

2.表格法

表格法是进行投资偏差分析最常用的一种方法。它将项目编号、名称、各投资参数以及投资偏差数综合归纳入一张表格中,并且直接在表格中进行比较。由于各投资偏差参数都在表中列出,使得投资管理者能够综合地了解并处理这些数据。

用表格法进行投资偏差分析的优点:灵活、适用性强,可根据实际需要设计表格,进行项目增减项;信息量大,可以反映偏差分析所需的资料,从而有利于投资控制人员及时采取针对性措施,加强控制;表格处理可借助于计算机,从而节约大量数据处理所需的人力,并大大提高速度。

3.投资曲线法

投资曲线法是用投资累计曲线(S 形曲线)来进行投资偏差分析的一种方法,如图 5-9 所示。在用曲线法进行投资偏差分析时,首先要确定投资计划值曲线。投资计划值曲线是与工程进度计划联系在一起的。同时也应考虑实际进度的影响,引入三条投资参数曲线,即已完工程实际投资曲线 a、已完工程计划投资曲线 b 和拟完工程计划投资曲线 p。用投资参数曲线进行投资偏差分析的步骤:

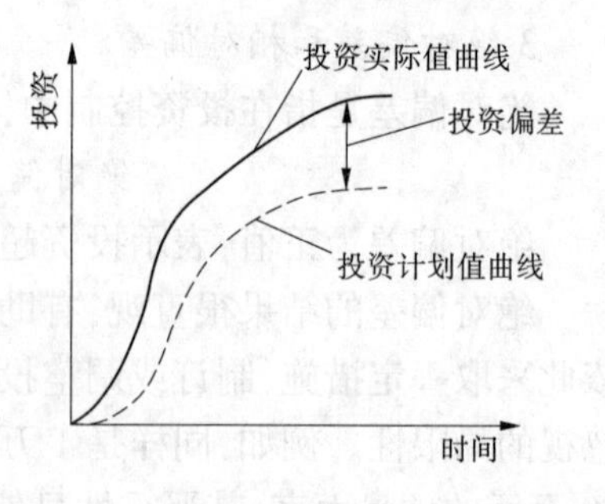

图 5-9　投资计划值与实际值曲线

(1)绘制拟完工程计划投资曲线图。

(2)在拟完工程计划投资曲线图上,绘制已完工程计划投资曲线和已完工程实际投资曲线。

(3)利用投资参数曲线分析投资偏差和进度偏差。

分析方法如图 5-10 所示。图中曲线 a 与曲线 b 的竖向距离表示投资偏差,曲线 b 与曲线 p 的水平距离表示进度偏差。

图 5-10 反映的偏差为累计偏差。用投资曲线法进行投资偏差分析同样具有形象、直观的特点,但这种方法很难直接用于定量分析,只能对定量分析起一定的指导作用。

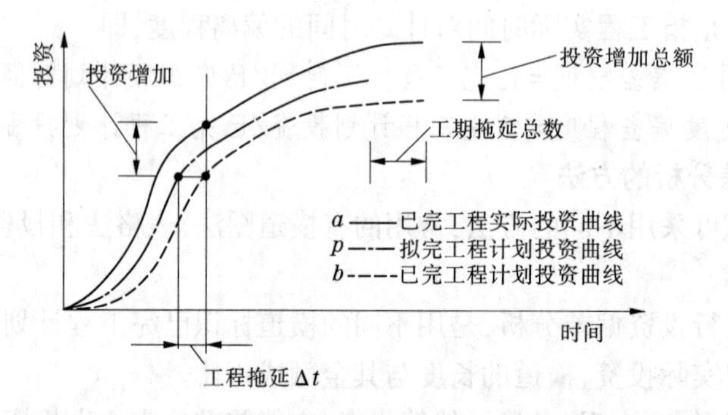

图 5-10　用三条投资参数曲线进行投资偏差和进度偏差分析

(四)投资偏差原因分析

偏差分析的一个重要目的就是要找出引起偏差的原因,从而有可能采取有针对性的措施,减少或避免相同原因的再次发生。在进行偏差原因分析时,首先应将已经导致和可能导致偏差的各种原因逐一列举出来。导致不同工程项目产生偏差的原因具有一定共性,因而可以通过对已建项目的投资偏差原因进行归纳、总结,为该项目采用预防措施提供依据。

一般来说,产生投资偏差的原因主要包括设计原因、业主原因、施工原因、物价上涨因素、自然因素、法律法规变化等。

(五)投资纠偏措施

对偏差原因进行分析的目的是有针对性地采取纠偏措施,从而实现投资的动态控制和主动控制。纠偏的主要对象是业主原因、设计原因和施工原因造成的投资偏差。纠偏可综合采用组织措施、经济措施、技术措施和合同措施等。

任务四　施工安全监理与文明施工监理

一、施工安全监理的内容

《建设工程安全生产管理条例》(国务院令 393 号)正式提出了监理单位在工程建设中应承担的安全监理责任以及相关法规,明确了监理单位对建设工程安全生产承担三大职责:审核查验职责、安全检查职责和督促整改职责。工程安全监理是工程监理的重要组成部分,也是工程安全生产管理的重要保障。工程安全监理的实施,是提高施工现场管理水平的有效方法,也是建设管理体制改革中加强安全管理、控制重大伤亡事故的一种有效手段。

(一)安全监理的具体工作

1.审查承包人编制的施工组织设计中施工安全问题

监理结构应审查承包人编制的施工组织设计中的安全技术措施、施工现场临时用电方案,以及灾害应急预案、危险性较大的分部工程或单位工程专项施工方案是否符合工程建设标准强制性条文(水利工程部分)及相关规定的要求。

(1)审核施工组织设计中安全技术措施的编写、审批:

①安全技术措施应由施工企业工程技术人员编写;

②安全技术措施应由施工企业技术、质量、安全、工会、设备等有关部门进行联合会审;

③安全技术措施应由具有法人资格的施工企业技术负责人批准;

④安全技术措施应由施工企业报建设单位审批认可;

⑤安全技术措施变更或修改时,应按原程序由原编制审批人员批准。

(2)审核施工组织设计中安全技术措施或专项施工方案是否符合工程建设强制性标准:

①土方工程:地上障碍物的防护措施是否齐全完整;地下隐蔽物的保护措施是否齐全完整;相邻建筑物的保护措施是否齐全完整;场区的排水防洪措施是否齐全完整;土方开挖时的施工组织及施工机械的安全生产措施是否齐全完整;基坑边坡的稳定支护措施和计算书是否齐全完整;基坑四周的安全防护措施是否齐全完整。

②脚手架:脚手架设计方案(图)是否齐全完整;可行脚手架设计验算书是否正确齐全完整;脚手架施工方案及验收方案是否齐全完整;脚手架使用安全措施是否齐全完整;脚手架拆除方案是否齐全完整。

③模板施工:模板结构设计计算书的荷载取值是否符合工程实际,计算方法是否正确;模板设计应包括支撑系统自身及支撑模板的楼、地面承受能力的强度等;模板设计图包括结构件大样及支撑系统体系、连接件等的设计是否安全合理,图纸是否齐全;模板设计中安全措施是否周全。

④高处作业:临边作业的防护措施是否齐全完整,洞口作业的防护措施是否齐全完整,悬空作业的安全防护措施是否安全完整。

⑤交叉作业:交叉作业时的安全防护措施是否安全完整,安全防护棚的设置是否满足安全要求,安全防护棚的搭设方案是否齐全完整。

⑥塔式起重机:地基与基础工程施工是否满足使用安全和设计需要,起重机拆装的安全措施是否齐全完整,起重机使用过程中的检查维修方案是否齐全完整,起重机驾驶员的安全教育计划和班前检查制度是否齐全,起重机的安全使用制度是否健全。

⑦临时用电:电源的进线、总配电箱的装设位置和线路走向是否合理;负荷计算是否正确完整;选择的导线截面和电气设备的类型规格是否正确;电气平面图、接线系统图是否正确完整;施工用电是否采用TN-S接零保护系统;是否实行"一机一闸"制,是否满足分级分段漏电保护;照明用电措施是否满足安全要求。

⑧安全文明管理:检查现场挂牌制度、封闭管理制度、现场围挡措施、总平面布置、现场宿舍、生活设施、保健急救、垃圾污水、防水、宣传等安全文明施工措施是否符合安全文明施工的要求。

2.编制安全监理方案

监理结构编制的监理规划应包括安全监理方案,明确安全监理的范围、内容、制度和措施,以及人员配备计划和职责。监理机构对中型及以上项目、危险性较大的分部工程或单元工程应编制安全监理实施细则,明确安全监理的方法、措施和控制要点,以及对承包人安全技术措施的检查方案。

3.核查承包人安全生产管理机构和人员资质

监理机构应按照相关规定核查承包人的安全生产管理机构,以及安全生产管理人员的安全资格证书和特种作业人员的特种作业操作资格证书,并检查安全生产教育培训情况。

具体核查内容包括:①营业执照;②施工许可证;③安全资质证书;④建筑施工安全监督书;⑤安全生产管理机构的设置及安全专业人员的配备;⑥安全生产责任制及管理体系;⑦安全生产规章制度;⑧特种作业人员的上岗证及管理情况;⑨各工种的安全生产操作规程;⑩主要施工机械、设备的技术性能及安全条件。

(二)施工安全监理的内容

《水利工程施工监理规范》(SL 288—2014)规定了施工过程中监理机构的施工安全监理内容,叙述如下:

(1)督促承包人对作业人员进行安全交底,监督承包人按照批准的施工方案组织施工,检查承包人安全技术措施的落实情况,及时制止违规施工作业。

(2)定期和不定期巡视检查施工过程中危险性较大的施工作业情况。

(3)定期和不定期巡视检查承包人的用电安全、消防措施、危险品管理和场内交通管理等情况。

(4)核查施工现场施工起重机械、整体提升脚手架和模板等自升式架设设施和安全设施的验收等手续。

(5)检查承包人的度汛方案中对洪水、暴雨、台风等自然灾害的防护措施和应急措施。

(6)检查施工现场各种安全标志和安全防护措施是否符合工程建设标准强制性条文(水利工程部分)及相关规定的要求。

(7)督促承包人进行安全自查工作,并对承包人自查情况进行检查。

(8)参加发包人和有关部门组织的安全生产专项检查。

(9)检查灾害应急救助物资和器材的配备情况。

(10)检查承包人安全防护用品的配备情况。

(三)施工安全隐患

监理机构发现施工安全隐患时,应要求承包人立即整改;必要时,可要求承包人暂停施工,并及时向发包人报告。

监理机构现场监督与检查发现安全事故隐患时及时下达监理通知,要求施工单位整改或暂停施工:

(1)日常现场跟踪监理,根据工程进展情况,监理人员对各工序安全情况进行跟踪监理,现场检查、验证施工人员是否按照安全技术防范措施和操作规程操作施工,发现安全隐患,及时下达监理通知,责令施工企业整改。

(2)对主要结构、关键部位的安全状况,除日常跟踪检查外,视施工情况,必要时可做抽验和检测工作。

(3)每日将安全检查情况记录在监理日志中。

(4)及时与建设行政主管部门进行沟通,汇报施工现场安全情况,必要时,以书面形式汇报,并做好汇报记录。

(四)安全事故处理

当发生安全事故时,监理机构应指示承包人采取有效措施防止损失扩大,并按有关规定立即上报,配合安全事故调查组的调查工作,监督承包人按调查处理意见处理安全事故。

(五)监督安全施工措施费用使用

监理机构应监督承包人将列入合同安全施工措施的费用按照合同约定专款专用。

二、安全监理的工作方法

(一)施工安全危险源的分析和预控

建筑施工企业是一个事故多发的行业,在《中华人民共和国安全生产法》中,将建筑、矿山、化学危险品列为“三大高危”行业。

在整个生产安全事故统计中,建筑工业事故占有相当高的比例,主要因为建设工程具有以下特点:作业环境的局限性、作业条件的恶劣性、施工作业高空性、安全管理的难度性、个体劳动保护的艰巨性、安全技术措施和安全管理措施的保证性、多工种立体交叉性、拆除作业的不安全性、装修材料的有毒性等。施工安全生产的上述特点,决定了施工生产的安全隐患多存在于高空作业、交叉作业、垂直运输、个体劳动保护以及使用电气工具上,伤亡事故也多发生在高处坠落、物体打击、机械伤害、起重伤害、触电、坍塌及拆除工程坍塌等方面。

针对上述施工安全生产的特点,监理人员应做好施工安全危险源的分析和预控。危险源即存在与施工活动场所,也存在与施工场所周围区域。其形成原因包括施工前期的勘查设计不符合的结果和施工过程的各种不符合的活动、物质条件(人、物、环)。分析施工现场安全危险源的方法有以下几种:

(1)现场调查法,即通过询问交谈、现场观察、查阅有关记录来获取外部信息,并加以分析研究,可识别有关的危险源。

(2)工作任务分析法,即通过分析施工现场人员工作任务中所涉及的危害,可识别有关的危险源。

(3)安全检查表法,即运用编制好的安全检查表,对施工现场和工作人员进行系统的安全检查,可识别存在的危险源。

(4)危险与操作性研究法,是一种对工艺过程中的危险源实行严格审查和控制的技术,通过指导语句和标准格式寻找工艺偏差,以识别系统存在的危险源,并确定控制危险源的对策。

(5)事件树分析法,即时序逻辑分析判断法,是一种从初始原因事件开始,分析各环节事件正常或不正常的发展变化过程,并预测各种可能结果的方法。应用这种方法,通过对系统和环节事件的分析,可识别出系统的危险源。

(6)故障树分析法,即根据系统可能发生的或已经发生的事故结果,去寻找与事故发生有关的原因、条件和规律。通过这样一个过程分析,可识别出系统中导致事故的有关危险源。

上述几种危险源识别方法都有各自特点,也有各自的适用范围和局限性。所以,在识别危险源的过程中,往往使用一种还不足以全面地分析到所存在的危险源,必须综合地运用两种和两种以上的方法。

根据《建设工程安全生产管理条例》相关规定和参照《危险化学品重大危险源辨识》(GB 18218—2009)有关原理,进行施工安全重大危险源的辨识,是加强施工安全生产管理,预防重大事故发生的基础性的、迫在眉睫的工作;而这方面的工作在一些工程建设管理中尚未引起人们足够的重视。编者认为对建设施工有关重大危险源进行辨识分析,应考虑从工程组成、工序、施工设施、机械和物质及其影响范围来进行。建设施工安全重大危险源初步可分为施工场所重大危险源、施工场所及周围地段重大危险源两类,其意外危害发生后,可造成人员死亡或重伤或重大财产损失。

存在于施工现场可能产生危害的活动,主要与施工分部、分项(工序)工程,施工装置(设施、机械)及物资有关。

(1)脚手架(包括落地架、悬挑架、爬架等)、模板和支撑、起重塔吊、物料提升机、施工电梯安装与运行,人工挖孔(井)、基坑(槽)施工,局部结构工程或临时建设(工棚、围墙等)失稳,造成坍塌、倒塌意外。

(2)高度大于 2 m 的作业面(包括高空、洞口、临边作业),因安全防护设施不符合或无防护设施、人员未配系防护绳(带)等造成人员踏空、滑倒、失稳等意外。

(3)焊接、金属切割、冲击钻孔(凿岩)等施工及各种施工电气设备的安全保护(如漏电、绝缘、接地保护、一机一闸)不符合,造成人员触电、局部火灾等意外。

(4)工程材料、构件及设备的堆放与搬(吊)运等发生高空坠落、堆放散落、撞击人员等意外。

(5)工程拆除、人工挖坑(井)、浅岩基及隧道进等爆破,因误操作、防护不足等,发生人员伤亡、建筑及设施损坏等意外。

(6)人工挖坑(井)、隧道凿进、室内涂料(油漆)及粘贴等因通风排气不畅造成人员窒息或气体中毒等意外。

(7)施工用易燃易爆化学物品临时存放或使用不符合、防护不到位,造成火灾人员窒息意外;工地饮食因卫生不符合,造成集体中毒或患病。

存在于施工场所及周围地段可能危害周围社区活动,主要与工程项目所在地区地质条件、工程类型、工序、施工装置及物资有关。

(1)邻街或居民聚集、居住区的工程深基坑、隧道、地铁、竖井、大型管沟的施工,因为支护和顶撑等设施失稳、坍塌,不但造成施工场所破坏,还往往引起地面、周边建筑的坍塌、坍陷、爆炸与火灾等意外。

(2)基坑开挖、人工挖坑(井)等施工降水,造成周围建筑物因地基不均匀沉降而倾斜、开裂、倒塌等意外。

(3)邻街施工高层建筑或高度大于 2 m 的临空(街)作业面,因无安全防护设施或不符合,造成外脚手架、滑模失稳等坠落物体(件)打击人员等意外。

(4)工程拆除、人工挖坑(井)、浅岩基及隧道凿击等爆破,因设计方案、误操作、防护不足等造成发生施工场所及周围已有建筑及设施损坏、人员伤亡等意外。

分析识别了工程项目的危险源后,即可对危险源进行安全风险评价。评价围绕可能性和后果两个方面综合进行,一般通过定量和定性相结合的方法进行危险源的评价,让每个监理人员充分参与,详细了解一般危险源和重大危险源的分布范围和存在时段,以便能有针对性地采取有效措施予以防范。对危险源的预控,应按危险源的评价分级分别对待。对于一般危险源,可督促施工单位按现有安全控制措施,加强安全管理。对于重大危险源,监理工程师应要求施工单位具体制订相应的安全技术和安全管理控制措施,改善相应的计划。其后进行控制措施计划,其结果应形成书面记录,一般可与危险源识别、评价结果合并列表记录。在控制措施计划实施前还应进行充分性评审,其主要内容是计划的控制措施是否能使施工安全风险降低到可接受或可容许的水平,是否会产生新的危险源,安全防范资金是否能够保证,是否具有可操作性等。

(二)监理人员控制施工安全的方法和手段

我国现行安全生产的方针是:“安全第一,预防为主”;安全生产的基本原则是:管生产必须管安全、安全一票否决权、职业安全卫生“三同时”、事故处理“四不放过”。

施工过程体现在一系列的现场施工作业和管理活动中,作业和管理活动的效果将直接影响到施工过程的施工安全,监理工程师对施工过程的安全监理应着重体现在对作业和管理活动的控制上。为确保建设工程施工安全,监理工程师要对施工过程进行全过程、全方位的控制,这与安全生产方针所凸显的“预防”相结合。同时,要采取组织措施、技术措施、经济措施、合同措施等方法,加强对施工安全的控制,确保安全控制横向到边、纵向到底,贯穿、覆盖于整个工程项目。

监理人员对施工安全的控制主要体现为监理人员对施工安全所承担的三大监理职责:审核查验职责、安全检查职责和督促整改职责。

1.审核技术文件、报告和报表

对技术文件、报告和报表的审核,是监理工程师对建设施工安全进行全面监督检查和控制的重要手段。审核内容如下:有关技术证明文件、专项施工方案、有关安全物资的检验报告、反映工序施工安全的图表、有关安全设施和施工机械验收核查资料等。

2.现场安全检查和监督

1)现场安全检查的内容

(1)监督、检查在施工作业和管理过程中,施工人员、机械设备、材料、施工方法、施工工艺、施工操作以及施工环境条件等是否均处于良好的状态,是否符合保证工程施工安全的要求,若发现有问题,要及时纠偏和加以控制。

(2)对于重要的和对于工程施工安全有重大影响的工序、工程部位、作业活动,监理人员还应在现场对施工过程进行监控。

(3)对安全记录资料进行检查,确保各项安全管理制度的有效落实。

2)现场安全检查的类型

现场安全检查的类型有日常安全检查、定期安全检查、专业性安全检查、季节性安全检查及节假日期间安全检查等。

3)现场安全检查的方式

(1)旁站。是指在关键部位或关键工序施工过程中,由监理人员在现场进行的监督活动。在施工阶段,许多建设工程安全事故隐患是由于现场施工操作不当或不符合标准、规范、规程所致,违章操作或违章指挥往往带来安全事故的发生。一旦安全事故发生,就会造成人员伤亡或直接经济损失。通过监理人员有效的现场旁站监督和检查,及时发现存在的安全问题并及时解决问题,能有效地避免安全事故发生。确定旁站的工程部位、工艺和作业活动,应根据每个建设工程的特点、重大危险源部位、施工单位安全管理水平等。一般而言,高空作业、爆破作业、深基础工程、地下暗挖工程、起重吊装工程、起重机械安装拆卸施工等高危作业应进行旁站监控。

(2)巡视。是监理人员对正在施工的部位及工序现场进行的定期或不定期的监督活动。巡视不限于某一部位及工艺过程,其检查范围是施工现场的所有生产安全状况。

(3)平行检验。是监理人员利用一定的检查检测手段,在施工单位自检的基础上,按照一定的比例独立进行检查和检测的活动。平行检验在安全技术复核及复验工作中采用较多,是监理人员对安全设施、施工机械等进行安全验收核查,做出独立判断的重要依据之一。

3.安全隐患的处理

监理人员应按下列规定对事故安全隐患进行处理:

(1)监理人员应区别"通病"、"顽症"、首次出现、不可抗力等类型,要求施工单位修订和完善安全整改措施。

(2)监理人员对检查发现的安全事故隐患应立即发出安全隐患整改通知单。督促施工单位对安全隐患原因进行分析,制订纠正和预防措施。安全事故整改措施经监理人员确认后实施。

(3)监理人员对检查发现的违章指挥和违章作业行为应立即向责任人当场指出,督促立即纠正。

(4)监理人员对事故安全整改措施的实施过程和实施效果进行跟踪检查,保存检查记录。

4.工地例会和安全专题会议

(1)工地例会是施工过程中参加建设工程各方沟通情况、解决分歧、形成共识、做出决定的主要渠道。通过工地例会,监理人员分析施工过程中的安全状况,指出存在的安全问题,提出整改意见,要求施工单位限期整改完成。

(2)针对某些专门安全问题,监理人员还应组织专题会议,集中解决较重大或普遍存在的安全问题。

5.规定安全监理工作程序

规定双方必须遵守的安全监理工作程序,这也是监理人员按规定的程序进行安全控制的必要手段。

6.安全生产奖惩制

执行安全生产协议书中安全生产奖惩制,确保施工过程中的安全,促使施工生产顺利进行。

三、现场安全监理

(一)确立监理机构内部的安全控制责任制度

监理机构中监理人员的工作将直接决定安全控制的效果。由于专业知识的限制,监理人员不可能样样精通,因此有必要进行安全控制的职责分工,建立监理机构内部的安全控制责任制度。

在确立安全控制责任制度时,可以由各专业监理工程师负责本专业施工范围内的安全控制工作,包括日常检查、定期检查、登记备案制度等,并及时向总监理工程师汇报检查结果。对所发现的问题应及时提醒总监理工程师注意。总监理工程师则负责全面的组织、协调及内部工作检查。对各专业所发生的安全事故,在监理机构内部,各专业监理工程师应负直接监理责任,总监理工程师负管理责任。对一些大型群体项目,总监理工程师应做好监理人员分工安排;而对某些可能同时涉及多个专业的检查项目,总监理工程师应明确其中的分工协作方法和相应的责任划分。

另外,针对现实中工程质量与施工安全事故时有发生,给国家和人民生命财产造成重大损失的状况,《建设工程安全生产管理条例》赋予了广大监理人员施工安全控制的责任和义务。为防止和减少工程质量、安全事故和维护好自身的合法权益,广大监理人员要努力完成好这项工作,有经验的多交流经验,取长补短;有些地方没有经验的,完全可以创造性地开展工作,积累工程安全控制监理经验,共同促进安全监理水平的提高。

(二)做好现场安全控制的宣传工作

要做好工地现场安全的控制工作,首先要有一个良好的工作条件和氛围。在这方面,现场的监理人员要通过主动、积极的工作来创造和争取。监理人员应该向施工单位宣传《中华人民共和国建筑法》《建设工程安全生产管理条例》等国家法规,包括很多地方政府制定的安全生产法规,宣传施工安全的有关规定和重要性,说明施工安全与单位以及个人的关系,引起工程项目建设参与者的高度重视。

建设单位作为工程款的支付方,其在工地安全问题上是最具有权力及影响力的,监理单位必须争取业主对安全工作的支持。现在有不少项目业主想要工程以最低价格及在最短时间内完工,这直接影响施工单位安全施工的开支和导致削减安全基本要求,甚至有些时候不利于工地施工的安全。在这种情况下,监理人员应该及时、耐心地向业主说明其中的利弊,争取建设单位创造和提供施工安全的环境条件,如设立安全生产奖惩制度,对施工单位安全工作表现佳的予以一定的奖励,相反就给予处罚。

在进行施工安全控制工作时,要注意形成书面文件。如召开安全生产专题会议形成的会议纪要、工程业务联系单、监理工作联系单、建设单位与总承包单位的安全生产协议书、总承包单位和分包单位的安全生产协议书等。

施工单位要认真做好工程施工安全交底,并做好施工安全交底记录,见表5-3。

(三)安全隐患的整改控制

《建设工程安全生产管理条例》规定:在实施监理过程中,监理单位发现存在安全事故隐患,应当要求施工单位整改;情况严重的,应当要求施工单位暂时停止施工,并及时报告建设单位。

上述规定在具体操作时存在诸多不确定性。因为如果施工现场真的出现安全事故,就涉及这样的问题:监理单位是否发现过事故隐患?对该事故隐患是否提出过整改要求?如果在没有发出过整改通知的情况下出现安全事故,对于监理单位在事故发生前是否发现过事故隐患的判断是很困难的,因为这涉及事故责任。此时,判断的准则很可能会变成监理单位是否应该发现这些事故隐患,这就涉及监理单位安全控制的标准问题。《建设工程安全生产管理条例》第十四条要求,监理单位按照法律、法规和工程建设强制性标准进行监理,这实际上就是条例规定的监理单位安全控制标准。应当认为,凡是条例及强制性标准规定的事项,都应随时处在监理单位的控制范围之内。所以,监理单位要真正地回避该风险,必须熟悉条例及工程建设强制性标准关于安全施工的所有相关规定,并按照这些规定进行经常性的安全检查,对所发现的安全隐患及发出书面整改通知。

安全隐患检查方法有以下几种。

1.资料性审核

(1)施工单位资质和管理层人员资质、特殊工种人员上岗审核。

(2)各种重要施工机械安装及整体提升脚手架、模板等自升式架设设施的合格性审核(施工单位应出具检测部门的合格性检测说明)。

(3)重要的施工安全制度及安全技术交底。

(4)施工单位安全管理、责任、检查、教育制度等。

2.验收性检查

(1)各种施工质量验收规范明文规定需要验收的事项,如模板工程、土方开挖工程等一些既涉及施工质量又涉及施工安全的项目。

(2)某些分项工程开工前的开工条件验收。

(3)为迎接政府或建设单位上级主管部门各种检查验收而由监理单位提前组织进行的内部验收等。

表 5-3　施工安全交底记录

（承包【　】安　　号）

合同名称：　　　　　　　　　　　　　　　　　　　　　　　合同编号：

单位工程名称		承包人	
分部工程名称		施工内容	
主持人/交底人		时间/地点	

1.施工安全交底依据文件清单：

（国家法律法规、工程建设标准强制性条文、合同文件、施工组织设计及施工措施计划中的安全技术措施、专项施工方案、施工现场临时用电方案等）

2.施工安全交底内容：

施工安全交底记录：

记录人：

与会人员签名：

一般情况下，验收性检查后都有书面验收意见或验收总结会议，对于发现的安全隐患可以通过验收记录或验收会议纪要的形式要求施工单位整改。

3.定期检查

定期检查一般由建设单位、施工单位、监理单位三方共同参加，监理机构应规定定期现场检查的周期，通常有：①季节转换时的现场准备检查。②每月评比检查。③每周例行检查等。

季节转换检查主要检查因季节转换可能导致的不安全因素的预防情况，如冬雨季的现场防滑设施检查、夏季预防高温措施检查等；每月评比检查适合多于施工单位的施工现场，通过评比能起到表扬先进、督促落后的作用；每周例行检查一般安排在周例会前进行，对检查中发现的问题便于及时在例会上提出改进要求。所有定期检查都应召开总结会议，并编制会议纪要。

4.日常检查

日常检查通常与监理机构的现场日常巡查相结合，安全检查作为其中的一项内容。对日常检查中发现的安全隐患，及时填写安全检查记录，见表5-4，并及时报告总监理工程师，由总监理工程师及时发出整改通知。

表5-4　安全检查记录

（监理〔　　〕安检　　号）

合同名称：　　　　　　　　　　　　　　　　　　合同编号：

日期		检查人			
时间		天气		温度	
检查部位					
人员、设备、施工作业及环境和条件等					
危险品及危险源安全情况					
发现的安全隐患及消除隐患的监理指示					
承包人的安全措施及隐患消除情况（安全隐患未消除的，检查人必须上报）					
检查人：（签名） 日期：　　年　　月　　日					

说明：1.本表可用于监理人员安全检查记录。

2.本表单独汇编成册。

如遇见下列情况,监理人员要直接下达暂停施工令,并及时向项目总监理工程师和建设单位汇报:

(1)施工中发现安全异常,经提出后,施工单位未采取改进措施或改进措施不符合要求时。

(2)对已发现的工程事故未进行有效处理而继续作业时。

(3)安全措施未经自检而擅自使用时。

(4)擅自变更设计图纸进行施工时。

(5)使用没有合格证明的材料或擅自替换、变更工程材料时。

(6)未经安全资质审查的分包单位的施工人员进入施工现场施工时。

(7)出现安全事故时。

(四)施工单位拒不整改时及时向政府有关部门报告

在施工单位拒不整改或不停止施工时,监理单位应及时向有关部门报告。为此,监理单位应与各级质量安全监督站建立良好的工作关系和通畅的联系机制,这在实际操作中是不存在问题的。关键的问题是在必要时如何真正使用好这条沟通渠道。对一些理解上有争议的问题,还可以通过咨询来解决。

四、文明施工监理

文明施工是要保持施工现场良好的作业环境、卫生环境和工作秩序。文明施工主要包括以下几个方面的工作:

(1)规范施工现场的场容,保持作业环境的整洁卫生。

(2)科学组织施工,使生产有序进行。

(3)减少施工对周围居民和环境的影响。

(4)保证职工的安全和身体健康。

(一)施工现场文明施工一般要求

(1)施工现场必须设置明显的标牌,标明工程项目名称、建设单位、设计单位、施工单位、项目经理和施工现场总代表人的姓名、开竣工日期、施工许可证批准文号等。施工单位负责施工现场标牌的保护工作。

(2)施工现场的管理人员在施工现场应当佩戴证明其身份的证卡。

(3)应当按照施工总平面布置图设置各项临时设施。现场堆放的大宗材料、成品、半成品和机具设备不得侵占场内道路及安全防护设施。

(4)施工现场的用电线路、用电设施的安装和使用必须符合安装规范和安全操作规程,并按照施工组织设计进行架设,严禁任意拉线接电。施工现场必须设有保证施工安全要求的夜间照明;危险潮湿场所的照明以及手持照明灯具,必须采用符合安全要求的电压。

(5)施工机械应当按照施工总平面布置图规定的位置和线路设置,不得任意侵占场内道路。施工机械进场须经过安全检查,经检查合格的方能使用。施工机械操作人员必须建立机组责任制,并依照有关规定持证上岗,禁止无证人员操作。

(6)应保证施工现场道路畅通,排水系统处于良好使用状态;保持场容场貌整洁,随时清理建筑垃圾。在车辆、行人通行的地方施工,应设置施工标志,并对沟井坎穴进行覆盖。

(7)施工现场的各种安全设施和劳动保护器具,必须定期进行检查和维护,及时消除隐患,保证其安全有效。

(8)施工现场应当设置各类必要的职工生活设施,并符合卫生、通风、照明等要求。

(9)应当做好施工现场安全保卫工作,采取必要的防盗措施,在现场周边设立围护设施。

(10)应当严格依照《中华人民共和国消防法》的规定,在施工现场建立和执行防火管理制度,设置符合消防要求的消防设施,并保持完好的备用状态。在容易发生火灾的地区施工,或者储存、使用易燃易爆器材时,应当采取特殊的消防安全措施。

(11)施工现场发生工程建设重大事故处理,依照工程建设重大事故报告和调查程序规定执行。

(二)现场文明施工的措施

1.现场管理

(1)工地现场设置大门和连续、密闭的临时围护设施,且牢固、安全、整齐美观;围护外部色彩与周围环境协调。

(2)严格按照相关文件规定的尺寸和规格制作各类标识标牌,如施工总平面图、工程概况牌、文明施工管理牌、组织网络牌、安全记录牌、防火须知牌等。其中,工程概况牌设置在工地大门入口处,标明项目名称、规模、开竣工日期、施工许可证号、建设单位、设计单位、施工单位、监理单位和联系电话等。

(3)场内道路要平整、坚实、畅通、有完善的排水措施;严格按施工组织设计中平面布置图划定的位置整齐堆放原材料和机具、设备。

(4)施工区和生活、办公区有明确的划分;责任区分片包干,岗位责任制健全,各项管理制度健全并上墙;施工区内废料和垃圾及时清理,成品保护措施健全有效。

2.安全防护

(1)安全帽、安全带佩戴符合要求,特殊工种个人防护用品符合要求。

(2)预留洞口、电梯口防护符合要求,电梯井内每隔两层(不大于10 m)设有一安全网。

(3)脚手架搭设牢固、合理,梯子使用符合要求。

(4)设备、材料放置安全合理,施工现场无违章作业。

(5)安全技术交底及安全检查资料齐全,大型设备吊装运输方案有审批手续。

3.临时用电

(1)施工区、生活区、办公区的配电线路架设和照明设备、灯具的安装、使用应符合规范要求,特殊施工部位的内外线路按规范要求采取特殊安全防护措施。

(2)配电箱和开关箱选型、配置合理,安装符合规定,箱体整洁、牢固,具备防潮、防水功能。

(3)配电系统和施工机具采用可靠的接零或接地保护,配电箱和开关箱设两级漏电保护;值班电工个人防护整齐,持证上岗。

(4)电动机具电源线压接牢固,绝缘完好,无乱拉、扯、压、砸现象;电焊机一、二次线防护齐全,焊把线双线到位,无破损。

(5)临时用电有设计方案和管理制度,值班电工有值班、检测、维修记录。

4.机械设备

(1)室外设备有防护棚、罩;设备及加工场地整齐、平整,无易燃物及妨碍物。

(2)设备的安全防护装置、操作规程、标识、台账、维护保养等齐全并符合要求,操作人员持证上岗。

(3)起重机械和吊具的使用应符合其性能、参数及施工组织设计(方案)的规定。

5.消防、保卫

(1)施工现场有明显防火标志,消防通道畅通,消防设施、工具、器材符合要求;施工现场不准吸烟。

(2)易燃、易爆、剧毒材料的预退、存放、使用应符合相关规定。

(3)明火作业符合规定要求,电、气焊工必须持证上岗。

(4)施工现场有保卫、消防制度和方案、预案,由负责人和组织机构,有检查落实和整改措施。

6.材料管理

(1)工地的材料、设备、库房等按平面图规定地点、位置设置;材料分规格存放整齐,有标识,管理制度、资料齐全并有台账。

(2)料场、库房整齐。易燃、易爆物品单独存放,库房有防火器材。做到"活完料净脚下清",施工垃圾集中存放、回收、清运。

7.环境保护

(1)施工中使用易飞撒材料(如矿棉)、沥青、有毒溶剂等,应有防大气污染措施。主要场地应全部硬底化,未做硬底化的场地,要定期压实地面和洒水,减少灰尘对周围环境的污染。

(2)施工及生活废水、污水、废油按规定处理后排放到指定地点。

(3)强噪声机械设备的使用应有降噪措施,人为活动噪声应有控制措施,防止污染周围居民工作与生活。当施工噪声可能超过施工现场的噪声限值时,应在开工前向建设行政管理部门和环保部门申请,核准后才能开工。

(4)夜间施工应向有关部门申请,核准后才能施工。

(5)在施工组织设计中要有针对性的环保措施,建立环保体系并有检查记录。

8.环卫管理

(1)建立卫生管理制度、明确卫生责任人、划分责任区,有卫生检查记录。

(2)施工现场各区域整齐清洁、无积水,运输车辆必须冲洗干净后才能离场上路行驶。

(3)生活区宿舍整洁,不随意泼污水、倒污物,生活垃圾按指定地点集中,及时清理。

(4)食堂应符合卫生标准,加工、保管生、熟食品要分开,炊事员上岗须穿戴工作服帽,持有效的健康证明。

(5)卫生间屋顶、墙壁严实,门窗齐全有效,按规定采用水冲洗或加盖措施,每日有专人负责清扫、保洁、灭蝇蛆。

(6)应设茶水亭和茶水桶,做到有盖、加锁和有标志,夏季施工备有防暑降温措施,配备药箱,购置必要的急救、保健药品。

9.宣传教育

(1)现场组织机构健全,动员、落实、总结表彰工作扎实。

(2)施工现场黑板报、宣传栏、标志性语版、旗帜等规范醒目,内容适时。使施工现场各类员工知法、懂法并自觉遵守和维护国家的法律、法令,增强员工的防火、防灾及质量、安全意识,防止和杜绝盗窃、斗殴及黄、赌、毒等非法活动的发生。

(三)文明施工监理

《水利工程施工监理规范》(SL 288—2014)规定了施工过程中监理机构的文明施工监理工作,叙述如下:

(1)监理机构应依据有关文明施工规定和施工合同约定,审核承包人的文明施工组织机构和措施。

(2)监理机构应检查承包人文明施工的执行情况,并监督承包人通过自查和改进,完善文明施工管理。

(3)监理机构应督促承包人开展文明施工的宣传和教育工作,并督促承包人积极配合当地政府和居民共建和谐建设环境。

(4)监理机构应监督承包人落实合同约定的施工现场环境管理工作。

任务五　合同管理

一、监理机构合同管理的目标与原则

(一)合同管理的目标

处理好工程变更,防范索赔、风险和其他损失,努力排除或减少合同争议,使承包人在尽可能节省投资的情况下,保质、按期或提前完成工程施工任务。

(二)合同管理的原则

监理人员在施工阶段认真分析研究合同条款内容,充分理解合同的各项条款。跟踪检查合同的执行情况,避免违约事件的发生。发现有违约行为,及时向违约方发出监理通知,防止违约扩大。

二、合同基本知识

(一)合同的概念

1999年3月15日第九届全国人民代表大会第二次会议通过了,中华人民共和国主席令第十五公布《中华人民共和国合同法》(简称《合同法》),自1999年10月1日起施行。《合同法》由总则、分则和附则三部分组成。总则包括一般规定、合同的订立、合同的效力、合同的履行、合同的变更和转让、合同的权利和义务终止、违约责任、其他规定等,共分为8章。分则按照合同标的的特点分为15类,即买卖合同,供用电、水、气、热力合同,赠与合同,借款合同,租赁合同,融资租赁合同,承揽合同,建设工程合同,运输合同,技术合同,保管合同,仓储合同,委托合同,行纪合同,居间合同等。

《合同法》第二条对合同的概念做出了规定:“合同是平等主体的自然人、法人、其他组织之间设立、变更、终止民事权利义务关系的协议。”

合同具有三大要素,即合同主体、合同客体和合同内容。

1.合同主体

合同主体,即签约双方的当事人。合同的当事人可以是自然人、法人或其他组织,且合同当事人的法律地位平等,依法签订的合同具有法律效力。

2.合同客体

合同客体,即合同主体的权利与义务共同指向的对象,如工程建设项目、货物、劳务、智力成果等。

3.合同内容

合同内容,即签约合同双方(合同主体)具体的权利、义务和责任。

(二)《合同法》的基本原则

合同法的基本原则体现在以下几个方面。

1.平等原则

《合同法》第三条规定:“合同当事人的法律地位平等,一方当事人不得将自己的意志强加给另一方。”该条规定了合同当事人法律地位平等原则,简称平等原则。

合同当事人法律地位平等是合同法所调整的合同关系的本质特征,也是民法平等原则在合同法中的具体体现。

合同当事人法律地位平等,首先是指当事人之间在合同关系中不存在管理与被管理、服从与被服从的关系。即使当事人之间在其他方面具有不平等的关系,如行政上的领导与被领导的关系,而在订立合同时也必须居于平等的法律地位,一方不能凌驾于另一方之上,不得将自己的意志强加给另一方,否则会影响合同的效力。

2.自愿原则

《合同法》第四条规定:“当事人依法享有自愿订立合同的权利,任何单位和个人不得非法干预。”该条确立了自愿原则。

所谓自愿原则,即当事人有是否订立和与谁订立合同的自由,任何单位和个人均不得强迫对方与之订立合同。在不违反法律规定的情况下,当事人对合同的内容、合同的履行等均应遵循自愿原则,任何单位和个人不得非法干预。自愿原则和平等原则是相辅相成、不可分割的,平等体现了自愿,自愿要求平等。《合同法》的自愿原则也不是绝对的,合同自愿只有在合法的前提下才能得以实现,也就是说自愿原则要受到一定的干预与限制。

3.公平原则

《合同法》第五条规定:“当事人应当遵循公平原则确定各方的权利和义务。”该条规定了合同法的公平原则。

公平原则要求合同当事人在确定各方权利义务时要公平合理。有偿合同要平等互利,协商一致,不利用欺诈、胁迫和乘人之危强迫对方当事人签订不合理的条款。

公平原则是指本着社会公认的公平观念确定当事人之间的权利义务。主要体现为以下几个方面：

(1)当事人在订立合同时,应当按照公平合理的标准确定合同的权利义务,不能使合同的权利义务显失公平。

(2)当事人发生纠纷时,法院应当按照公平原则对当事人确定的权利义务进行价值判断,以决定其法律效力。

(3)当事人变更、解除合同或者履行合同时,应体现公平精神,不能有不公平的行为。

4.诚信原则

《合同法》第六条规定:"当事人行使权利、履行义务应当遵循诚实信用原则。"该条规定了合同法的诚实信用原则。诚实信用原则要求合同当事人在合同订立和合同履行的过程中,遵守法律法规和双方的约定,本着诚实、信用、实事求是的精神以善意的方式履行合同义务,不搞欺诈行为,不乘人之危进行不正当竞争等。

《合同法》第六十条规定:"当事人应当按照约定全面履行自己的义务。当事人应当遵循诚实信用的原则,根据合同的性质、目的和交易习惯履行通知、协助、保密等义务。"

诚实信用原则的一个非常重要的功能是作为解释合同的主要依据。在合同的内容含糊不清、发生歧义等情况下,就需要对当事人的真实意思表示进行解释,诚实信用原则就是一条极为重要的解释原则。

5.合法原则

《合同法》第七条规定:"当事人订立、履行合同,应当遵守法律、行政法规,尊重社会公德,不得扰乱社会经济秩序,损害社会公共利益。"在此将其简称为合法原则,实际上包括了合法原则和公序良俗原则。

当事人订立、履行合同应当遵守法律、行政法规,主要是指遵守法律的强制性规定。尊重社会公德,不得扰乱社会经济秩序,损害社会公共利益可以简单地概括为维护公共秩序和善良的风俗原则。合同法本条规定,订立合同是一种法律行为,只有合法,才具有法律的约束力;否则,签订了不合法、不符合社会公共利益的合同,就是无效的合同,无效的合同是不受国家法律保护的。这里所说的法律法规,包括现行的所有有效的法律法规,只要涉及当事人的合同行为,都应当予以遵守,而不仅仅是指遵守合同法。

《合同法》的平等原则、自愿原则、公平原则、诚实信用原则和合法原则共同构成了合同法的基本原则,贯穿了合同从签订到终止的全过程,也是每一个合同当事人均应遵守、不得违反的基本原则。

(三)合同的形式

合同的形式是合同当事人意思表示一致的表现形式。合同的形式既是合同内容的外部表现,又是合同内容的载体。合同的形式对合同当事人权利义务的确定具有重要的意义。合同的形式主要有以下几种。

1.口头合同

口头合同是指合同当事人只用语言为意思表示而订立合同,而不用文字表达协议内容的合同形式。在日常生活中经常被采用,口头形式具有简便易行的特征,可以为当事人节省时间和精力,但在发生纠纷时常因举证困难而分不清责任,故其一般只适用于标的金额较小、当事人权利义务比较简单的即时清结的合同。对于不能即时清结的合同和标的数额较大的合同，不宜采用口头合同。

2.书面合同

书面合同是指合同书、信件以及数据电文（包括电报、电传、传真、电子数据交换和电子邮件）等可以有形地表现所载内容的形式。书面合同一般不要求必须遵从固定的格式，但其内容应当写明当事人的全部权利、义务，明确各方的责任，并由当事人签字或盖章。法人订立书面合同的，应加盖法人的公章（或合同专用章），并由法定代表人或代理人签名盖章。书面合同较口头合同复杂，在当事人发生纠纷时举证方便，容易分清责任，也便于主管机关和合同管理机关监督、检查。法律、行政法规规定采用书面合同形式的，应当采用书面形式。当事人约定采用书面形式的应当采用书面形式。

3.公证形式

公证形式是当事人约定或者依照法律规定，以国家公证机关对合同内容加以审查公证的方式订立合同。公证机关一般均以书面形式为基础，对合同内容的真实性和合法性进行审查确认后，在合同书上加盖公证印章，以资证明。经过公证的合同具有最可靠的证据力，当事人除有相反的证据外，不能推翻。

4.鉴证形式

鉴证形式是当事人约定或依照法律规定，以国家合同管理机关对合同内容的真实性和合法性进行审查的方式订立合同的一种合同形式。鉴证是国家对合同进行管理和监督的行政措施，只能由国家工商行政管理机关进行。鉴证的作用在于加强合同的证明，提高合同的可靠性。

5.批准形式

批准形式是指法律规定某些类别的合同须采取经国家有关主管机关审查批准的一种合同形式。这类合同，除应由当事人达成意思表示一致而成立外，还应将合同书即有关文件提交国家主管机关审查批准才能生效。

6.登记形式

登记形式是指当事人约定或依照法律规定，采取将合同提交国家登记主管机关登记的方式订立合同的一种合同形式。

7.合同确认书

合同确认书即当事人采用信件、数据电文等形式订立合同，一方当事人可以在合同成立之前要求以书面形式加以确认的合同形式。

（四）合同的基本内容

合同的内容即合同的主要条款，是合同一般应具备的条款，又称必要条款。主要条款是合同的核心部分，它确定了当事人的基本权利和义务，是履行合同与承担责任的基本依据。合同的组成包括合同的主体、客体和内容。《合同法》第十二条规定："合同的内容由当事人约定，一般包括以下条款：当事人的名称或者姓名和住所；标的；数量；质量；价款或者报酬；履行期限、地点和方式；违约责任；解决争议的方法。"合同的主要条款是根据合同的性质所必须具备的条款。

1.当事人的名称或者姓名和住所

合同当事人是自然人的，要写明自然人的姓名和住所；当事人是法人或其他组织的，要写明该法人或该组织的名称和住所。名称或姓名和住所是确定当事人的主要依据,如果合同不具备这些内容,合同的当事人就无法确立,合同的权利和义务就找不到承担者,根本就不可能有合同关系。

2.标的

合同标的是合同法律关系的客体,是合同当事人双方权利义务所共同指向的对象。合同标的可以是货物、工程项目、劳务,还可以是技术成果等。标的集中反映了当事人的目的和要求,是合同成立的基础。没有标的,权利义务就失去了目标,当事人之间不可能建立起权利义务关系。因而,没有标的,合同不能订立。标的是任何合同都不能欠缺的条款。

3.数量

数量是合同标的具体化,也直接体现了合同双方当事人权利义务的大小程度。数量是确定合同标的的具体条件,是同类标的中这一标的区别那一标的的具体特征,也是合同得以正确、全面履行的保障。数量是衡量标的的尺度,通常由数字和计量单位表示。合同中对标的的数量、计量单位和计量方法必须明确并确定,尤其采用法定计量单位。

4.质量

质量与数量一样,也是合同标的的具体化,质量是标的内在的素质和外观形象的综合,它包括品种、型号、等级、规格要求等。合同的质量要求和标准,必须明确、具体、详细。有国家或行业标准的,按国家或行业标准的签订,同时应写明标准的年号、代号;如无国家或行业标准的,按地方标准或企业标准签订。产品的等级要明确,对某些须安装运转后才能确定内在质量问题的产品,应按照法律法规和政策规定,在合同中明确可提出质量异议的条件和时间。对某些抽样检验质量的产品,有关抽样标准、方法和比例等均应在合同中明确。

5.价款或报酬

价款或报酬是标的的价金,是当事人一方取得标的应向对方支付的代价。对于有偿合同,存在价款或报酬的问题;在以货物为标的的合同中,这种代价为价款,在以劳务为标的的合同中,这种代价为报酬。价金以货币数量表示,除法律、法规另有规定的外,必须以人民币为计量和支付单位。当事人在签订合同时,应当明确约定价款或者报酬的计算标准、金额总数、结算方式、支付条件、支付日期等内容,以便双方的权利和义务得到具体的、明确的规定,使合同能够得到切实的履行。如果没有约定或约定不明确,当事人也可以事后补充;当事人事后不能达成补充协议的,可以按照合同的有关条款、交易的惯例或法律的补充性规定来确定。

6.履行期限、地点和方式

履行期限是交付标的和支付价款的时间,是一方当事人向另一方当事人履行义务的时间界限,即当负有履行义务的一方当事人在约定的期限内没有自动履行义务的,享有权利的一方当事人即可取得要求对方履行义务的权利;同时,合同的履行期限,又是一方当事人行使合同解除权的一个条件。当负有义务的一方当事人在约定期限内没有履行义务的时候,享有权利的一方当事人即可取得通知对方解除合同的权利。因此,履行期限是合同的一个主要内容,当事人双方在签订合同时,应当明确约定履行期限,以明确双方的责任。

履行地点是指在什么地方交付或提取标的。履行地点是一个关系到合同是否已经得到履行的判断标准的问题,如果当事人没有在合同约定期限内到指定的地点履行合同,就可以判断为没有履行合同。一般来讲,交付的标的物是不动产的,在不动产的所在地履行;交付的标的物是动产的,应当在接受该动产一方当事人的所在地履行。此外,在实践中,当事人签订合同时,也有没有明确约定履行地点的情况。在这种情况下,履行地点不明确,给付货币的,在接受给付一方的所在地履行,其他标的在履行义务一方的所在地履行。

履行方式是指交付标的的方式,即当事人采取什么方法来履行合同规定的义务。合同的履行方式是多种多样的,如一次履行和分期履行;交付方式由送货、代运、自提;价格或报酬的结算方式,都应在合同中规定清楚。如一方要改变履行方式,则应征得对方同意。

7.违约责任

违约责任是指违反合同约定义务的当事人应当承担的法律责任。它由合同的法律效力决定。当事人可以在合同中约定,一方违反合同时,向另一方支付一定数额的违约金;也可以在合同中约定对于违反合同而产生的损失赔偿额计算方法。合同没有违约责任的条款,不等于合同当事人对违反合同不承担责任,因而并不会使合同失去应有的作用。合同中即使没有违约责任条款,合同仍可成立;当事人不履行合同义务时,仍应依法承担违约的民事责任。

8.解决争议的方法

当事人可以在合同中约定,合同在履行中发生争议时解决的方法,是通过仲裁方式解决,还是通过法院审判解决,应当在合同中明确规定,一旦发生争议,便于按照约定向仲裁机关申请仲裁或者向人民法院提起诉讼。

(五)合同订立

合同是双方或多方的民事法律行为,合同各方的意思表示达成一致合同才能成立。合同的订立就是合同当事人进行协商,使各方的意思表示趋于一致的过程。合同的成立是合同法律关系确立的前提,也是衡量合同是否有效以及确定合同责任的前提。一项合同只有成立后才谈得上合同效力及合同责任。当事人订立合同一般采取要约、承诺方式。在当事人协商过程中,一般要先有一方做出订约的意思表示,然后他方予以附和,前者为要约,后者为承诺。因此,合同订立的一般程序从法律上可分为要约和承诺两个阶段。

1.要约

要约是希望和他人订立合同的意思表示。要约在商业活动和对外贸易中又称为报价、发价或发盘。发出要约的当事人称为要约人,而要约所指向的对方当事人则称为受要约人。一项要约要取得法律效力,必须具备以下法律特征:

(1)要约的内容具体确定。要约的内容必须包括足以决定合同内容的主要条款,因为订约当事人双方就合同主要条款协商一致,合同才能成立。因此,要约既然是订立合同的提议,就须包括能够足以决定合同主要条款的内容。

(2)要约必须表明经受要约人承诺,要约人即受该意思表示约束。要约必须具有缔结合同的目的。当事人发出要约,是为了与对方订立合同,要约人要在其意思表示中将这一意思表示出来。凡不以订立合同为目的的意思表示,不构成要约。要约人发出要约,一般可分为两种:一种是口头形式,即要约人以直接对话或者电话等方式向对方提出要约,这种形式,主要用于即时清结的合同;另一种是书面要约,即要约人采用交换信函、电报、电传和传真等文字形式向对方提出要约。

2.承诺

承诺是受要约人同意要约的意思表示。承诺一旦做出,并送达要约人,合同即告成立。要约人由义务接受受要约人的承诺,不得拒绝。

一项承诺,必须具备下列法律特征,才能产生合同成立的法律后果:

(1)承诺必须由受要约人做出。

(2)承诺必须向要约人做出。

(3)承诺的内容应当和要约的内容一致。

(4)承诺应在要约有效期内做出。

《合同法》规定:"承诺应当以通知的方式做出,但根据交易习惯或者要约表明可以通过行为做出承诺的除外。"承诺的形式,即受要约人以何种方式发出承诺,一般应当与要约的形式一致。当要约是口头形式时,受要约人也应当用口头形式做出承诺。当要约是书面形式时,受要约人也应当用书面形式做出承诺。当然,要约人也可以在要约中规定受要约人必须采用何种形式做出承诺,在这种情况下,受要约人必须按照要约中规定的形式做出承诺。

要约与承诺属于法律行为,当事人双方一旦做出相应的意思表示,就要受到法律的约束,否则必须承担法律责任。

(六)合同的生效、无效、变更、撤销

1.合同生效

合同生效是指合同对双方当事人的法律约束力的开始。合同生效的条件如下:

(1)当事人具有相应的民事权利能力和民事行为能力;

(2)意思表示真实;

(3)不违反法律和社会公共利益。

2.合同无效

《合同法》第五十二条规定,有下列情形之一的,合同无效:

(1)一方以欺诈、胁迫的手段订立合同,损害国家利益;

(2)恶意串通,损害国家、集体或者第三人利益;

(3)以合法形式掩盖非法目的;

(4)损害社会公共利益;

(5)违反法律、行政法规的强制性规定。

合同无效确认权归人民法院或者仲裁机构,合同当事人或其他任何机构均无权认定合同无效。

3.合同变更、撤销

《合同法》第五十四条规定,有下列条件的合同,当事人一方有权请求人民法院或者仲裁机构变更或者撤销：

(1)因重大误解订立的合同；

(2)在订立合同时显失公平的。

一方以欺诈、胁迫的手段或者乘人之危，使对方在违背真实意思的情况下订立的合同，受损害方有权请求人民法院或者仲裁机构变更或者撤销。当事人请求变更的，人民法院或者仲裁机构不得撤销。

(七)合同范本

为了避免当事人订立的合同条款不完备、责任划分不公平、管理程序不严谨，造成履行中的各种不便、理解歧义、产生合同争议等问题。我国建设行政主管部门和国际权威机构(如国际咨询工程师联合会，FIDIC)，针对项目建设的不同类型合同，颁布了许多合同范本，以供当事人订立合同时参考使用。如我国建设行政主管部门颁布的合同范本有《建设工程勘察合同》、《建设工程设计合同》、《建设工程施工合同》(GF—1999—0201)、《建设工程委托监理合同》、《建设工程施工专业分包合同》、《建设工程施工劳务分包合同》，水利部和国家电力公司等颁布的合同范本有《水利工程施工监理合同》(GF—2007—0211)、《水利水电工程标准施工招标文件》(2009年版)等。

合同范本一般采用协议书(或合同书)、通用条款(或通用条件)、专用条款(或专用条件)、附件的格式内容编制。合同范本属于推荐性质，不具有强制性法律效力。

三、工程施工合同

(一)施工合同的概念

施工合同是发包人与承包人就完成具体工程建设项目的土建施工、设备安装、设备调试、工程保修等工作内容，明确合同双方权利义务关系的协议。

施工合同是建设工程合同的一种，它与其他建设工程施工合同一样是双务有偿合同。施工合同的主体是发包人和承包人。发包人是建设单位、项目法人等，承包人是具有法人资格的施工单位、承建单位等。

(二)施工合同的特点

(1)施工合同应当采取书面形式。双方协商同意的有关修改承包合同的设计变更文件、洽谈记录、会议纪要以及资料、图表等，也是承包合同的组成部分。

(2)列入国家计划内的重点建筑安装工程，必须按照国家规定的基本建设程序和国家批准的投资计划签订合同，如果双方不能达成一致意见，由双方上级主管部门处理。

(3)签订施工合同必须遵守国家法律、法规，并具备以下基本条件：

①承包工程的初步设计和总概算已经批准；

②承包工程的投资已经列入国家计划；

③当事人双方均具有法人资格；

④当事人双方均有履行合同的能力。

(三)施工合同的分类

施工合同按计价方式进行划分，可分为以下几种。

1.总价合同

总价合同是指在合同中确定一个完成项目的总价,承包单位据此完成项目全部内容的合同。总价合同又分为固定总价合同、固定工程量总价合同和可调整总价合同。

这类合同仅适用于工程量不太大且能精确计算、工期较短、技术不太复杂、风险不大的项目。采用这种合同类型要求建设单位必须准备详细而全面的设计图纸(一般要求施工详图)和各项说明,使承包单位能准确计算工程量。

2.单价合同

单价合同是指承包商按工程量报价单内分项工作内容填报单价,以实际完成工程量乘以所报单价计算结算款的合同。常用的单价合同有估计工程量单价合同、纯单价合同和单价与包干混合合同三种。

这类合同的适用范围比较广,其风险可以得到合理的分担,并且能鼓励承包单位通过提高工效等手段从成本节约中提高利润。这类合同能够成立的关键在于双方对单价和工程量计算方法的确认。在合同履行中需要注意的问题则是双方对实际工程量计量的确认。

3.成本加酬金合同

成本加酬金合同是指业主向承包商支付工程项目的实际成本,并按事先约定的某一种方式支付酬金的合同。成本加酬金合同可分为成本加固定百分比酬金合同、成本加固定酬金合同、成本加浮动酬金合同和目标成本加奖惩合同。

在这类合同中,业主需承担项目实际发生的一切费用,因此也就承担了项目的全部风险。而承包商由于无风险,其报酬往往也较低。

这类合同的缺点是业主对工程总造价不易控制,承包商也往往不注意降低项目成本。这类合同主要适用于以下项目:

(1)需要立即开展工作的项目,如震后的救灾工作。

(2)新型的工程项目,或对项目工程内容及技术经济指标未确定。

(3)风险很大的项目。

(四)施工合同的内容

施工合同的主要条款就是它的主要内容,即合同双方当事人在合同中予以明确的各项要求、条件和规定,它是合同当事人全面履行合同的依据。施工合同的主要条款,是施工合同的核心部分,它是明确施工合同当事人基本权利和义务,使施工合同得以成立的不可缺少的内容,因此施工合同的主要条款对施工合同的成立起决定性作用。《合同法》第二百七十五条规定:“施工合同的内容包括工程范围、建设工期、中间交工工程的开工和竣工时间、工程质量、工程造价、技术资料交付时间、材料和设备供应责任、拨款和结算、竣工验收、质量保修范围和质量保修期、双方相互协作等条款。”

1.工程范围

工程范围是指施工合同数量方面的要求。数量是指标的的计量,是以数字和计量单位来衡量标的的尺度。没有数量就无法确定双方当事人的权利义务的大小,而使双方权利义务处于不确定的状态,因此必须在施工合同中明确规定标的的数量。一项工程,只有明确其建筑范围、规模、安装的内容,才可能使工人有的放矢,进行建筑安装。施工合同中要明确规定建筑安装范围的多少，不仅要明确数字，还应明确计量单位。

2.建设工期、中间交工工程的开工和竣工时间

建设工期、中间交工工程的开工和竣工时间是对工程进度和期限的要求。建设工期是承包人完成工程项目的时间界限，是确定施工合同是否按时履行或迟延履行的客观标准，承包人必须按合同规定的工程履行期限，按时按质按量完成任务，期限届满而不能履行合同，除依法可以免责外，要承担由此产生的违约责任。工程进度是施工工程的进展情况，是反映固定资产投资活动进度和检查计划完成情况的重要指标。一般以形象进度来表示单位工程的进度；用文字或实物量完成的百分比说明、表示或综合反映单项工程进度。从开工期到竣工期，实际上也就是施工合同的履行期限。每项工程都有严格的时间要求，这关系到国家的计划和总体规划布局，因此施工合同中务必明确建设工期，双方当事人应严格遵守。

3.工程质量、质量保修范围以及质量保证期

建筑安装工程对质量的要求特别严格，不仅是因为工程造价高，对国民经济发展影响大，更重要的是它关系到人民群众的生命和财产的安全，因此承包人不仅在建筑安装过程中要把工程质量关，还要在工程交付后，在一定的期限内负责保修。工程质量是指建筑安装工程满足社会生产和生活一定需要的自然属性或技术特征。一般说，有坚固耐久、经济适用、美观等特性，工程质量就是这些属性的综合反映，它是表明施工企业管理水平的重要标志。在工程交付后，承包人要在一定的期限内负责保修。承包人的保修责任是有条件的，这些条件有以下两个：

(1)在一定的期限内保修，对于超出保修期限，工程出现的质量问题，承包人不负责修理。

(2)只有在规定的条件下出现的特定的质量问题，承包人才负责保修，由于发包人或使用工程者的过错造成的损坏，承包人不负责保修。在符合条件的保修期间，承包人对工程的修缮应是无偿的。

4.工程造价

工程造价是指建筑安装某项工程所花费的全部投资。按基本建设预算价格计算的工程造价称为工程预算造价；按实际支出计算的工程造价称为实际工程造价。在施工合同中，必须明确建筑安装工程的造价。

5.技术资料交付时间

技术资料交付时间是针对发包人履行的义务而言的。设计文件指发包人向承包人提供建筑安装工作所需的有关基础资料。为了保证承包人如期开工、保证工程按期按质按量完成，发包人应在施工合同规定的日期之前将有关文件、资料交给承包人。如果由于发包人拖延提供有关文件、资料致使工程未能保质保量按期完工，承包人不承担责任，并可以追究发包人的违约责任。当然，发包人除对提供的文件、资料要迅速及时外，还要对提供的设计文件和有关资料的数量和可靠性负责。

6.材料和设备供应责任

材料和有关设备是进行建筑安装工程的物质条件，及时提供材料和设备是建筑安装工程顺利进行所必不可少的条件，因此施工合同应对材料、设备的供应和货物进场期限做

出明确规定。强调材料和设备的供应期限,是在保证材料和设备的数量和质量的前提下而言的,只有既及时提供材料和设备,又保证这些材料和设备的数量和质量,才是根本的宗旨。

7.拨款和结算

拨款和结算包括支付工程预付款、材料预付款,以及在施工合同履行过程中按时拨付月进度款、完工付款和最终付款(结算)。在施工合同中均有明确这些款项如何支付及何时支付,以确保当事人权利义务的实现。

8.竣工验收

竣工验收一般由项目法人组织进行竣工验收自查,提交竣工验收申请报告;竣工验收主持单位批复竣工验收申请报告;进行竣工技术预验收;召开竣工验收会议;印发竣工验收鉴定书。

9.双方相互协作的事项

一项建筑安装工程的进程和质量十分重要,施工合同当事人权利义务又较复杂,所以要保证建筑安装工作的顺利进行,须发包人和承包人在履行合同的过程中始终密切配合,通力协作。只有双方全面履行合同的义务,才能实现订立合同的根本目的。因此,在施工合同的履行过程中,当事人相互协作是必不可少的,双方可就其他需要协作的事项在施工合同中做出规定。

(五)施工合同文件

1.施工合同文件的组成

合同文件是指由发包人和承包人签订的为完成合同规定的各项工作所需的全部文件和图纸,以及在协议书中明确列入的其他文件和图纸。对水利水电工程施工合同而言,通常应包括下列组成内容。

1)合同条款

合同条款是指由发包人拟定,经双方同意采用的条款,它规定了合同双方的权利和义务。合同条款一般包含两部分:第一部分通用合同条款和第二部分专用合同条款。

2)技术条款

技术条款是指合同中的技术条款和由监理人做出或批准的对技术条款所做的修改或补充的文件。技术条款应规定合同的工作范围和技术要求。对承包人提供的材料质量和工艺标准,必须做出明确的规定。技术条款还应包括在合同期间由承包人提供的试样和进行实验的细节。技术条款通常还应包括计量方法。

3)图纸

图纸应足够详细,以便承包人在参照了技术条款和工程量清单后,能确定合同所包括的工程性质和范围,主要包括以下内容:

(1)列入合同的招标图纸和发包人按合同规定向承包人提供的所有图纸,包括配套说明和有关资料。

(2)列入合同的招标图纸和承包人提交并经监理人批准的所有图纸,包括配套说明和有关资料。

(3)在上述规定的图纸中由发包人提供和承包人提交并经监理人批准的直接用于施

工的图纸,包括配套说明和有关资料。

4)已标价的工程量清单

已标价的工程量清单包括按照合同应实施的工作的说明、估算的工程量以及由投标者填写的单价和总价。它是投标文件的组成部分。

5)投标报价书

投标报价书是投标人提交的组成投标书最重要的单项文件。在投标报价书中投标人要确认他已阅读了招标文件并理解了招标文件的要求,并声明他为了承担和完成合同规定的全部义务所需的投标金额。这个金额必须和工程量清单中所列的总价相一致。

6)中标通知书

中标通知书指发包人发给承包人表示正式接受其投标书的书面文件。

7)合同协议书

合同协议书指双方就最后协议所签订的协议书。

8)其他

其他指明确列入中标函或合同协议书中的其他文件。

2.施工合同文件优先次序

构成合同的各种文件,应该是一个整体,他们是有机的结合,互为补充、互为说明。但是,由于合同文件内容众多、篇幅庞大,很难避免彼此之间出现解释不清或有异议的情况。因此,合同条款中应规定合同文件的优先次序,即当不同文件出现模糊或矛盾时,以哪个文件为准。施工合同文件的优先解释次序如下。

(1)施工合同协议书(包括补充协议书)。

(2)中标通知书。

(3)投标报价书。

(4)合同条款第二部分,即专用合同条款。

(5)合同条款第一部分,即通用合同条款。

(6)技术条款。

(7)图纸。

(8)已标价的工程量清单。

(9)经双方确认进入合同的其他文件。

如果发包人选定不同于上述的优先次序,则可以在专用条款中予以修改说明;如果发包人不规定文件的优先次序,则亦可在专用条款中说明,并可将对出现的含糊或异议的解释和校正权赋予监理工程师,即监理工程师有权向承包人发布指令,对这种含糊和异议加以解释和校正。

3.施工合同文件的适用法律

法律是合同的基础,合同的效力通过法律来实现。国际工程中,应在合同中规定一种适用于该合同并据以对该合同进行解释的国际或地方的法律,称为该合同的"适用法律",合同的有效性受该法律的控制,合同的实施受该法律的制约和保护。

四、施工合同管理的其他工作

施工合同管理包括工程质量、工程进度、工程资金及施工安全等主要内容,已在前面有关项目中做了介绍,以下介绍施工合同管理的其他工作。

《水利工程施工监理规范》(SL 288—2014)规定了合同管理的其他工作,分述如下。

(一)变更管理

变更管理应符合下列规定:

(1)变更的提出、变更指示、变更报价、变更确定和变更实施等过程应按施工合同约定的程序进行。

(2)监理机构可依据合同约定向承包人发出变更意向书,要求承包人就变更意向书中的内容提交变更实施方案(包括实施变更工作的计划、措施和完工时间);审核承包人的变更实施方案,提出审核意见,并在发包人同意后发出变更指示。若承包人提出难以实施此项变更的原因和依据,监理机构应与发包人、承包人协商后确定撤销、改变或不改变原变更意向书。

(3)监理机构收到承包人的变更建议后,应按下列内容进行审查;监理机构若同意变更,应报发包人批准后,发出变更指示。

①变更的原因和必要性。

②变更的依据、范围和内容。

③变更可能对工程质量、价格及工期的影响。

④变更的技术可行性及可能对后续施工产生的影响。

(4)监理机构应根据监理合同授权和施工合同约定,向承包人发出变更指示。变更指示应说明变更的目的、范围、内容、工程量、进度和技术要求等。

(5)需要设代机构修改工程设计或确认施工方案变化的,监理机构应提请发包人通知设代机构。

(6)监理机构审核承包人提交的变更报价时,应依据批准的变更项目实施方案,按下列原则审核后报发包人:

①若施工合同工程量清单中有适用于变更工作内容的子目,采用该子目的单价。

②若施工合同工程量清单中无适用于变更工作内容的子目,但有类似子目的,可采用合理范围内参照类似子目单价编制的单价。

③若施工合同工程量清单中无适用或类似子目的单价,可采用按照成本加利润原则编制的单价。

(7)当发包人与承包人就变更价格和工期协商一致时,监理机构应见证合同当事人签订变更项目确认单。当发包人与承包人就变更价格不能协商一致时,监理机构应认真研究后审慎确定合适的暂定价格,通知合同当事人执行;当发包人与承包人就工期不能协商一致时,按合同约定处理。

(二)索赔管理

索赔管理应符合下列规定:

(1)监理机构应按施工合同约定受理承包人和发包人提出的合同索赔。

(2)监理机构在收到承包人的索赔意向通知后,应确定索赔的时效性,查验承包人的记录和证明材料,指示承包人提交持续性影响的实际情况说明和记录。

(3)监理机构在收到承包人的中期索赔申请报告或最终索赔申请报告后,应进行以下工作：

①依据施工合同约定，对索赔的有效性进行审核。

②对索赔支持性资料的真实性进行审查。

③对索赔的计算依据、计算方法、计算结果及其合理性逐项进行审核。

④对由施工合同双方共同责任造成的经济损失或工期延误，应通过协商，公平合理地确定双方分担的比例。

⑤必要时要求承包人提供进一步的支持性资料。

(4)监理机构应在施工合同约定的时间内做出对索赔申请报告的处理决定，报送发包人并抄送承包人。若合同双方或其中任一方不接受监理机构的处理决定，则按争议解决的有关约定进行。

(5)在承包人提交了完工付款申请后，监理机构不再接受承包人提出的在合同工程完工证书颁发前所发生的任何索赔事项；在承包人提交了最终结清申请后，监理机构不再接受承包人提出的任何索赔事项。

(6)发生合同约定的发包人索赔事件后，监理机构应根据合同约定和发包人的书面要求及时通知承包人，说明发包人的索赔事项和依据，按合同要求商定或确定发包人从承包人处得到赔付的金额和(或)缺陷责任期的延长期。

(三)违约管理

违约管理应符合下列规定：

(1)对于承包人违约，监理机构应依据施工合同约定进行下列工作：

①在及时进行查证和认定事实的基础上，对违约事件的后果做出判断。

②及时向承包人发出书面警告，限其在收到书面警告后的规定时限内予以弥补和纠正。

③承包人在收到书面警告的规定时限内仍不采取有效措施纠正其违约行为或继续违约，严重影响工程质量、进度，甚至危及工程安全时，监理机构应限令其停工整改，并要求承包人在规定时限内提交整改报告。

④在承包人继续严重违约时，监理机构应及时向发包人报告，说明承包人违约情况及其可能造成的影响。

⑤当发包人向承包人发出解除合同通知后，监理机构应协助发包人按照合同约定处理解除施工合同后的有关合同事宜。

(2)对于发包人违约，监理机构应根据施工合同约定进行下列工作：

①由于发包人违约，致使工程施工无法正常进行，监理机构在收到承包人书面要求后，应及时报发包人，促使工程尽快恢复施工。

②在发包人收到承包人提出解除施工合同要求后，监理机构应协助发包人尽快进行调查、澄清和认定等工作。若合同解除，监理机构应按有关规定和施工合同约定处理解除施工合同后的有关合同事宜。

(3)当承包人违约，发包人要求保证人履行担保义务时，监理机构应协助发包人按要求及时向保证人提供全面、准确的书面文件和证明资料。

(四)工程保险监理

工程保险监理工作应符合下列规定:

(1)当承包人未按施工合同约定办理保险时,监理机构应指示承包人补办;若承包人拒绝办理,监理机构可提请发包人代为办理,保险费用从应支付给承包人的金额中扣除。

(2)当承包人已按施工合同约定办理了保险,其为履行合同义务所遭受的损失不能从承保人处获得足额赔偿时,监理机构在接到承包人申请后,应依据施工合同约定界定风险与责任,确认责任者或经协商合理划分合同双方分担保险赔偿不足部分费用的比例。

(五)工程分包管理

工程分包管理应符合下列规定:

(1)监理机构在施工合同约定或有关规定允许分包的工程项目范围内,对承包人的分包申请进行审核,并报发包人批准。

(2)只有在分包项目最终获得发包人批准,承包人与分包人签订了分包合同并报监理机构备案后,监理机构方可允许分包人进场。

(3)分包管理应包括下列工作内容:

①监理机构应监督承包人对分包人和分包工程项目的管理,并监督现场工作,但不受理分包合同争议。

②分包工程项目的施工技术方案、开工申请、工程质量报验、变更和合同支付等,应通过承包人向监理机构申报。

③分包工程只有在承包人自检合格后,方可由承包人向监理机构提交验收申请报告。

(六)化石和文物保护监理

化石和文物保护监理工作应符合下列规定:

(1)一旦在施工现场发现化石、钱币、有价值的物品或文物、古建筑结构以及有地质或考古价值的其他遗物,监理机构应立即指示承包人按有关文物管理规定采取有效保护措施,防止任何人移动或损害上述物品,并立即通知发包人。必要时,可按规定实施暂停施工。

(2)监理机构应受理承包人由于对文物采取保护措施而发生的费用和工期延误的索赔申请,提出意见后报发包人。

(七)争议的解决

争议解决期间,监理机构应督促发包人和承包人仍按监理机构就争议问题做出的暂时决定履行各自的义务,并明示双方,根据有关法律、法规或规定,任何一方均不得以争议解决未果为借口拒绝或拖延按施工合同约定应履行的义务。

(八)清场与撤离

清场与撤离应符合下列规定:

(1)监理机构应依据有关规定或施工合同约定,在合同工程完工证书颁发前或在缺陷责任期满前,监督承包人完成施工场地的清理和环境恢复工作。

(2)监理机构应在合同工程完工证书颁发后的约定时间内,检查承包人在缺陷责任期内为完成尾工和修复缺陷应留在现场的人员、材料和施工设备情况,其余的人员、材料和施工设备均应按批准的计划退场。

五、工程变更管理

(一)工程变更的概念

工程变更是指因设计条件、设计方案、施工现场条件、施工方案发生变化,或项目法人与监理单位认为必要时,为实现合同目的对设计文件或施工状态所做出的改变与修改。工程变更包括设计变更和施工变更。由于水利水电土建工程受自然条件等外界的影响较大,工程情况比较复杂,且在招标阶段未完成施工图纸,因此在施工合同签订后的实施过程中不可避免地发生变更。

(二)工程变更的组织管理

变更涉及的工程参建方很多,但主要是发包人、监理人和承包人三方,或者说均通过该三方来处理,比如涉及设计单位的设计变更时,由发包人提出变更;涉及分包人的分包工程变更时,由承包人提出。但其中,监理人是变更管理的中枢和纽带,无论是何方要求的变更,所有的变更均需通过监理人发布变更令来实施。其实,这些规定是基于一个基本的管理理念:既然工程现场的管理工作由监理人来承担,所有变更就必须通过监理人,因为所有的现场工作都是履行合同义务、行使合同权力的行为,如果监理人不知道指导工程实施的合同发生的改变,就无法合理有效地进行工程管理工作。

(三)工程变更的范围和内容

在履行合同过程中,监理人可根据工程的需要并按发包人的授权指示承包人进行各种类型的变更。变更的范围和内容如下:

(1)增加或减少合同中任何一项工作内容。在合同履行过程中,如果合同中的任何一项工作内容发生变化,包括增加或减少,均须监理人发布变更指示。

(2)增加或减少合同中关键项目的工程量超过专用合同条款规定的百分比。在此所指的“超过专用合同条款的百分比”可在15%~25%范围内,一般视其具体工程酌定,其本意是:当合同中任何项目的工程量增加或减少在规定的百分比以下时,不属于变更项目,不作变更处理;超过规定的百分比时,一般应视为变更,应按变更处理。

(3)取消合同中任何一项工作。如果发包人要取消合同中任何一项工作,应由监理人发布变更指示,按变更处理,但被取消的工作不能转由发包人实施,也不能由发包人雇用其他承包人实施。此规定主要为了防止发包人在签订合同后擅自取消合同价格偏高的项目,转由发包人自己或其他承包人实施而使合同承包人蒙受损失。

(4)改变合同中任何一项工作的标准或性质。对于合同中任何一项工作的标准或性质,合同《技术条款》都有明确的规定,在施工合同实施中,如果根据工程的实际情况,需要提高标准或改变工作性质,同样需监理人按变更处理。

(5)改变工程建筑物的形式、基线、标高、位置或尺寸。如果施工图纸与招标图纸不一致,包括建筑物的结构形式、基线、高程、位置以及规格尺寸等发生任何变化,均属于变更,应按变更处理。

(6)改变合同中任何一项工程的完工日期或改变已批准的施工顺序。合同中任何一项工程都规定了其开工日期和完工日期,而且施工总进度计划、施工组织设计、施工顺序已经监理人批准,要求改变就应由监理人批准,按变更处理。

(7)追加为完成工程所需的任何额外工作。额外工作是指合同中未包括而为了完成合同工程所需增加的新项目,如临时增加的防汛工程或施工场地内发生边坡塌滑时的治理工程等额外工作项目。这些额外的工作均应按变更项目处理。

需要说明的是,以上范围内的变更项目未引起工程施工组织和进度计划发生实质性变化和不影响其原定的价格时,不予调整该项目单价和合价,也不需要按变更处理的原则处理。例如:若工程建筑物的局部尺寸稍有修改,虽将引起工程量的相应增减,但对施工组织设计和进度计划无实质性影响时,不需按变更处理。

另外,监理人发布的变更指令内容,必须是属于合同范围内的变更。要求变更不能引起工程性质有很大的变动,否则应重新订立合同,因为若合同性质发生的变动而仍要求承包人继续施工是不恰当的,除非合同双方都同意将其作为原合同的变更。所以,监理人无权发布不属于本合同范围内的工程变更指令,否则承包人可以拒绝。

(四)工程变更的处理原则

在建设工程施工合同中,一般应规定变更处理的原则。由于工程变更有可能影响工期和合同价格,一旦发生此类情况,应遵循以下原则进行处理。

1.变更需要延长工期

变更需要延长工期时,应按合同有关规定办理;若变更使合同工作量减少,监理人认为应予提前变更项目的工期,由监理人和承包人协商确定。

2.变更需要调整合同价格

当工程变更需要调整合同价格时,可按以下三种情况确定其单价或合价。承包人在投标时提供的投标辅助资料,如单价分析表、总价合同项目分解表等,经双方协商同意,可作为计算变更项目价格的重要参考资料。

(1)当合同《工程量清单》中有适用于变更工作的项目时,应采用该项目单价或合价。

(2)当合同《工程量清单》中无适用于变更工作的项目时,则可在合理的范围内参考类似项目的单价或合价作为变更估计的基础,由监理人与承包人协商确定变更后的单价或合价。

(3)当合同《工程量清单》中无类似项目的单价或合价可供参考,则应由监理人与发包人和承包人协商确定新的单价或合价。

(五)工程变更指示

不论是由何方提出的变更要求或建议,均需经监理人与有关方面协商,并得到发包人批准或授权后,再由监理人按合同规定及时向承包人发出变更指示。变更指示的内容应包括变更项目的详细变更内容、变更工程量和有关文件图纸以及监理人按合同规定指明的变更处理原则。

监理人在向承包人发出任何图纸和文件前,有责任认真仔细检查其中是否存在合同规定范围内的变更。若存在合同范围内的变更,监理人应按合同规定发出变更指示,并抄送发包人。

承包人收到监理人发出的图纸和文件后,承包人应认真检查,经检查后认为其中存在合同规定范围内的变更而监理人未按合同规定发出变更指示,应在收到监理人发出的图纸和文件后,在合同规定的时间内(一般为14天)或在开始执行前(以日期早者为准)通知监理人，并提供必要的依据。监理人应在收到承包人通知后，应在合同规定的时间内（一般为14天）答复承包人；若监理人同意作为变更，应按合同规定补发变更指示；若监理人不同意作为变更，也应在合同规定时限内答复承包人。若监理人未在合同规定时限内答复承包人，则视为监理人已同意承包人提出的作为变更的要求。

另外需要说明的是，对于涉及工程结构、重要标准等以及影响较大的重点变更，有时需要发包人向上级主管部门报批。此时，发包人应在申报上级主管部门批准后再按合同规定的程序办理。

（六）工程变更报价

承包人在收到监理人发出的变更指示后，应在合同规定的时限内（一般为28天），向监理人提交一份变更报价书，并抄送发包人。变更报价书的内容应包括承包人确认的变更处理原则和变更工程量及其变更项目的报价单。监理人认为有必要时，可要求承包人提交重大变更项目的施工措施、进度计划和单价分析等。

承包人在提交变更报价书前，应首先确认监理人提出的变更处理原则，若承包人对监理人提出的变更处理原则有异议，应在收到监理人变更指示后，在合同规定的时限内（一般为7天）通知监理人，监理人则应在收到此通知后在合同规定的时限内（一般为7天）答复承包人。

（七）工程变更处理决定

监理人应在发包人授权范围内按合同规定处理变更事宜。对在发包人规定限额以下的变更，监理人可以独立作为变更决定；如果监理人做出的变更决定超出发包人授权的限额范围，应报发包人批准或者得到发包人进一步授权。

一般变更的处理如下：

（1）监理人应在收到承包人变更报价书后，在合同规定的时限内（一般为28天）对变更报价书进行审核，并做出变更处理决定，而后将变更处理决定通知承包人，抄送发包人。

（2）发包人和承包人未能就监理人的决定取得一致意见，则监理人有权暂定他认为合适的价格和需要调整的工期，并将其暂定的变更处理意见通知承包人，抄送发包人，为了不影响工程进度，承包人应遵照执行。对已实施的变更，监理人可将其暂定的变更费用列入合同规定的月进度付款中予以支付。但发包人和承包人均有权在收到监理人变更决定后，在合同规定的时间内（一般为28天）要求按合同规定提请争议评审组评审，若在合同规定时限内发包人和承包人双方均未提出上述要求，则监理人的变更决定即为最终决定。

工程变更监理工作程序见附录一中的附图6。

六、施工索赔管理

（一）施工索赔概述

1.索赔的概念

“索赔”一词已日渐深入到社会经济生活的各个领域，为人们所熟悉。同样，在履行建设工程合同过程中，也常常发生索赔的情况。施工索赔是指在工程的施工、安装阶段，建设工程合同的一方当事人因对方不履行合同义务或应由对方承担的风险事件发生而遭受的损失,向对方提出的赔偿或者补偿的要求。在工程建设各个阶段,都有可能发生索赔,但在施工阶段发生较多。对施工合同的双方当事人来说,都有通过索赔来维护自己的合法利益的权利,依据双方约定的合同责任,构成正确履行合同义务的制约关系。在工程施工索赔实践中,一般把施工索赔分为“索赔”和“反索赔”两种。索赔是指承包人向发包人提出的赔偿或补偿要求;反索赔是指发包人向承包人提出的赔偿或补偿要求。

索赔与合同的履行、变更或解除有着密切的联系。索赔的过程实际上就是运用合同法律知识维护自身合法权益的过程。在社会主义市场经济条件下,建设工程施工索赔已是十分常见的现象,但索赔涉及社会科学和自然科学多学科的专业知识,索赔的效果如何,很大程度上取决于当事人的素质和水平,加之我国建设市场的发育尚未健全,索赔与反索赔的意识不强、水平较低。因此,应当提高对索赔与反索赔的认识并加强对索赔理论、索赔技巧的研究,以提高生产经营管理水平和经济效益。

2.索赔的特征

1)主体双向特征

索赔是合同赋予当事人双方具有法律意义的权利主张,其主体是双向的。索赔的性质属于补偿行为,是合同一方的权利要求,不是惩罚,也不意味着赔偿一方一定有过错,索赔的损失结果和被索赔人的行为不一定存在法律上的因果关系。不仅承包人可以向发包人索赔,发包人也同样可以向承包人索赔。在建设工程合同履行的实践中,发包人向承包人索赔发生的频率相对较低,因而在索赔处理中,发包人始终处于主动有利的地位,对承包人的违约行为它可以直接从应付的工程款中扣留保留金或通过履约保函向银行索赔来实现自己的索赔要求。因此,在工程实践中大量发生的、处理比较困难且复杂的是承包人向发包人的索赔,这也是监理人进行合同管理的重点内容之一。承包人的索赔范围非常广泛,一般只要非承包人自身责任造成的其工期延长或成本增加,都有可能向发包人提出索赔。有时发包人违反合同,如未及时交付施工图纸、提供施工场地、未按合同约定支付工程款等,承包人可向发包人提出索赔的要求;由于发包人的应承担的风险责任原因,如恶劣气候条件影响、国家法规修改等造成承包人损失或损害,也会向发包人提出补偿要求。

2)合法特征

索赔必须以法律或合同为依据。不论承包人向发包人提出索赔,还是发包人向承包人提出索赔,要使索赔成立,必须要有法律或合同依据,没有法律依据或合同依据的索赔不能成立。

法律依据主要有:由全国人民代表大会及其常务委员会制定的法律;由国务院制定的行政法规;由国务院各行政主管部门所制定的部门规章;由各省、自治区、直辖市的人民代表大会及其常务委员会以及拥有立法权的市人民代表大会及其常务委员会所制定的地方性法规;以及合同适用的由各省、自治区、直辖市人民政府及拥有立法权的市人民政府制定的地方性行政法规以及各级各行政主管部门根据法律、行政法规或者地方性法规、地方性行政规章所制定的规范性文件。

合同文件依据主要有:合同协议书;合同条款(包括通用合同条款、专用合同条款);双方签订的补充协议、会议纪要以及往来的函件;中标通知书、招标文件和投标文件;图纸和工程量清单;技术规范、标准与说明等。

3)客观特性

索赔必须建立在损害后果已客观存在的基础上,不论是经济损失或是权利损害,受损害方才能向对方索赔。经济损失是指因对方因素造成合同外额外支付,如人工费、材料费、机械费、管理费等额外支付;权利损害是指虽然没有经济上的损失,但造成乙方权利上的损害,如恶劣气候条件对工程进度的不利影响,承包人有权要求工期延长等。因此,发生了实际的经济损失或权利损害,应是一方提出索赔的一个基本前提条件。有时上述两者同时存在,如发包人未及时交付合格的施工场地,既造成承包人的经济损失,又侵犯了承包人的工期权利,因此承包人既要求经济赔偿又要求工期延长;有时两者则可单独存在,如由于恶劣气候条件影响、不可抗力等,承包人根据合同规定只能要求延长工期,不应要求经济补偿。

4)合理特性

索赔应符合索赔事件发生的实际情况,无论是索赔工期或是索赔费用,要求索赔计算应合理,即符合合同规定的计算方法和计算基础,符合一般的工程惯例,索赔事件的影响和索赔值之间有直接的因果关系,合乎逻辑。

5)形式特性

索赔应采用书面形式,包括索赔意向通知、索赔报告、索赔处理意见等,均应采用书面形式。索赔的内容和要求应该明确而又肯定。

6)目的特性

索赔的结果一般是索赔方获得补偿。索赔要求通常有两个:工期即合同工期的延长,承包合同规定有工程完工时间,如果拖延由于承包人原因造成,则他要面临合同处罚,通过工期索赔,承包人可以免去其在这个范围内的处罚,并降低了未来工期拖延的风险;费用补偿,即通过要求费用补偿来弥补自己遭受的损失。

3.施工索赔的分类

1)按索赔的合同依据分类

(1)合同规定的索赔(也称合同明示的索赔)。是指承包人所提出的索赔要求,在该建设工程施工合同文件中有文字依据,承包人可以据此提出索赔要求,并取得经济补偿或工期补偿。这些在合同文件中有文字规定的合同条款,在合同解释上称为明示条款或明文条款。例如,《水利水电工程标准施工招标文件》(2009年版)第11.1.3条规定:"若发包人未能按合同约定向承包人提供开工的必要条件,承包人有权要求延长工期。监理人应在收到承包人的书面要求后,按第3.5款的约定,与合同双方商定或确定增加的费用和延长的工期。"在合同履行过程中出现此种情况,承包人就可以依据明文条款的规定,向发包人提出索赔工期的要求和经济补偿的要求。凡是建设工程施工合同中有明文条款的,这种都属于合同规定的索赔。

(2)非合同规定的索赔(也称默示的索赔或超越合同规定的索赔)。是指承包人的索赔要求,虽然在建设工程施工合同条件中没有专门的文字叙述,但可以根据该合同条件的某些条款的含义,推论出承包人有索赔权。这种索赔要求,同样有法律效力,有权得到相应的经济补偿,这种有经济补偿含义的合同条款,在合同管理工作中被称为"默示条款"或"隐含条款”。隐含条款是一个广义的合同概念,它包括合同明文条款中没有写入,但符合合同双方签订合同时的愿望和当时的环境条件的一切条款。这些默示条款,或者从明文条款所述的愿望中引申出来,或者从合同双方在法律上的合同关系中引申出来,经合同双方协商一致,或被法律法规所指明,都成为合同文件的有效条款,要求合同双方遵照执行。

(3)道义索赔。承包人由于履行合同发生某项困难而承受了额外的费用损失,向发包人提出索赔要求,虽然在合同中找不到此项索赔的规定,但发包人按照合同公平原则和诚实信用原则同意给予承包人适当的经济补偿,这种索赔称为“道义索赔”。

2)按索赔的目的分类

(1)工期索赔。就是承包人向发包人要求延长施工的时间,使原定的完工日期顺延一段合理的时间。也可以说,是由于非承包人责任的原因而导致施工进度延误,承包人要求批准顺延合同工期的索赔。工期索赔形式上是对权利的要求,以避免在原定合同完工日不能完工时,被发包人追究拖期违约责任。一旦获得批准合同工期顺延后,承包人不仅免除了承担拖期违约赔偿费的风险,而且可能提前工期得到奖励。例如,在施工过程中,发生下列情况之一使关键项目的施工进度计划拖后而造成工期延误时,承包人可要求发包人延长合同规定的工期:①增加合同中任何一项的工作内容;②增加合同中关键项目的工程量超过专用合同规定的百分比;③增加额外的工程项目;④改变合同中任何一项工作的标准或特性;⑤本合同中涉及的有发包人责任引起的工期延误;⑥异常恶劣的气候条件;⑦非承包人原因造成的任何干扰或阻挠;⑧其他可能发生的延误情况。承包人可依据该条款的规定向发包人提出工期索赔的要求。

(2)经济索赔(也称为费用索赔)。就是承包人向发包人要求补偿不应该由承包人自己承担的经济损失或额外开支,也就是取得合理的经济补偿。承包人取得经济补偿的前提是:在实际施工工程中所发生的施工费用超过了投标报价书中该项工作所预算的费用;而这项费用超支的责任不在承包人,也不属于承包人的风险范围。施工费用超支的原因,一是施工中受到了干扰,导致工作效率降低;二是发包人指令工程变更或额外工程,导致工程成本增加。由于这两种情况所增加的新增费用或额外费用,承包人有权向发包人要求给予经济补偿,以挽回由承包人承担的经济损失。

3)按发生索赔的原因分类

由于发生索赔的原因很多,这种分类提出了名目繁多的索赔,可能多达几十种。但这种分类有它的优点,即明确地指出每一项索赔的原因,使发包人和监理人易于审核分析。根据国际工程施工索赔实践,按发生原因分类的索赔通常有工期延误索赔、加速施工索赔、增加或减少工程量索赔、地质条件变化索赔、工程变更索赔、暂停施工索赔、施工图纸拖交索赔、延迟支付工程款索赔、物价波动上涨索赔、不可预见和意外风险索赔、法规变化索赔、发包人违约索赔、合同文件缺陷索赔等。

4)其他分类

除以上三种分类方法外,还有其他一些分类方法,例如:按索赔的处理方法分类包括单项索赔、综合索赔;按索赔当事人之间的关系分类包括承包人和发包人之间的索赔、承包人和分包人之间的索赔、承包人和供货人之间的索赔;按合同的主从关系分类包括施工承包主合同索赔、施工合同涉及的从属合同(如分包合同、供应合同、劳务合同等)索赔;

按索赔事件使合同所处状态分类包括正常施工索赔、停工索赔、解除合同索赔等。这些分类方法在此就不详细介绍了。

(二)索赔的原因

水利水电工程大多数都是规模大、工期长、结构复杂,在施工工程中,由于受到水文气象、地质条件的变化影响,以及规划设计变更和人为干扰,在工程项目的建设工期、工程造价、工程质量等方面都存在着变化的诸多因素。因此,超出工程施工合同条件的事项可能很多,这必然为工程的施工承包人提供了众多的索赔机会。

工程施工中常见的索赔,其原因大致可以从以下几个方面进行分析。

1.合同文件引起的索赔

1)合同文件的组成问题引起的索赔

组成合同的文件有很多,这些文件的形成从时间上看有早有晚,有些合同文件是由发包人在招标前拟定的,有些合同文件是在招标后通过讨论修改拟定的,还有些合同文件是在实施过程中通过合同变更形成的,在这些文件中有可能会出现内容上的不一致,当合同内容发生矛盾时,就容易引起双方争执并导致索赔。

2)合同缺陷引起的索赔

合同缺陷是指合同文件的规定不严谨,甚至前后矛盾、遗漏或错误。它不仅包括合同条款中的缺陷,也包括技术规范和图纸中的缺陷。常见的情况包括以下几种:

(1)合同条款规定用语不够准确,难以分清双方的责任和义务。

(2)合同条款有漏洞,对实际发生的情况没有相关的约定。

(3)合同条款之间存在矛盾,在不同的条款中,对同一个问题的规定不一致。

(4)双方在签订合同前缺乏沟通,造成对某些条款的理解不一致。

监理人有权对这些情况做出解释,但如果承包人执行监理人的解释后引起成本增加或工期延误,则承包人有权提出相应的索赔。

2.不可抗力原因引起的索赔

1)自然方面的不可抗力

自然方面的不可抗力主要是指地震、飓风、海啸、洪水等自然灾害。一般在合同中规定,这类自然灾害引起的工程损失和损害应由发包人承担风险责任。但是合同也规定,承包人在这种情况下应采取措施,防止损失扩大,尽量减小损失。对由于承包人未采取措施而使损失扩大的那部分,发包人不承担赔偿的责任。

2)社会方面的不可抗力

社会方面的不可抗力主要是指发生战争、动乱、核污染和冲击波等社会因素。这些风险按合同规定一般由发包人承担风险责任,承包人不对由此造成的工程损失和损害负责,应得到损害前已完成的永久工程的付款和合理利润,以及一切修复费用和重建费用。

3)不可预见的施工条件变化

在水利水电土建工程施工中,施工现场条件的变化对工期和造价的影响很大。不利的自然条件及人为障碍,经常导致设计变更、工期延长和工程大幅度增加。水利水电工程对基础地质条件的要求很高,而这些土壤地质条件,如地下水、地质断层、溶洞、地下文物遗址等,根据发包人在招标文件中提供的资料,以及承包人在投标前的现场踏勘,都不可能准确地发现,即使是有经验的承包人也无法事前预料。因此,由于施工条件发生变化给承包人造成的费用增加和工期延长,承包人依据合同的规定有权提出经济索赔和工期索赔。

3.发包人违约引起的索赔

建设工程施工合同中的发包人违约,一般是指发包人未按合同规定向承包人提供必要的施工条件;未按合同规定的时限向承包人支付工程款;未按合同规定的时间提供施工图纸等。对于发包人的原因而引起的施工费用增加或工期延长,承包人有权向发包人提出索赔。

(1)发包人未及时提供施工条件。

发包人应按合同规定的承包人用地范围和期限,办清施工用地范围内的征地和移民,按时向承包人提供施工条件。发包人未能按合同规定的内容和时间提供施工用地、测量基准和应由发包人负责的部分准备工程等承包人施工所需的条件,就会导致承包人提出误工的经济索赔和工期索赔。

(2)发包人未及时支付工程款。

合同中均有支付工程款的时间限制。例如,《水利水电工程标准施工招标文件》(2009年)规定:发包人收到监理人签证的月进度付款证书并审批后支付给承包人,支付时间不应超过监理人收到月进度付款申请单后28天。若不按期支付,则应从逾期第一天起按专用合同条款中规定的逾期付款违约金加付给承包人。如果发包人未能按合同规定的时间支付各项预付款或合同价款,或拖延、拒绝批准付款申请和支付凭证,导致付款延误,承包人可按合同规定向发包人索付利息。发包人严重拖欠工程款而使得承包人资金周转困难时,承包人除向发包人提出索赔要求外,还有权暂停施工,在延期付款超过合同约定时间后,承包人有权向发包人提出解除合同要求。

(3)发包人未及时提供施工图纸。

发包人应按合同规定期限提供应由发包人负责的施工图纸,发包人未能按合同规定的期限向承包人提供应由发包人负责的施工图纸,承包人依据合同规定有权向发包人提出由此造成的费用补偿和工期延长。

(4)发包人提前占有部分永久工程。

工程实践中,往往会出现发包人从经济效益方面考虑使部分单项工程提前投入使用,或从其他方面考虑提前占有部分工程。如果合同未规定可提前占有部分工程,则提前使用永久工程的单项工程或部分工程所造成的后果,责任应由发包人承担;另外,提前占有工程影响了承包人的后续工程施工,影响了承包人的施工组织计划,增加了施工困难,则承包人有权提出索赔。

(5)发包人要求加速施工。

一项工程遇到不属于承包人责任的各种情况,或发包人改变了部分工程的施工内容而必须延长工期,但是发包人又坚持要按原工期完工,这就迫使承包人赶工,并投入更多的机械、人力来完成工程,从而导致成本增加。承包人可以要求赔偿赶工措施费用。

(6)发包人提供的原始资料和数据有差错。

(7)发包人拖延履行合同规定的其他义务。

发包人没有按时履行合同中规定的其他义务而引起工期延误或费用增加,承包人有权提出索赔。主要包括以下两种情况:①由于发包人本身的原因造成的拖延,比如内部管理不善、人员工作失误造成的拖延履行合同规定的其他义务。②由于自己应向承包人承担责任的第三方原因造成发包人拖延履行合同规定的其他义务。例如:当合同规定某种材料由发包人提供,由于材料供应商或运输方的原因造成发包人没有按时提供材料给承包人。

4.监理人的原因引起的索赔

1)监理人拖延审批图纸

在工程实施过程中,承包人严格按照监理人审核的图纸进行施工。如果监理人未按合同规定的期限及时向承包人提供施工图纸,或者拖延审批承包人负责设计的施工图纸,因此使施工进度受到影响,承包人有权向发包人提出工期索赔和费用索赔。

2)监理人现场协调不力

组织协调是监理人的一项重要职责。水利水电工程往往由多个承包人同时在现场施工。各承包人之间没有合同关系,他们各自与发包人签订施工合同,因此监理人有责任协调好各承包人之间的工作关系,以免造成施工作业的相互干扰。如果由于监理人现场协调不力而引起承包人施工作业之间的干扰,承包人不能按期完成其相应的工作而遭受损失,承包人就有权提出索赔。在其他方面,如场地使用、现场交通等,各承包人之间都有可能发生相互间的干扰问题。

3)监理人指示的重新检验和额外检验

监理人为了对工程的施工质量进行严格控制,除要进行合同中规定的检查检验外,还有权要求重新检验和额外检验,例如《合同条件》第23.5款规定:(1)若监理人要求承包人对某项材料和工程设备进行的检查和检验在合同中未作规定,监理人可以指示承包人增加额外检验,承包人应遵照执行,但应由发包人承担额外检验的费用和工期延误责任;(2)不论何种原因,若监理人对以往的检验结果有疑问,可以指示承包人重新检验,承包人不得拒绝。若重新检验结果证明这些材料和工程设备不符合合同要求,则应由承包人承担重新检验的费用和工期延误责任;若重新检验结果证明这些材料和工程设备符合合同要求,则应由发包人承担重新检验的费用和工期延误责任。

4)监理人工程质量要求过高

建设工程施工合同中的技术条款对工程质量,包括材料质量、设备性能和工艺要求等,均做了明确规定。但在施工工程中,监理人有时可能不认可某种材料,而迫使承包人使用比合同文件规定的标准更高的材料,或者提出更高的工艺要求,则承包人可就此要求对其损失进行补偿或重新核定单价。

5)监理人的不合理干预

虽然合同中规定监理人有权对整个工程的所有部位一切工艺、方法、材料和设备进行检查和检验,但是只要承包人严格按合同规定的进度和质量要求的施工顺序和方法进行施工,监理人就不能对承包人的施工顺序及施工方法进行不合理的干预,更不能任意下达指令要承包人执行。如果监理人进行不合理的干预,则承包人可以就这种干预所引起的费用增加和工期延长提出索赔。

6)监理人指示的暂停施工

在建设工程合同实施过程中,监理人有权根据合同的规定下达暂停施工的指示。如果这种暂停施工的指示并非因承包人的责任或原因引起,则承包人有权要求工期赔偿,同时可以就其停工损失获得合理的额外费用补偿。

7)监理人提供的测量基准有差错

由监理人提供的测量基准有差错,而引起的承包人的损失或费用增加,承包人可要求索赔。如果数据无误,而是承包人在解释和运用上所引起的损失,则应由承包人自己承担责任。

8)监理人变更指令引起的索赔

监理人在处理变更时,就变更所引起工期和费用的变化,由于发包人和承包人不能协商达成一致意见,由监理人做出自己认为合理的决定。当承包人不同意监理人的决定时,可以提出索赔。

9)监理人工作拖延

合同规定应有监理人限时完成的工作,监理人没有按时完成而对承包人造成了工期延长或费用增加,承包人提出的索赔,如拖延隐蔽工程验收、拖延批复材料检验等。

5.价格调整引起的索赔

对于有调价条款的合同,在人工、材料、设备价格发生上涨时,发包人应对承包人所受到的损失给予补偿。它的计算不仅涉及价格变动的依据,还存在着对不同时期已购买材料的数量和涨价后所购材料数量的核算,以及未及早订购材料的责任等问题的处理。

6.法律法规变化引起的索赔

国家的法律、行政法规或国务院有关部门的规章和工程所在地的省、自治区、直辖市的地方法规和规章发生变更,导致承包人在实施合同期间所需要的工程费用发生合同规定以外的增加时,承包人有权提出索赔,监理人应与发包人进行协商后,对所增加费用予以补偿。

(三)索赔的程序和期限

1.承包人提出索赔的程序

承包人有权根据本合同任何条款及其他有关规定,向发包人索取追加付款,但应在索赔事件发生后的28天内,将索赔意向书提交发包人和监理人。在上述意向书发出后的28天内,再向监理人提交索赔申请报告,详细说明索赔理由和索赔费用的计算依据,并应附必要的当时记录和证明材料。如果索赔事件继续发展或继续产生影响,承包人应按监理人要求的合理时间间隔列出索赔累计金额和提出中期索赔申请报告,并在索赔事件影响结束后的28天内,向发包人和监理人提交包括最终索赔金额、延续记录、证明材料在内的最终索赔申请报告。承包人向发包人提出索赔要求一般按以下程序进行。

1)提交索赔意向书

索赔事件发生后,承包人应在索赔事件发生后的28天内向监理人提交索赔意向书,声明将对此事件提出索赔,一般要求承包人应在索赔意向书中简单写明索赔依据的合同条款、索赔事件发生时间和地点,提出索赔意向。该意向书是承包人就具体的索赔事件向监理人和发包人表示的索赔愿望和要求。如果超过这个期限,监理人和发包人有权拒绝承包人的索赔要求。索赔事件发生后，承包人有义务做好现场施工的同期记录，监理人有权随时检查和调阅，以判断索赔事件造成的实际损害。

2）提交索赔申请报告

索赔意向书提交后的28天内，或监理人可能同意的其他合理时间，承包人应提交正式的索赔申请报告。索赔申请报告的内容应包括索赔事件的综合说明，索赔的依据，索赔要求补偿的款项和工期延长天数的详细计算。对其权益影响的证据资料包括施工日志、会议记录、来往函件、工程照片、气候记录等有关资料。对于索赔报告，一般应文字简洁、事件真实、依据充分、责任明确、条例清楚、逻辑性强、计算准确、证据确凿充分。

3）提交中期索赔报告

如果索赔事件继续发展或继续产生影响，承包人应按监理人要求的合理时间间隔（一般为28天）列出索赔累计金额和提交中期索赔申请报告。

4）提交最终索赔申请报告

在该项索赔事件的影响结束后的28天内，承包人向监理人和发包人提交最终索赔申请报告，提出索赔论证资料、延续记录和最终索赔金额。

承包人发出索赔意向书，可以在监理人指示的其他合理时间内再报送正式索赔报告，也就是说，监理人在索赔事件发生后有权不马上处理该项索赔。但承包人的索赔意向书必须在索赔事件发生后的28天内提出，包括因对变更估价双方不能取得一致的意见，而先按监理人单方面决定的单价或价格执行时，承包人提出的索赔权利的意向书。如果承包人未能按时间规定提出索赔意向书和索赔报告，此时他所受到损害的补偿，将不超过监理人认为应主动给予的补偿额。

2.承包人提出索赔的期限

承包人按合同规定提交了完工付款申请单后，应认为已无权再提出在本合同工程移交证书颁发前所发生的任何索赔。承包人按合同规定提交的最终付款申请单中，只限于提出本合同工程移交证书颁发后发生的索赔。提出索赔的终止期限是提交最终付款申请单的时间。

工程索赔处理监理工作程序见附录一中的附图5。

（四）索赔应注意的事项

1.及时发现索赔机会

一个有经验的承包商，在投标报价时就应考虑将来可能要发生索赔的问题，要仔细研究招标文件中的合同条款和规范，仔细查勘施工现场，探索可能索赔的机会，在报价时要考虑索赔的需要。在索赔谈判中，如果没有生产效率降低的资料，则很难说服监理工程师和业主，索赔无取胜可能。反而可能被认为，生产效率的降低是承包商施工组织不好，没有达到投标时的效率，应采取措施提高效率，赶工期。要论证效率降低，承包商应做好施工记录，记录每天使用的设备工时、材料和人工数量，完成的工程及施工中遇到的问题。

2.签商好合同协议

在商签合同过程中，承包商应对明显把重大风险转嫁给承包商的合同条件提出修改的要求，对其达成修改的协议以谈判纪要形式写出，作为该合同条件的有效组成部分。特别是要对业主开脱责任的条款要注意，如合同中不列索赔条款；拖期付款无时限，无利息；

没有调价公式;业主认为对某部分工程不够满意,即有权决定扣减工程款;业主对不可预见的工程施工条件不承担责任等。如果这些问题在签订合同协议时谈判不清楚,承包商很难有索赔机会。

3.对口头变更指令要得到确认

监理工程师常常乐于口头指令变更,如果承包商不对监理工程师的口头指令予以书面确认,就进行变更工程的施工,以后,有的监理工程师矢口否认,拒绝承包商的索赔要求,使承包商有口难言。

4.及时发出索赔通知书

一般合同规定,在知道或应当知道索赔事件发生后的28天内,承包商必须发出索赔意向通知书,过期无效。

5.索赔事件论证要充分

承包合同通常规定,承包商在发出索赔意向通知书后28天内正式递交索赔通知书。索赔事件具有连续影响的,每隔一定时间(28天)应报送一次证据资料。在索赔事件影响结束后的28天内报送总结性的索赔计算及索赔论证,提交最终索赔报告。索赔报告一定要令人信服,经得起推敲。

6.索赔计算方法和款额要适当

索赔计算时采用附加成本法容易被对方接受,因为这种方法只计算索赔事件引起的计划外的附加开支,计价项目具体,使经济索赔能较快地解决。另外,索赔计价不能过高,要价过高容易使对方发生反感,使索赔报告束之高阁,长期得不到解决。还有可能让业主准备周密的反索赔计划,以高额的反索赔对付高额的索赔,使索赔工作更加复杂化。

7.力争单项索赔,避免一揽子索赔

单项索赔事项简单,容易解决,而且能及时得到支付。一揽子索赔,问题复杂、金额大,不易解决,往往工程结束后还得不到付款。

8.坚持采用"清理账目法"

承包商往往只注意接受业主按对某项索赔的当月结息索赔额,而忽略了该项索赔款的余额部分。没有以文字的形式保留自己今后获得余额部分的权利,等于同意并承认了业主对该项索赔的付款,以后对余额再无权追索。因为在索赔支付过程中,承包商和监理工程师对确定新单价和工程量方面经常存在不同意见。按合同规定,工程师有决定单价的权利,如果承包商认为工程师的决定不合理,而坚持自己的要求时,可同意接受工程师决定的"临时单价",或"临时价格"付款,先拿到一部分索赔款,对其余不足部分,则书面通知工程师和业主,作为索赔款的余额,保留自己的索赔权利,否则将失去将来要求付款的权利。

9.力争友好解决,防止对立情绪

索赔争端是难免的,如果遇到争端不能理智协商讨论解决,使一些本来可以解决的问题悬而未决。承包商尤其要头脑冷静,防止对立情绪,力争友好解决索赔争端。

另外,索赔一般都在谈判桌上最终解决,索赔谈判是双方面对面的交易,是索赔能否取得成功的关键,一切索赔的计划和策略都是在谈判桌上得到体现和接受检验的。因此,在谈判之前要做好充分的准备,对谈判可能出现的问题要做好分析,如怎样保持谈判的友好和谐氛围,估价对方在谈判过程中会提出什么问题,采取什么样的行动,我方应采取什么措施争取有利的时机等。因为索赔谈判是承包商要求业主承认自己的索赔,承包商处于不利的地位,如果谈判一开始就气氛紧张,情绪对立,有可能导致业主拒绝谈判,使谈判旷日持久,这是最不利索赔问题解决的。谈判应从业主关心的议题入手,从业主感兴趣的问题开始谈,使谈判气氛保持友好和谐是很重要的。

其次,谈判过程中要讲事实、重证据,既要据理力争,坚持原则,又要适当让步,机动灵活。所谓索赔的"艺术",往往在谈判桌上能够得到充分的体现,所以选择和组织好精明强干、有丰富索赔知识的、有经验的谈判班子就显得极为重要。

(五)建设工程反索赔

1.反索赔的特点

反索赔是相对索赔而言的。在工程索赔中,反索赔通常指发包人向承包人提出的索赔。由于承包人不履行或不完全履行约定的义务,或是由于承包人的行为使业主受到损失时,业主为了维护自己的利益,向承包人提出的索赔。

业主对承包人的反索赔包括两个方面:其一是对承包人提出的索赔要求进行分析、评审和修正,否定其不合理的要求,接受其合理的要求;其二是对承包人在履约中的其他缺陷责任,如部分工程质量达不到要求,或拖延工期,独立地提出损失补偿要求。

反索赔具有如下特点:

(1)索赔与反索赔同时性。在工程索赔过程中,承包商的索赔与发包人的反索赔总是同时进行的,正如通常所说的"有索赔就有反索赔"。

(2)技巧性强。索赔本身就是属于技巧性的工作,反索赔必须对承包人提出的索赔进行反驳,因此它必须具有更高水平的技巧性,反索赔处理不当将会引起诉讼。

(3)发包人地位的主动性。在反索赔过程中,发包人始终处于主动有利的地位,发包人在经工程师证明承包人违约后,可以直接从应付工程款中扣回款项,或者从银行保函中得以补充。

2.反索赔的内容

在施工工程中,业主反索赔的主要内容有以下几项。

1)工程质量缺陷的反索赔

当承包商的施工质量不符合施工技术规程的要求,或在保修期未满以前未完成应该负责修补的工程时,业主有权向承包商追究责任。如果承包商未在规定的期限内完成修补工作,业主有权雇佣他人来完成工作,发生的费用由承包商承担。

2)拖延工程的反索赔

在工程施工过程中,由于多方面的原因,往往是工程竣工日期拖后,影响到业主对该工程的利用,给业主带来经济损失,业主有权对承包商进行索赔,由承包商支付延期竣工违约金。承包商支付此项违约金的前提是:工期延误的责任属于承包商。

3)保留金的反索赔

保留金是从业主应付工程款项中扣留下来用于工程保修期内支付施工维修的款项。当承包商违反工程保修条款或未能按要求及时负责工程维修,业主可向承包商提出索赔。

4)发包人其他损失的反索赔

(1)承包商不履行的保险费用索赔。如果承包商未能按合同条款制定的项目投保,并保证保险有效,业主可以投保并保证保险有效,业主所支付的必要保险费可在应付给承包商的款项中扣回。

(2)对超额利润的反索赔。由于工程量增加很多(超过有效合同的15%),使承包商预期的收入增大,承包商并不会增加任何固定成本,收入大幅度增加;或由于法规的变化导致承包商在工程实施中降低成本,产生超额利润。在这种情况下,应由双方讨论,重新调整合同价格,业主收回部分超额利润。

(3)对指定分包商的付款索赔。在工程承包商未能提供指定分包商付款合理证明时,业主可以直接按照工程师的证明书,将承包商未付给指定分包商所谓所有款项(扣除保留金)付给该分包商,并从应付承包商的任何款项中如数扣回。

(4)业主合理终止合同或承包商不正当地放弃工程的索赔。如果业主合理地终止承包商的承包,或者承包商不合理地放弃工程,则业主有权从承包商手中收回新的承包商完成所需的工程款与原合同未付给的差额。

(5)由于工伤事故给业主方人员和第三方人员造成的人身或财产损失的索赔,以及承包商运送建筑材料及施工机械设备时损坏公路、桥梁或隧洞,道桥管理部门提出的索赔等。

5)业主反驳与修正承包商提出的索赔

反索赔的另一项工作就是对承包商提出的索赔要求进行评审、反驳与修正。首先是审定承包商的这项索赔要求有无合同依据,即有没有该项索赔权。审定过程中要全面参阅合同文件中的所有有关合同条款,客观评价、实事求是、慎重对待。对承包商的索赔要求不符合合同文件规定的,即被认为没有索赔权,而使该项索赔要求落空。但要防止有意地轻率否决的倾向,避免合同争端升级。肯定其合理的索赔要求,反驳或修正不合理的索赔要求。根据施工赔偿的经验,判断承包商是否有索赔的权利时,主要考虑以下几方面的问题:

(1)此项索赔要求是否具有合同依据。凡是工程项目合同文件中有明文规定的索赔事项,承包商均有索赔权,即有权得到合理的费用补偿或工期延长;否则,业主可以拒绝此项索赔要求。

(2)索赔报告中引用索赔理由不充分,论证索赔漏洞较多,缺乏说服力。在这种情况下,业主和工程师可以否决该项索赔要求。

(3)索赔事项的发生是否为承包商的责任。属于承包商方面造成的索赔事项,业主都应予以反驳拒绝,采取反索赔措施。属于双方都有一定责任的情况,则要分清谁是主要责任者,或按各方责任的后果,确定承担责任的比例。

(4)在事件初发时,承包商是否采取了控制措施。在工程合同实施中的一般做法与要求是:凡是遇到偶然事故影响工程施工时,承包商有责任采取力所能及的一切措施,防止事态扩大,尽力挽回损失。如确有事实证明承包商在当时未采取任何措施,业主可拒绝承包商要求的损失补偿。

(5)承包商向业主和工程师报送索赔意向通知书是否在合同规定的期限内。

(6)此项索赔是否属于承包商的风险范围。在工程承包合同中,业主和承包商都承担着风险,甚至承包商的风险更大。凡属于承包商合同风险的内容,如一般性干旱或多雨、一定范围内的物价上涨等,业主一般不能接受这些索赔要求。

任务六　信息管理

一、监理机构信息管理的目标与原则

（一）信息管理的目标

建立监理信息系统、信息编码系统等工程信息管理系统，保证工程信息采集、处理的准确、全面和及时，为工程建设的目标控制提供及时、准确、完整的信息。

（二）信息管理的原则

及时收集、处理、储存、传递和使用工程建设中的各种工程信息，及时为发包人和其他参建单位提供科学的决策依据。

二、信息的概念与特征

（一）信息的概念

在监理工作中，信息是对数据的解释，它反映事物的客观状态和规律。信息是指有意义的数据，是经过加工并对人们行动产生决策影响的数据。数据是指广义上的数据，包括文字、数值、语言、图表、图像等表达形式。经过整理加工以后的数据，经人的解释即赋予一定的意义后，才能成为信息。

（二）监理信息的特征

信息具有事实性、时效性、价值性、可加工性、共享性、可存储性、等级性和传递性等一般特征。对于监理信息，其基本特征是真实性、系统性、时效性和不完全性。

（1）真实性。由于信息反映事物现象与本质的内在联系，因此信息必须真实。

（2）系统性。信息都来源于信息源，它是信息源整体的一部分，脱离开整体与系统不能独立存在。

（3）时效性。新的信息会随时取代原有信息，新的信息发出后，原有信息就不能再使用，即在有效的时限内信息是可用的。

（4）不完全性。由于人的感官以及各种测试手段的局限性，对信息资源的开发和识别难以做到全面。对信息的收集、转换和利用不可避免有主观因素存在，这就导致了信息有不完全的一面。

三、监理信息的构成及类型

（一）监理信息的构成

监理信息主要由文字图形信息、语言信息、现代信息和市场信息等构成，它们又各自包含以下内容：

（1）文字图形信息，如勘察、测绘、设计图纸及说明书、合同，工作条例及规定，项目施工组织设计，情况报告，原始记录，统计图表、报表，信函等。

（2）语言信息，如口头分配任务、工作指示、工作汇报、工作检查、谈判交涉、建议、批评、工作讨论和研究、工作会议等。

(3)现代信息,如网络、电话、电报、电传、计算机、电视、录像、录音、广播等。

(4)市场信息,如材料价格、质量,供应商有关信息,承包商有关信息,分包商有关信息等。

(二)监理信息的类型

1.按照建设监理的目的划分

(1)质量控制信息,如国家有关的质量政策及质量标准、项目建设标准、质量目标的分解结果、质量控制的工作流程、质量控制的工作制度、质量控制的风险分析、质量抽样检查的数据等。

(2)进度控制信息,如施工定额、项目总进度计划、关键线路和关键工作、进度目标分解、进度控制的工作流程、进度控制的工作制度、进度控制的风险分析、某段时间的进度记录等。

(3)资金控制信息,如各种估算指标、类似工程的造价、物价指数、概算定额、工程项目投资估算、设计概算、合同价、工程报价表、币种汇率、利率、保险、施工阶段的支付账单、原材料价格、机械设备台班费、人工费、运杂费等。

2.按照建设监理信息的来源划分

1)第一种分类方法

(1)发包人来函,如发包人的通知、指示、确认等。

(2)承包人来函,如承包人的请示、报批的技术文件、报告等。

(3)监理人发函,如监理人的请示、通知、指示、批复、报告等。

(4)监理机构内部技术文件、管理制度、通知、报告、现场记录、调查表、检测数据、会议纪要等。

(5)主管部门文件。

(6)其他单位来函。

2)第二种分类方法

(1)项目内部信息。是取自建设项目本身的信息,如工程概况、设计文件、施工方案、合同文件、合同管理制度、信息资料的编码系统、信息目录表、会议制度、监理班子的组织,以及项目的投资目标、质量目标、进度目标、施工现场管理、交通管理等。

(2)项目外部信息。是来自项目外部环境的信息,如国家有关的政策、法律及规章,国内及国际市场上的原材料及设备价格,物价指数,以及类似工程造价,类似工程进度,投标单位的实力,投标单位的信誉,毗邻单位情况与主管部门、当地政府的有关信息等。

3.按照信息功能划分

(1)监理日志、记录、会议纪要。

(2)监理月报、年报、监理专题报告、监理工作报告。

(3)申请与批复。

(4)通知、指示。

(5)检查与检测记录及验收报告。

(6)合同文件、设计文件、监理规划、监理实施细则、监理制度、施工组织设计、施工措施计划、进度计划等技术和管理文件等。

4. 按照信息形式划分

(1)书面文件。包括纸质文件和电子文档。纸质文件包括合同书、函件、报告、批复、确认、指示、通知、记录、会议纪要和备忘录等;电子文件包括电子数据交换、电子邮件、传真、拷贝的电子文件、电报、电传等。

(2)声像。

(3)图片。

5. 按照信息的稳定程度划分

1)固定信息(静态信息)

固定信息是指在一定时间内相对稳定不变的信息。它包括:

(1)标准信息。主要是指各种定额和标准,如施工定额、原材料消耗定额、生产作业计划标准、设备和工具的耗损程度等。

(2)计划信息。主要是指在计划期内拟定的各项指标情况。

(3)查询信息。是指在一个较长的时期内很少发生变更的信息,如国家和专业部门颁发的技术标准、不变价格、监理工作制度、监理实施细则等。

2)流动信息(动态信息)

流动信息是指在不断变化着的信息,如项目实施阶段的质量、投资及进度的统计信息、原材料消耗量、机械台班数、人工工日数等。

6. 按照信息的层次划分

1)战略性信息(决策层信息)

战略性信息是指有关项目建设过程的战略决策所需的信息,如项目规模、项目投资总额、建设总工期、承包商的选定、合同价的确定等信息。

2)策略性信息(管理层信息)

策略性信息是指供有关人员或机构进行短期决策用的信息,如项目年度计划、财务计划等。

3)业务性信息(作业层信息)

业务性信息是指各业务部门的日常信息,如日进度、月支付额等。这类信息是经常性的,也是大量的。

7. 按照其他标准划分

(1)按信息范围的不同,可将监理信息分为精细的信息、摘要的信息。

(2)按信息时间的不同,可将监理信息分为历史性的信息、预测性的信息。

(3)按监理阶段的不同,可将监理信息分为计划的信息、作业的信息、核算的信息、报告的信息。

(4)按信息的期待性不同,可将监理信息分为预知的信息、突发的信息。

四、信息管理与信息系统

(一)信息管理

1. 信息管理的概念

信息管理是指信息资料的收集、分类、整编、归档、保管、传阅、查阅、复制、移交、保密等一系列工作的总称。信息管理目的就是通过有组织的信息流通,使决策者能及时、准确地获得有用的信息。

2. 监理信息管理的基本任务

监理信息管理的基本任务是及时掌握准确完整的信息,依靠有效信息对质量、进度、资金进行有效控制,以卓越成效完成监理任务。

(二)信息系统

1. 信息系统的概念

信息系统是指由人和计算机等组成,以系统思维为依据,以计算机为手段,进行数据(情况)收集、传递、处理、存储、分发、加工产生信息,为决策、预测和管理提供依据的系统。根据系统原理,信息系统由输入、处理、输出、反馈、控制五个基本要素组成。

常见的信息系统主要有办公自动化系统(Office Automation System,简称 OAS)、事务(业务)处理系统(Transaction Processing System,简称 TPS)、管理信息系统(Management Information System,简称 MIS)和决策支持系统(Decision Support System,简称 DSS)等。

2. 工程建设监理信息系统

监理信息系统就是管理信息系统(MIS)原理和方法在工程建设监理工作中的具体应用。监理信息系统一般由质量控制子系统、进度控制子系统、投资控制子系统、合同管理子系统、行政事务管理子系统和数据库管理系统等组成。各子系统之间既相互独立,各有其自身目标控制的内容和方法,又相互联系,互为其他子系统提供信息。

1)质量控制子系统

监理人员为了实施对工程建设质量的动态控制,需要工程建设质量控制子系统提供必要的信息支持。为此,本系统应具有以下功能:

(1)储存有关设计文件及设计修改、变更文件,进行设计文件的档案管理,并能进行设计质量的评定。

(2)存储有关工程质量标准,为监理工程师实施质量控制提供依据。

(3)运用数理统计方法对重点工序进行统计分析,并绘制直方图、控制图等管理图表。

(4)处理分项工程、分部工程、隐蔽工程及单位工程的质量检查评定数据,为最终进行工程建设质量评定提供可靠依据。

(5)建立计算机台账,对主要建筑材料、设备、成品、半成品及构件进行跟踪管理。

(6)对工程质量事故和工程安全事故进行统计分析,并能提供多种工程事故统计分析报告。

2)进度控制子系统

工程建设进度控制子系统不仅要辅助监理人员编制和优化工程建设进度计划,更要对建设项目的实际进展情况进行跟踪检查,并采取有效措施调整进度计划以纠正偏差,从而实现工程建设进度的动态控制。为此,本系统应具有以下功能:

(1)进行进度计划的优化,包括工期优化、费用优化和资源优化。

(2)工程实际进度的统计分析。随着工程的实际进展,对输入系统的实际进度数据进行必要的统计分析，形成与计划进度数据有可比性的数据。

(3)实际进度与计划进度的动态比较。定期将实际进度数据同计划进度数据进行比较，形成进度比较报告，从中发现偏差，以便于及时采取有效措施加以纠正。

(4)进度计划的调整。当实际进度出现偏差时，为了实现预定的工期目标，就必须在分析偏差产生原因的基础上，采取有效措施对进度计划加以调整。

(5)各种图形及报表的输出。图形包括网络图、横道图、实际进度与计划进度比较图等，报表包括各类计划进度报表、进度预测报表及各种进度比较报表等。

3)投资控制子系统

工程建设投资控制子系统用于收集、存储和分析工程建设投资信息，在项目实施的各个阶段制订投资计划，收集实际投资信息，并进行计划投资与实际投资的比较分析，从而实现工程建设投资的动态控制。为此，本系统应具有以下功能：

(1)输入计划投资数据，从而明确投资控制的目标。

(2)根据实际情况，调整有关价格和费用，以反映投资控制目标的变动情况。

(3)输入实际投资数据，并进行投资数据的动态比较。

(4)进行投资偏差分析。

(5)未完工程投资预测。

(6)输出有关报表。

4)合同管理子系统

(1)合同管理子系统的功能。

工程建设合同管理子系统主要是通过公文处理及合同信息统计等方法辅助监理人员进行合同的起草、签订，以及合同执行过程中的跟踪管理。为此，本系统应具有以下功能：①提供常规合同模式，以便于监理人员进行合同模式的选用。②编辑和打印有关合同文件。③进行合同信息的登录、查询及统计。④进行合同变更分析。⑤索赔报告的审查分析与计算。⑥反索赔报告的建立与分析。⑦各类经济法规的查询等。

(2)合同管理子系统的组成。

①合同文件编辑。

合同文件编辑，就是提供和选用合同结构模式，并在此基础上进行合同文件的补充、修改和打印输出。

A. 合同模式选用。

系统中存有《水利水电工程合同条件》及普通合同文本等多种合同模式，它们各有其适用对象和范围，可以根据建设项目的性质和特点选用合适的合同模式。

B. 合同文件补充、修改。

当选定合同模式后，可根据具体工程的特点对有关合同条款进行修改或补充。

C. 合同文件打印输出。

合同文件必须打印输出，经双方协商一致，签字盖章后才能生效。

D. 合同模式编辑。

主要是进行合同模式的增加、删除和修改。

②合同信息管理。

合同信息管理,就是对合同信息进行登录、查询及统计,以便于监理人员随时掌握合同的执行情况。

③索赔管理。

索赔管理是合同管理中一项极其重要的工作,该模块应能辅助监理人员进行索赔报告的审查、分析与计算,从而为监理人员的科学决策提供可靠支持。

5)行政事务管理子系统

行政事务管理是监理机构不可缺少的一项工作,在监理工作中应将各类文件分别归类建档,包括来自政府主管部门、项目法人、施工单位、监理单位等各个部门的文件,进行编辑登录整理,并及时进行处理,以便各项工作顺利进行。为此,本系统应具有以下功能:①公文编辑处理。②公文排版处理。③公文登录。④公文处理。⑤公文查询。⑥公文统计。⑦组卷登录。⑧删除案卷。⑨后勤管理。⑩外事管理。

五、施工阶段信息管理的内容及程序

(一)信息管理的内容及要求

《水利工程施工监理规范》(SL 288—2014)规定了信息管理的内容及要求,分述如下:

(1)监理机构建立的监理信息管理体系应包括下列内容:

①配备信息管理人员并制订相应岗位职责。

②制订包括文档资料收集、分类、保管、保密、查阅、复制、整编、移交、验收和归档等的制度。

③制订包括文件资料签收、送阅程序,制订文件起草、打印、校核、签发等管理程序。

④文件、报表格式应符合下列规定:

A.常用报告、报表格式宜采用施工监理规范所列的和国务院水行政主管部门印发的其他标准格式。

B.文件格式应遵守国家及有关部门发布的公文管理格式,如文号、签发、标题、关键词、主送与抄送、密级、日期、纸型、版式、字体、份数等。

⑤建立信息目录分类清单、信息编码体系,确定监理信息资料内部分类归档方案。

⑥建立计算机辅助信息管理系统。

(2)监理文件应符合下列规定:

①应按规定程序起草、打印、校核、签发。

②应表述明确、数字准确、简明扼要、用语规范、引用依据恰当。

③应按规定格式编写,紧急文件宜注明“急件”字样,有保密要求的文件应注明密级。

(3)通知与联络应符合下列规定:

①监理机构发出的书面文件,应由总监理工程师或其授权的监理工程师签名、加盖本人执业印章,并加盖监理机构章。

②监理机构与发包人和承包人以及与其他人的联络应以书面文件为准。在紧急情况

下，监理工程师或监理员现场签发的工程现场书面通知可不加盖监理机构章，作为临时书面指示，承包人应遵照执行，但事后监理机构应及时以书面文件确认；若监理机构未及时发出书面文件确认，承包人应在收到上述临时书面指示后 24 h 内向监理机构发出书面确认函，监理机构应予以答复。监理机构在收到承包人的书面确认函后 24 h 内未予以答复的，该临时书面指示视为监理机构的正式指示。

③监理机构应及时填写发文记录，根据文件类别和规定的发送程序，送达对方指定联系人，并由收件方指定联系人签收。

④监理机构对所有来往书面文件均应按施工合同约定的期限及时发出和答复，不得扣压或拖延，也不得拒收。

⑤监理机构收到发包人和承包人的书面文件，均应按规定程序办理签收、送阅、收回和归档等手续。

⑥在监理合同约定期限内，发包人应就监理机构书面提交并要求其做出决定的事宜予以书面答复；超过期限，监理机构未收到发包人的书面答复，则视为发包人同意。

⑦对于承包人提出要求确认的事宜，监理机构应在合同约定时间内做出书面答复，逾期未答复，则视为监理机构已经确认。

(4)书面文件的传递应符合下列规定：

①除施工合同另有约定外，书面文件应按下列程序传递：

A. 承包人向发包人报送的书面文件均应报送监理机构，经监理机构审核后转报发包人。

B. 发包人关于工程施工中与承包人有关事宜的决定，均应通过监理机构通知承包人。

②所有来往的书面文件，除纸质文件外还宜同时发送电子文档。当电子文档与纸质文件内容不一致时，应以纸质文件为准。

③不符合书面文件报送程序规定的文件，均视为无效文件。

(5)监理日志、报告与会议纪要应符合下列规定：

①现场监理人员应及时、准确完成监理日记。由监理机构指定专人按照规定格式与内容填写监理日志并及时归档。

②监理机构应在每月的固定时间，向发包人、监理单位报送监理月报。

③监理机构可根据工程进展情况和现场施工情况，向发包人报送监理专题报告。

④监理机构应按照有关规定，在工程验收前，提交工程建设监理工作报告，并提供监理备查资料。

⑤监理机构应安排专人负责各类监理会议的记录和纪要编写。会议纪要应经与会各方签字确认后实施，也可由监理机构依据会议决定另行发文实施。

(二)监理信息管理的程序

(1)建立监理信息管理制度。

(2)确定监理工作信息流内容。包括自上而下的消息流、自下而上的消息流、横向间的信息流、以咨询机构为集散中心的消息流、工程项目内部与外部环境之间的消息流。

(3)确定常用报告和报表格式。包括业主、质量监督站、设计单位、监理机构、承包单位、其他部门等常用报告和报表格式。

(4)建立监理信息库。包括信息采集系统、信息整理系统、信息查询系统等。

(5)建立现场监理信息分析系统。

(6)建立现场监理常用报告、报表编制处理系统。

(7)建立文件档案管理系统。

(8)按合同规定移交业主。

六、建设项目信息收集

建设项目信息收集,就是将时间和空间上分散的一些数据进行集中。它是管理信息处理的基础,其收集要制度化、规范化,要明确收集的时间和次数或数量,并保证原始资料的完整和真实。

对于业主和监理工程师,在工程施工阶段的管理中,建设项目信息收集分为施工前和施工过程中两个阶段。

(一)施工前的信息资料收集

施工前的信息资料收集主要包括以下几个方面:

(1)批准的可行性研究报告及其他资料,如规划许可、土地使用、可行性研究报告及审批手续、施工许可、质量监督注册、安全监督注册等。

(2)工程设计文件及有关资料,如勘察报告、初步设计、技术设计、施工图设计等有关信息。

(3)施工承包合同文件及有关资料,如工程施工承包合同、材料设备供应合同等。

(二)施工过程中的信息资料收集

施工过程中的资料来源可分为来自业主、承包商、监理机构本身三个方面。

1.来自业主的信息

业主对施工过程中有关进度、质量、资金、合同、安全等方面的看法和意见,工程变更的处理意见等,监理工程师应及时收集整理。

当业主负责某些材料的供应时,监理工程师需要收集业主所提供材料的品种、数量、规格、价格,提(交)货地点,提货方式等信息。也应注意收集材料材质证明、检验(试验)资料。

2.来自承包商的信息

承包商是工程建设的具体实施者,现场发生的各种情况,包含了大量信息,承包商必须掌握收集的信息内容,必须保证信息的及时性、完整性;监理工程师也必须重视这些信息的收集,包括承包商的施工组织设计、施工方案、进度计划、施工现场管理制度、施工项目自检报告、施工质量问题报告、有关问题的处理等。

3.来自监理机构的信息

业主方将对承包商的部分管理权力委托监理单位实施,监理单位又由派驻工地的监理机构完成委托工作。在这个阶段,监理工程师要形成大量的工程管理资料,也是监理工程师履行监理合同义务的证明。

监理机构形成的信息主要来源于以下三个方面：

(1)监理记录。包括历史性记录、工程计量和工程款支付记录、质量记录、竣工记录等。

(2)会议记录。包括第一次工地会议、监理例会、专题工地会议记录等。

(3)监理月报。

七、建设项目信息处理

建设项目信息处理一般包含信息收集、加工整理、传输、存储、检索和应用六项内容。信息处理必须借助于一定的载体和信息管理系统进行。

(一)信息收集

信息收集即采集原始信息资料。信息收集需注意以下三点：

(1)明确信息收集的目的性。

(2)界定信息收集的范围。包括对象范围(需要什么样的信息)、时间范围(用多长时间收集这些信息)、空间范围(从哪里收集这些信息)。

(3)选择好信息源。

(二)信息加工整理

信息加工整理即对收集到的大量原始信息进行鉴别、筛选、分类、排序、压缩、分析、比较、计算,使其标准化、系统化,形成标准的、系统的信息资料。

信息加工整理的步骤如下:①鉴别。②筛选。③分类。④排序。⑤初步激活。⑥编写。

(三)信息传输

信息传输即借助于一定的载体(如纸张、胶片、软盘、电子邮件等)在监理机构内部、参建单位之间及上级单位进行传播,通过传输形成各种信息流。信息传输需注意以下三点：

(1)传输目的明确具体。

(2)传输过程控制严格。

(3)讲究时效性,防止信息失真、畸变。

(四)信息存储

储存信息一般借助于纸张、胶卷、录像带、计算机等载体。信息存储需注意以下四点：

(1)准确性,即内容准确、表述清楚、结构有序。

(2)安全性,即防丢失、防毁坏。

(3)方便性,即使用方便、更新方便。

(4)经济性,即节约空间、节省费用。

(五)信息检索

信息传输即为了查找信息方便,制订的一套科学、迅速的查找方法和手段。完善的信息检索系统应达到信息保存完善且查找方便的要求。使用计算机存储和检索信息,是目前普遍实行的信息管理方式。

（六）信息应用

信息应用即将处理好的信息，按照不同需求编印成各种表格、文件，以书面形式或者计算机网络进行输出应用解决实际问题。信息应用需注意以下三点：

（1）判断什么样的信息有利于问题的解决。

（2）判断所需的信息是否存在。

（3）利用或开发信息。

八、建设项目监理文档管理

档案是珍贵的文献，是重要的信息载体，是历史的印记。水利工程监理文件档案资料管理，是水利工程信息管理的一项重要工作，是监理人员实施工程建设监理，进行目标控制的基础性工作。工程建设监理组织中必须配备专门的人员负责监理文件资料的管理和保存工作。

（一）水利工程建设监理文档管理的意义

所谓工程建设监理文档管理，是指监理单位受项目法人的委托，在进行工程建设监理工作期间，对工程建设实施过程中形成的文件资料进行收集积累、加工整理、立卷归档和检索利用等一系列工作。工程建设监理文档管理的对象是监理文件资料，它们是工程建设监理信息的载体。配备专门人员对监理文件资料进行系统、科学的管理，对于工程建设监理工作具有重要意义。

（1）对监理文件资料进行科学管理，可以为监理工作的顺利开展创造良好的前提条件。建设监理的主要任务是进行工程项目的目标控制，而控制的基础是信息。如果没有信息，监理人员就无法实施控制。在工程建设实施过程中产生的各种信息，经过收集、加工和传递，以监理文件资料的形式进行管理和保存，就会成为有价值的监理信息资源，它是监理人员进行工程建设目标控制的客观依据。

（2）对监理文件资料进行科学管理，可以极大地提高监理工作的效率。监理文件资料经过系统、科学的整理归类，形成监理文件档案库，当监理人员需要时，就能及时、有针对性地提供完整的资料，从而迅速地解决监理工作中的问题。反之，如果文件资料分散处理，就会导致混乱，甚至散失，最终影响监理人员的正确决定。

（3）对监理文件资料进行科学管理，可以为工程建设监理档案的建立提供可靠保证。对监理文件资料的管理，是把在工程建设监理的各项工作中形成的全部文字、声像、图纸及报表等文件资料进行统一管理和保存，从而确保文档资料的完整性。一方面，在项目建成竣工以后，监理人员可将完整的监理文档资料移交业主，作为建设项目的档案资料；另一方面，完整的监理文档资料是建设监理单位具有重要历史价值的资料，监理人员可以从中获得宝贵的监理经验，有利于不断提高工程建设监理工作水平。

（二）监理文档管理的主要内容

水利工程档案的归档工作，一般是由产生文件材料的单位或部门负责的。总包单位对各分包单位提交的归档材料负有汇总责任，各参建单位技术负责人应对其提供档案的内容及质量负责。监理工程师对施工单位提交的归档材料应履行审核签字手续,监理单位应向项目法人提交对工程档案内容与整编质量情况的专题审核报告。监理文档管理的主要内容包括监理文件资料传递流程的确定、监理文件资料的登录与分类存放,以及监理文件资料的立卷归档等。

1. 监理文件资料的传递流程

监理组织中的信息管理部门是专门负责工程建设信息管理工作的,其中包括监理文件资料的管理。因此,在工程建设全过程中形成的所有文件资料,都要统一归口传递到信息管理部门,进行集中收发和管理。

首先,在监理组织内部,所有文件资料都必须先送交信息管理部门,进行统一整理分类,归档保存,然后由信息管理部门根据总监理工程师的指令和监理工作的需要,分别将文件资料传递给有关的监理工程师。当然,任何监理人员都可以随时自行查阅经整理分类后的文件资料。

其次,在监理组织外部,在发送或接收业主、设计单位、承包商、材料供应单位及其他单位的文件资料时,也应由信息管理部门负责进行,这样使所有的文件资料只有一个进出口通道,从而在组织上保证了监理文件资料的有效管理。监理文件资料的管理和保存,主要由信息管理部门中的资料管理人员负责。作为文件资料管理的监理人员,必须熟悉各项监理业务,通过分析研究监理文件资料的特点和规律,对其进行系统、科学的管理,使其在整理工作中得到充分利用。

除此之外,监理资料管理人员还应全面了解和掌握工程建设进展和监理工作开展的实际情况,结合对文件资料的整理分析,编写有关专题材料,对重要文件资料进行摘要综述,包括编写监理工作月报、工程建设周报等。

2. 监理文件资料的登录与分类存放

监理信息管理部门在获得各种文件资料之后,首先要对这些资料进行登录,建立监理文件资料的完整记录。登录一般应包括文件资料的编号、名称和内容、收发单位、收发日期等内容。对文件资料进行登录,就是将其列为监理单位的正式财产。这样做不仅有据可查,而且也便于分类、加工和整理。此外,监理资料管理人员还可以通过登录掌握文档资料及其变化情况,有利于文件资料的清点和补缺等。随着工程建设的进展,所积累的文件资料会越来越多,如果随意存放,不仅查找困难,而且极易丢失。因此,为了能在建设监理过程中有效地利用和传递这些文件资料,必须按照科学的方法将它们分类存放。监理文件资料可以分为以下几类:

(1)监理日常工作文件。包括监理工作计划、监理工作月报、工程施工周报及工程信函等。

(2)监理工程师函件。包括监理工程师主送项目法人、设计单位、承包人等有关单位的函件。

(3)会议纪要。包括监理工作会议、工程协调会议、设计工作会议、施工工作会议及工程施工例会等会议纪要。

(4)勘察、设计文件。包括勘察、方案设计、初步设计、施工图设计及设计变更等文件资料。

(5)工程收函。包括业主、勘察设计单位、承包商等单位送交的函文。

(6)合同文件。包括监理委托合同、勘察设计合同、施工总包合同和分包合同、设备供应合同及材料供应合同等文件。

(7)工程施工文件资料。包括施工方案、施工组织设计、签证和核定单、联系备忘录、隐蔽工程验收记录及技术管理和施工管理文件资料等。

(8)主管部门函文。包括省、市发展和改革委员会、住房和城乡建设委员会、公用市政及有关部门的函文。

(9)政府文件。包括有关监理文件、勘察设计和施工管理办法、定额取费标准及文明、安全、市政等方面的规定。

(10)技术参考资料。包括监理、工程管理、勘察设计、工程施工及设备、材料等方面的技术参考资料。

上述文件资料应集中保管,对零散的文件资料应分门别类存放于文件夹中,每个文件夹的标签上要标明资料的类别和内容。为了便于文件资料的分类存放,并利用计算机进行管理,应按上述分类方法建立监理文件资料的编码系统。这样,所有文件资料都可按编码结构排列在书架上,不仅易于查找,也为监理文件资料的立卷归档提供了方便。

3.监理文件资料的立卷归档

为了做好工程建设档案资料的管理工作,充分发挥档案资料在工程建设及建成后维护中的作用,应将监理文件资料整理归档,即进行监理文件资料的编目、整理及移交等工作。

(三)计算机辅助监理文档管理

为了对监理文件资料进行有效的管理,应充分利用电子计算机存储潜力大和信息处理速度快等特点,建立计算机辅助监理文档管理系统。

1.计算机辅助监理文档管理系统功能概述

计算机辅助监理文档管理系统是一个相对独立的系统,它既可以作为监理信息系统中的一个子系统而存在,也可以单独存在,因为它与工程建设监理信息系统中其他子系统之间没有数据传递关系,更没有功能调用关系。

计算机辅助监理文档管理系统的主要功能是对工程建设实施过程中与监理人员有关的各种往来文件、图纸、资料及各种重要会议和重大事件等信息进行管理。

2.计算机辅助监理文档管理系统的组成

1)监理文件格式

监理文件格式见表5-5。

2)收文管理

收文管理就是输入、修改、查询、统计、打印收文的各种信息。

(1)输入、修改收文信息。

输入、修改收文的各种信息,内容包括收文日期、来文名称、来文单位、主题词、文件分类、文件学号、收文份数、发文日期、存档编号、文件内容(利用扫描输入设备录入)。

表 5-5　监理文件格式

<table>
<tr><td>
×××工程建设监理部

合同名称：　　　　　　　　　合同编号：
我方文号：×××　　　　　　　参考文号：×××
日期：××××年××月××日
主题：
致：(承包人)
(正文)

谢谢合作！
附件：

×××监理公司×××工程建设监理部
总监工程师：

抄送：
</td></tr>
</table>

此外，对于要求回复的文件，还要输入应回复日期。当文件已经回复，则输入实际回复日期。

(2)查询收文信息。

根据设定的各种查询条件进行收文信息的查询，其中包括对应回复而尚未回复的文件的查询，以便提醒有关人员及时回复。

(3)打印收文信息。

按不同的要求打印不同的收文信息表。

(4)统计收文信息。

统计有关收文情况，并打印输出有关统计结果。

监理收文处理格式见表 5-6。

表 5-6　监理收文处理格式

<table>
<tr><td>文件类别</td><td></td><td>存档号</td><td></td></tr>
<tr><td colspan="4">×××工程监理部收文处理签</td></tr>
<tr><td>来文单位</td><td>文件编号</td><td>收文时间</td><td>复文号</td></tr>
<tr><td></td><td></td><td></td><td></td></tr>
<tr><td>标题</td><td colspan="3"></td></tr>
<tr><td>拟办意见</td><td colspan="3"></td></tr>
<tr><td>领导意见</td><td colspan="3"></td></tr>
<tr><td>处理简述及签名</td><td colspan="3"></td></tr>
</table>

3)发文管理

发文管理就是输入、修改、查询、统计有关发文信息,并可打印有关文件。

(1)输入、修改发文信息。

输入、修改发文的各种信息,内容包括发文日期、发文名称、文件字号、主题词、文件分类、发文份数、签发人、主送单位、抄送单位、文件内容。此外,如果文件需要收文单位回复,还应输入回复期限及实际回复日期。

(2)查询发文信息。

根据设定的各种查询条件进行发文信息的查询,其中包括对应回复而尚未回复的文件的查询,以便于监理工程师督促对方回复。

(3)打印发文信息。

按不同的要求打印不同的发文信息表。

(4)发文打印。

系统提供标准的文件打印格式,以便于打印监理通知、函件等文件资料。

(5)发文信息统计。

统计有关发文情况,并打印输出有关统计结果。

监理发文处理格式见表5-7。

表5-7 监理发文处理格式

<table>
<tr><td colspan="4">文件类别</td><td>存档号</td><td colspan="2"></td></tr>
<tr><td colspan="7">×××工程监理部发文处理签</td></tr>
<tr><td rowspan="2">文件名称</td><td colspan="3" rowspan="2"></td><td>密级</td><td>缓急</td><td></td></tr>
<tr><td>发文号</td><td colspan="2"></td></tr>
<tr><td>拟稿人</td><td></td><td>核稿人</td><td></td><td>参考文号</td><td colspan="2"></td></tr>
<tr><td colspan="7">签发：
签字： 时间： 年 月 日 时</td></tr>
<tr><td colspan="7">主送：</td></tr>
<tr><td colspan="7">抄送：</td></tr>
<tr><td>份数</td><td></td><td colspan="5">年 月 日封发</td></tr>
<tr><td>打字</td><td></td><td>校对</td><td></td><td>办公室核稿</td><td colspan="2"></td></tr>
<tr><td>备注</td><td colspan="6"></td></tr>
</table>

4)图纸管理

图纸管理就是对图纸收发信息的输入、修改、查询、统计及打印。

(1)输入、修改图纸收发信息。

输入、修改收发图纸的各种信息,内容包括收图日期、图纸编号、图纸名称、图纸分类、收图份数、协议供图日期、发图日期、发送承包商名称、发图份数、设计修改通知号。

(2)查询图纸收发信息。

根据设定的各种查询条件进行图纸收发信息的查询。

(3)统计图纸收发信息。

统计图纸收发的有关情况,并打印输出统计结果。

(4)打印图纸收发信息。

按不同的要求打印不同的图纸收发信息表。

5)会议信息管理

会议信息管理就是输入、修改、查询、统计及打印工程会议的有关信息,并能打印会议纪要。

(1)输入、修改会议信息。

输入、修改工程会议的各种信息,内容包括会议召开日期、会议名称、会议议题、会议召开地点、会议主持人、会议参加人数及主要参加人员、会议结论、会议类别(施工措施、设计变更、经济问题、合同纠纷、事故处理等)、会议主题词、备注。

(2)查询会议信息。

根据设定的各种查询条件进行会议信息的查询。

(3)打印会议信息。

按不同的要求打印不同的会议信息表。

(4)打印会议纪要。

输入会议纪要并打印输出。

(5)会议信息统计。

统计会议有关情况,并打印输出统计结果。

6)重大事件信息管理

重大事件信息管理就是输入、修改、查询、统计及打印重大事件的有关信息,并能打印事件报告。

(1)输入、修改事件信息。

输入、修改重大事件的各种信息,内容包括事件发生日期、事件发生时间、事件发生地点、事件主题词、事件属性、事件发生工程部位、事件发生原因、事件处理概要、备注。

(2)查询事件信息。

根据设定的各种查询条件进行事件信息的查询。

(3)打印事件信息。

按不同的要求打印不同的事件信息表。

(4)打印事件报告。

输入事件报告内容并打印输出。

(5)事件信息统计。

统计事件有关情况,并打印输出统计结果。

任务七 组织协调

一、监理机构组织协调的目标与原则

(一)协调的概念和作用

协调又称协调管理,是指通过协商、沟通、调度,联合所有力量,使各项活动衔接有序地正常展开,以实现预定目标。

在水利工程项目建设的不同阶段、不同部位和参加项目建设的不同单位、不同层次之间,存在着大量的界面和结合部,协调的作用就是沟通、理顺这些界面和结合部的关系,化解各种矛盾,排除各种时空上的干扰,组织好各种工艺、工序之间的衔接,使工程总体建设活动能有机交叉进行,实现质量高、投资省、工期短的建设目标。

(二)协调的目标

为参建单位营造一个良好的施工氛围,融洽各方关系,充分调动各方的积极性,以全面实现工程项目的建设目标。

(三)协调的原则

坚持实事求是,平等协商,公正合理,兼顾参建各方的利益。对可能发生的相关各方之间的矛盾做对策准备,做到事先协调防范,事后及时排除,保证工程的顺利进行。

二、组织协调的依据

当前,建设项目的协调工作,普遍存在着面广量大、错综复杂、协调难度大的特点。监理工程师应坚持原则,紧紧地把握协调依据,实事求是地做好各方面的协调工作。协调的依据主要有以下几个方面:

(1)国家和政府有关部门颁发的法令、法规、规范、标准。

(2)国家发展和改革委员会、主管部门和地方政府对项目建设所做的各种批示、批文。

(3)国家批准的项目初步设计文件、建设工期、总投资。

(4)投资各方达成的合资协议。

(5)董事会或管委会历次会议纪要。

(6)建设各方相互签订的具有法律效力的合同和协议。

三、施工阶段组织协调的内容

协调工作贯穿于水利工程建设项目的全过程,渗透到水利工程建设项目的每一个环节。工程建设的每个过程、每个环节,都存在着不同程度的矛盾和干扰,甚至会产生冲突,这就需要不同层次的人员去协调。协调的内容包罗万象,小到短时间的停工停电,大到不可抗力的破坏和重大设计变更而引起的资金、施工方案的调整等。归纳起来,协调的一般内容有:①协调日常施工干扰和相关单位或层次的协作配合;②平衡调配资源供给;③协调由设计变更引起的施工组织、施工方案的调整;④协调工程建设外部条件及其他重大问题等。

具体说来,项目监理机构组织协调的范围和内容可分为项目系统内部协调及项目系统外部协调。

(一)项目系统内部协调

项目系统内部协调主要包括项目系统内部人际关系的协调、组织关系的协调、需求关系的协调和建设各方之间的关系的协调等。

1. 人际关系的协调

(1)人员安排要量才录用。

(2)工作分工要职责分明。

(3)效率评价要实事求是。

(4)矛盾调解要恰到好处。

2. 组织关系的协调

(1)设置各级组织机构。

(2)明确每个机构的目标、职责、权限。

(3)明确各个机构间的相互工作关系。

(4)建立信息沟通制度。

(5)及时消除工作中的各种矛盾和冲突。

3. 需求关系的协调

工程建设项目实施中有人员需求、材料需求、能源动力需求等,但资源是有限的,因此内部需求关系的协调至关重要。内部需求关系的协调主要应抓好以下几个关键环节:

(1)抓住计划环节,平衡人、财、物。

(2)抓住"瓶颈"环节,平衡建设力量。

(3)抓住调度环节,交替配合各专业工种。

4. 监理机构与项目法人关系的协调

(1)监理工程师理解项目法人的建设意图、建设工程总目标。

(2)监理机构做好监理宣传工作,增进项目法人对监理工作的理解和支持。

(3)监理工程师理解尊重项目法人,与项目法人一起投入建设工程全过程。

5. 监理机构与施工单位关系的协调

1)与承包商项目经理关系的协调

从承包商项目经理及其工地工程师的角度来说,他们最希望监理工程师是公正、通情达理并容易理解别人的;希望从监理工程师处得到明确而不是含糊的指示,并且能够对他们所询问的问题给予及时的答复;希望监理工程师的指示能够在他们工作之前发出。他们可能对本本主义及工作方法僵硬的监理工程师最为反感。这些心理现象,作为监理工程师来说,应该非常清楚。一个既懂得坚持原则,又善于理解承包商项目经理的意见,工作方法灵活,随时可能提出或愿意接受变通办法的监理工程师肯定是受欢迎的。

2)进度问题的协调

由于影响进度的因素错综复杂,因而进度问题的协调工作也十分复杂。实践证明,有两项协调工作很有效:一是业主和承包商双方共同商定一级网络计划,并由双方主要负责人签字,作为工程施工合同的附件;二是设立提前竣工奖,由监理工程师按一级网络计划节点考核,分期支付阶段工期奖,如果整个工程最终不能保证工期,由业主从工程款中将已付的阶段工期奖扣回并按合同规定予以罚款。

3)质量问题的协调

在质量控制方面应实行监理工程师质量签字认可制度。对没有出厂证明、不符合使用要求的原材料、设备和构件,不准使用;对工序交接实行报验签证;对不合格的工程部位不予验收签字,也不予计算工程量,不予支付工程款。在建设工程实施过程中,设计变更或工程内容的增减是经常出现的,有些是合同签订时无法预料和明确规定的。对于这种变更,监理工程师要认真研究,合理计算价格,与有关方面充分协商,达成一致意见,并实行监理工程师签证制度。

4)对承包商违约行为的处理

在施工过程中,监理工程师对承包商的某些违约行为进行处理是一件很慎重而又难免的事情。当发现承包商采用一种不适当的方法进行施工,或是用了不符合合同规定的材料时,监理工程师除立即制止外,可能还要采取相应的处理措施。在发现质量缺陷并需要采取措施时,监理工程师必须立即通知承包商。

5)合同争议的协调

对于工程中的合同纠纷,监理工程师应首先采用协商解决的方式,协商不成时才有当事人向合同管理机关申请调解和仲裁。只有当对方严重违约而使自己的利益受到重大损失而不能得到补偿时,才用诉讼手段保护自己的利益。如果遇到非常棘手的问题,不妨暂时搁置,等待时机,另谋良策。

6)对分包单位的管理

主要是对分包单位明确合同管理范围,分层次管理。将总包合同作为一个独立的合同单元进行投资、进度、质量控制和合同管理,不直接和分包合同发生关系。

7)处理好人际关系

在监理过程中,监理工程师处于一种十分特殊的位置。业主希望得到独立、专业的高质量服务,而承包商则希望监理单位能对合同条件有一个公正的解释。因此,监理工程师必须善于处理各种人际关系,既要严格遵守职业道德,礼貌而坚决地拒收任何礼物,以保证行为的公正性,也要利用各种机会增进与各方面人员的友谊与合作,以利于工程的进展;否则,便有可能引起业主或承包商对其可信赖程度的怀疑。

6.监理机构与设计单位关系的协调

在施工监理的条件下,监理单位与设计单位都是受项目法人委托进行工作的,两者之间并没有合同关系,所以监理单位主要是和设计单位做好交流工作,协调要靠项目法人的支持。设计单位应就其设计质量对建设单位负责,因此《中华人民共和国建筑法》指出:工程监理人员发现工程设计不符合建筑工程质量标准或者合同约定的质量要求的,应当报告建设单位要求设计单位改正。建设单位与设计单位的协调,主要涉及设计进度、设计质量、工程概算、设计变更、设计标准、技术条件及新技术、新工艺、新材料的采用等方面。

(1)真诚尊重设计单位的意见。例如,组织设计单位向承包商介绍工程概况、设计意图、技术要求、施工难点等,把标准过高、设计遗漏、图纸差错等问题解决在施工之前;施工阶段,严格按图施工;结构工程验收、专业工程验收、竣工验收等工作,约请设计代表参加;若发生质量事故,认真听取设计单位的处理意见等。

(2)施工中发现设计问题,应及时向设计单位提出,以免造成大的直接损失。若监理单位掌握比原设计更先进的新技术、新工艺、新材料、新结构、新设备,可主动向设计单位推荐。为使设计单位有修改设计的余地而不影响施工进度,可与设计单位达成协议,限定一个期限,争取设计单位、承包商的理解和配合。

(3)注意信息传递的及时性和程序性。监理工程师联系设计单位申报表或设计变更通知单的传递,要按设计单位(经业主同意)—监理单位—承包商之间的程序进行。

(二)项目系统外部协调

1. 与政府部门关系的协调

(1)工程质量监督站是由政府授权的工程质量监督的实施机构,对委托监理的工程,质量监督站主要是核查勘察设计、施工单位的资质和工程质量检查。监理单位在进行工程质量控制和质量问题处理时,要做好与工程质量监督站的交流和协调。

(2)对于重大质量事故,在承包商采取急救、补救措施的同时,应督促承包商立即向政府有关部门报告情况,接受检查和处理。

(3)建设工程合同应送公证机关公证,并报政府建设管理部门备案;征地、拆迁、移民要争取政府有关部门支持和协作;现场消防设施的配置,宜请消防部门检查认可;要督促承包商在施工中注意防止环境污染,坚持做到文明施工。

2. 与社会团体关系的协调

监理机构与社会团体关系的协调是一种争取良好社会环境的协调,争取社会各界对建设工程的关心和支持。如协调好与各级地方政府及当地有关部门、金融机构、新闻媒体及其他社会团体的关系。

四、组织协调的方法

工程建设项目组织协调常用的方法是召开协调会议和采用适当的其他协调方式。

(一)召开协调会议

协调会议包括第一次工地会议、监理例会和监理专题会议。会议由总监理工程师或由其授权的监理工程师主持,工程建设有关各方应派员参加。通过召开协调会议,便于监理工程师对施工进度和质量的矛盾进行协调,同时方便各种信息在建设单位、施工单位之间传递,有利于工程的顺利进行。协调会议可以用来协调建设单位、监理工程师、施工单位之间的矛盾,也可以协调工程施工中的一些矛盾,使矛盾和问题及时得到解决,避免对工程建设项目三大目标产生影响。协调会议是监理工程师对工程施工进度、质量、投资情况进行经常性的检查,通过对执行合同的情况和施工技术问题的讨论,及时发现问题,为监理工程师决策提供依据。协调会议还可以集思广益,对施工中出现的各种问题采取建设性的措施。因此,召开协调会议是监理工程师的一项重要工作。

(二)其他协调方式

1. 交谈协调法

在实践中,并不是所有问题都需要开会来解决,有时可采用“交谈”这一方法,它又包括面对面交谈、电话交谈、口头指令等形式。交谈协调法的优点主要有以下几个方面：

(1)保持信息畅通的最好渠道。

(2)寻求协作和帮助的最好方法。

(3)及时、正确发布工程指令的有效方法。

在实践中，监理工程师一般都采用交谈方式先发布口头指令。这样，一方面可以使对方及时地执行指令；另一方面可以和对方进行交流，了解对方是否正确理解了指令。随后，再以书面形式加以确认。

2. 书面协调法

当会议或者交谈不方便或不需要时，或者需要精确地表达自己的意见时，就会用到书面协调的方法。书面协调方法的特点是具有合同效力，一般常用于以下几方面：

(1)不需双方直接交流的书面报告、报表、指令、通知、信函等。

(2)需要以书面形式向各方提供详细信息和情况通报的报告、信函和备忘录等。

(3)事后对会议记录、交谈内容、口头指令的书面确认。

3. 访问协调法

访问协调法主要用于外部协调中，有走访和邀访两种方式。

走访是指监理工程师在建设工程施工前或施工过程中，对与工程施工有关的各政府部门、公共事业机构、新闻媒介或工程毗邻单位等进行访问，向他们介绍工程的情况，了解他们的意见。邀访是指监理工程师邀请与工程建设有关的各单位代表到施工现场对工程进行指导性巡视，了解现场工作。因为在多数情况下，这些有关方面并不了解工程，不清楚现场的实际情况，如果进行一些不恰当的干预，会对工程产生不利影响。这个时候，采用访问法可能是一个相当有效的协调方法。

4. 情况介绍法

情况介绍法通常是与其他协调方法紧密结合在一起的，它可能是在一次会议前，或是在一次交谈前，或是一次走访或邀访前向对方进行的情况介绍。形式上主要是口头的，有时也伴有书面的。介绍往往作为其他协调的引导，目的是使别人首先了解情况。

项目案例

××大堤除险加固工程质量、进度、资金控制

一、工程概况

××大堤除险加固工程，加固实际堤长约55.799 km，其中加固与重建穿堤建筑物6座。

通过本次工程加固提高该段大堤的防洪能力，减轻防汛压力，配合其他工程措施，使堤圈内广大平原的农田、村庄、大型煤矿、京沪铁路、合徐高速公路等能安全防御1954年洪水，结合临淮岗洪水控制工程和怀洪新河等分洪工程，使大堤的防洪标准达到100年一遇。

堤防工程主要工程量为：本工程主要有堤防加固工程、穿堤建筑物等，总土方填筑量175万 m^3，总混凝土浇筑工程量4.77万 m^3，黏土灌浆总进尺64.03万 m，水泥土截渗墙

4.5 万 m^2,砌块砌筑 1.35 万 m^3。

受季风影响,本地区风向多变。冬季多偏北风,夏季多偏南风,春秋季多东风、东北风。年平均风速在 3.4 m/s,最大月平均风速 4.2 m/s(4 月),最小月平均风速 2.9 m/s(9 月),平均风力 2 级,最大风力 7 级。

根据当地气象统计资料,多年平均降水量 896 mm,降水量年内和年际变化都很大。汛期 6 ~9 月水量占全年降水量的 60% 以上,汛期降水又多集中在 7 月、8 月。

区内地下水可分为孔隙潜水和孔隙承压水两大类。孔隙潜水主要赋存于 1-2、2-2 层砂壤土中,孔隙承压水主要赋存于 3-2 层砂壤土,3-3、4-2 和 5-2 层细砂中,具有一定的承压水头。含水层厚度一般均不大(1-2 层厚度稍大),富水程度随岩性不同,也不尽相同。1-2、2-2、3-2 层砂壤土一般属中等透水性土层(局部为弱透水性);3-3、4-2、5-2 层细砂属中等 - 强透水性土层;而相对隔水层(1-1、2-1、3-1、4-1、5-1、6-1 层等)则属弱 - 微透水性土层。

在新中国成立前该堤堤身矮小、堤线弯曲,没有形成完整的防洪体系。新中国成立后经过多次的加高培厚后,形成现在规模。堤身填筑土主要在沿堤线附近就近取土,人工堆筑而成,堤身碾压不实,填筑质量较差,土性一般与附近堤基地层相同或相近,以轻、中粉质壤土为主,堤身散浸、渗漏现象较为普遍,抗冲性能差。根据堤身填土的现状,现将其分为两大类:Ⅰ类:填土主要为中、重粉质壤土,夹少量轻粉质壤土;Ⅱ类:填土主要为轻粉质壤土、砂壤土,夹黏性土团。

该大堤除险加固工程堤防长 55.799 km,堤身设计标准断面参数初步确定为:超高 2.0 m;堤顶宽度 10 m;堤防迎水坡为 1:3;背水坡堤顶以下 3 m 处设置 2 m 宽平台(局部可为 10 m),平台以上边坡 1:3,以下边坡 1:5。

加固与重建穿堤建筑物 6 座,对安淮站涵、郜湖站涵的穿堤涵洞拆除重建;对新集站涵和钱家沟站涵的穿堤涵洞进行局部的维修加固;对五河分洪闸临淮河侧引河河道进行清淤及上下游护坡修复处理;对防洪安全有重大影响的船闸闸门和启闭设备实施更换。

二、监理服务范围、方式、内容和目标

(一)监理服务范围

本次招标范围为 × × 大堤加固工程建设监理Ⅱ标段(包含该段工程施工和移民、环境保护及水土保持项目):桩号 52 + 102 ~ 104 + 124 和 115 + 691 ~ 122 + 968,本次加固堤长约 55.799 km,监理服务期约 42 个月。

(二)监理方式

采取旁站、巡视、平行检验等监理方式。

(三)监理内容

主要是工程及相应的征地移民拆迁、水土保持、环境保护等方面的质量控制、进度控制、投资控制、合同管理、信息管理和协调工作。

(四)监理目标

(1)质量控制目标:工程质量达到合格。

(2)工期控制目标:监理服务期为 × × 个月,即 × × × × 年 × × 月至 × × × × 年 × × 月。工期达到施工合同工期目标。

(3)投资控制目标:依据合同以承包合同价为控制目标。

三、工程质量控制

(一)质量控制主要任务和内容

(1)建立和健全项目监理机构的质量控制体系,并在监理工作过程中不断改进和完善。

(2)项目监理机构监督承包人建立和健全质量保证体系,并监督其贯彻执行。

(3)熟悉和掌握质量控制的技术依据。如已批准的设计文件和施工图纸,水利工程施工验收规范、质量等级评定标准以及有关操作规程,施工合同中有关质量的条款。组织施工图和设计变更的会审,提出会审意见,报告发包人,经发包人批准同意后,向承包人签发设计及设计变更文件。

(4)协助发包人做好施工现场准备工作,为承包人提供符合施工合同要求的施工现场。

(5)项目监理机构按照有关工程建设标准和强制性条文及施工合同约定,对所有施工质量活动及与质量活动相关的人员、材料、工程设备和施工设备、施工方法和施工环境进行监督和控制,按照事前审批、事中监督和事后检验等监理工作环节控制工程质量。

(6)项目监理机构严格按规定或施工合同约定,检查承包人现场检验设备、人员、技术条件等情况。

(7)项目监理机构对承包人从事施工、安全、质检、材料等岗位和施工设备操作等需要持证上岗的人员的资格进行验证和认可。对不称职或违章、违规人员,可要求承包人暂停或禁止其在本工程中工作。

(8)监理机构应审批承包人制订的施工控制网和原始地形图的施测方案,并对承包人施测过程进行监督,对测量成果进行签认,或参加联合测量,共同签认测量成果。

监理机构应对承包人在工程开工前实施的放线测量进行抽样复测或与承包人进行联合测量。

(9)监理机构应审批承包人提交的工艺参数试验方案,对现场试验实施监督,审核试验结果和结论,并监督承包人严格按照批准的工法进行施工。

(10)以单元工程为基础,对基础工程、隐蔽工程、分部工程的质量进行检查、签证和施工质量的评价。

(11)协助发包人调查处理工程质量事故。

(12)主持或参与工程阶段验收和竣工验收工作。

(13)施工安全监督:检查施工安全措施、劳动防护和环境保护设施及汛期防洪度汛措施等;参加重大安全事故调查并提出处理意见。

(二)质量控制主要措施

(1)严把设计图纸关。

①组织监理人员认真熟悉设计图纸,领会设计意图,把设计图纸中的“错、漏、碰、缺”等问题解决在开工前。

②组织设计交底及图纸会审,施工图纸交底和会审意见应由承包人或项目监理整理形成文字记录,经设计、监理、发包人各方会签后作为施工依据。确保未经会审的图纸不得用于施工。

③严格按程序办理设计变更及工程变更。

(2)建立工程质量控制体系,加强事前预控。

①建立监理工程师的质量控制体系。

②审查承包人质量保证体系及分包单位资质。

③建立工程开工申请制度。

④建立质检报表制度。要求承包人在单元工程完工后,必须填好单元工程验评表,在自检合格的基础上报监理组(附材料质保书、试验单、隐检单等)复验。项目监理组应严格"三检"(预检、复检、抽检),及时完整、准确记录整理检查资料(包括照片),督促承包人限时整改不合格工程,加强薄弱环节的管理。

(3)审查施工组织设计、施工方案。

①提出审查意见及时发回承包人并送发包人备案。

②严格落实经审批的施工组织设计、施工方案的全面执行不得任意改动,并在其实施完毕后,对实施效果做出评价。

(4)严格控制工程材料、土料等质量,杜绝不合格材料进入现场。

(5)对施工测量、放样等进行随机抽查。如发现问题应及时通知承包人纠正,并做出监理记录。

(6)严格工序质量管理。

①加强施工过程检查。建立施工值班制度,保证在施工现场不离人,督促承包人发挥自身质保体系的作用并及时解决现场发生的问题,同时做好值班记录。对关键工序设置质量控制点,在施工过程中采用旁站与巡视相结合的检查方法,确保工程质量。

②严格工序交接检查、停工后复工前的检查。严格控制前道工序质量验收合格后,才能进行下道工序的施工,层层把关。隐蔽工程在下道工序施工前必须进行质量验收,未经验收不得进入下道工序施工。

(7)检查确认运到施工现场的工程材料、土料,禁止不符合质量要求的材料、土料进入工地和投入使用。

(8)监督承包人严格按照施工规范、设计图纸要求施工,严格执行承包合同,对工程主要部位、主要环节及技术复杂工程加强检查。

(9)对承包人的检验测试仪器、设备、度量工具的定期检验工作进行全面监督,不定期地进行抽验,保证度量数据的准确。

(10)参加工程设备供货人组织的技术交底会议;监督承包人按照工程设备供货人提供的安装指导书进行工程设备的安装。

(11)审核承包人提交的设备启动程序并监督承包人进行设备启动与调试工作。

(12)行使质量监督权,下达停工令。当出现下述情况之一时,监理工程师发布停工令:

①未经检验即进入下道工序者。

②擅自采用未经认可或批准的材料者。

③擅自将工程转包者。

④擅自让未经同意的分包商进场者。

⑤没有可靠的质量保证措施贸然施工,已出现质量下降征兆者。

⑥工程质量下降,经指出未采取有效改正措施,或采取了一定措施而效果不好,继续

作业者。

⑦擅自变更设计图纸要求者等。

(13)对不合格的工程拒付工程进度款。

(14)工程质量事故的处理:

①工程质量事故发生后,承包人必须用电话或书面形式逐级上报,对重大的质量事故和工伤事故,监理机构立即上报发包人。

②凡对工程质量事故隐瞒不报,或拖延处理,或处理不当,或处理结果未经监理机构同意的,对工程事故及受事故影响的部分工程应视为不合格工程,不予计价。待合格后,再补办验工计价。

(15)严格执行单元、分部、单位工程质量验评程序及竣工验收程序,对合格工程进行工程质量的确认,对不合格工程督促承包人限时整改。

(16)做好项目竣工验收工作,审核承包人的竣工资料。

(三)本工程主要项目技术控制要求

(略)

四、工程进度控制

(一)进度控制主要内容

项目监理机构在工程项目开工前依据施工合同约定的工期总目标、阶段性目标等,协助发包人编制控制性总进度计划,并在工程项目开工前依据控制性总进度计划审批承包人提交的施工进度计划。在工程施工过程中,依据施工合同约定审批各单位工程进度计划,逐阶段审批年、季、月施工进度计划,检查其实施情况,督促承包人采取切实措施实现合同目标要求。当由种种原因以致使实施进度发生较大偏差时,及时向承包人提出调整控制性进度计划的建议并在通过发包人批准后完成其调整。

(二)进度控制主要措施

(1)根据工程建设合同总进度计划,编制控制性进度目标和年度施工计划,建立多级网络计划和施工作业计划体系。

(2)审查承包人的施工进度计划,主要审查以下内容:

①在施工进度计划中有无项目内容漏项或重复的情况。

②施工进度计划与合同和阶段性目标的相应性与符合性。

③施工进度计划中各项目之间逻辑关系的正确性与施工方案的可行性。

④关键路线安排和施工进度计划实施过程的合理性。

⑤人力、材料、施工设备等资源配置计划和施工强度的合理性。

⑥材料、构配件、工程设备供应与施工进度计划的衔接关系。

⑦本施工项目与其他各标段施工项目之间的协调性。

⑧施工进度计划的详细程度和表达形式的适宜性。

⑨对发包人提供施工条件要求的合理性。

⑩其他应审核的内容。

(3)与承包人共同想办法,优先采用高效能的施工机械及施工新工艺、新技术,合理选择施工方案和工程施工措施。

(4)建立反映工程进度状况的监理日志。

(5)工作上与承包人积极配合,做到前道工序结束,就是监理检查结束之时,与承包人同步进行,具备条件即批准施工。

(6)采用计算机技术对工程进度进行动态管理,及时提出调整进度的措施和方案。

(7)做好现场组织协调工作,解决问题,排除干扰,为工程施工创造良好的内外部环境。

(8)监督承包人严格按照合同工期组织施工。对控制工期的重点工期,审查承包人提出的保证进度的具体措施,如发生延误,应及时分析原因,采取措施。随施工进度逐旬对施工实施进度特别是关键路线项目和重要事件的进展进行控制,包括运用工程承建合同文件中规定的"指令赶工"等手段,努力促进施工进度计划和合同工期目标得到实现。

(三)实际施工进度计划的检查与协调

(1)项目监理机构在施工过程中编制描述实际施工进度状况和用于进度控制的各类图表,对比检查承包人已经批准的施工进度计划落实情况。

(2)项目监理机构在施工过程中督促承包人做好施工组织管理,确保施工资源的投入,并按批准的施工进度计划实施。

(3)项目监理机构切实做好实际工程进度记录以及承包人每日的施工设备、人员、原材料的进场记录,并审核承包人的同期记录。

(4)项目监理机构对施工进度计划的实施全过程,包括施工准备、施工条件和进度计划的实施情况,进行定期检查,对实际施工进度进行分析和评价,对关键路线的进度实施重点跟踪检查。

(5)项目监理机构根据施工进度计划,协调有关参建各方之间的关系,定期召开生产协调会议,及时发现、解决影响工程进度的干扰因素,促进施工项目的顺利进展。

(四)施工进度计划的调整

(1)项目监理机构在检查中发现实际工程进度与施工进度计划发生了实质性偏离时,及时要求承包人调整施工进度计划。

(2)项目监理机构根据工程变更情况,公正、公平处理工程变更所引起的工期变化事宜。当工程变更影响施工进度计划时,项目监理机构及时要求承包人编制变更后的施工进度计划。

(3)项目监理机构依据施工合同和施工进度计划即实际工程进度记录,审查承包人提交的工期索赔申请,提出索赔处理意见报发包人。

(4)施工进度计划的调整使总工期目标、阶段目标、资金使用等发生较大的变化时,项目监理机构提出处理意见报发包人批准。

五、工程资金控制

(一)资金控制主要内容

协助发包人审查设计图纸,根据合同编制投资控制目标和分年度投资计划。审查被监理方递交的资金计划,审核被监理方的工程计量,签署付款意见。受理索赔申请,进行索赔调查和谈判,并提出处理意见。依据发包人授权处理合同与工程变更,下达变更指令。

(二)资金控制主要措施

(1)熟悉项目技术规范、工程量清单、设计图纸和合同文件,掌握项目上的工作范围和内容，确定计量方法。

(2)协助发包人选择报价合理的承包人，在签订施工承包合同过程中为发包人当好“参谋”，订立完善的合同，尽量避免承包人提出索赔的可能。

(3)全面正确领会设计意图，促进设计和施工的优化。

(4)推广提倡采用新技术、新工艺以达到提高工程质量和节约工程造价的目的，推动技术进步。

(5)对投资目标进行风险分析，寻求投资易被突破的环节，并采取相应的预控措施。

(6)严格控制经费签证，凡涉及工程量增减、工程量核签、各种付款凭证、工程决算、工程索赔等均由总监核签后方才有效，并上报发包人审批。

(7)审查施工图预算，编制资金使用计划，宏观控制各阶段工程进度款支付平衡、合理。

(8)定期、不定期地进行工程费用支出分析，并提出控制工程费用突破的方案和措施。

(9)严把计量关，力求做到准确无误。

(10)审查施工组织设计和施工方案，按合理的工期组织施工，避免不必要的赶工费。

(11)督促、协调发包人与承包人全面履约，尽量减少承包人提出索赔的机会。索赔发生后及时、准确、公正地处理。

(12)审查工程变更、设计修改，事前进行技术经济合理性预测分析。

(13)严把决算关。选派预决算专业人员，严格执行施工承包合同及国家、省、地方概预算文件，做到项目中有依据、计算方法正确、套用定额准确，确保工程决算的准确性。

(14)做好工程施工记录，保存各种文件图纸，特别是注有实际施工变更情况的图纸，注意积累素材，为正确处理可能发生的索赔提供依据。参与处理索赔事宜。

(15)参与合同修改、补充工作，着重考虑它对投资控制的影响。

项目小结

本项目主要介绍了水利工程施工实施阶段的监理，主要内容包括工程质量控制、工程进度控制、工程资金控制、施工安全监理与文明施工监理、合同管理、信息管理和组织协调等。其中，质量控制和安全管理是前提，资金控制是保障，进度控制是关键，合同管理是中心，信息管理是手段，组织协调是保证。在三大控制内容中，资金控制是基础，进度控制是条件，质量控制是核心。因此，监理人员必须紧紧抓住质量这个核心，并对质量、进度、资金三项合同目标进行有效控制与相互关系的协调处理，坚持以“安全生产为基础，工程工期为重点，施工质量为保证，投资效益为目标”的原则，及时协调工程质量、进度、资金与合同管理、安全管理的关系，促使建设目标得到最优实现。

复习思考题

1. 水利工程质量管理的三个体系是什么？

2. 监理单位的质量责任有哪些？

3. 监理机构工程质量控制的目标、原则、依据分别是什么？

4. 影响工程质量控制的五大因素是什么？

5. 工程质量控制监理工作程序是怎样的？工程质量评定监理工作程序是怎样的？

6. 工序质量控制的内容有哪些？工序(单元工程)质量控制监理工作程序是怎样的？

7. 水利工程质量事故分为哪四类？工程质量事故常见原因有哪些？

8. 工程质量事故的具体处理程序包括哪些？

9. 工程质量事故的处理原则和处理方法分别有哪些？

10. 什么是工程质量缺陷？工程建设中的哪些质量问题属于质量缺陷？

11. 工程质量控制的数理统计分析常用方法有哪些？

12. 监理机构工程进度控制的目标、原则分别是什么？

13. 监理人施工进度控制的合同权限有哪些？

14. 影响工程进度控制的五大干扰因素是什么？

15. 工程进度控制监理工作程序是怎样的？

16. 工程进度控制、分析的方法有哪些？

17. 横道图比较法、S 形曲线比较法、前锋线比较法分别如何进行实际进度与计划进度的分析和对比？

18. 监理机构工程资金控制的目标、原则分别是什么？

19. 影响工程资金控制的主要因素有哪些？

20. 工程投资控制流程是怎样的？

21. 什么是工程计量？工程计量的程序是怎样的？

22. 工程计量的原则有哪些？工程计量的方法有哪些？

23. 工程预付款的支付与扣还是如何规定的？材料预付款的支付与扣还是如何规定的？

24. 工程款支付监理工作程序是怎样的？

25. 什么是挣值法？挣值法的三个费用值、四个评价指标分别是什么？

26. 投资偏差分析常用参数有哪些？分别如何计算？

27. 投资偏差分析常用方法有哪些？

28. 监理机构安全监理的具体工作有哪些？施工安全监理内容有哪些？

29. 监理人员控制施工安全的方法和手段有哪些？

30. 监理机构现场安全监理工作有哪些？

31. 监理机构文明施工监理工作有哪些？

32. 监理机构合同管理的目标、原则分别是什么？

33. 什么是合同？合同具有哪三大要素？

34. 合同的基本内容包括哪些？

35. 什么是施工合同？施工合同按计价方式分为哪几种？

36. 施工合同文件的组成包括哪些？施工合同文件的优先次序是怎样的？

37. 什么是工程变更？工程变更的范围和内容包括哪些？

38. 工程变更的处理原则有哪些？

39. 工程变更监理工作程序是怎样的？

40. 什么是施工索赔？索赔的常见原因有哪些？
41. 工程索赔处理监理工作程序是怎样的？
42. 什么是反索赔？业主反索赔的主要内容又有哪些？
43. 监理机构信息管理的目标、原则分别是什么？
44. 什么是信息？监理信息的特征有哪些？
45. 什么是信息管理？监理信息管理的基本任务有哪些？
46. 什么是信息系统？监理信息系统是由哪些子系统组成的？
47. 监理信息管理的程序是怎样的？
48. 建设项目信息处理一般包含哪些内容？
49. 什么是监理文档管理？监理文档管理的主要内容包括哪些？
50. 计算机辅助监理文档管理系统的组成包括哪些？
51. 监理机构组织协调的目标、原则、依据分别是什么？
52. 施工阶段监理机构组织协调的具体内容包括哪些？
53. 监理机构组织协调常用的方法有哪些？

项目六　水利工程验收及缺陷责任期阶段的监理

【学习目标】　通过本项目的学习，学生应掌握工程质量评定与验收阶段的监理；熟悉缺陷责任期的监理；了解建设项目监理档案管理。具备监理员和监理工程师职业岗位必需的基本知识和技能。

任务一　工程施工质量检验与评定的监理

为加强水利水电工程建设质量管理，保证工程施工质量，统一施工质量检验与评定方法，使施工质量检验与评定工作标准化、规范化，水利部相继颁布了《水利水电工程施工质量检验与评定规程》(SL 176—2007)、《水利水电工程单元工程施工质量验收评定标准》(SL 631 ~637—2012、SL 638 ~639—2013)等技术标准。

一、水利水电工程施工质量检验的要求与内容

(一)施工质量检验的基本要求

(1)承担工程检测业务的检测单位应具有水行政主管部门颁发的资质证书，其设备和人员的配备应与所承担的任务相适应，有健全的管理制度。

(2)工程施工质量检验中使用的计量器具、试验仪器仪表及设备应定期进行检定，并具备有效的检定证书。国家规定需强制检定的计量器具应经县级以上人民政府计量行政部门认定的计量检定机构或其授权设置的计量检定机构进行检定。

(3)检测人员应熟悉检测业务，了解被检测对象性质和所用仪器设备性能，经考核合格后，持证上岗。参与中间产品及混凝土(砂浆)试件质量资料复核的人员应具有工程师以上工程系列技术职称，并从事过相关试验工作。

(4)工程质量检验项目和数量应符合单元工程施工质量验收评定标准的规定。工程质量检验方法，应符合单元工程施工质量验收评定标准和国家及行业现行技术标准的有关规定。工程质量检验数据应真实可靠，检验记录及签证应完整齐全。

(5)工程中如有单元工程施工质量验收评定标准尚未涉及的质量评定标准，其质量标准及评定表格，由项目法人组织监理、设计及施工单位按水利部有关规定进行编制及报批。

(6)工程中永久性房屋、专用公路、专用铁路等项目的施工质量检验与评定按相应行业标准执行。

(7)项目法人、监理、设计、施工和工程质量监督等单位根据工程建设需要，可委托具有相应资质等级的水利工程质量检测单位进行工程质量检测。施工单位自检性质的委托检测项目及数量，按单元工程施工质量验收评定标准及施工合同约定执行。对已建工程

质量有重大分歧时,应由项目法人委托第三方具有相应资质等级单位进行检测,检测数量视需要确定,检测费用由责任方承担。

(8)堤防工程竣工验收前,项目法人应委托具有相应资质等级单位进行抽样检测,工程质量抽检项目和数量由工程质量监督机构确定。

(9)对涉及工程结构安全的试块、试件及有关材料,应实行见证取样。见证取样资料由施工单位制备,记录应真实齐全,参与见证取样人员应在相关文件上签字。

(10)工程中出现检验不合格的项目时,按以下规定进行处理:

①原材料、中间产品一次抽样检验不合格时,应及时对同一取样批次另取2倍数量进行检验,如仍不合格,则该批次原材料或中间产品不合格,不得使用。

②单元(工序)工程质量不合格时,应按合同要求进行处理或返工重做,并经重新检验且合格后方可进行后续工程施工。

③混凝土(砂浆)试件抽样检验不合格时,应委托具有相应资质等级的工程质量检测机构对相应工程部位进行检验。如仍不合格,由项目法人组织有关单位进行研究,并提出处理意见。

④工程完工后的质量抽检不合格,或其他检验不合格的工程,应按有关规定进行处理,合格后才能进行验收或后续工程施工。

(二)参建单位施工质量检验的职责范围

(1)施工单位应依据工程设计要求、施工技术标准和合同约定,结合单元工程施工质量验收评定标准规定的检验项目及数量全面进行自检,自检过程应有书面记录,同时结合自检情况如实填写水利水电工程施工质量评定表。

(2)监理单位应根据单元工程施工质量验收评定标准和抽样检测结果复核工程质量。其平行检测和跟踪检测的数量按水利工程施工监理规范或合同约定执行。

(3)项目法人应对施工单位自检和监理单位抽检过程进行督促检查,对报工程质量监督机构核备、核定的工程质量等级进行认定。

(4)工程质量监督机构应对项目法人、监理单位、勘测单位、设计单位、施工单位以及工程其他参建单位的质量行为和工程实物质量进行监督检查。检查结果应按有关规定及时公布,并书面通知有关单位。

(5)临时工程质量检验及评定标准,由项目法人组织监理、设计及施工等单位根据工程特点,参照单元工程施工质量验收评定标准和其他相关标准确定,并报相应的质量监督机构核备。

(三)施工质量检验的内容

(1)质量检验包括施工准备检查,原材料与中间产品质量检验,水工金属结构、启闭机及机电产品质量检查,单元(工序)工程质量检验,质量事故检查和质量缺陷备案,工程外观质量检验等。

(2)主体工程开工前,施工单位应组织人员进行施工准备检查,并经项目法人或监理单位确认合格且履行相关手续后,才能进行主体工程施工。施工准备检查的主要内容如下:

①质量保证体系落实情况,主要管理和技术人员的数量及资格是否与施工合同文件

一致，规章制度的制定及关键岗位施工人员到位情况。

②进场施工设备的数量和规格、性能是否符合施工合同要求。

③进场原材料、构配件的质量、规格、性能是否符合有关技术标准和合同技术条款的要求，原材料的储存量是否满足工程开工后的需求。

④工地实验室的建立情况，是否满足工程开工后的需要。

⑤测量基准点的复核和施工测量控制网的布设情况。

⑥砂石料系统、混凝土拌和系统以及场内道路、供水、供电、供风、供油及其他施工辅助设施的准备情况。

⑦附属工程及大型临时设施，防冻、降温措施，养护、保护措施，防自然灾害预案等准备情况。

⑧是否制订了完善的施工安全、环境保护措施计划。

⑨施工组织设计的编制和要求进行的施工工艺参数试验结果是否经过监理机构的审批。

⑩施工图及技术交底工作进行情况。

⑪其他施工准备工作。

(3)施工单位应按单元工程施工质量验收评定标准及有关技术标准对水泥、钢材等原材料与中间产品质量进行全面检验，并报监理机构复核。不合格产品，不得使用。

(4)水工金属结构、启闭机及机电产品进场后，应按有关合同条款进行交货检验和验收。安装前，施工单位应检查产品是否有出厂合格证、设备安装说明书及有关技术文件，对在运输和存放过程中发生的变形、受潮、损坏等问题应做好记录，并进行妥善处理。无出厂合格证或不符合质量标准的产品不得用于工程中。

(5)施工单位应按单元工程施工质量验收评定标准检验工序及单元工程质量，做好施工记录，在自检合格后，填写水利水电工程施工质量评定表报监理机构复核。监理机构根据抽检的资料核定单元(工序)工程质量等级。发现不合格单元(工序)工程，应按规程规范和设计要求及时进行处理，合格后才能进行后续工程施工。对施工中的质量缺陷应记录备案，进行统计分析，并在相应单元(工序)工程质量评定表“评定意见”栏内注明。

(6)施工单位应及时将原材料、中间产品及单元(工序)工程质量检验结果送监理单位复核，并按月将施工质量情况送监理单位，由监理单位汇总分析后报项目法人和工程质量监督机构。

(7)单位工程完工后，项目法人应组织监理、设计、施工及运行管理等单位组成工程外观质量评定组，现场进行工程外观质量检验评定，并将评定结论报工程质量监督机构核定。参加外观质量评定组的人员应具有工程师以上技术职称或相应执业资格。评定组人数不应少于5人，大型工程不宜少于7人。

二、水利水电工程施工质量评定

水利水电工程施工质量评定时，应按低层到高层的顺序进行，这样可以从微观上按照施工工序和有关规定，在施工过程中把好质量关，由低层到高层逐级进行工程质量控制和质量检验。其评定的顺序是单元工程、分部工程、单位工程、工程项目。工程质量评定监理工作程序见附录一中的附图2。水利水电工程施工质量等级分为"合格""优良"两级。合格等级是工程验收标准,优良等级是为工程质量创优或执行合同约定而设置的。

(一)施工质量等级评定的主要依据

(1)国家及相关行业现行技术标准,例如《水利水电工程施工质量检验与评定规程》(SL 176—2007)、《水利水电工程单元工程施工质量验收评定标准》(SL 631 ~637—2012、SL 638 ~639—2013)等。

(2)经批准的设计文件、施工图纸、金属结构设计图样与技术条件、设计修改通知书、厂家提供的设备安装说明书及有关技术文件。

(3)工程承发包合同中约定的技术标准。

(4)工程施工期及试运行期的试验和观测分析成果。

(二)施工质量等级评定的标准

1.施工质量合格标准

1)单元(工序)工程施工质量合格标准

单元(工序)工程施工质量合格标准应按照《水利水电工程单元工程施工质量验收评定标准》(SL 631 ~637—2012、SL 638 ~639—2013)或合同约定的合格标准执行。

当达不到合格标准时,应及时处理。处理后的质量等级按下列规定确定:①全部返工重做的,可重新评定质量等级。②经加固补强并经设计和监理单位鉴定能达到设计要求时,其质量评为合格。③处理后部分质量指标仍达不到设计要求时,经设计复核,项目法人及监理单位确认能满足安全和使用功能要求,可不再进行处理;或经加固补强后,改变外形尺寸或造成永久性缺陷的,经项目法人、监理及设计确认能基本满足设计要求,其质量可定为合格,但应按规定进行质量缺陷备案。

2)分部工程施工质量合格标准

分部工程施工质量同时满足下列标准时,其质量评为合格:

(1)所含单元工程的质量全部合格。质量事故及质量缺陷已按要求处理,并经检验合格。

(2)原材料、中间产品及混凝土(砂浆)试件质量全部合格,金属结构及启闭机制造质量合格,机电产品质量合格。

3)单位工程施工质量合格标准

单位工程施工质量同时满足下列标准时,其质量评为合格:

(1)所含分部工程质量全部合格。

(2)质量事故已按要求进行处理。

(3)工程外观质量得分率达到70%以上。

(4)单位工程施工质量检验与评定资料基本齐全。

(5)工程施工期及试运行期,单位工程观测资料分析结果符合国家和行业技术标准以及合同约定的标准要求。

4)工程项目施工质量合格标准

工程项目施工质量同时满足下列标准时,其质量评为合格:

(1)单位工程质量全部合格。

(2)工程施工期及试运行期,各单位工程观测资料分析结果均符合国家和行业技术标准以及合同约定的标准要求。

2.施工质量优良标准

1)单元工程施工质量优良标准

单元工程施工质量优良标准按照《水利水电工程单元工程施工质量验收评定标准》(SL 631~637—2012、SL 638~639—2013)或合同约定的优良标准执行。全部返工重做的单元工程,经检验达到优良标准者,可评为优良等级。

2)分部工程施工质量优良标准

分部工程施工质量同时满足下列标准时,其质量评为优良:

(1)所含单元工程质量全部合格,其中70%以上达到优良,重要隐蔽单元工程以及关键部位单元工程质量优良率达90%以上,且未发生过质量事故。

(2)中间产品质量全部合格,混凝土(砂浆)试件质量达到优良(当试件组数小于30时,试件质量合格)。原材料质量、金属结构及启闭机制造质量合格,机电产品质量合格。

3)单位工程施工质量优良标准

单位工程施工质量同时满足下列标准时,其质量评为优良:

(1)所含分部工程质量全部合格,其中70%以上达到优良等级,主要分部工程质量全部优良,且施工中未发生过较大质量事故。

(2)质量事故已按要求进行处理。

(3)外观质量得分率达到85%以上。

(4)单位工程施工质量检验与评定资料齐全。

(5)工程施工期及试运行期,单位工程观测资料分析结果符合国家和行业技术标准以及合同约定的标准要求。

4)工程项目施工质量优良标准

工程项目施工质量同时满足下列标准时,其质量评为优良:

(1)单位工程质量全部合格,其中70%以上单位工程质量优良等级,且主要单位工程质量全部优良。

(2)工程施工期及试运行期,各单位工程观测资料分析结果符合国家和行业技术标准以及合同约定的标准要求。

(三)施工质量评定工作的组织与管理

(1)单元(工序)工程质量在施工单位自评合格后,由监理单位复核,监理工程师核定质量等级并签证认可。

(2)重要隐蔽单元工程及关键部位单元工程质量经施工单位自评合格,监理机构抽检后,由项目法人(或委托监理)、监理、设计、施工、工程运行管理(施工阶段已经有时)等单位组成联合小组,共同检查核定其质量等级并填写签证表,报质量监督机构核备。

(3)分部工程质量,在施工单位自评合格后,由监理单位复核,项目法人认定。分部工程验收的质量结论由项目法人报质量监督机构核备。大型枢纽工程主要建筑物的分部工程验收的质量结论由项目法人报工程质量监督机构核定。

(4)单位工程质量,在施工单位自评合格后,由监理单位复核,项目法人认定。单位工程验收的质量结论由项目法人报质量监督机构核定。

(5)工程项目质量,在单位工程质量评定合格后,由监理单位进行统计并评定工程项目质量等级,经项目法人认定后,报质量监督机构核定。

(6)阶段验收前,质量监督机构应按有关规定提出施工质量评价意见。

(7)工程质量监督机构应按有关规定在工程竣工验收前提交工程施工质量监督报告,向工程竣工验收委员会提出工程施工质量是否合格的结论。

三、监理机构工程质量评定的主要职责

《水利工程施工监理规范》(SL 288—2014)规定了监理机构工程质量评定的主要职责,叙述如下:

(1)审查承包人填报的单元工程(工序)质量评定表的规范性、真实性和完整性,复核单元工程(工序)施工质量等级,由监理工程师核定质量等级并签证认可。

(2)重要隐蔽单元工程及关键部位单元工程质量经承包人自评、监理机构抽检后,按有关规定组成联合小组,共同检查核定其质量等级并填写签证表。

(3)在承包人自评的基础上,复核分部工程的施工质量等级,报发包人认定。

(4)参加发包人组织的单位工程外观质量评定组的检验评定工作;在承包人自评的基础上,结合单位工程外观质量评定情况,复核单位工程施工质量等级,报发包人认定。

(5)单位工程质量评定合格后,统计并评定工程项目质量等级,报发包人认定。

任务二　工程验收与移交的监理

一、工程验收概述

为加强水利水电建设工程验收管理,使水利水电建设工程验收制度化、规范化,保证工程验收质量,水利部颁布了《水利水电建设工程验收规程》(SL 223—2008)等技术标准。

工程验收是在工程质量评定的基础上,依据一个既定的验收标准,采取一定的方法来检验工程产品的特性是否满足验收标准的过程。

工程施工完成后都要经过验收。水利水电建设验收按验收主持单位可分为法人验收和政府验收。法人验收应包括分部工程验收、单位工程验收、水电站(泵站)中间机组启动验收、合同完工验收等;政府验收应包括阶段验收、专项验收、竣工验收等。验收主持单位可根据工程建设需要增设验收的类别和具体要求。

工程验收应以下列文件为主要依据:

(1)国家现行有关法律、法规、规章和技术标准;

(2)有关主管部门的规定;

(3)经批准的工程立项文件、初步设计文件、调整概算文件;

(4)经批准的设计文件及相应的工程变更文件;

(5)施工图纸及主要设备技术说明书;

(6)施工合同。

工程验收工作应包括以下主要内容：

(1)检查工程是否按照批准的设计进行建设；

(2)检查已完工程在设计、施工、设备制造安装等方面的质量及相关资料的收集、整理和归档情况；

(3)检查工程是否具备运行或进行下一阶段建设的条件；

(4)检查工程投资控制和资金使用情况；

(5)对验收遗留问题提出处理意见；

(6)对工程建设做出评价和结论。

工程进行验收时必须要有质量评定意见：

(1)按照水利行业现行标准《水利水电工程施工质量检验与评定规程》(SL 176—2007)、《水利水电工程单元工程施工质量验收评定标准》(SL 631～637—2012、SL 638～639—2013)等进行质量评定。

(2)政府验收应有水利水电工程质量监督单位的工程质量和安全监督报告。

(3)工程验收应在施工质量检验与评定的基础上,对工程质量提出明确结论意见。

政府验收应由验收主持单位组织成立的验收委员会负责;法人验收工作应由项目法人组织成立的验收工作组负责。验收委员会(工作组)由有关单位代表和有关专家组成。验收的成果性文件是验收鉴定书,验收委员会(工作组)成员应在验收鉴定书上签字。对验收结论持有异议的,应将保留意见在验收鉴定书上明确记载并签字。

工程验收结论应经2/3以上验收委员会(工作组)成员同意。验收过程中发现的问题,其处理原则由验收委员会(工作组)协商确定。主任委员(组长)对争议问题有裁决权。若1/2以上的委员(组员)不同意裁决意见时,法人验收应报请验收监督管理机关决定;政府验收应报请竣工验收主持单位决定。

验收资料制备由项目法人统一组织,有关单位应按要求及时完成并提交。项目法人应对提交的验收资料进行完整性、规范性检查。验收资料分为应提供的资料和需备查的资料,有关单位应保证其提交资料的真实性并承担相应的责任。

二、单元工程验收

单元工程的验收以工序检查验收为依据。只有在组成该单元工程的所有工序均已完成,且工序验收资料、原材料材质证明和抽检试验成果、测量资料等所有验收资料都齐全的情况下,才能进行单元工程验收。各种单元工程验收所需的"三检"表、质量检查和评定表、施工质量合格证(开仓证、准灌证等)的试样,按有关专业监理实施细则或监理工程师编制的"验收办法"。

(1)一般单元工程由专业监理工程师或项目施工监理部会同施工单位"三级"质检人员进行验收和质量评定。通常单元工程验收和质量评定情况,可配合月进度款结算每月进行一次汇总。未经验收或质量评为不合格的单元工程,不给予质量签证。对于当月评为不合格的单元工程,施工单位应按监理工程师的处理意见(必要时还应征求设计的意见)进行处理。处理完毕,经监理工程师验收合格,填写缺陷处理验收签证,则该单元工程可列入下个月验收的范围内。

（2）隐蔽工程、关键部位或重要隐蔽单元工程的检查验收，须特别给予重视，由项目监理机构组织设计、业主、施工单位有关人员组成的验收小组进行验收和质量评定，施工单位“三级质检”合格后，填写好三级质检表，填报验收申请报项目监理机构申请验收。项目监理机构在接到验收申请后，审查工序验收资料、原材料材质证明和抽检试验成果、测量资料等是否符合要求，如符合要求，则组织联合验收小组进行现场检查及验收签证。

（3）对于有质量缺陷或发生施工事故的单元工程，应记录出现缺陷和事故的情况、原因、处理意见、处理情况和对处理结果的鉴定意见，作为单元工程验收资料的一部分。

（4）对于出现质量事故的单元工程，则应按照事故处理程序的有关规定执行。工程质量事故处理后，应由项目法人委托具有相应资质等级的工程质量检测单位检测后，按照处理方案的质量标准，重新进行工程质量评定。

（5）单元工程施工质量合格标准应按照单元工程施工质量验收评定标准或合同约定的合格标准执行。当达不到合格标准时，应及时处理。

（6）单元工程验收资料的原件、复印件份数及其移交时间等，按项目法人的归档要求执行。

三、分部工程验收

分部工程验收应由项目法人（或委托监理单位）主持。验收工作组应由项目法人、勘测、设计、监理、施工、主要设备制造（供应）商等单位的代表组成。运行管理单位可根据具体情况决定是否参加。质量监督机构宜派代表列席大型枢纽工程主要建筑物的分部工程验收会议。

大型工程分部工程验收工作组成员应具有中级及其以上技术职称或相应的执业资格；其他工程的验收工作组成员应具有相应的专业知识或执业资格。参加分部工程验收的每个单位代表人数不宜超过2名。

分部工程具备验收条件时，施工单位应向项目法人提交验收申请报告。项目法人应在收到验收申请报告之日起10个工作日内决定是否同意进行验收。

分部工程验收应具备以下条件：

（1）所有单元工程已经完成；

（2）已完单元工程施工质量经评定全部合格，有关质量缺陷已处理完毕或有监理机构批准的处理意见；

（3）合同约定的其他条件。

分部工程验收应包括以下主要内容：

（1）检查工程是否达到设计标准或合同约定标准的要求；

（2）评定工程施工质量等级；

（3）对验收中发现的问题提出处理意见。

分部工程验收应按以下程序进行：

（1）听取施工单位建设和单元工程质量评定情况的汇报；

（2）现场检查工程完成情况和工程质量；

(3)检查单元工程质量评定及相关档案资料;

(4)讨论并通过分部工程验收鉴定书。

项目法人应在分部工程验收通过之日后10个工作日内,将验收质量结论和相关资料报质量监督机构核备。大型枢纽工程主要建筑物分部工程的验收质量结论应报质量监督机构核定。质量监督机构应在收到验收质量结论之日后20个工作日内,将核备(定)意见书面反馈给项目法人。当质量监督机构对验收质量结论有异议时,项目法人应组织参加验收单位进一步研究,并将研究意见报质量监督机构。当双方对质量结论仍然有分歧意见时,应报上一级质量监督机构协调解决。

分部工程验收遗留问题处理情况应有书面记录并有相关责任单位代表签字,书面记录应随分部工程验收鉴定书一并归档。

分部工程验收的成果是分部工程验收鉴定书。正本数量可按参加验收单位、质量和安全监督机构各1份以及归档所需要的份数确定。自验收鉴定书通过之日起30个工作日内,由项目法人发送有关单位,并报送法人验收监督管理机关备案。

四、单位工程验收

单位工程验收应由项目法人主持。验收工作组应由项目法人、勘测、设计、监理、施工、主要设备制造(供应)商、运行管理等单位的代表组成,必要时,可邀请上述单位外的专家参加。

单位工程验收工作组成员应具有中级及其以上技术职称或相应的执业资格,每个单位代表人数不宜超过3名。

单位工程完工并具备验收条件时,施工单位应向项目法人提出验收申请报告。项目法人应在收到验收申请报告之日起10个工作日内决定是否同意进行验收。

项目法人组织单位工程验收时,应提前通知质量和安全监督机构。主要建筑物单位工程验收应通知法人验收监督管理机关。法人验收监督管理机关可视情况决定是否列席验收会议,质量和安全监督机构应派员列席验收会议。

单位工程验收应具备以下条件:

(1)所有分部工程已完建并验收合格;

(2)分部工程验收遗留问题已处理完毕并通过验收,未处理的遗留问题不影响单位工程质量评定并有处理意见;

(3)合同约定的其他条件。

单位工程验收应包括以下主要内容:

(1)检查工程是否按批准的设计内容完成;

(2)评定工程施工质量等级;

(3)检查分部工程验收遗留问题的处理情况及相关记录;

(4)对验收中发现的问题提出处理意见。

单位工程验收应按以下程序进行:

(1)听取工程参建单位工程建设有关情况的汇报;

(2)现场检查工程完成情况和工程质量;

(3)核查分部工程验收有关文件及相关档案资料;

(4)讨论并通过单位工程验收鉴定书。

需要提前投入使用的单位工程应进行单位工程投入使用验收。单位工程投入使用验收应由项目法人主持,根据工程具体情况,经竣工验收主持单位同意,单位工程投入使用验收也可由竣工验收主持单位或其委托的单位主持。

项目法人应在单位工程验收通过之日起10个工作日内,将验收质量结论和相关资料报质量监督机构核定。质量监督机构应在收到验收质量结论之日起20个工作日内,将核定意见反馈给项目法人。当质量监督机构对验收质量结论有异议时,项目法人应组织参加验收单位进一步研究,并将研究意见报质量监督机构。当双方对质量结论仍然有分歧意见时,应报上一级质量监督机构协调解决。

单位工程验收的成果是单位工程验收鉴定书。正本数量可按参加验收单位、质量和安全监督机构、法人验收监督管理机关各1份以及归档所需要份数确定。自验收鉴定书通过之日起30个工作日内,由项目法人发送有关单位并报送法人验收监督管理机关备案。

五、合同工程完工验收

施工合同约定的建设内容完成后,应进行合同工程完工验收。当合同工程仅包含一个单位工程(分部工程)时,宜将单位工程(分部工程)验收与合同工程完工验收一并进行,但应同时满足相应的验收条件。

合同工程完工验收应由项目法人主持。验收工作组应由项目法人以及与合同工程有关的勘测、设计、监理、施工、主要设备制造(供应)商等单位的代表组成。

合同工程具备验收条件时,施工单位应向项目法人提出验收申请报告。项目法人应在收到验收申请报告之日起20个工作日内决定是否同一进行验收。

合同工程完工验收应具备以下条件:

(1)合同范围内的工程项目和工作已按合同约定完成;

(2)工程按规定进行了有关验收;

(3)观测仪器和设备已测得初始值及施工期各项观测值;

(4)工程质量缺陷已按要求进行处理;

(5)工程完工结算已完成;

(6)施工现场已经进行清理;

(7)需移交项目法人的档案资料已按要求整理完毕;

(8)合同约定的其他条件。

合同工程完工验收应包括以下主要内容:

(1)检查合同范围内工程项目和工作完成情况;

(2)检查施工现场清理情况;

(3)检查已投入使用工程运行情况;

(4)检查验收资料整理情况;

(5)鉴定工程施工质量;

(6)检查工程完工结算情况;

(7)检查历次验收遗留问题的处理情况;

(8)对验收中发现的问题提出处理意见;

(9)确定合同工程完工日期;

(10)讨论并通过合同工程完工验收鉴定书。

合同工程完工验收的成果是合同工程完工验收鉴定书。正本数量可按参加验收单位、质量和安全监督机构以及归档所需要份数确定。自验收鉴定书通过之日起30个工作日内,应由项目法人发送有关单位,并报送法人验收监督管理机关备案。

六、阶段验收

阶段验收应包括枢纽导(截)流验收、水库下闸蓄水验收、引(调)排水工程通水验收、水电站(泵站)首台机组启动验收、部分工程投入使用验收以及竣工验收主持单位根据工程建设需要增加的其他验收。

阶段验收由竣工验收主持单位或其委托的单位主持。阶段验收委员会应由验收主持单位、质量和安全监督机构、运行管理单位的代表以及有关专家组成;必要时,可邀请地方政府及有关部门参加。工程参建单位应派代表参加阶段验收,并作为被验收单位在验收鉴定书上签字。

工程建设具备阶段验收条件时,项目法人应提出阶段验收申请报告。阶段验收申请报告应由法人验收监督管理机关审查后转报竣工验收主持单位,竣工验收主持单位应自收到申请报告之日起20个工作日内决定是否同意进行阶段验收。

阶段验收应包括以下主要内容:

(1)检查已完工程的形象面貌和工程质量;

(2)检查在建工程建设情况;

(3)检查未完工程的计划安排和主要技术措施落实情况,以及是否具备施工条件;

(4)检查拟投入使用工程是否具备运用条件;

(5)检查历次验收遗留问题的处理情况;

(6)鉴定已完工程施工质量;

(7)对验收中发现的问题提出处理意见;

(8)讨论并通过阶段验收鉴定书。

大型工程在阶段验收前,验收主持单位根据工程建设需要,可成立专家组先进行技术预验收。

阶段验收工作程序参照竣工验收工作程序规定进行。

阶段验收的成果是阶段验收鉴定书。正本数量按参加验收单位、法人验收监督管理机关、质量和安全监督机构各1份以及归档所需要的份数确定。自验收鉴定书通过之日起30个工作日内,由验收主持单位发送有关单位。

七、专项验收

工程竣工验收前,应按有关规定进行专项验收。专项验收主持单位应按国家和相关行业的有关规定确定。项目法人应按国家和相关行业主管部门的规定,向有关部门提出专项验收申请报告,并做好有关准备和配合工作。专项验收应具备的条件、验收的主要内容、验收程序以及验收成果性文件的具体要求等应执行国家及相关主管部门有关规定。

专项验收成果性文件应是工程竣工验收成果性文件的组成部分。项目法人提交竣工验收申请报告时,应附相关专项验收成果性文件复印件。

八、竣工验收

竣工验收应在工程建设项目全部完成并满足一定运行条件后1年内进行。不能按期进行竣工验收的,经竣工验收主持单位同意,可以适当延长期限,但最长不应超过6个月。

竣工验收应具备以下条件:

(1)工程已按批准设计全部完成;

(2)工程重大设计变更已经有审批权的单位批准;

(3)各单位工程能正常运行;

(4)历次验收所发现的问题已基本处理完毕;

(5)各专项验收已通过;

(6)工程投资已全部到位;

(7)竣工决算已通过竣工审计,审计意见中提出的问题已整改并提交了整改报告;

(8)运行管理单位已明确,管理养护经费已基本落实;

(9)质量和安全监督工作报告已提交,工程质量达到合格标准;

(10)竣工验收资料已准备就绪。

工程有少量建设内容未完成,但不影响主体工程正常运行且能符合财务有关规定,项目法人已对尾工做出安排的,经竣工验收主持单位同意可进行竣工验收。

竣工验收应按以下程序进行:

(1)项目法人组织进行竣工验收自查;

(2)项目法人提交竣工验收申请报告;

(3)竣工验收主持单位批复竣工验收申请报告;

(4)进行竣工技术预验收;

(5)召开竣工验收会议;

(6)印发竣工验收鉴定书。

(一)竣工验收自查

申请竣工验收前,项目法人应组织竣工验收自查。自查工作应由项目法人主持,勘测、设计、监理、施工、主要设备制造(供应)商以及运行管理等单位代表参加。

竣工验收自查应包括以下主要内容:

(1)检查有关单位的工作报告;

(2)检查工程建设情况,评定工程项目施工质量等级;

(3)检查历次验收、专项验收的遗留问题和工程初期运行所发现问题的处理情况;

(4)确定工程尾工内容及其完成期限和责任单位;

(5)对竣工验收前应完成的工作做出安排;

(6)讨论并通过竣工验收自查工作报告。

项目法人组织工程竣工验收自查前,应提前10个工作日通知质量和安全监督机构,同时向法人验收监督管理机关报告。质量和安全监督机构应派员列席自查工作会议。项目法人应在完成竣工验收自查工作之日起10个工作日内,将自查的工程项目质量结论和相关资料报质量监督机构。

竣工验收自查的成果是竣工验收自查工作报告。参加竣工验收自查的人员应在自查工作报告上签字。项目法人应自竣工验收自查工作报告通过之日起30个工作日内,将自查报告报法人验收监督管理机关。

(二)工程质量抽样检测

根据竣工验收的需要,竣工验收主持单位可以委托具有相应资质的工程质量检测单位对工程质量进行抽样检测。项目法人应与工程质量检测单位签订工程质量检测合同。检测所需费用由项目法人列支,质量不合格工程所发生的检测费用由责任单位承担。

工程质量检测单位不应与参与工程建设的项目法人、设计、监理、施工、设备制造(供应)商等单位隶属同一经营实体。

根据竣工验收主持单位的需要和项目的具体情况,项目法人应负责提出工程质量抽样检测的项目、内容和数量,经质量监督机构审核后报竣工验收主持单位核定。

工程质量检测单位应按照有关技术标准对工程进行质量检测,按合同要求及时提出质量检测报告并对检测结论负责。项目法人应自收到检测报告10个工作日内将检测报告报竣工验收主持单位。

对抽样检测中发现的质量问题,项目法人应及时组织有关单位研究处理。在影响工程安全运行以及使用功能的质量问题未处理完毕前,不应进行竣工验收。

(三)竣工技术预验收

竣工技术预验收应由竣工验收主持单位组织的专家负责。技术预验收专家组成员应具有高级技术职称或相应的执业资格,成员的2/3以上来自工程非参建单位。工程参建单位代表应参加技术预验收,负责回答专家组提出的问题。

竣工技术预验收专家组可下设专业工作组,并在各专业工作组检查意见的基础上形成竣工技术预验收工作报告。

竣工技术预验收应包括以下主要内容:

(1)检查工程是否按批准的设计完成;

(2)检查工程是否存在质量隐患和影响工程安全运行的问题;

(3)检查历次验收、专项验收的遗留问题和工程初期运行中所发现问题的处理情况;

(4)对工程重大技术问题做出评价;

(5)检查工程尾工安排情况;

(6)鉴定工程施工质量;

(7)检查工程投资、财务情况;

(8)对验收中发现的问题提出处理意见。

竣工技术预验收应按以下程序进行:

(1)现场检查工程建设情况并查阅有关工程建设资料;

(2)听取项目法人、设计、监理、施工、质量和安全监督机构、运行管理等单位的工作报告;

(3)听取竣工验收技术鉴定报告和工程质量抽样检测报告;

(4)专业工作组讨论并形成各专业工作组意见;

(5)讨论并通过竣工技术预验收工作报告;

(6)讨论形成竣工验收鉴定书初稿。

竣工技术预验收工作报告应是竣工验收鉴定书的附件。

(四)竣工验收

竣工验收委员会可设主任委员 1 名,副主任委员以及委员若干名,主任委员应由验收主持单位代表担任。竣工验收委员会应由竣工验收主持单位、有关地方人民政府和部门、有关水行政主管部门和流域管理机构、质量和安全监督机构、运行管理单位的代表以及有关专家组成。工程投资方代表可参加竣工验收委员会。

项目法人、勘测、设计、监理、施工和主要设备制造(供应)商等单位代表参加竣工验收,负责解答验收委员会提出的问题,并应作为被验收单位代表在验收鉴定书上签字。

竣工验收会议应包括以下主要内容和程序:

(1)现场检查工程建设情况及查阅有关资料。

(2)召开大会,进行以下内容:①宣布竣工验收委员会委员名单;②观看工程建设声像资料;③听取工程建设管理工作报告;④听取竣工技术预验收工作报告;⑤听取验收委员会确定的其他报告;⑥讨论并通过竣工验收鉴定书;⑦验收委员会委员和被验收单位代表在竣工验收鉴定书上签字。

工程项目质量达到合格以上等级的,竣工验收的质量结论意见应为合格。

竣工验收的成果是竣工验收鉴定书。正本数量应按验收委员会组成单位、工程主要参建单位各 1 份以及归档所需要份数确定。自鉴定书通过之日起 30 个工作日内,应由竣工验收主持单位发送有关单位。

九、工程移交及遗留问题处理

(一)工程交接

(1)项目法人与施工单位应在施工合同或验收鉴定书约定的时间内完成工程及其档案资料的交接工作。

(2)工程办理具体交接手续的同时,施工单位应向项目法人递交工程质量保修书。保修书的内容应符合合同约定的条件。

(3)工程质量保修期应从工程通过合同工程完工验收后开始计算,但合同另有约定的除外。

(4)在施工单位递交了工程质量保修书、完成施工场地清理以及递交有关竣工资料后,项目法人应在 30 个工作日内向施工单位颁发合同工程完工证书。

(二)工程移交

(1)工程通过投入使用验收后,项目法人宜及时将工程移交运行管理单位管理,并与其签订工程提前启用协议。

(2)在竣工验收鉴定书印发后60个工作日内,项目法人与运行管理单位应完成工程移交手续。

(3)工程移交应包括工程实体、其他固定资产和工程档案资料等,应按照初步设计等有关批准文件进行逐项清点,并办理移交手续。

(4)办理工程移交,应有完整的文字记录和双方法定代表人签字。

(三)验收遗留问题及尾工处理

(1)有关验收成果性文件应对验收遗留问题有明确记载。影响工程正常运行的,不应作为验收遗留问题处理。

(2)验收遗留问题和尾工的处理应由项目法人负责。项目法人应按照竣工验收鉴定书、合同约定等要求,督促有关责任单位完成处理工作。

(3)验收遗留问题和尾工处理完成后,有关单位应组织验收,并形成成果性文件。项目法人应参加验收并负责将验收成果性文件报竣工验收主持单位。

(4)工程竣工验收后,应由项目法人负责处理验收遗留问题,项目法人已撤销的,应由组建或批准组建项目法人的单位或其指定的单位处理完成。

(四)工程竣工证书颁发

(1)工程质量保修期满后30个工作日内,项目法人应向施工单位颁发工程质量保修责任终止证书。但保修责任范围内的质量缺陷未处理完成的除外。

(2)工程质量保修期满以及验收遗留和尾工处理完成后,项目法人应向工程竣工验收主持单位申请领取竣工证书。申请报告应包括以下内容:①工程移交情况;②工程运行管理情况;③验收遗留问题和尾工处理情况;④工程质量保修期有关情况。

(3)竣工验收主持单位应自收到项目法人申请报告后30个工作日内决定是否颁发工程竣工证书。颁发竣工证书应符合以下条件:①竣工验收鉴定书已印发;②工程遗留问题和尾工处理已完成并通过验收;③工程已全面移交运行管理单位管理。

(4)工程竣工证书是项目法人全面完成工程项目建设管理任务的证书,也是工程参建单位完成相应工程建设任务的最终证明文件。

(5)工程竣工证书数量应按正本3份和副本若干份颁发,正本应由项目法人、运行管理单位和档案部门保存,副本应由工程主要参建单位保存。

十、工程验收与移交的监理工作

(一)工程验收中监理机构的主要职责

《水利工程施工监理规范》(SL 288—2014)规定监理机构应按照有关规定组织或参加工程验收,其主要职责应包括下列内容:

(1)参加或受发包人委托主持分部工程验收,参加发包人主持的单位工程验收、水电站(泵站)中间机组启动验收和合同工程完工验收。

(2)参加阶段验收、竣工验收,解答验收委员会提出的问题,并作为被验收单位在验收鉴定书上签字。

(3)按照工程验收有关规定提交工程建设监理工作报告,并准备相应的监理备查资料。

(4)监督承包人按照分部工程验收、单位工程验收、合同工程完工验收、阶段验收等验收鉴定书中提出的遗留问题处理意见完成处理工作。

(二)工程验收各阶段监理机构的主要工作

《水利工程施工监理规范》(SL 288—2014)规定了工程验收各阶段监理机构的主要工作,分述如下。

1.分部工程验收监理机构的主要工作

(1)在承包人提出分部工程验收申请后,监理机构应组织检查分部工程的完成情况、施工质量评定情况和施工质量缺陷处理情况,并审核承包人提交的分部工程验收资料。监理机构应指示承包人对申请被验分部工程存在的问题进行处理,对资料中存在的问题进行补充、完善。

(2)经检查分部工程符合有关验收规程规定的验收条件后,监理机构应提请发包人或受发包人委托及时组织分部工程验收。

(3)监理机构在验收前应准备相应的监理备查资料。

(4)监理机构应监督承包人按照分部工程验收鉴定书中提出的遗留问题处理意见完成处理工作。

2.单位工程验收监理机构的监理工作

(1)在承包人提出单位工程验收申请后,监理机构应组织检查单位工程的完成情况和施工质量评定情况、分部工程验收遗留问题处理情况及相关记录,并审核承包人提交的单位工程验收资料。监理机构应指示承包人对申请被验单位工程存在的问题进行处理,对资料中存在的问题进行补充、完善。

(2)经检查单位工程符合有关验收规程规定的验收条件后,监理机构应提请发包人及时组织单位工程验收。

(3)监理机构应参加发包人主持的单位工程验收,并在验收前提交工程建设监理工作报告,准备相应的监理备查资料。

(4)监理机构应监督承包人按照单位工程验收鉴定书中提出的遗留问题处理意见完成处理工作。

(5)单位工程投入使用验收后工程若由承包人代管,监理机构应协调合同双方按有关规定和合同约定办理相关手续。

3.合同工程完工验收监理机构的监理工作

(1)承包人提出合同工程完工验收申请后,监理机构应组织检查合同范围内的工程项目和工作的完成情况、合同范围内包含的分部工程和单位工程的验收情况、观测仪器和设备已测得初始值和施工期观测资料分析评价情况、施工质量缺陷处理情况、合同工程完工结算情况、场地清理情况、档案资料整理情况等。监理机构应指示承包人对申请被验合同工程存在的问题进行处理,对资料中存在的问题进行补充、完善。

(2)经检查已完合同工程符合施工合同约定和有关验收规程规定的验收条件后,监理机构应提请发包人及时组织合同工程完工验收。

(3)监理机构应参加发包人主持的合同工程完工验收,并在验收前提交工程建设监理工作报告,准备相应的监理备查资料。

(4)合同工程完工验收通过后,监理机构应参加承包人与发包人的工程交接和档案资料移交工作。

(5)监理机构应监督承包人按照合同工程完工验收鉴定书中提出的遗留问题处理意见完成处理工作。

4. 阶段验收监理机构的主要工作

(1)工程建设进展到枢纽:工程导(截)流、水库下闸蓄水、引(调)排水工程通水、水电站(泵站)首(末)台机组启动或部分工程投入使用之前,监理机构应核查承包人的阶段验收准备工作,具备验收条件的,提请发包人安排阶段验收工作。

(2)各项阶段验收之前,监理机构应协助发包人检查阶段验收具备的条件,并提交阶段验收工程建设监理工作报告,准备相应的监理备查资料。

(3)监理机构应参加阶段验收,解答验收委员会提出的问题,并作为被验单位在阶段验收鉴定书上签字。

(4)监理机构应监督承包人按照阶段验收鉴定书中提出的遗留问题处理意见完成处理工作。

5. 竣工验收监理机构的主要工作

(1)在竣工技术预验收和竣工验收之前,监理机构应提交竣工验收工程建设监理工作报告,并准备相应的监理备查资料。

(2)监理机构应派代表参加竣工技术预验收,向验收专家组报告工程建设监理情况,回答验收专家组提出的问题。

(3)总监理工程师应参加工程竣工验收代表监理单位解答验收委员会提出的问题,并在竣工验收鉴定书上签字。

任务三　缺陷责任期的监理

一、缺陷责任期的概念

缺陷责任期即工程质量保修期,从工程通过合同工程完工验收之日起,或从单位工程或部分工程通过投入使用验收之日起,至有关规定或施工合同约定的缺陷责任终止的时段。

《建设工程质量管理条例》(国务院令第 279 号)规定:建设工程实行质量保修制度。建设工程承包单位在向建设单位提交工程竣工验收报告时,应当向建设单位出具质量保修书。质量保修书中应当明确建设工程的保修范围、保修期限和保修责任等。

二、建设工程质量保修书和最低保修期限的规定

(一)建设工程质量保修书的提交时间及主要内容

建设工程承包单位应当依法在向建设单位提交工程竣工验收报告资料时,向建设单位出具工程质量保修书。工程质量保修书包括如下主要内容:

(1)质量保修范围。

(2)质量保修期限。

(3)承诺质量保修责任。

(二)建设工程质量的最低保修期限

《建设工程质量管理条例》规定，在正常使用条件下，建设工程质量的最低保修期限为：

(1)基础设施工程、房屋建筑的地基基础工程和主体结构工程，为设计文件规定的该工程的合理使用年限。

(2)屋面防水工程、有防水要求的卫生间、房间和外墙面的防渗漏，为5年。

(3)供热与供冷系统，为2个采暖期、供冷期。

(4)电气管线、给水排水管道、设备安装和装修工程，为2年。

其他项目的保修期限由发包方与承包方约定。

三、建设工程质量责任的损失赔偿

《建设工程质量管理条例》规定，建设工程在保修范围和保修期限内发生质量问题的，施工单位应当履行保修义务，并对造成的损失承担赔偿责任。

(一)保修义务的责任落实与损失赔偿责任的承担

《最高人民法院关于审理建设施工合同适用法律问题的解释》规定，因保修人未及时履行保修义务，导致建筑物损毁或者造成人身、财产损害的，保修人应当承担赔偿责任。保修人与建筑物所有人或者发包人对建筑物毁损均有过错的，各自承担相应的责任。

建设工程保修的质量问题是指在保修范围和保修期限内的质量问题。对于保修义务的承担和维修的经济责任承担应当按下述原则处理：

(1)施工单位未按照国家有关标准规范和设计要求施工所造成的质量缺陷，由施工单位负责返修并承担经济责任。

(2)由于设计问题造成的质量缺陷，先由施工单位负责维修，其经济责任按有关规定通过建设单位向设计单位索赔。

(3)因建筑材料、构(配)件和设备质量不合格引起的质量缺陷，先由施工单位负责维修，其经济责任属于施工单位采购的或经其验收同意的，由施工单位承担经济责任；属于建设单位采购的，由建设单位承担经济责任。

(4)因建设单位(含监理单位)错误管理而造成的质量缺陷，先由施工单位负责维修，其经济责任由建设单位承担；如属监理单位责任，则由建设单位向监理单位索赔。

(5)因使用单位使用不当造成的损坏问题，先由施工单位负责维修，其经济责任由使用单位自行负责。

(6)因地震、台风、洪水等自然灾害或其他不可抗拒原因造成的损坏问题，先由施工单位负责维修，建设参与各方再根据国家具体政策分担经济责任。

(二)建设工程质量保证金

1. 缺陷责任期的确定

缺陷责任期一般为6个月、12个月或24个月，具体可由发承包双方在合同中约定。

缺陷责任期从工程通过竣(交)工验收之日起计。由于承包人原因导致工程无法按规定期限进行竣(交)工验收的，缺陷责任期从实际通过竣(交)工验收之日起计。由于发包人原因导致工程无法按规定期限进行竣(交)工验收的，在承包人提交竣(交)工验收报告90日后，工程自动进入缺陷责任期。

2. 预留保证金的比例

全部或者部分使用政府投资的建设项目，按工程价款结算总额5%左右的比例预留保证金。社会投资项目采用预留保证金方式的，预留保证金的比例可参照执行。

3. 质量保证金的返还

缺陷责任期内，承包人认真履行合同约定的责任，到期后，承包人向发包人申请返还保证金。

发包人在接到承包人返还保证金申请后，应于14日内会同承包人按照合同约定的内容进行核实。如无异议，发包人应当在核实后14日内将保证金返还给承包人，逾期支付的，从逾期之日起，按照同期银行贷款利率计付利息，并承担违约责任。发包人在接到承包人返还保证金申请后14日内不予答复，经催告后14日内仍不予答复，视同认可承包人的返还保证金申请。

四、缺陷责任期的监理工作

《水利工程施工监理规范》(SL 288—2014)规定了缺陷责任期监理机构的主要工作，叙述如下：

(1)监理机构应监督承包人按计划完成尾工项目，协助发包人验收尾工项目，并按合同约定办理付款签证。

(2)监理机构应监督承包人对已完工程项目中所存在的施工质量缺陷进行修复。在承包人未能执行监理机构的指示或未能在合理时间内完成修复工作的，监理机构可建议发包人雇用他人完成施工质量缺陷修复工作，按合同约定确定责任及费用的分担。

(3)根据工程需要，监理机构在缺陷责任期可适时调整人员和设施，除保留必要的外，其他人员和设施应撤离，或按照合同约定将设施移交发包人。

(4)监理机构应审核承包人提交的缺陷责任终止申请，满足合同约定条件的，提请发包人签发缺陷责任期终止证书。

任务四　建设项目监理档案管理

一、水利工程建设项目档案管理

为加强水利工程建设项目档案管理工作，明确档案管理职责，规范档案管理行为，充分发挥档案在水利工程建设与管理中的作用，水利部颁布了《水利工程建设项目档案管理规定》(水办〔2005〕480号)。水利工程建设项目档案是指水利工程在前期、实施、竣工验收等各建设阶段过程中形成的，具有保存价值的文字、图表、声像等不同形式的历史记录。

水利工程建设项目档案工作是水利工程建设与管理工作的重要组成部分。有关单位应加强领导,将档案工作纳入水利工程建设与管理工作中,明确相关部门、人员的岗位职责,健全制度,统筹安排档案工作经费,确保水利工程建设项目档案工作的正常开展。水利工程建设项目档案工作应贯穿于水利工程建设程序的各个阶段。从水利工程建设前期就应进行文件材料的收集和整理工作;在签订有关合同、协议时,应对水利工程建设项目档案的收集、整理、移交提出明确要求;检查水利工程进度与施工质量时,要同时检查水利工程建设项目档案的收集、整理情况;在进行项目成果评审、鉴定和水利工程重要阶段验收与竣工验收时,要同时审查、验收工程档案的内容与质量,并做出相应的鉴定评语。

项目法人对水利工程建设项目档案工作负总责,须认真做好自身产生档案的收集、整理、保管工作,并应加强对各参建单位归档工作的监督、检查和指导。勘察设计、监理、施工等参建单位,应明确本单位相关部门和人员的归档责任,切实做好职责范围内水利工程建设项目档案的收集、整理、归档和保管工作;属于向项目法人等单位移交的应归档文件材料,在完成收集、整理、审核工作后,应及时提交项目法人。项目法人应认真做好有关档案的接收、归档和向流域机构档案馆的移交工作。

水利工程建设项目档案的归档工作,一般是由产生文件材料的单位或部门负责。总包单位对各分包单位提交的归档材料负有汇总责任。各参建单位技术负责人应对其提供档案的内容及质量负责;监理工程师对施工单位提交的归档材料应履行审核签字手续,监理单位应向项目法人提交对工程档案内容与整编质量情况的专题审核报告。

水利工程建设项目文件材料的收集、整理应符合《科学技术档案案卷构成的一般要求》(GB/T 1182—2008)。归档文件材料的内容与形式均应满足档案整理规范要求。内容应完整、准确、系统;形式应字迹清楚、图样清晰、图表整洁、竣工图及声像材料须标注的内容清楚、签字(章)手续完备,归档图纸应按《技术制图 复制图的折叠方法》(GB/T 10609.3—2009)要求统一折叠。电子文件的整理、归档,参照《电子文件归档与管理规范》(GB/T 18894—2002)执行。

水利工程建设项目档案的归档与移交必须编制档案目录。档案目录应为案卷级,并须填写工程档案交接单。交接双方应认真核对目录与实物,并由经手人签字、加盖单位公章确认。工程档案的归档时间,可由项目法人根据实际情况确定。可分阶段在单位工程或单项工程完工后向项目法人归档,也可在主体工程全部完工后向项目法人归档。整个项目的归档工作和项目法人向有关单位的档案移交工作,应在工程竣工验收后三个月内完成。

二、监理机构档案资料管理的要求

《水利工程施工监理规范》(SL 288—2014)规定了监理机构档案资料管理的要求,叙述如下:

(1)监理机构应要求承包人安排专人负责工程档案资料的管理工作,监督承包人按照有关规定和施工合同约定进行档案资料的预立卷和归档。

(2)监理机构对承包人提交的归档材料应进行审核,并向发包人提交对工程档案内容与整编质量情况审核的专题报告。

(3)监理机构应按有关规定及监理合同约定,安排专人负责监理档案资料的管理工作。凡要求立卷归档的资料，应按照规定及时预立卷和归档，妥善保管。

(4)在监理服务期满后，监理机构应对要求归档的监理档案资料逐项清点、整编、登记造册，移交发包人。

三、工程验收应提供的资料和应准备的备查资料

水利工程建设项目档案验收是水利工程竣工验收的重要内容，应提前或与工程竣工验收同步进行。凡档案内容与质量达不到要求的水利工程，不得通过档案验收；未通过档案验收或档案验收不合格的，不得进行或通过工程的竣工验收。

(一)工程验收应提供的资料

工程验收应提供的资料，见表6-1。

表6-1　工程验收应提供的资料目录

序号	资料名称	分部工程验收	单位工程验收	合同工程完工验收	机组启动验收	阶段验收	技术性预验收	竣工验收	提供单位
1	工程建设管理工作报告		√	√	√	√	√	√	项目法人
2	工程建设大事记						√	√	项目法人
3	拟验工程清单、未完工程清单、未完工程的建设安排及完成时间		√	√	√	√	√	√	项目法人
4	技术预验收工作报告				☆	☆	√	√	专家组
5	验收鉴定书(初稿)				√	√	√	√	项目法人
6	度汛方案			☆	√	√	√	√	项目法人
7	工程调度运用方案					√	√	√	项目法人

续表 6-1

序号	资料名称	分部工程验收	单位工程验收	合同工程完工验收	机组启动验收	阶段验收	技术性预验收	竣工验收	提供单位
8	工程建设监理工作报告		√	√	√	√	√	√	监理单位
9	工程设计工作报告		√	√	√	√	√	√	设计单位
10	工程施工管理工作报告		√	√	√	√	√	√	施工单位
11	运行管理工作报告						√	√	运行管理单位
12	工程质量和安全监督报告				√	√	√	√	质安监督机构
13	竣工验收技术鉴定报告						☆	☆	技术鉴定单位
14	机组启动试运行计划文件		√	√	√	√	√	√	施工单位
15	机组试运行工作报告				√				施工单位
16	重大技术问题专题报告					☆	☆	☆	项目法人

注:符号“√”表示“应提供”,符号“☆”表示“宜提供”或“根据需要提供”。

(二)工程验收应准备的备查资料

工程验收应准备的备查资料见表 6-2。

表6-2　工程验收应准备的备查资料目录

序号	资料名称	分部工程验收	单位工程验收	合同工程完工验收	机组启动验收	阶段验收	技术预验收	竣工验收	提供单位
1	前期工作文件及批复文件		√	√	√	√	√	√	项目法人
2	主管部门批文		√	√	√	√	√		设计单位
3	招标投标文件		√	√	√	√	√	√	设计单位
4	合同文件		√	√	√	√	√	√	项目法人
5	工程项目划分资料	√	√	√	√	√	√	√	项目法人
6	单元工程质量评定资料	√	√	√	√	√	√	√	项目法人
7	分部工程质量评定资料		√	☆	√		√	√	项目法人
8	单位工程质量评定资料		√	☆			√	√	项目法人
9	工程外观质量评定资料		√				√	√	项目法人
10	工程质量管理有关文件	√	√	√	√	√	√	√	参建单位

续表 6-2

序号	资料名称	分部工程验收	单位工程验收	合同工程完工验收	机组启动验收	阶段验收	技术预验收	竣工验收	提供单位
11	工程安全管理有关文件	√	√	√	√	√	√	√	参建单位
12	工程施工质量检验文件	√	√	√	√	√	√	√	施工单位
13	工程监理资料	√	√	√	√	√	√	√	监理单位
14	施工图纸设计文件		√	√	√	√	√	√	设计单位
15	工程设计变更资料	√	√	√	√	√	√	√	设计单位
16	竣工图纸		√	√		√	√	√	施工单位
17	征地移民有关文件		√			√	√	√	承担单位
18	重要会议记录	√	√	√	√	√	√	√	项目法人
19	质量缺陷备案表	√	√	√	√	√	√	√	监理机构
20	安全、质量事故资料	√	√	√	√	√	√	√	项目法人

续表 6-2

序号	资料名称	分部工程验收	单位工程验收	合同工程完工验收	机组启动验收	阶段验收	技术预验收	竣工验收	提供单位
21	阶段验收鉴定书						√	√	项目法人
22	竣工决算及审计资料						√	√	项目法人
23	工程建设中使用的技术标准	√	√	√	√	√	√	√	参建单位
24	工程建设标准强制性条文	√	√	√	√	√	√	√	参建单位
25	专项验收有关文件						√	√	项目法人
26	安全、技术鉴定报告					√	√	√	项目法人
27	其他档案资料	根据需要由有关单位提供							

注：符号"√"表示"应提供"，符号"☆"表示"宜提供"或"根据需要提供"。

四、建设项目监理资料的立卷归档

为加强水利工程建设项目档案管理工作，充分发挥档案在水利工程建设与管理中的作用，应将建设项目参见各方的文件资料立卷归档。

水利工程建设项目档案的保管期限分为永久、长期、短期三种。长期档案的实际保存期限，不得短于工程的实际寿命。

（一）应归档的监理资料

在《水利工程建设项目档案管理规定》（水办〔2005〕480 号）中，监理方应归档并长期保存的文件资料包括：

（1）监理合同协议、监理大纲、监理规划、监理实施细则、监理实施采购方案、监理计划及批复文件。

(2)设备材料审核文件。

(3)施工进度、延长工期、索赔及付款报审材料。

(4)开(停、复、返)工令、许可证等。

(5)监理通知,协调会审纪要,监理工程师指令、指示,来往信函。

(6)工程材料监理检查、复检、实验记录、报告。

(7)监理日志、监理周(月、季、年)报、备忘录。

(8)各项控制、测量成果及复核文件。

(9)质量检测、抽查记录。

(10)施工质量检查分析评估、工程质量事故、施工安全事故等报告。

(11)工程进度计划实施的分析、统计文件。

(12)变更价格审查、支付审批、索赔处理文件。

(13)单元工程检查及开工(开仓)签证,工程分部分项质量认证、评估。

(14)主要材料及工程投资计划、完成报表。

(15)设备采购市场调查、考察报告。

(16)设备制造的检验计划和检验要求、检验记录及实验、分包单位资格报审表。

(17)原材料、零配件等的质量证明文件和检验报告。

(18)会议纪要。

(19)监理工程师通知单、监理工作联系单。

(20)有关设备质量事故处理及索赔文件。

(21)设备验收、交接文件,支付证书和设备制造结算审核文件。

(22)设备采购、监造工作总结。

(23)监理工作声像材料。

(24)其他有关的重要来往文件。

(二)监理资料的立卷归档

1.编制案卷类目

编制案卷类目是为了便于立卷而事先拟定的分类提纲。案卷类目也叫“立卷类目”或“归卷类目”。监理文件资料可以按照工程建设的实施阶段及工程内容的不同进行分类。根据监理文件资料的数量及存档要求,每一卷文档还可再分为若干分册,文档的分册可以按照工程建设内容及围绕工程建设进度控制、质量控制、资金控制和合同管理等内容进划分。

2.案卷的整理

案卷的整理一般包括清理、拟题、编排、登录、书封、装订、编目等工作。

(1)清理。对所有的监理文件资料进行彻底地整理。它包括收集所有的文件资料,并根据工程技术档案的有关规定,剔除不归档的文件资料。同时,要对归档范围内的文件资料再进行一次全面的分类整理,通过修正、补充,乃至重新组合,使立卷的文件资料符合实际需要。

(2)拟题。文件归入案卷后,应在案卷封面上写上卷名,以备检索。

(3)编排,即编排文件的页码。卷内文件的排列要符合事物的发展过程,保持文件的相互关系。

(4)登录。每个案卷都应该有自己的目录,简介文件的概况,以便于查找。目录的项目一般包括顺序号、发文字号、发文机关、发文日期、文件内容、页号等。

(5)书封。按照案卷封皮上印好的项目填写,一般包括机关名称、立卷单位名称、标题(卷名)、类目条款号、起止日期、文件总页数、保管期限,以及由档案室写的卷宗号、目录号、案卷号。

(6)装订。立成的案卷应当装订,装订要用棉线,每卷的厚度一般不得超过 2 cm。卷内金属物均应清除,以免锈污。

(7)编目。案卷装订成册后,就要进行案卷目录的编制,以便统计、查考和移交。目录项目一般包括案卷顺序号、案卷类目号、案卷标题、卷内文件起止日期、卷内页数、保管期限、备注等。

3. 案卷的移交

案卷目录编成,立卷工作即宣告结束,然后按照有关规定准备案卷的移交。建设项目监理文档案卷应一式两份,一份移交业主,一份由监理单位归档保存。

(三)监理档案填写规则

(1)数字。用阿拉伯数字(1,2,3,…,9,0),单位使用国家法定计量单位规定的符号表示(如 MPa、m、t 等)。

(2)合格率。用百分数表示,小数点后保留一位,如恰为整数,则小数点后以 0 表示,例如 95.0%。

(3)改错。将错误用斜线画掉,在其右上方填写正确文字(或数字),禁止用改正液、贴纸重写、橡皮擦、刀片刮或用墨水涂黑等方法。

(4)表头填写。

①单位工程、分部工程名称。按项目划分确定名称填写。

②单元工程名称、部位。填写该单元名称(中文名称或编号)、部位可用桩号、高程等表示。

③承包人。填写与发包人签订承建合同的承包人全称。

④单元工程量。填本单元主要工程量。

⑤检验(评定)日期。年,填写 4 位数;月,填定实际月份(1～12 月);日,填定实际日期(1～31 日)。

(5)质量标准中,凡有“符合设计要求”者,应注明设计具体要求(如内容较多者,可附页说明);凡有“符合规范要求”者,应标出所执行规范的名称及编号。

(6)检验记录。文字记录应真实、准确、简练。数字记录应准确、可靠,小数点后保留位数应符合有关规定。

(7)设计值按施工图填写,实测填写实际检测数据,而不是偏差值。当实测数据多时,可填写实测组数、实测值范围(最小值至最大值)、合格数。

(8)如实际工程无该项内容应在相应检验栏内用斜线“/”表示。

(9)单元(工序)工程表尾填写。

①建设监理单位由负责该项目的监理人员复核质量等级并签字。

②表尾所有签字人员,必须由本人按照身份证上的姓名签字,不得使用化名,也不得由旁人代签名。

项目小结

本项目主要介绍了水利工程验收及缺陷责任期阶段的监理,主要内容包括工程施工质量检验与评定的监理、工程验收与移交的监理、缺陷责任期的监理、建设项目监理档案管理等。这些工作的实施必须依据水利部颁布的《水利水电工程施工质量检验与评定规程》(SL 176—2007)、《水利水电建设工程验收规程》(SL 223—2008)、《水利水电工程单元工程施工质量验收评定标准》(SL 631～637—2012、SL 638～639—2013)、《水利工程施工监理规范》(SL 288—2014)、《水利工程建设项目档案管理规定》(水办〔2005〕480号)等法规和技术标准。

复习思考题

1.水利水电工程施工质量检验的要求有哪些?

2.水利水电工程施工质量检验的内容包括哪些?

3.水利水电工程施工质量等级评定的主要依据有哪些?

4.水利水电工程施工质量合格标准有哪些?优良标准有哪些?

5.监理机构工程质量评定的主要职责有哪些?

6.单元工程验收应如何进行?

7.分部工程验收应具备哪些条件?应包括哪些主要内容?应按怎样的程序进行?

8.单位工程验收应具备哪些条件?应包括哪些主要内容?应按怎样的程序进行?

9.合同工程完工验收应具备哪些条件?应包括哪些主要内容?

10.阶段验收应包括哪些主要内容?

11.竣工验收应具备哪些条件?应按怎样的程序进行?

12.竣工技术预验收应具备哪些条件?应按怎样的程序进行?

13.竣工验收会议应包括哪些主要内容和程序?

14.工程验收监理机构的主要职责有哪些?

15.工程验收各阶段监理机构的主要工作有哪些?

16.什么是缺陷责任期?建设工程质量的最低保修期限是如何规定的?

17.建设工程质量保修义务承担和维修的经济责任承担处理的原则有哪些?

18.缺陷责任期监理机构的主要工作有哪些?

19.监理机构档案资料管理的要求有哪些?

20.工程验收应提供的资料和应准备的备查资料分别包括哪些?

21.监理方应归档并长期保存的文件资料包括哪些?

22.监理资料立卷归档的内容包括哪些?

附　录

附录一　施工监理主要工作程序框图

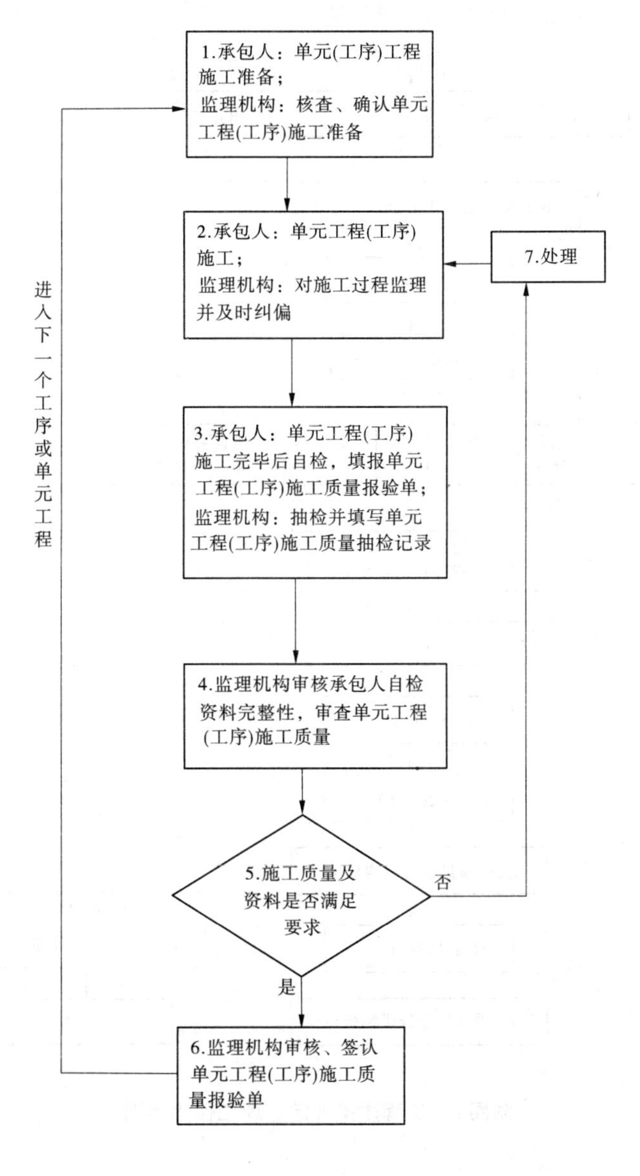

附图1　单元工程或工序质量控制监理工作程序图

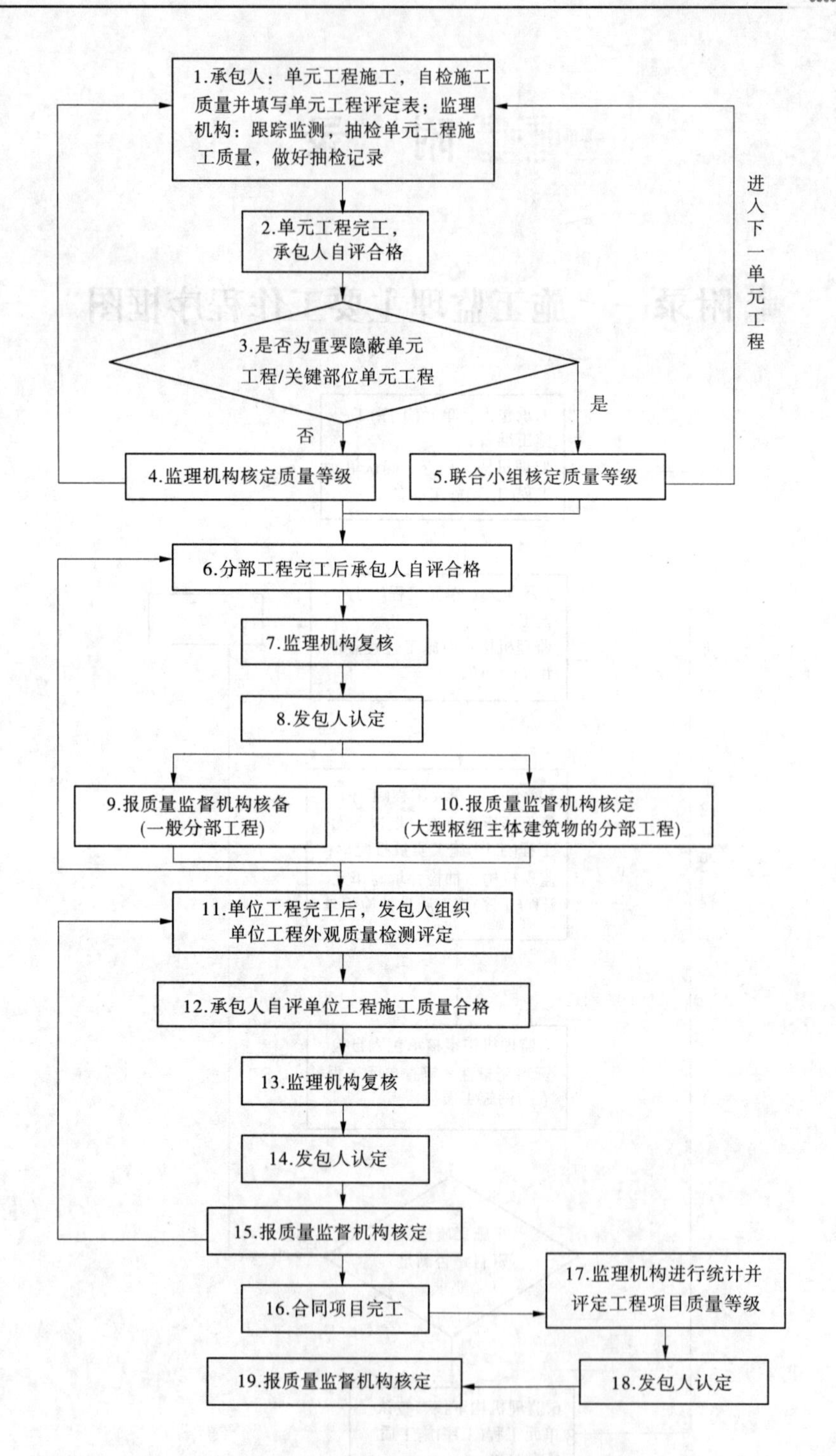

附图2　工程质量评定监理工作程序图

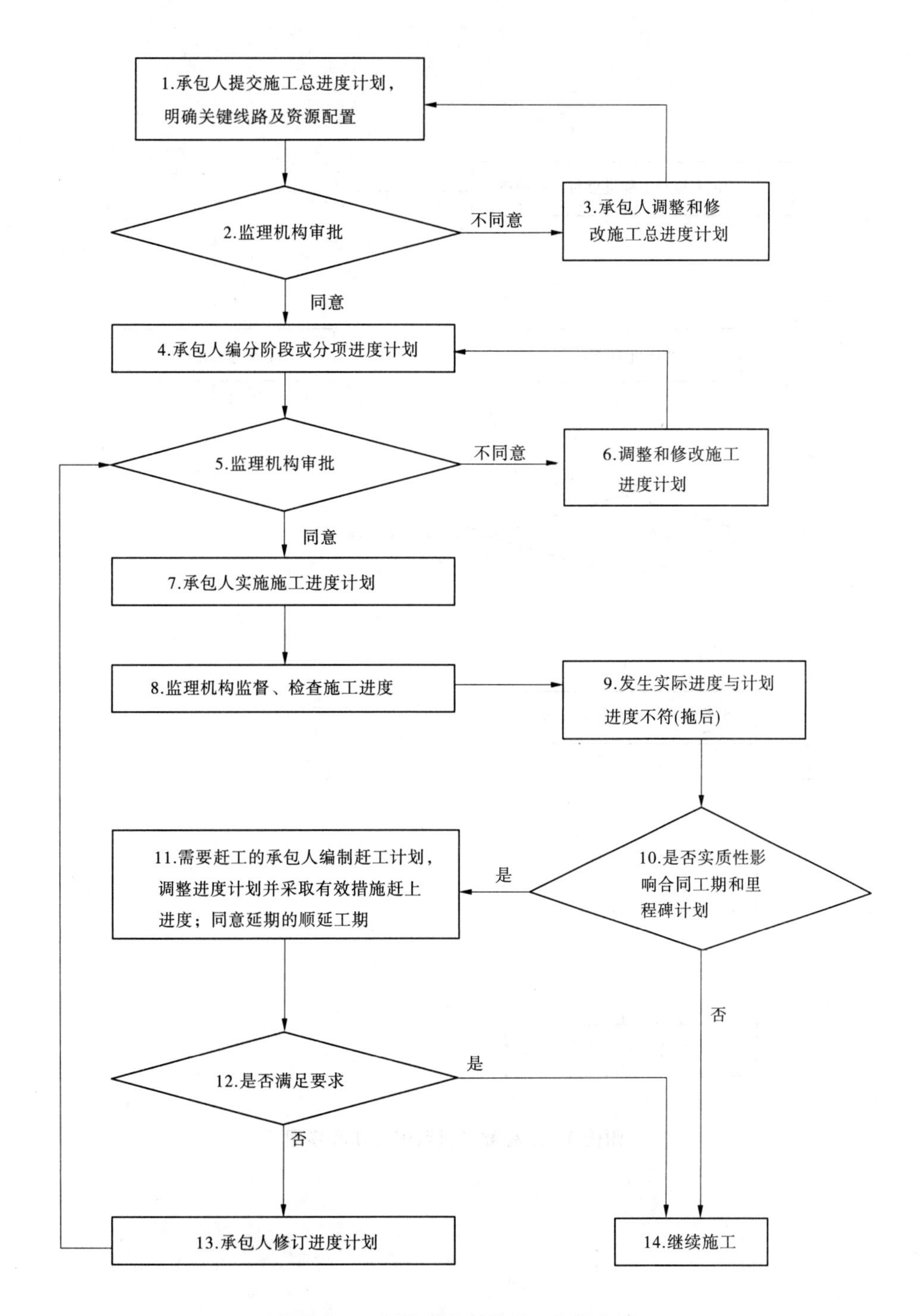

附图3　工程进度控制监理工作程序图

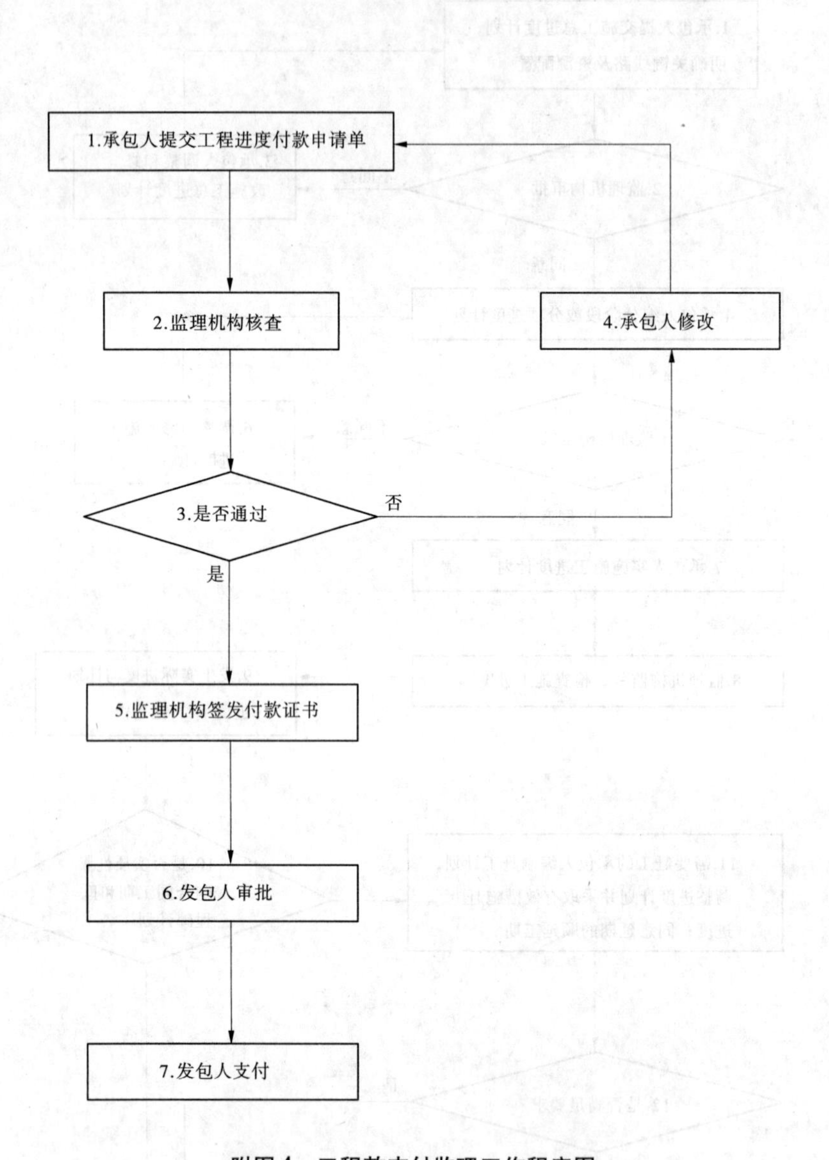

附图 4　工程款支付监理工作程序图

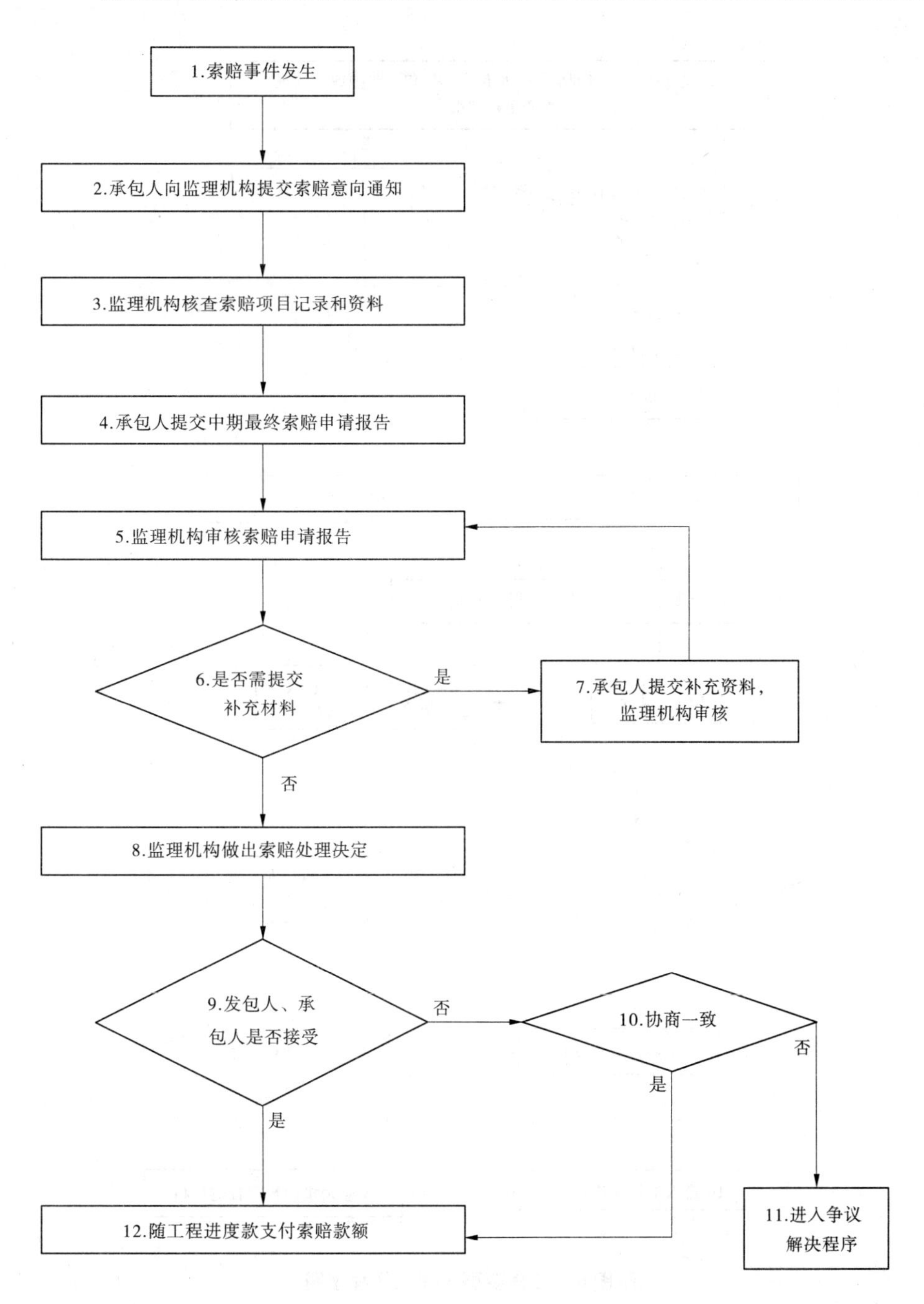

附图5　工程索赔处理监理工作程序图

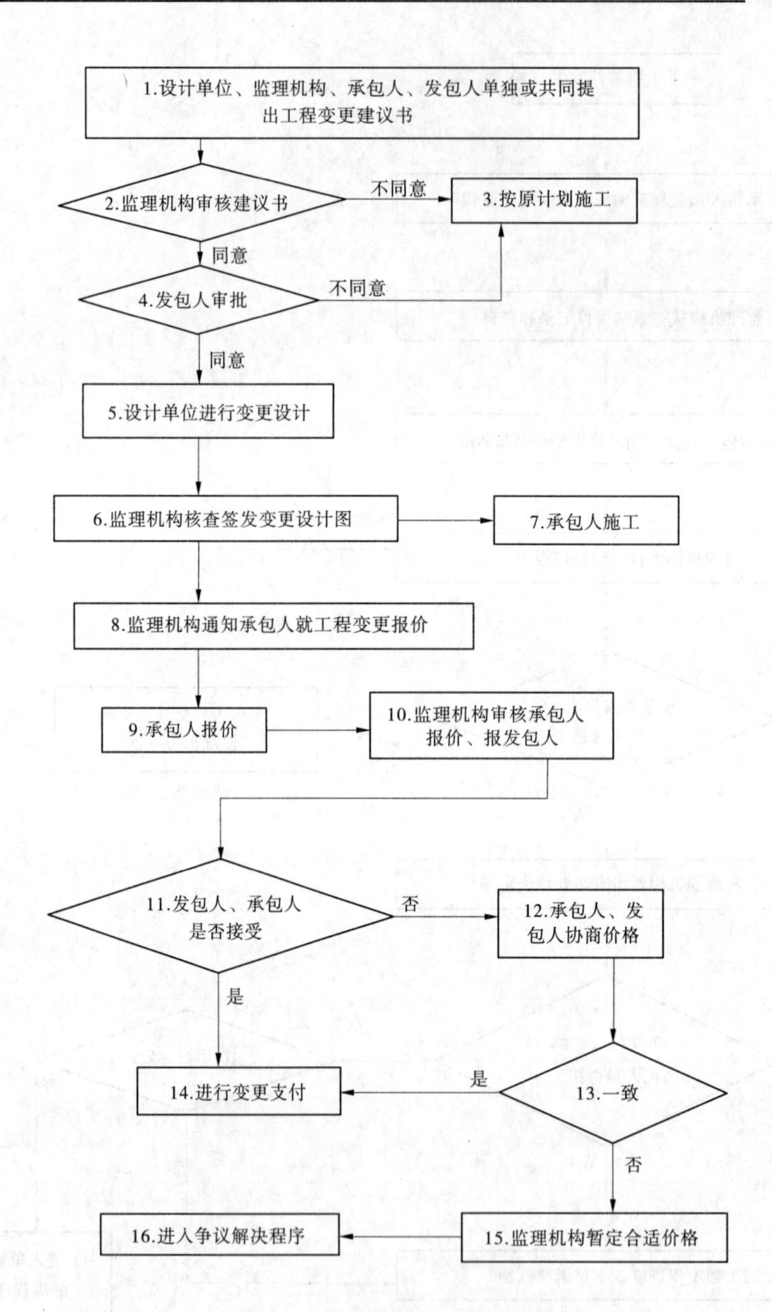

附图6　工程变更监理工作程序图

附录二　施工监理工作常用表格目录

1　表格说明

1.1　表格可分为以下两种类型：

(1)承包人用表。以 CB××表示。

(2)监理机构用表。以 JL××表示。

1.2　表格的标题(表名)应采用如下格式：

CB11	施工放样报验单
	(承包〔　　〕放样　　　号)

注："CB11"—表格类型及序号。"施工放样报验单"—表格名称。"承包〔　　〕放样　号"—表格编号。其中，①"承包"：指该表以承包人为填表人，当填表人为监理机构时，即以"监理"代之；②当监理工程范围包括两个以上承包人时，为区分不同承包人的用表，"承包"可用其简称表示；③〔　　〕：年份，如〔2003〕表示 2003 年的表格；④"放样"：表格的使用性质，即用于"放样"工作。⑤"　号"：一般为 3 位数的流水号。

2　表格使用说明

2.1　监理机构可根据施工项目的规模和复杂程度，采用其中的部分或全部表格；若表格不能满足工程实际需要，可调整或增加表格。

2.2　各表格脚注中所列单位和份数为基本单位和推荐份数，工作中应根据具体情况和要求予以具体明确各类表格的报送单位和份数。

2.3　相关单位都应明确文件的签收人。

2.4　"CB01 施工技术方案申报表"可用于承包人向监理机构申报关于施工组织设计、施工措施计划、专项施工方案、度汛方案、灾害应急预案、施工工艺试验方案、专项检测试验方案、工程测量施测方案、工程放样计划和方案、变更实施方案等需报请监理机构批准的方案。

2.5　承包人的施工质量检验月汇总表、工程事故月报表除作为施工月报附表外，还应按有关要求另行单独填报。

2.6　表格中凡属部门负责人签名的，项目经理都可签署；凡属监理工程师签名的，总监理工程师都可签署。表格中签名栏为"总监理工程师/副总监理工程师""总监理工程师/监理工程师"和"项目经理/技术负责人"的，可根据工程特点和管理要求视具体授权情况由相应人员签署。

2.7　监理用表中的合同名称和合同编号是指所监理的施工合同名称和编号。

3　施工监理工作常用表格目录

3.1　承包人常用表格目录见附表 3-1。

附表 3-1　承包人常用表格目录

序号	表格名称	表格类型	表格编号
1	施工技术方案申报表	CB01	承包〔　〕技案　号
2	施工计划进度申报表	CB02	承包〔　〕进度　号
3	施工图用图计划报告	CB03	承包〔　〕图计　号
4	资金流计划申报表	CB04	承包〔　〕资金　号
5	施工分包申报表	CB05	承包〔　〕分包　号
6	现场组织机构及主要人员报审表	CB06	承包〔　〕机构　号
7	原材料/中间产品进场报验单	CB07	承包〔　〕报验　号
8	施工设备进场报验单	CB08	承包〔　〕设备　号
9	工程预付款申报表	CB09	承包〔　〕工预付　号
10	材料预付款报审表	CB10	承包〔　〕材预付　号
11	施工放样报验单	CB11	承包〔　〕放样　号
12	联合测量通知单	CB12	承包〔　〕联测　号
13	施工测量成果报验单	CB13	承包〔　〕测量　号
14	合同工程开工申请表	CB14	承包〔　〕合开工　号
15	分部工程开工申请表	CB15	承包〔　〕分开工　号
	施工安全交底记录	CB15 附件 1	承包〔　〕安交　号
	施工技术交底记录	CB15 附件 2	承包〔　〕技交　号
16	工程设备采购计划申报表	CB16	承包〔　〕设采　号
17	混凝土浇筑开仓报审表	CB17	承包〔　〕开仓　号
18	___工序/单元工程质量报验单	CB18	承包〔　〕质报　号
19	施工质量缺陷处理方案报审表	CB19	承包〔　〕缺方　号
20	施工质量缺陷处理措施计划报审表	CB20	承包〔　〕缺陷　号
21	事故报告单	CB21	承包〔　〕事故　号
22	暂停施工报审表	CB22	承包〔　〕暂停　号
23	复工申请表	CB23	承包〔　〕复工　号
24	变更申请表	CB24	承包〔　〕变更　号

续附表 3-1

序号	表格名称	表格类型	表格编号
25	施工进度计划调整申报表	CB25	承包〔　〕进调　号
26	延长工期申报表	CB26	承包〔　〕延期　号
27	变更项目价格申报表	CB27	承包〔　〕变价　号
28	索赔意向通知	CB28	承包〔　〕赔通　号
29	索赔申请报告	CB29	承包〔　〕赔报　号
30	工程计量报验单	CB30	承包〔　〕计报　号
31	计日工单价报审表	CB31	承包〔　〕计审　号
32	计日工工程量签证单	CB32	承包〔　〕计签　号
33	工程进度付款申请单	CB33	承包〔　〕进度付　号
34	工程进度付款汇总表	CB33 附表 1	承包〔　〕进度总　号
35	已完工程量汇总表	CB33 附表 2	承包〔　〕量总　号
36	合同分类分项项目进度付款明细表	CB33 附表 3	承包〔　〕分类付　号
37	合同措施项目进度付款明细表	CB33 附表 4	承包〔　〕措施付　号
38	变更项目进度付款明细表	CB33 附表 5	承包〔　〕变更付　号
39	计日工项目进度付款明细表	CB33 附表 6	承包〔　〕计付　号
40	施工月报表(　年　月)	CB34	承包〔　〕月报　号
41	原材料/中间产品使用情况月报表	CB34 附表 1	承包〔　〕材料月　号
42	原材料/中间产品检验月报表	CB34 附表 2	承包〔　〕材检月　号
43	主要施工设备情况月报表	CB34 附表 3	承包〔　〕设备月　号
44	现场人员情况月报表	CB34 附表 4	承包〔　〕人员月　号
45	施工质量检测月汇总表	CB34 附表 5	承包〔　〕质检月　号
46	施工质量缺陷月报表	CB34 附表 6	承包〔　〕缺陷月　号
47	工程事故月报表	CB34 附表 7	承包〔　〕事故月　号
48	合同完成额月汇总表	CB34 附表 8	承包〔　〕完成额　号
49	(一级项目)合同完成额月汇总表	CB34 附表 8 -	承包〔　〕完成额月　号
50	主要实物工程量月汇总表	CB34 附表 9	承包〔　〕实物月　号
51	验收申请报告	CB35	承包〔　〕验报　号
52	报告单	CB36	承包〔　〕报告　号
53	回复单	CB37	承包〔　〕回复　号
54	确认单	CB38	承包〔　〕确认　号
55	完工付款/最终结清申请表	CB39	承包〔　〕付结　号
56	工程交接申请表	CB40	承包〔　〕交接　号
57	质量保证金退还申请表	CB41	承包〔　〕保退　号

3.2　监理机构常用表格目录见附表 3-2。

附表 3-2　监理机构常用表格目录

序号	表格名称	表格类型	表格编号
1	合同工程开工通知	JL01	监理〔　　〕开工　　号
2	合同工程开工批复	JL02	监理〔　　〕合开工　　号
3	分部工程开工批复	JL03	监理〔　　〕分开工　　号
4	工程预付款支付证书	JL04	监理〔　　〕工预付　　号
5	批复表	JL05	监理〔　　〕批复　　号
6	监理通知	JL06	监理〔　　〕通知　　号
7	监理报告	JL07	监理〔　　〕报告　　号
8	计日工工作通知	JL08	监理〔　　〕计通　　号
9	工程现场书面通知	JL09	监理〔　　〕现通　　号
10	警告通知	JL10	监理〔　　〕警告　　号
11	整改通知	JL11	监理〔　　〕整改　　号
12	变更指示	JL12	监理〔　　〕变指　　号
13	变更项目价格审核表	JL13	监理〔　　〕变价审　　号
14	变更项目价格/工期确认单	JL14	监理〔　　〕变确　　号
15	暂停施工指示	JL15	监理〔　　〕停工　　号
16	复工通知	JL16	监理〔　　〕复工　　号
17	索赔审核表	JL17	监理〔　　〕索赔审　　号
18	索赔确认单	JL18	监理〔　　〕索赔确　　号
19	工程进度付款证书	JL19	监理〔　　〕进度付　　号
20	工程进度付款审核汇总表	JL19 附表 1	监理〔　　〕付款审　　号
21	合同解除付款核查报告	JL20	监理〔　　〕解付　　号
22	完工付款/最终结清证书	JL21	监理〔　　〕付结　　号
23	质量保证金退还证书	JL22	监理〔　　〕保退　　号
24	施工图纸核查意见单	JL23	监理〔　　〕图核　　号
25	施工图纸签发表	JL24	监理〔　　〕图发　　号
26	监理月报	JL25	监理〔　　〕月报　　号
27	合同完成额月统计表	JL25 附表 1	监理〔　　〕完成统　　号
28	工程质量评定月统计表	JL25 附表 2	监理〔　　〕评定统　　号
29	工程质量平行检测试验月统计表	JL25 附表 3	监理〔　　〕平行统　　号
30	变更月统计表	JL25 附表 4	监理〔　　〕变更统　　号

续附表 3-2

序号	表格名称	表格类型	表格编号
31	监理发文月统计表	JL25 附表 5	监理〔　　〕发文统　　号
32	监理收文月统计表	JL25 附表 6	监理〔　　〕收文统　　号
33	旁站监理值班记录	JL26	监理〔　　〕旁站　　号
34	监理巡视记录	JL27	监理〔　　〕巡视　　号
35	工程质量平行检测记录	JL28	监理〔　　〕平行　　号
36	工程质量跟踪检测记录	JL29	监理〔　　〕跟踪　　号
37	见证取样跟踪记录	JL30	监理〔　　〕见证　　号
38	安全检查记录	JL31	监理〔　　〕安检　　号
39	工程设备进场开箱验收单	JL32	监理〔　　〕设备　　号
40	监理日记	JL33	监理〔　　〕日记　　号
41	监理日志	JL34	监理〔　　〕日志　　号
42	监理机构内部会签单	JL35	监理〔　　〕内签　　号
43	监理发文登记表	JL36	监理〔　　〕监发　　号
44	监理收文登记表	JL37	监理〔　　〕监收　　号
45	会议纪要	JL38	监理〔　　〕纪要　　号
46	监理机构联系单	JL39	监理〔　　〕联系　　号
47	监理机构备忘录	JL40	监理〔　　〕备忘　　号

参考文献

[1] 中国水利工程协会. 水利工程建设监理概论[M]. 2 版. 北京:中国水利水电出版社,2010.
[2] 水利部. 水利工程施工监理规范:SL 288—2014[S]. 北京:中国水利水电出版社,2014.
[3] 韦志立,等. 建设监理概论[M]. 2 版. 北京:中国水利水电出版社,2001.
[4] 王立权. 水利工程建设项目施工监理实用手册[M]. 2 版. 北京:中国水利水电出版社,2004.
[5] 张华. 水利工程监理[M]. 北京:中国水利水电出版社,2004.
[6] 娄鹏,等. 水利工程施工监理实用手册[M]. 北京:中国水利水电出版社,2007.
[7] 陈惠忠,等. 水利水电工程监理实施细则范例[M]. 北京:中国水利水电出版社,2005.
[8] 姜国辉. 水利工程监理[M]. 北京:中国水利水电出版社,2005.
[9] 孙犁. 建设工程监理概论[M]. 郑州:郑州大学出版社,2006.
[10] 钟汉华. 工程建设监理[M]. 郑州:黄河水利出版社,2005.
[11] 张梦宇. 工程建设监理概论[M]. 北京:中国水利水电出版社,2006.
[12] 刘军号. 水利工程施工监理实务[M]. 北京:中国水利水电出版社,2010.
[13] 王海周,等. 水利工程建设监理[M]. 2 版. 郑州:黄河水利出版社,2016.
[14] 中国水利工程协会. 水利工程建设合同管理[M]. 北京:中国水利水电出版社,2007.
[15] 中国水利工程协会. 水利工程建设质量控制[M]. 北京:中国水利水电出版社,2007.
[16] 中国水利工程协会. 水利工程建设投资控制[M]. 北京:中国水利水电出版社,2007.
[17] 中国水利工程协会. 水利工程建设进度控制[M]. 北京:中国水利水电出版社,2007.
[18] 水利部,国家工商行政管理总局. 水利工程施工监理合同示范文本[M]. 北京:中国水利水电出版社,2007.
[19] 中国水利工程协会. 水利工程建设监理员继续教育教程[M]. 北京:中国水利水电出版社,2008.
[20] 桂剑萍,等. 水利工程施工监理[M]. 3 版. 郑州:黄河水利出版社,2015.
[21] 王飞寒,等. 水利工程建设监理实务[M]. 郑州:黄河水利出版社,2015.
[22] 吴矿山,等. 水利工程建设监理概论[M]. 郑州:黄河水利出版社,2014.
[23] 张建隽,等. 工程监理概论[M]. 北京:北京邮电大学出版社,2016.
[24] 周长勇,等. 水利工程施工监理[M]. 郑州:黄河水利出版社,2014.
[25] 周长勇,等. 水利工程施工监理技能训练[M]. 郑州:黄河水利出版社,2015.